O RURAL ENTRE POSSES, DOMÍNIOS E CONFLITOS

Comissão Científica:

Casimira Grandi (Università di Trento – Itália)
Chantal Cramoussel (Universidad de Guadalajara – México)
João dos Santos Ramalho Cosme (Universidade de Lisboa – Portugal)
Mark Harris (University of Saint Andrews – Escócia)
José Luis Ruiz-Peinado Alonso (Universitat de Barcelona – Espanha)
Oscar de la Torre (University of North Carolina – Estados Unidos)
Maria Luiza Ugarte (Universidade Federal do Amazonas)
Luis Eduardo Aragón Vaca (Universidade Federal do Pará)
Rosa Elizabeth Acevedo Marin (Universidade Federal do Pará)
Érico Silva Alves Muniz (Universidade Federal do Pará)
Clarice Nascimento de Melo (Universidade Federal do Pará)
Lígia Terezinha Lopes Simonian (Universidade Federal do Pará)

FRANCIVALDO ALVES NUNES
MARCIA MILENA GALDEZ FERREIRA
CRISTIANA COSTA DA ROCHA
ORGANIZADORES

O RURAL ENTRE POSSES, DOMÍNIOS E CONFLITOS

2022

Copyright © 2022 Os organizadores
1ª Edição

Direção editorial: José Roberto Marinho

Revisão: Paula Santos
Capa: Fabrício Ribeiro
Projeto gráfico e diagramação: Fabrício Ribeiro

Edição revisada segundo o Novo Acordo Ortográfico da Língua Portuguesa

Dados Internacionais de Catalogação na publicação (CIP)
(Câmara Brasileira do Livro, SP, Brasil)

O Rural entre posses, domínios e conflitos / organização Francivaldo Alves Nunes, Marcia Milena Galdez Ferreira, Cristiana Costa Da Rocha. – 1. ed. – São Paulo: Livraria da Física, 2022. – (Florestas; 1)

Vários autores.
Bibliografia.
ISBN 978-65-5563-247-7

1. Agronegócio 2. Biodiversidade - Amazônia 3. Amazônia - Aspectos ambientais 4. Conflitos agrários 5. Regularização de posse e de ocupação - Amazônia 6. Terras - Leis e legislação - Brasil 7. Trabalhadores rurais I. Nunes, Francivaldo Alves. II. Ferreira, Marcia Milena Galdez. III. Rocha, Cristiana Costa Da. IV. Série.

22-124459 CDD-304.2709811

Índices para catálogo sistemático:
1. Amazônia: Biodiversidade: Aspectos socioambientais 304.2709811

Aline Graziele Benitez - Bibliotecária - CRB-1/3129

Todos os direitos reservados. Nenhuma parte desta obra poderá ser reproduzida sejam quais forem os meios empregados sem a permissão da Editora.
Aos infratores aplicam-se as sanções previstas nos artigos 102, 104, 106 e 107 da Lei Nº 9.610, de 19 de fevereiro de 1998

Editora Livraria da Física
www.livrariadafisica.com.br

APRESENTAÇÃO DA COLEÇÃO

Criado em 2004, o Programa de Pós-Graduação em História Social (PPHIST), vinculado ao Instituto de Filosofia e Ciências Humanas (IFCH) da Universidade Federal do Pará (UFPA), tem construídos estudos sobre a Amazônia invariavelmente alinhados às tendências historiográficas nacionais e internacionais. Com um diversificado perfil do corpo docente, que também se observa nas linhas de investigação, o programa tem se tornado um espaço importante de contribuição e renovação historiográfica com produção significativa em que se inserem Dissertações de Mestrado e Teses de Doutorado, relevantes nas suas temáticas e na articulação que estabelecem com os novos enfoques historiográficos.

A percepção mais ampla da Amazônia de florestas e cortadas por muitos cursos d'água que tornam à terra úmida e colabora na sua fertilização, mas que também permitem os deslocamentos e comunicações, exige um exercício de investigação e uma perspectiva de análise que valorize as experiências vividas nesta vasta região e as múltiplas conexões, fluxos e compulsões internas e externas, historicamente construídas. O caleidoscópio movimento das populações e a forças das instituições deram lugar a projeções de dramas e experiências sociais diversas e de complexidade em relevo, o que tem imprimido ao programa um caráter inovador e renovador, com novas, instigantes e necessárias abordagens.

Os livros que aqui apresentamos, neste ano de 2021, em que o programa completou 10 anos de criação do doutorado e 17 anos de existência, fazem parte da *Coleção Floresta*, vinculada ao IFCH, e são resultados dos trabalhos de professores e egressos do PPHIST. Revelam um promissor momento da pesquisa histórica na Amazônia abordando temas e temporalidades variadas que oferecem, como observaremos, novos aportes e novas interpretações sobre a Amazônia.

Um dos iniciais objetivos comuns destes livros, é o de mostrar as variedade e complexidades do espaço amazônico, seu passado histórico e os fatores condicionantes que se tem mantido vigente em sua atualidade, assim como as relações produzidas com a introdução de novos enfoques de estudos. Assim, se foi perfilado um espectro de temas relacionados com questões espaciais, identitárias e de poder. Experiências comuns, valores partilhados e sentimentos de pertencimentos foram observados em ambientes condicionantes por relações de poder e medidos por espaços forjados na luta e dentro das práticas que o configuram e o reproduz. A Amazônia se revela nestes estudos como espaço modelar em que os agentes que o operam socialmente, constroem percepções, representações e estratégias de intervenção em diferentes temporalidades.

Tais trabalhos de pesquisa, sem dúvida, constituem contribuições originais e, sobretudo, desnaturalizadoras como se propõem ser os estudos que assumem, como coerência e autenticidade, a relação com o passado e demandas presente, tendo como eixo central de diálogo, a história social em contexto amazônico e suas conexões. Os trabalhos reunidos propiciam aos leitores, ademais, um profícuo exercício de crítica historiográfica, métodos e análises documentais. Como apontado, percorrem searas das mais diversas, adensando as riquezas de suas contribuições, quanto à análise de estratégias para enfrentar variadas formas de controle, pensar as ações de domesticação e dominações estabelecidas por agentes e agências oficiais, assim como revelar práticas de resistências, lutas e enfrentamentos.

Os textos expressam, simultaneamente, pesquisas em andamento e outras já concluídas. Temáticas, temporalidades e enfoques plurais que apenas um programa consolidado poderia construir. Diante de tantas e inovadoras contribuições, a intenção é que o leitor estabeleça um exercício de escolha mais consentâneo a seus interesses e afinidades, estando certo de que encontrará nestas coletâneas um conjunto de leituras, instigantes, necessárias e provocativas.

Aproveitamos para registrar os nossos cumprimentos e agradecimentos a CAPES pelo apoio financeiro para publicação, o que expressa o compromisso com o desenvolvimento da pesquisa e a formação superior no Brasil e na Amazônia. Estendemos os cumprimentos ao Programa de Pós-Graduação em História Social, ao Instituto de Filosofia e Ciências Humanas e a Universidade Federal do Pará pelo apoio institucional e envolvimento dos seus professores e técnicos na construção destas importantes obras bibliográficas.

Um bom exercício de leitura é o que inicialmente desejamos.

Fernando Arthur de Freitas Neves
Diretor do IFCH

Francivaldo Alves Nunes
Coordenador do PPHIST

SUMÁRIO

Apresentação 11

DE CORSÉ LINGÜÍSTICO A ESTÍMULO INTELECTUAL. Por una mirada "desoccidentalizada" a los derechos de propiedad sobre la tierra 19

Propriedade, produção e consumo

Roceiros, extratores e o viver nos sertões amazônicos do século XIX: Apontamentos historiográficos, conceituais e de documentação 37
    Francivaldo Alves Nunes
    Edilza Joana Oliveira Fontes

Os portugueses na economia do Baixo Amazonas..55
    Joanderson Caldeira Mesquita

Agronegócio, bolsonarismo e pandemia: Apontamentos de pesquisa 73
    Pedro Cassiano

"Conhecidos e Contraventores": Os descaminhos da produção agrícola e do pescado da Zona Bragantina (Amazônia - Brasil) 101
    Renan Brigido Nascimento Felix

Conflito por terra, trabalho escravo e deslocamento

As faces do desenvolvimentismo no extrativismo de carnaúba no Piauí, 1930 e 1970..121
    Cristiana Costa da Rocha

Memória histórica do indizível: violência no campo maranhense (1964-1989) 141
    Márcia Milena Galdez Ferreira

Luta pela terra na Amazônia, assassinatos: Homenagens, músicas e poesia na história de Virgílio Serrão Sacramento 167
   Elias Diniz Sacramento

Quintino Lira e o conflito agrário no nordeste paraense: Os problemas socioeconômicos nas comunidades tradicionais da região do Guamá, anos 80 189
   Juliana Patrizia Saldanha de Sousa

Entre a várzea, as águas e a floresta: Conflitos territoriais nas ilhas de Belém 215
   Enos Botelho Sarmento

"Aqui na Tiraximim não dá pra gente viver" – Trabalho escravo, estratégia de fuga e a criação da CPTE/PI 229
   Daniel Vasconcelos Solon

Experiências de trabalhadores e trabalhadoras rurais pela disputa do coco babaçu no Entre Rios Piauiense 249
   Marcos Oliveira dos Santos

A violência no campo: Conflitos territoriais e os direitos humanos no Pará 267
   Elis Negrão Barbosa Monteiro

"Fomos atraídos e atraímos": Migração de cametaenses para Tomé-Açu, Pará (1950/1970) 281
   Raimundo Nonato Lisboa Clarindo

Territórios, poderes e resistências

Em defesa da terra indígena: Conflitos acerca do Projeto Calha Norte no ano de 1987, sob a ótica dos periódicos *Mensageiro* e *Diário do Pará* 299
   Alana Albuquerque de Castro

Conflitos Étnicos e Territoriais em comunidades indígenas do Baixo Rio Tapajós 311
   Bruna Josefa de Oliveira Vaz

O direito de propriedade do "selvagem" no discurso missionário no Araguaia (1922–1933) 321
Milton Pereira Lima

"Debaixo de suave domínio": O discurso oficial sobre os aldeamentos e a resistência indígena do Piauí (1759-1810) 337
Débora Laianny Cardoso Soares

O Chão Quilombola: Práticas de curas e saberes tradicionais na Comunidade São Pedro dos Bois/AP 351
Raimundo Erundino Santos Diniz
Silvana da Silva Barbosa Diniz

Agronegócio e a luta pela terra dos indígenas Gamelas no Sudoeste do Piauí (1970-2021) 369
Helane Karoline Tavares Gomes

Da estratégia da fuga à constitucionalização: Comunidades quilombolas, e direito à regularização de terras 387
Edvilson Filho Torres Lima

Sobre os autores..401

APRESENTAÇÃO

Uma história social do agrário – Convite ao debate

A legislação agrária no Brasil, as concepções de propriedade e formas de acesso à terra foram os objetos de reflexões de uma disciplina que ministramos no Programa de Pós-Graduação em História Social da Amazônia, da Universidade Federal do Pará. Para tanto, levamos em consideração a construção histórica da ideia de propriedade da terra e a forma como o conceito foi repensado no seio de uma sociedade estratificada. O Estatuto da Terra, o Plano Nacional de Reforma Agrária, a Constituição de 1988, entre outros recortes, foram observados à luz dos debates que envolvem o conceito de fronteiras em movimento, migrações e conflitos por terra na Amazônia e Meio Norte, assim como reflexões sobre o território, etnicidade e movimentos sociais do campo.

Diante dessas questões, um amplo debate foi construído, em formato virtual, envolvendo discentes e docentes de diversas universidades do Brasil, Espanha e Portugal, o que permitiu a sistematização dessas reflexões nesta coletânea que aqui apresentamos.

Com o título "O rural entre posses, domínios e conflitos", nos propomos a apresentar diversas leituras que auxiliam na construção de uma história social do mundo agrário. Compomos a coletânea em vinte e um capítulos, em que optamos por organizar em um texto inicial, proposto por Rosa Congost para pensar a necessidade de "desocidentalizar" a percepção sobre os direitos de propriedades, assim como insistir na importância de investigações levadas a cabo em sociedades não européias para avançar no tratamento da problemática. Segue o texto anterior de três partes: *Propriedade, produção e consumo*, *Conflito por terra, trabalho escravo e deslocamento* e *Territórios, poderes e resistências*. Com isso buscamos facilitar a visualização dos textos considerando os debates apresentados e as temáticas mais aproximadas, sem perder de vista a importância da leitura pela riqueza de informações e abrangência, como convite ao estudo, à pesquisa e ao debate.

Abrimos, pois, a primeira temática, *Propriedade, produção, consumo*, com o artigo dos professores Francivaldo Nunes e Edilza Fontes, em que estão preocupados em apresentar o debate historiográfico, conceitual e a documentação de interesse aos que se preocupam em desenvolver estudos sobre as populações rurais da Amazônia do século XIX, principalmente as últimas décadas do Império brasileiro. Os debates sobre os programas de controle sobre as populações rurais durante o período da escravidão e as relações com as experiências de trabalho livre, assim como a compreensão sobre o contexto e os elementos que justificariam a criação de projetos colonizadores como estímulo ao maior aproveitamento do trabalho livre e legitimado pelo discurso de maior escassez de trabalhadores escravizados, são algumas questões apontadas que se vinculam a um debate historiográfico e que conduz a refletir sobre algumas questões associadas à concepção de terra, trabalho, sertão e sertanejo. Nesse caso, os autores expressam as construções conceituais associadas às vivências amazônicas, mas também instrumentos discursivos observados em um conjunto documental predominantemente construído por agentes e agências públicas.

O texto de Joanderson Mesquista segue as preocupações vinculadas ao comércio, tendo como temporalidade o século XIX. Para isso, analisa a participação dos portugueses: João Fernandes, Cândido José Ferreira de Carvalho e Antônio José da Silva e Sousa na economia do Baixo Amazonas no ano de 1860. Com base nos autos criminais de sumário de culpa do comerciante João Fernandes, constata-se que esses agentes mantiveram uma ampla rede comercial que interligou a criação de gado no Lago Grande da Vila Franca, o comércio na cidade de Santarém e o envio do couro de gado vacum seco para a cidade de Belém, capital da província do Pará.

Com o artigo de Pedro Cassiano continuamos a primeira parte da coletânea. Trata-se de uma discussão sobre o movimento de guinada à extrema direita do agronegócio ao se associar ao governo Bolsonaro. No caso, o autor nos apresenta uma breve trajetória da organização na sociedade civil desse setor, suas disputas internas e, por fim, analisa algumas medidas tomadas na política agrícola no atual governo, direcionadas à pandemia do novo Coronavírus. A pesquisa encontra-se ainda em andamento, mas as considerações preliminares apontam para o alinhamento das agências do agronegócio com as ações do governo brasileiro, principalmente na devastação de diversas políticas agrária e ambiental no Brasil.

As experiências de ocupação mediadas pelo comércio ganham relevo nos estudos de Renan Felix, que fechamos a primeira parte da coletânea. O autor nos brinda com um texto sobre os descaminhos da produção agrícola e do pescado da Zona Bragantina, região localizada no Nordeste do Estado do Pará, a partir da década de 1940. No caso, procura sustentar a existência de várias práticas de comércio desenvolvido tanto por terra como pelas águas dos rios presentes nos municípios de Bragança e Viseu. A importância do trabalho está em recuperar o transporte de produtos perecíveis, observado em detalhes, a partir de listas das cargas embarcadas. Produtos como: saco de cominho, chumbo para caça, sacos de açúcar branco, caixas de carne em conserva, fardos de papel de embrulho, feijão do sul, entre outros, não apenas expressam os produtos que circulavam na região como ainda recuperam o movimento das mercadorias e a variedade das cargas que circulavam pelas águas e por terra em caráter legalizado.

A segunda temática, *Conflito por terra, trabalho escravo, deslocamento*, começa com o texto de Cristiana Costa, em que discute o projeto de desenvolvimentismo no contexto do extrativismo e industrialização da cera de carnaúba e suas implicações nas condições de vida, acesso à terra e trabalho das famílias de lavradores extrativistas da palha de carnaúba no Piauí, entre 1930 e 1970. A autora reflete sobre o avanço do capitalismo no campo, que combinou relações de trabalho arcaicas, reconhecidas como análogas à escravidão, para formação de conglomerados econômicos, que atendem padrões produtivos modernizantes do grande capital. Nesse sentido, trata a respeito da preocupação permanente em torno da racionalização e modernização do campo, que se faz de modo que garanta a não ruptura de um sistema secular de exploração.

Márcia Milena Galdez aborda o esforço de construção de uma memória histórica da violência do campo no Maranhão (1964-1989) a partir do Dossiê *Assassinatos no campo no Brasil*, elaborado pelo MST (1986), do inventário *Conflitos* e *Lutas de trabalhadores rurais no Maranhão*, de autoria do antropólogo Alfredo Wagner (1983), e de dados sobre massacres, assassinatos e conflitos disponíveis na Biblioteca Virtual da CPT. Concebendo o Maranhão como *espaço* de *fronteira*, a autora busca problematizar a violência ritualizada e estruturante no campo. A conturbada transição democrática e a acalorada discussão do Plano Nacional de Reforma Agrária são tecidas em uma crescente marcha de conflitos, saques, violações e assassinatos no meio rural. No Maranhão, a grilagem e a prática da pistolagem avançam a passos largos, com a Lei Sarney de Terras de 1969 e com a inoperância ou conivência do Estado e do Poder Judiciário.

Seguindo as observações sobre conflitos agrários, Elias Sacramento nos apresenta uma proposta de estudo em que mostra a importância do pai de família e líder sindical, Virgílio Serrão Sacramento, morto em Moju no dia 05 de abril de 1987. O autor apresenta Virgílio Sacramento como referência na defesa da luta pela terra para os trabalhadores rurais mojuense, assim como reflete sobre as homenagens que foram prestadas depois de sua morte, sobretudo com poesias e músicas, indicando que este homem marcou um período na história social da luta pela terra da década de 1980 no Estado do Pará.

Os problemas socioeconômicos e as mudanças na identidade cultural nas comunidades da região do Guamá no Nordeste Paraense, causadas pelo conflito armado entre os agricultores, liderado por Quintino Lira contra os fazendeiros e a empresa Cidapar entre os anos de 1981 e 1985 é a preocupação central do texto de Juliana de Sousa. Revisitando as memórias individuais daqueles que vivenciaram esse período conflituoso, a autora buscou compreender o papel assumido pelos atores sociais, vítimas do latifúndio. Tendo como aporte metodológico no âmbito da história e memória ancorada nos estudos da história oral, se ocupou do método etnográfico de abordagem qualitativa, sendo os dados coletados de entrevistas e das matérias jornalísticas. Tais experiências individuais e coletivas trazem uma gama de informações relevantes para a construção da História Oral, Social e Cultural das comunidades tradicionais que, tragicamente, foram envolvidas nesse conflito agrário.

As questões conflituosas em torno do uso e ocupação da terra são também objetos de análises de Enos Sarmento. No caso, analisa alguns conflitos territoriais ocorridos na região das ilhas insulares de Belém, mais precisamente as áreas fronteiriças à capital do Pará como a ilha das Onças, de Arapiranga e Combu em um período marcado por expressivos movimentos de ocupação dessas terras, concentrados entre o final do século XIX e as primeiras décadas do século XX.

As experiências de trabalho escravo são objeto de análise dos estudos de Daniel Solon. No caso, nos apresenta um texto em que reconstrói o processo de organização de movimentos sociais do Piauí no combate ao trabalho escravo contemporâneo, traz a narrativa de um trabalhador migrante piauiense que foi entrevistado durante a coleta de informações para o diagnóstico pretendido pela Comissão Estadual de Prevenção e Combate ao Trabalho Escravo (CPTE), em 2003.

Marcos dos Santos nos apresenta as experiências de trabalhadores e trabalhadoras rurais pela disputa do coco babaçu na região do Entre Rios piauiense, que configuraram em conflitos pelo acesso à terra. Para isso, o autor procura problematizar a ideia de progresso no campo através das vivências desses sujeitos a partir do surgimento de uma fábrica de beneficiamento da amêndoa de coco babaçu dentro de um meio rural. Através dessa análise, o autor revela que as relações de trabalho que passavam dentro da fábrica tinham um sentido distinto se comparadas a outras fábricas instaladas comumente em áreas urbanas, mas especificamente com trabalhadores urbanos.

O texto apresentado por Elis Monteiro tem como principal objetivo refletir sobre questões associadas aos conflitos por território, violência no campo, reforma agrária e à luta pelos Direitos Humanos no Estado do Pará. Toda a problemática que envolve chacinas no campo, violação dos direitos humanos de trabalhadores rurais e imposições estatais de seu poder capitalista que favorece a elite agrária são observadas considerando o processo histórico de formação da região amazônica.

O texto apresentado por Raimundo Clarindo recupera a trajetória migratória dos cametaenses para a Colônia do Vale do Acará, em Tomé-Açu, Nordeste do Pará. Recrutamento, traslado de chegada, contato com os japoneses que viviam na região, cotidiano, entre outros aspectos, são apontados. Também é abordada, em parte, a política de desenvolvimentista da região, impulsionada pela imigração dos japoneses, que, no Estado do Pará, chegaram a meados de 1929. Por meio de fontes bibliográficas, imagéticas, relatos orais e legislações, foram tecidas trilhas para a compreensão dos fatores motivacionais que levaram a essa migração.

A última temática, *Territórios, poderes e resistências*, é inaugurada pelo texto de Alana de Castro que recupera os posicionamentos jornalísticos acerca das discussões políticas indigenistas vigentes durante o ano de 1987, no governo do ex-presidente José Sarney. Com o fim da Ditadura Civil-Militar, em meados de 1985, a redemocratização do país foi ocorrendo de maneira gradativa e com isso várias discussões entraram em pauta, dentre elas a reforma agrária e as demarcações das terras indígenas, que fizeram da década de 1980 uma década marcada pelos conflitos rurais. As comunidades indígenas que muito foram negligenciadas durante o governo militar, vistas como entrave ao progresso, agora passam a ocupar espaços de reivindicação de seus direitos, tanto de identidade quanto histórico por englobar seus costumes e tradições, pois é a terra que permite a existência dos povos tradicionais. Nesse ambiente de tensão é que o texto se apresenta como importante registro para pensar as leituras de jornais sobre os grandes projetos desenvolvidos na Amazônia.

As dinâmicas de produção de identidades étnicas na região do rio Tapajós e de que maneira esse processo se relaciona com os conflitos territoriais encadeados nessa região é a proposta de Bruna Vaz. Para isso, a autora apresenta como objeto de análise a área correspondente à unidade de conservação Reserva Extrativista Tapajós Arapiuns. Ao tratar sobre a complexidade de produção de identidades no Baixo Tapajós, se dá um passo à frente para compreender a agência desses atores sociais e escrutinar os motivos pelos quais rejeitaram determinadas atribuições, bem como pensar no caminho inverso, ou seja, no processo de autoafirmação identitária, principalmente como indígenas.

No caso do texto de Milton Lima, se observa uma análise a respeito do que os missionários dominicanos da Diocese de Conceição do Araguaia consideravam como "direito de propriedade do 'selvagem'", narrativa publicada na revista *Cayapós* e *Carajás*, entre os anos de 1922 e 1933. Nesta, o autor encontra o enredo enunciativo dos padres ao criticarem acontecimentos europeus contemporâneos, em particular a revolução Soviética Russa de 1917. A revista apresenta como tema central a crítica à noção de propriedade dos revolucionários comunistas por parte dos padres de Toulouse – França, que realizavam seus trabalhos de catequização nas matas do Araguaia paraense, território também conhecido como sul do Pará. Por fim, se observa que a narrativa e a argumentação missionárias se empenharam em dizer que o indígena era proprietário por instinto. Não obstante, a argumentação dos padres ora analisada confunde noções de propriedade com a de costume.

Em seguida, Débora Soares aborda o discurso oficial sobre os aldeamentos e a resistência indígena do Piauí (1759-1810) a partir de documentos oficiais ultramarinos e analisa informações sobre uma ocupação do território piauiense comandada por experientes homens diretamente ligados às guerras empreendidas contra as populações indígenas no Grão-Pará e Maranhão, antes mesmo de ocuparem cargos de grande relevância no Piauí. A autora busca entender a preocupação da coroa em inserir nos projetos de ocupação do território brasileiro essa região que era reduto de várias nações indígenas, que não somente percorriam, mas que ocupavam o território Meio-Norte de forma livre, algumas até sazonais, e que ignoravam as leis do opressor e os limites territoriais impostos em suas cartografias.

No capítulo seguinte, Raimundo Erundino Diniz e Silvana Barbosa Diniz analisam "o chão quilombola" por meio de práticas curativas ancoradas em histórias e memórias de antepassados, sempre revisitadas no tempo presente como estratégia de firmamento da identidade quilombola, assoalhadas em saberes tradicionais que revelam estratégias de permanências seculares e ancestralidade quilombola São Pedro dos Bois, Macapá/AP. Objetivam analisar a importância da obrigatoriedade da temática na grade curricular, com base em uma perspectiva crítica que colabore com a formação de um novo imaginário social sobre os povos indígenas da Amazônia. Utilizam-se de pesquisas em sites oficiais e não oficiais: Fundação Nacional do Índio (FUNAI), Governo do Estado do Amapá (GEA), Assembleia Legislativa do Estado do Amapá (ALAP) e Secretaria de Educação do Estado do Amapá (SEED/AP). Com a flexibilização do distanciamento social pôde-se coletar dados de forma presencial com a supracitada SEED, como o Referencial Curricular Amapaense do Ensino Médio (RCAEM), documento privilegiado nesta análise.

No texto de Helane Tavares Gomes, é construído um panorama acerca das estratégias políticas dos Gamelas das comunidades Barra do Correntim, em Bom Jesus, Morro D'água e Prata, em Baixa Grande do Ribeiro, Pirajá, Passagem do Correntim e Laranjeiras, em Currais e Vão do Vico, em Santa Filomena, associadas à reivindicação ao acesso à terra e manutenção de seus territórios tradicionais entre 1970 e 2021. Para tanto, a autora ressalta o processo de emergência étnica dos povos indígenas Tabajara, Tabajara Tapuio-Itamaraty, Kariri, Gueguês do Sangue, Caboclos da Baixa Funda e Gamela, no Estado do Piauí. Tais casos possuem estrutura histórica semelhante aos processos de emergência étnica analisados nas últimas décadas pela antropologia no Nordeste.

Como último capítulo destaca-se o trabalho de Edvilson Lima. Trata-se de um levantamento bibliográfico que recupera a trajetória histórica que envolve o processo formador das terras quilombolas. A intenção é ao mesmo tempo que debate as questões sobre o uso e ocupação dessas áreas perceber a legislação em torno destas terras, sem deixar de observar os olhares, vivências e identidades construídas em torno desses territórios negros.

Como o leitor pode constatar, esta coletânea mostra a heterogeneidade do mundo rural brasileiro e o vigor da temática, trazendo diversas formas nas quais a atuação de homens e mulheres do campo foram desenvolvidas. Ao lado das práticas em relação às diversas formas de apropriação da terra e demais recursos naturais, a circulação e trocas de bens, pessoas e valores também foram apresentadas experiências fundamentais na construção de uma história social do agrário.

Belém, 14 de junho de 2022.

Francivaldo Alves Nunes
Márcia Milena Galdez Ferreira
Cristiana Costa da Rocha

DE CORSÉ LINGÜÍSTICO A ESTÍMULO INTELECTUAL. POR UNA MIRADA "DESOCCIDENTALIZADA" A LOS DERECHOS DE PROPIEDAD SOBRE LA TIERRA.

Rosa Congost
Universitat de Girona
rosa.congost@udg.edu

En el momento de elegir el título de este texto, he dudado entre los verbos "desoccidentalizar" o "desacralizar". Ambos pretenden resumir su temática central, que es la necesidad de cambiar el modo habitual –y por lo tanto dominante- de mirar a los derechos de propiedad. Esta manera de ver la propiedad se consolidó en la Europa occidental en un contexto de grandes transformaciones y consistió en procurar la sacralización de los derechos de propiedad existentes a partir de un lenguaje aparentemente nuevo. Si en el título de este trabajo he optado por el término "desoccidentalizar" no ha sido solo para evitar el carácter provocativo de la palabra "desacralizar", ni tampoco con motivo de que su publicación se prevea en Brasil, sino más bien para insistir en la importancia de las investigaciones llevadas a cabo en las sociedades no europeas para avanzar en el tratamiento de la problemática en todo el mundo, también en las sociedades occidentales, porque los estudios sobre estas sociedades, más que los de ninguna otra, son probablemente las que más se han resentido de un determinado vocabulario y, por lo tanto, también necesitan liberarse del corsé del que habla el título.

¿Pero de qué corsé y de qué estímulo estamos hablando? Es evidente que muchos científicos sociales interesados en la propiedad de la tierra no compartirán esta manera de presentar las cosas. Esta simple constatación me permite formular otra pregunta: ¿Por qué es tan difícil, a pesar de ser tan necesario, en el tema de la propiedad de la tierra, el diálogo entre distintos científicos sociales? De hecho, no solo estamos hablando de las dificultades de cualquier diálogo interdisciplinario derivadas de una excesiva especialización. Los problemas de diálogo también se dan en el campo más específico de la disciplina histórica, lo que nos lleva a una pregunta mucho más concreta: ¿Qué es lo que nos separa, en los estudios sobre la propiedad de la tierra, a los historiadores sociales de los historiadores económicos llamados institucionalistas? Me lo he preguntado muchas veces, en solitario o en congresos, acompañada de colegas tan ansiosos como yo de profundizar en la respuesta.

Es cierto que, en los últimos años, se han dado pasos importantes por parte de estudiosos de distintas escuelas que parecerían allanar el camino hacia el diálogo reclamado. Podemos verlo, por ejemplo, en la substitución del paradigma de una propiedad absoluta, dominante durante décadas en todas las escuelas historiográficas, por la concepción de la propiedad como un conjunto de derechos. La acuñación y el éxito de la expresión "bundle of rights" por parte de los historiadores neoinstitucionalistas muestra claramente que lo que nos separa a los historiadores sociales interesados en las relaciones de propiedad de los planteamientos de aquellos autores no es esta concepción plural de derechos, ni tampoco la consideración de la importancia de las instituciones y del Estado en el desarrollo económico y de los mercados. En los últimos tiempos, la reivindicación del estudio de lo informal y lo cotidiano también se ha convertido en un tema común. Pero, a pesar de todo ello, el diálogo no fluye. Hay que insistir, pues: ¿por qué continúa siendo tan difícil, y a veces imposible, el diálogo entre unos y otros?

Intuyo donde se halla la respuesta. Lo que nos separa es, básicamente, la mirada. No compartimos la manera de mirar a esas instituciones, a esos mercados, a esos derechos y a esas relaciones informales. En otras palabras, nuestros trabajos no encajan bien con los trabajos de los llamados neo-institucionalistas porque no comparten los mismos objetivos de los historiadores fundadores de aquella escuela. He decidido calificar esta mirada como convergente, concediendo a este adjetivo un doble sentido: a) es, indudablemente, la que ocupa hoy una posición dominante en los foros académicos de las ciencias sociales en torno al tema de los derechos de propiedad; y b) es una mirada orientada a dar respuestas a unas preguntas cerradas y ya establecidas de antemano. En cambio, la mirada divergente, que es la que nosotros reivindicaremos, se caracteriza por su disposición a admitir preguntas mucho más abiertas y, por lo tanto, capaces de generar una gran diversidad de respuestas. Por ello en el título hablo de estímulo intelectual.

Esta divergencia en la mirada se refleja en el uso del lenguaje. Me servirá como ejemplo una simple consulta en internet en torno al concepto antes citado de "bundle of rights". Esta expresión, en la Vikipedia en inglés, en el momento en que redacto este texto, es definida como "a metaphor to explain the complexities of property ownership". Sigue esta explicación complementaria: "Law school professors of introductory property law courses frequently use this conceptualization to describe "full" property ownership as a partition of various entitlements of different stakeholders". Esta definición, u otras parecidas que podemos hallar en muchos artículos académicos sobre el tema, constituyen una pista importante. No se trata de negar la utilidad de las metáforas en las ciencias sociales. Hace bastantes años, yo misma había defendido la necesidad de definir la "propiedad" como metáfora. Pero en mi concepción, el recurso a la metáfora era una forma de advertir sobre los problemas intrínsecos a cualquier idea establecida sobre la propiedad; en cambio, si definimos la expresión "bundle of rights", como hacen los autores de aquel artículo, como una metáfora de la "full property", ¿no estamos haciendo precisamente lo contrario? ¿no estamos convirtiendo en real la propiedad, y por lo tanto no estamos reificando el orden social idealizado por aquel concepto?

Ahí reside la divergencia más notable. Los historiadores sociales que reivindicamos el análisis de la pluralidad de derechos concretos, y por lo tanto, nos sentimos cómodos con el uso del concepto "bundle of rights", lo hacemos porque estamos convencidos que el concepto "propiedad" es un concepto abstracto cuya sacralización ha servido para eludir el estudio de las relaciones sociales, es decir, entre los grupos sociales.

Pienso que aquí se halla la clave de dos maneras claramente distintas de abordar el estudio de los derechos de propiedad, que se da en todas las ciencias sociales. Especialmente interesante es seguir algunos debates actualmente abiertos entre los juristas en torno a este tema, en los que algunos autores, come Merrill y Smith, defienden recuperar una visión esencialista de la propiedad privada frente al auge de una visión "skeptical" de un "bundle of sticks", que pueden variar de un contexto a otro y por lo tanto, puede acabar dando un golpe mortal, al debilitarlo, a un concepto cuya razón de ser es su fortaleza (MERRIL & SMITH, 2001). Merrill, por ejemplo, opina que la expresión "bundle of rights" deja entrever una visión hostil a la propiedad y por ello propone otra metáfora, la de un prisma: "if we want to start to undestand property as an institution, a better metaphor is a prism. The institution of property is like a prism that takes on a different coloration when viewed from different angles" (MERRILL, 2011). Y a continuación nos explica por qué prefiere esta metáfora a la del "bundle of rights": "the property prism, unlike the bundle, does not suggest that the constituent features of property are infinitely variable without regard to who is viewing it". Esta frase constituye otra buena definición de aquello que nos separa tanto en la forma: una mirada, como en el fondo: cierto miedo a no controlar la realidad, a que se multipliquen las variables a considerar. Para Merrill, el bundle of rights es una metáfora demasiado primitiva, inspirada en la iconografía de un campesino medieval cargando con leña. Este autor, al proponer la idea del prisma, quiere reforzar el carácter convergente de esta visión y por lo tanto de la visión unitaria y, como ellos mismos admiten y defienden, esencialista, de la propiedad (WYMAN, 2017).

En la práctica intelectual, el esfuerzo de muchos de los científicos sociales, historiadores neoinstitucionalistas o juristas, que han utilizado la expresión "bundle of rights" como metáfora de la propiedad, se ha concentrado en confeccionar una lista de derechos posibles, un "numerus clausus" de derechos: el derecho de posesión, el derecho de control, el derecho de exclusión, el derecho de goce, el derecho de disposición, etc. , y no tanto en la necesidad de tener en cuenta esta multiplicidad de derechos en cada caso, en cada individuo y en cada tradición jurídica. En cambio, ha sido esta necesidad la que nos ha llevado a muchos historiadores sociales a utilizar esta expresión como modo de escapar a la prisión de un vocabulario que restringía nuestra capacidad de análisis.

Este es el fondo del problema. Intentar fijar un determinado concepto de propiedad, aunque ya no sea el de "full property", aunque sea una lista de derechos, significa aferrarse al proceso de sacralización de la propiedad, es decir a la idea que ha actuado y ha estado actuando como metáfora de un orden social imaginario. Hace ya unos años, cuando me pareció oportuno distinguir entre el uso de la propiedad como realidad o como metáfora, tomé prestada la idea de unas palabras del historiador E.P.Thompson referidas al término mercado: "Es el mercado "un" mercado o es el mercado una metáfora?

Desde luego, puede ser ambas cosas, pero con demasiada frecuencia el discurso sobre "el mercado" expresa el sentido de algo definido, cuando, en realidad, a veces sin que lo sepa la persona que usa el término, se emplea como metáfora del proceso económico, o una idealización o abstracción de dicho proceso" (THOMPSON, 1993). Era fácil trasladar la referencia a "el mercado" a "la propiedad" como metáfora de "una idealización o abstracción de un proceso". Decir: la propiedad no se toca porque es sagrada; es una forma de decir: la propiedad no hay que tocarla porque es la piedra angular de la sociedad, es decir, del orden social existente. Desacralizar el concepto de propiedad es, en cambio, necesario para adentrarnos en un mar que, en la medida en que lo vayamos conociendo, aparecerá cada vez más convulso, es decir, más lleno de ambigüedades y contradicciones.

Habrá que ir paso a paso y empezar por lo más evidente. Y, de todo lo que hemos dicho, lo más evidente y revelador es que los historiadores y el resto de científicos sociales no podemos contentarnos con la imagen de la propiedad representada en los códigos, sino que siempre tenemos que contrastarla con la propiedad real, es decir, con las prácticas reales de propiedad. La expresión "bundle of rights" puede ser útil para llegar a conocer esas prácticas reales de propiedad en todas las tradiciones jurídicas, pero solo si abordamos su estudio de una manera abierta, lo que significará profundizar en los estudios de casos y abandonar las perspectivas estatales. De hecho, será esta perspectiva regional la que nos permitirá analizar el problema con una lente nueva, que llamaré divergente, porque difiere de la manera habitual de ver las cosas y porque puede aportar respuestas nuevas e innovadoras a los problemas que estamos planteando.

Desde la mirada dominante, el enfoque regional impide formular conclusiones generales y, por lo tanto, ensombrece los resultados de nuestra investigación. Pero desde la mirada divergente, este hecho no tiene por qué conllevar un empobrecimiento teórico, sino que significa justamente lo contrario: la posibilidad de analizar las cosas de un modo distinto y mucho más profundo. Sobre todo, la posibilidad de romper con la perspectiva top down que trata todo derecho de propiedad como derecho promovido y garantizado por el Estado. Esta otra metáfora, la de las lentes convergentes y divergentes, que tomamos prestada del psicólogo GILFORD (1950) nos es útil para resumir lo que separa las dos maneras distintas de examinar la propiedad, reflejadas en la tabla.

Tipo de Lente	Concepción de la propiedad	Tipo de análisis	Concepción del "bundle of rights" (haz de derechos)
A (convergente)	Relación jurídica entre los hombres y las cosas	Top Down (protagonismo de las élites)	Metáfora de la propiedad (Numerus clausus)
B (divergente)	Metáfora del órden social vigente	Bottom up/Top Down (relaciones sociales dinámicas)	Metodología de análisis de los usos y derechos de propiedad realmente existentes (algunos de los cuales pueden ser inesperados)

Vemos, pues, que en la posición A la expresión "bundle or rights" puede servir para mantener sacralizada "la propiedad"; en cambio, en la posición B la misma expresión se revela útil para desacralizarla. Por lo tanto, lo que proponemos desde la historia social es un cambio de lente que nos permita examinar los derechos de propiedad de un modo mucho más abierto de como habíamos acostumbrado a hacerlo los historiadores y como acostumbran a hacerlo los institucionalistas y la mayoría de los científicos sociales. Una lente de tipo divergente, es decir, una lente en la que las preguntas sobre los "bundle of rights" puedan tener respuestas múltiples y no necesariamente tienen que encajar con las visiones estereotipadas sobre la propiedad.

Todo lo que hemos dicho hasta aquí puede aplicarse al primer estadio de cualquier estudio histórico, el estadio de la observación. Pero este cambio en la mirada también es necesario para el paso siguiente, ya situados en el terreno de la interpretación. Una concepción demasiado estrecha de la propiedad –disimulada a veces tras la noción "bundle of rights"- limita el número de preguntas a las que hay que someter los datos reales. Por ello, resulta imposible emprender el enfoque que reclamamos a partir de los planteamientos teóricos fundadores de la escuela neoinstitucionalista o de visiones realizadas a partir de definiciones jurídicas. En cambio, la mirada que reclamamos implica la recuperación, en este campo, de una ambición teórica que los grandes nombres de la historia social de los años setenta reivindicaban pero que en el último medio siglo ha ido siendo eclipsada hasta el punto de apenas ser considerada en muchos trabajos. La desacralización y la desoccidentalización de la propiedad requieren esta ambición. Espero que estas palabras no sean leídas como una provocación, sino como una llamada al diálogo a todos los historiadores de buena voluntad interesados en la problemática que estamos tratando.

La observación regional como base de una nueva universalidad en la interpretación.

Voy a dedicar la segunda parte de este trabajo a defender, a partir de mi propia trayectoria investigadora en una pequeña región europea, y a partir de mis contactos con los investigadores de América Latina, la necesidad de un marco teórico que pueda servir para el análisis de cualquier realidad histórica y, por lo tanto, como vía de superación de muchas trampas tendidas por la visión europeísta dominante.

Para ello, defiendo la necesidad de observar cualquier uso y derecho relacionado con la propiedad desde una perspectiva realista y relacional —es decir, teniendo en cuenta su pluralismo y sus repercusiones en el conjunto de la población- e interpretar su movimiento en términos del juego dinámico y dialéctico entre los derechos como acción —tanto individuales como colectivas- y los derechos —tanto los teóricos como los prácticos- como estructura. Esta perspectiva nos obliga a tener en cuenta el conjunto de los grupos sociales, con sus múltiples interrelaciones, como vía necesaria para superar la tendencia teleológica o unilineal que se esconde tras las visiones clásicas sobre la propiedad, que incluyen dicotomías y dualismos que suelen contraponer la propiedad individual privada, considerada ideal, a otros tipos de propiedad (CONGOST, 2007, 2020).

He llegado a esta conclusión a partir de mi propia experiencia investigadora sobre España y en concreto sobre Cataluña y también de las lecturas realizadas sobre los países que han ejercido como modelos indiscutibles y universales. Pronto percibí que en muchos de estos países las imperfecciones habían tendido a pasar desapercibidas. ¿Qué sentido tenía estudiarlas como imperfecciones, parecían pensar los historiadores de aquellos países, si el país había tenido éxito económico? Pero, entonces, ¿no estábamos haciendo algún tipo de trampa? ¿no estábamos acomodando nuestro discurso histórico al presente? Así, pues, si bien en un principio fueron mis investigaciones empíricas sobre Cataluña las que me llevaron a todas estas disquisiciones, pronto comprendí que el mejor modo para avanzar en el proceso de desacralización del concepto de propiedad era reflexionar sobre los países que se habían erigido como modelos. Solo haciéndolo así, se podrían superar las limitaciones de la visión jurídicista o estatista de la propiedad. Se trata de un paso que no es posible realizar a partir de un país conceptuado de antemano como retrasado, y no estamos hablando únicamente de antiguas colonias o de países no europeos sino de algunas potencias imperiales, como España. Y ello por una razón muy sencilla: insistiendo en señalar las imperfecciones de la propiedad en los países que no consiguieron estar en la primera línea del desarrollo histórico en la era de la industrialización, en realidad hemos estado reforzando la idea de que existía un modelo de propiedad perfecta, en la medida en que estamos percibiendo aquellas supuestas imperfecciones como causantes del atraso.

En cambio, si observamos los países triunfadores como casos de estudio en los que es posible detectar experiencias relativas a los derechos de propiedad que objetivamente pueden ser calificadas como imperfecciones o como desviaciones de los modelos ideales dominantes, las reflexiones que se derivarán de nuestro estudio adquirirán un carácter más combativo y, lo que es más importante, más universal. Ello solo lo podemos hacer a partir de la provincialización/ regionalización de los supuestos modelos nacionales de Francia, Inglaterra y los Estados Unidos. La "provincialización", es decir, la conversión de los supuestos casos modélicos de la propiedad en simples casos de estudio, es la mejor –tal vez la única- manera de operar para llevar a cabo la desacralización de la propiedad.

¿Por qué veo tan necesaria esta operación? Algunos escritos sobre la propiedad invocan su carácter sagrado con el mismo fervor con el que en otras épocas la mayoría de "científicos" concebían que la tierra constituía el centro del universo. Y demasiado a menudo he constatado en los libros de historia que los recelos en aplicar el concepto de propiedad a las sociedades de antiguo régimen desaparecen al atravesar el umbral de la época contemporánea. Como si en esa época la propiedad constituyera una especie de pared sólida a prueba de bombas. Confieso que, en la búsqueda de diálogo con otros científicos sociales, como los sociólogos y los antropólogos, ese tipo de visión ha significado algunas veces un obstáculo difícil de soslayar. Esta circunstancia ha afianzado en mi esta idea: es a los historiadores y especialmente a los historiadores sociales que nos corresponde desmitificarla.

Es necesario tratar sobre los siglos XVIII y XIX porque se trata del período en que nació, se consolidó y triunfó la idea de la propiedad absoluta en muchos códigos europeos. También es interesante constatar que ello ocurrió tanto en países donde se impuso la codificación como en aquellos en que se impuso y se difundió la "common law". De hecho, una de las principales ventajas de la mirada que aquí denominamos divergente, es que puede servir para todas las tradiciones jurídicas, no solo las occidentales. En su libro "El robo da la historia", Goody no solo denuncia la visión del feudalismo como una etapa progresiva del desarrollo histórico occidental sino también la búsqueda de un feudalismo universal, basado en la interpretación legalista. Para ello propone romper con la idea de que "la propiedad" individualista solo se da en Europa a partir del ejemplo del Imperio otomano (GOODY, 2006). Cuando leí estas palabras de Goody recordé un episodio histórico vivido y descrito por el mismísimo Napoleón, durante la efímera ocupación francesa de Egipto a fines del siglo XVIII:

> Consultado sobre la gran cuestión : si era preferible conservar las leyes y los usos que regían las propiedades a adaptar las leyes de Occidente, donde las propiedades son inconmutables y transmisibles, sea por actos de buena voluntad, por donaciones entre vivos, o por ventas libremente consentidas, en todos los casos siguiendo las leyes y las formas establecidas, la gran asamblea no vaciló; declaró unánimemente que las leyes de Occidente eran conformes al espíritu del libro de verdad; que era pos estos principios que había estado gobernada Arabia desde los Omniadas, Abasidas y Fatimitas; que el principio feudal de que toda tierra pertenecía al sultán había sido aportado por los Mongoles, los Tártaros y los Turcos; que sus antepasados sólo se habían sometido él con repugnancia. Se discutió acaloradamente sobre la supresión de los *moultezims* y el enfranquecimiento de las tierras *atar*... Se acordó con los imanes que todas las tierras pertenecientes a las mezquitas, de cualquier naturaleza que fueran, serían arrendadas a enfiteusis por noventa y nueve años (BONAPARTE, 1798-99).

En la mayoría de países que adoptaron la codificación, el caso francés ha servido de modelo universal, pero este ejemplo demuestra que esta universalidad podía adoptar muchas caras. Piketty, en su libro *Capital e Ideología*, no duda en considerar a Francia la cuna de la consagración del derecho a la propiedad como derecho universal, y recurre a la idea de "la gran demarcación" de BLAUFARB (2016), para señalar el triunfo de la nueva propiedad:

> La Revolucion francesa puede ser vista como una experiencia de transformación acelerada de una sociedad ternaria antigua. En la base se halla un proyecto de "gran demarcación" entre las formas antiguas y nuevas del poder y de la propiedad. Se trataba de operar una separación estricta entre las funciones regalianas (monopolio del Estado centralizado) y el derecho de propiedad (prerrogativa del individuo privado), mientras que la sociedad trifuncional descansaba por el contrario en el enredo de estas relaciones. Esta "gran demarcación" significó en cierta manera un éxito, en el sentido en que contribuyó efectivamente a transformar de forma duradera la sociedad francesa, y en cierta medida las sociedades europeas vecinas" (PIKETTY, 2019).

Pero ¿cómo se realizó esta transmisión a los países vecinos, es decir, a los países que no habían conocido nada parecido a una revolución como la francesa? Aunque nos gustaría que el autor se hubiera explayado un poco más en este hecho, vale la pena continuar leyendo el párrafo que viene a continuación, porque es el que confiere al modelo francés el carácter universal que se le ha otorgado:

> Se trataba además de la primera tentativa histórica de crear un orden social y político fundado sobre la igualdad de derechos, independientemente de los orígenes sociales de unos y otros, todo ello en una comunidad humana de gran tamaño para la época, que había estado organizado durante siglos a partir de fuertes desigualdades estamentales y geográficas.

Ahora bien, cuando llega el momento de señalar las contradicciones de aquella operación, Piketty considera patente el fracaso de la Revolución francesa en "la cuestión de la desigualdad de la propiedad". Una de las consecuencias directas de este fracaso fue el triunfo del propietarismo, y el papel jugado por esta ideología entre "emancipación y sacralización":

> La ideología propietarista tiene una dimensión emancipatoria que no debemos olvidar jamás, y al mismo tiempo contiene en ella misma una

tendencia a la casi-sacralización de los derechos de propiedad establecidos en el pasado –fuera la que fuera su amplitud y su origen- que también es real, cuyas consecuencias desigualdadoras y autoritarias odían ser considerables.

Para Piketty, pues, la revolución francesa fue un momento de ruptura emblemática en la historia de los regímenes desiguales, de carácter ambiguo, porque significaba, por un lado, una promesa de estabilidad social y política y al mismo tiempo "emancipación individual, porque el derecho de propiedad se reputa abierto a todos, o al menos a todos los adultos de sexo masculino".

Ahora bien, en las conclusiones del mismo libro, Piketty, haciendo suyas las observaciones de Goody, confiesa sus temores a no haberse sustraído suficientemente a "los límites de la desoccidentalización de la mirada". El papel otorgado a la revolución francesa por Piketty ha influido en el título de esta contribución tanto como sus temores a no haber conseguido "desoccidentalizar la mirada". También en este texto, como en el de Piketty, "la Revolución francesa aparece continuamente y la experiencia de Europa y de los Estados Unidos ha sido solicitada constantemente, sin relación con su peso demográfico". Pero en mi caso, como he argumentado, ésta era una condición necesaria para iniciar el proceso de desoccidentalización.

Preguntarse si lo estamos consiguiendo es preguntarse: ¿Hasta qué punto todo lo que estoy diciendo puede servir para los investigadores que están trabajando sobre América Latina, sobre Brasil y, por lo tanto, para los lectores de este libro? Ya he dicho que, en parte, han sido mis contactos con los colegas de América Latina los que me han convencido de la necesidad de "desoccidentalizar" la mirada a la propiedad, pero seguramente ello ha sido posible porque la mirada dominante en América Latina participa de los mismos prejuicios. Debemos preguntarnos, pues, sobre el peso de las contradicciones entre "emancipación" y "sacralización" señaladas por Piketty, primero para Francia, y de hecho, para el conjunto de los países europeos, en los países de América Latina.

De hecho, las revoluciones de los países de la América del Sur, como la francesa, y como la norteamericana, también pudieron ser vistas como el punto de arranque del inicio de una línea ascendente de progreso. Voy a limitarme a señalar como ejemplo claro de la fuerza del modelo francés en América Latina los últimos escritos de Francisco Bilbao, publicados en 1865, en los que tras reconocer la influencia del modelo francés en su formación y visión política e intelectual –"creían que las ideas eran francesas"- reniega de aquel modelo, que considera, en realidad, el modelo europeo[1]:

> Y por qué nosotros, Sud-Americanos, andamos mendigando la mirada, la aprobación, el apoyo de la Europa? —¿Y en Europa, por qué hemos elegido a la más esclavizada y a la más habladora de todas las naciones para que nos sirva de modelo en literatura putrefacta, en política despótica, en filosofía de los hechos, en la religión del éxito, y en la grande hipocresía de cubrir todos los crímenes y atentados con la palabra civilización ? He aquí un fenómeno que merece ser dilucidado, y sobre el cual vamos a hacer algunas indicaciones. También nosotros hemos sido uno de tantos que han creído no en virtud de los hechos, sino de los escritores, oradores y poetas, que la Francia era la nación iniciadora, la nación libre, que consagraba su genio a la libertad del mundo. También hemos sido uno de tantos, que han gemido con sus desgracias, creyéndola víctima del porvenir; (todo esto porque asi nos lo enseñaban) Pero....mentira todo eso! La Francia jamás ha sido libre. La Francia jamás ha libertado. La Francia jamás ha practicado la libertad. La Francia jamás ha sufrido por la libertad del mundo. No conozco en la historia de la Francia, es decir en el periodo de dos mil años, sino cuatro meses de gobierno libre: los meses de Marzo, Abril, Mayo y Junio de 1818. (Y aun esto se duda.) ¡Qué espantoso sería demostrar año por año la proposición que acabamos de sentar! ¿Y por qué los Americanos del Sur (hablo en general) han abdicado su espíritu y elegido a la Francia por modelo? (BILBAO, 1865).

---

[1] En un trabajo anterior, argumenté que la historiografía española había sido influenciada por los modelos inglés y francés de un modo que califiqué como híbrido (Congost, 2007). También sugerí que el mismo carácter híbrido, esta vez entre un supuesto modelo español y el modelo norteamericano podría aplicarse a casos de América Latina, como Argentina (Congost, 2006). Pero hoy tal vez matizaría aquellas palabras. Sin duda, el peso del modelo español continuó siendo muy importante en el mundo jurídico, como revela el impacto de las obras de Escriche en algunos paises latinoamericanos (Escriche, 1856). Pero seguramente había exagerado el peso del modelo español entre los intelectuales. España había sido metrópoli, pero precisamente por ello seguramente no podía ser vista por las élites de las antiguas colonias como el modelo a seguir. La hibridez del modelo latinoamericano, en los países que fueron objeto de codificación, residía más bien en la progresiva substitución del modelo francés por el modelo norteamericano, que aquí presento a partir de los escritos de Bilbao.

Ahora bien, Bilbao, que desde siempre había optado por la "desespañolización" de los países de América del Sur, y con el tiempo se había desengañado del ejemplo francés, no renegaba de cualquier modelo. Unos párrafos antes del mismo escrito ya había proclamado su admiración hacia los Estados Unidos:

> No así la América del Norte - ¿Cuál es la razón de tan notable diferencia? - ¿Por qué en Estados Unidos se ve ese desarrollo tan completo e integral de las facultades humanas? ¿Por qué son ellos, la Nación libre, la Nación sabia, la Nación potente? -- ¿Por qué tienen ellos una literatura sui-generis, expresion magnífica del Nuevo mundo, un progreso científico e industrial que no reconoce superiores en Europa? -¿Por qué son ellos , en fin , la patria de la libertad en el hogar, en el municipio, en el condado , en el Estado, en la Nacion ? ¡Porque son LIBRES DE ESPÍRITU! ¿Y por qué nosotros, ¿Sud-americanos, andamos mendigando la mirada, la aprobacion, el apoyo de la Europa?

Estas palabras servirán para poner punto final a este apartado. Aunque su autor reclama la necesidad de liberarse de Europa para ser "libres de espíritu", el recurso a los Estados Unidos como modelo muestra unas líneas de continuidad en el pensamiento que me parece necesario señalar. En realidad, se trataba de la misma mirada unilinear del progreso que continuaba haciendo abstracción de los conflictos sociales vividos a lo largo del tiempo. Así, por ejemplo, aunque un poco antes se había referido a la necesidad de abolir la esclavitud en Brasil con palabras muy duras, a Bilbao no parecía preocuparle demasiado el modo violento como se había llevado este proceso en los Estados Unidos. Casi al mismo tiempo que Bilbao, Nicolás Avellaneda, para quien la política colonial de Francia en Argelia era el contraejemplo a seguir, escribía su tratado sobre tierras públicas, en el que el ejemplo de los Estados Unidos, y su ley del Homestead, brillaba (AVELLANEDA 1865). Como en el caso anterior, los conflictos sociales vividos en los Estados Unidos en torno a la ocupación de las tierras indígenas habían desaparecido de la escena.

Releyendo la obra completa de Bilbao, se pueden percibir algunos párrafos, sobre la necesidad de tomar en consideración a los indios americanos o la radical condena de la esclavitud, por ejemplo, que anuncian una mirada distinta. Pero el paso del modelo francés al modelo norteamericano que vemos reflejado en los escritos que hemos reproducido de Bilbao no significaba un cambio de lente, sino más bien la aplicación esquemática y tautológica, y por lo tanto abusiva, de una noción potencialmente innovadora, como la de "path dependency", que más tarde compartirán los historiadores económicos neoinstitucionalistas, haciendo derivar el desarrollo económico de las colonias de lo sucedido previamente en las colonias de cada metrópolis (ACEMOGLU & ROBINSON, 2012). En la versión de Bilbao, los países de Latinoamérica sufrían las consecuencias de haber sido colonias de un país católico y conservador como España, a diferencia de las colonias del norte, que habían sido pobladas por disidentes religiosos portadores de ideas nuevas. Los procesos de independencia no habían conseguido borrar estas diferencias.

De hecho, la adopción del modelo norteamericano, a pesar de ser presentada como antieuropea, y como liberadora, constituía un modo de adaptarse al nuevo orden económico occidental y consolidaba el propietarismo como ideología justificadora de las desigualdades sociales. En nombre de unos derechos supuestamente universales e indiscutibles, se excluía de estos derechos a una gran parte de la población, y en particular a los indígenas y a los esclavos. Por lo tanto, la adopción de los Estados Unidos como nuevo modelo por parte de muchos políticos o intelectuales latinoamericanos no implicaba un cambio de mirada hacia la desoccidentalización. Más bien lo contrario. A pesar del desengaño respeto del modelo francés, la mirada de la mayoría de autores influyentes continuaba siendo juridicista, estatista y claramente europeísta en el sentido que partía de la consideración de la superioridad de la raza blanca. Estas son las características de la mirada que hemos llamado convergente en este trabajo y que resulta especialmente dolorosa e inmoral cuando las sociedades observadas son las coloniales.

A modo de conclusión

Vamos a intentar resumir las principales ideas de este trabajo. En la primera parte, he insistido sobre las dos maneras posibles de observar la pluralidad de derechos de propiedad, resumida en la expresión "bundle of rights". La mirada neoinstitucionalista –que hemos considerado convergente, en tanto que dominante- concibe y define el "bundle of rights" como una metáfora de "la propiedad", es decir como expresión de algo que continúa siendo concebido de un modo unitario y esencialista. La mirada divergente, en cambio, que es la que proponemos nosotros, utiliza la expresión "bundle of rights" –u otras equivalentes- para conseguir descifrar la realidad social, compleja y dinámica por definición, y por tanto imposible de definir de antemano, que se esconde en cada caso tras la idea de "la propiedad". En la segunda parte hemos visto que este "cada caso" tiene especial relevancia, por lo que reivindicamos la necesidad de considerar como casos regionales, y por lo tanto sólo descifrables a partir de su estudio concreto, los países que han dado lugar a modelos supuestamente universales, como Francia, Inglaterra y los Estados Unidos que, no por casualidad, han sido cuna de las distintas teorías sobre la propiedad. Es esta la razón por la que la simple substitución de un modelo por otro y, en concreto del modelo francés por el modelo norteamericano, que hemos seguido a partir de los escritos de Francisco Bilbao, adolece de las mismas limitaciones interpretativas que hemos visto reflejadas en la forma de utilizar la expresión "bundle of rights" –nacida en los Estados Unidos- por la mayoría de los historiadores institucionalistas. Ello es así porque en ambos casos se trata de una mirada occidentalizada, es decir, que no tiene en cuenta al conjunto de la sociedad, a pesar de su pretendida universalidad.

Por lo tanto, no solo es posible, sino que es necesario substituir la mirada dominante por otra que nos permita vencer los prejuicios ideológicos que aquella encierra. En mi caso, empecé a "divergir" en los archivos de una pequeña región europea que no acababa de encajar con los discursos historiográficos dominantes. Yo animaría a todos los investigadores a realizar el mismo ejercicio a partir de la realidad histórica que está siendo objeto de su estudio. Podemos aprender mucho unos de otros. Quiero decir que yo he aprendido mucho de las "divergencias" señaladas por mis colegas latinoamericanos. De hecho, las realidades no europeas, como las latinoamericanas, hacen más evidentes y más denunciables tanto los prejuicios ideológicos como la linealidad y la simplicidad de los discursos académicos dominantes. Y, de golpe, el contenido de aquellos discursos deja de ser un corsé para convertirse en un estímulo para múltiples, variadas e inesperadas líneas de investigación. Esta es la fuerza de una mirada divergente.

BIBLIOGRAFÍA

Acemoglu, Daron y James A. Robinson (2012), *Por qué fracasan los países: los orígenes del poder, la prosperidad y la pobreza*, Barcelona, Deusto.

Avellaneda, Nicolás (1865), *Estudios sobre las leyes de tierras públicas*, Kessinger Publishing, LLC (18 abril 2010)

Bilbao, Francisco (1865), *Obras completas*, Buenos Aires, Imprenta de Buenos Aires, Volumen II.

Blaufarb, Rafe (2016), *The great demarcation. The French Revolution and the invention of modern property*, Oxford, Oxford Uniersit Press.

Bonaparte, Napoleon (2016 [1798-1799]), *Mémories de Napoléon: Tome 2, La campagne d'Egypte, 1798-1799*, Éditions Tallandier.

Congost, Rosa (2006): «Leyes liberales, desarrollo económico y dinamismo histórico. El test de los propietarios prácticos», en A. Reguera (coord.) *Los rostros de la modernidad vías de transición al capitalismo : Europa y América Latina, siglos XIX-XX*, Rosario (Argentina)

Congost, Rosa (2007), *Tierras, leyes, historia. Estudios sobre "la gran obra de la propiedad"*, Barcelona, Crítica.

Congost, Rosa (2020), "Cincuenta años de estudios sobre la propiedad. Un balance y algunas propuestas", en Díaz-Geada, Alba y Lourenzo Fernández Prieto (coord..), *Senderos de la Historia. Miradas y actores en medio siglo de historia rural*, Albolote, Comares.

Escriche, Joaquín (1856), *Manual del abogado americano*, París, Librería de Garnier Hermanos.

Gilford, J.P. (1950), "Creativity", American Pyschologist, 5 (9), p. 444-454.

Goody, Jack (2006), *El robo de la historia*, Madrid, Akal.

Merrill, Thomas (2011), "The Property Prism", *Econ Journal Watch*, 8, pp.247-254.

Merrill, Thomas W., and Henry E. Smith (2001), "What Happened to Property in Law and Economics?", *Yale Law Journal*,111: 357-398

Piketty, Thomas (2019), *Capital e ideología*, Barcelona, Deusto.

Thompson, E.P. (1993), "La economía moral revisitada", en *Costumbres en común*, Barcelona, Crítica.

Wyman, Katrina M. (2017), « The New Essentialism in Property », *Journal of Legal Analysis*, Volume 9, Issue 2, 1 December 2017, pp.183-246

PROPRIEDADE, PRODUÇÃO E CONSUMO

CAPÍTULO 1

ROCEIROS, EXTRATORES E O VIVER NOS SERTÕES AMAZÔNICOS DO SÉCULO XIX: APONTAMENTOS HISTORIOGRÁFICOS, CONCEITUAIS E DE DOCUMENTAÇÃO[1]

Francivaldo Alves Nunes
Edilza Joana Oliveira Fontes

Apresentando a historiografia

A discussão a que nos propomos fazer neste texto está arraigada, inicialmente, aos debates sobre os programas de controle sobre as populações rurais no Brasil durante o período da escravidão e as relações com as experiências de trabalho livre. A intenção, em boa parte desses estudos, é justificar a criação desses programas, boa parte associados à colonização como resultados de demandas da economia escravista. Nesse sentido, é recorrente a utilização dos estudos de Emília Viotti da Costa (1966) sobre São Paulo, Fernando Henrique Cardoso (1962) sobre o Rio Grande do Sul, Octavio Ianni (1979) sobre o Paraná e os trabalhos mais gerais de Paula Beiguelman (1977) e Florestan Fernandes (1972) para compreender o contexto e os elementos que justificariam a criação desses projetos colonizadores como estímulo ao maior

---

1 Texto associado às pesquisas desenvolvidas através do projeto "Roceiros, extratores e o viver nos sertões amazônicos: Estado Imperial entre interesses de observação e estratégias de controle", financiado pelo CNPq.

aproveitamento do trabalho livre, justificado pela maior escassez de trabalhadores escravizados.

Esses estudos têm em comum a preocupação em entender a repercussão do escravismo no desenvolvimento geral da economia brasileira, enfatizando a concepção de que as experiências de trabalho livre e a criação de programas de colonização, que experimentariam o uso desta mão de obra, surgiriam como resultado de demandas sociais e econômicas da escravidão. No entanto, não se estabelece nas observações desses autores uma discussão mais voltada para as percepções construídas em torno das atividades econômicas propostas, as formas de ocupação da terra e do que estava se produzindo nesses espaços.

No caso dos estudos que analisam mais diretamente os programas de colonização da segunda metade do século XIX, estes têm apontado o seu surgimento como resultante da própria decadência do trabalho escravo no Brasil, sendo que quase sempre associam essas ações do governo imperial a uma política de introdução de colonos estrangeiros, sem um debate sobre o que está se pensando em fazer com os colonos nacionais. Nessa perspectiva, José Evandro Vieira de Melo (2006) analisa o processo de fragmentação fundiária em Lorena, São Paulo, o que lhe possibilita identificar a criação dos núcleos coloniais como parte da política de imigração desenvolvida no Brasil para atrair colonos para a lavoura cafeeira. Essa perspectiva é também compartilhada por Filippini (1990), quando estuda o núcleo colonial Barão de Jundiaí e Regina Maria d'Aquino Gadelha (1982), ao abordar a colonização de São Paulo como uma relação entre os núcleos coloniais e o processo de acumulação cafeeira.

Considerando que parte da historiografia, principalmente do Sudeste, tem apresentado as experiências de colonização e trabalho livre numa associação com a crise escravista, e em certa medida dependente do modelo de produção escrava, na Amazônia destacaram-se abordagens que associam principalmente a implantação desses programas como resultante do desenvolvimento da produção extrativa da borracha. Roberto Santos (1980), estudando a economia da Amazônia ao longo do século XIX, atribui à criação desses programas associada à crise da agricultura na região, visto que parcelas significativas de trabalhadores agrícolas haviam se deslocado para as áreas de extração da borracha. Essa posição é também compartilhada por Bárbara Weinstein (1993). Ambos identificam uma carência de trabalhadores agrícolas e, nesse sentido, as políticas de colonização estariam condicionadas às demandas da economia extrativa. Trabalhos como o de Samuel Benchimol (1999) e Ernesto Cruz (1958) não se furtam a esse debate. No caso deste último, acrescenta-se a perspectiva de que os programas de colonização eram resultados também de uma visão empreendedora dos governantes em defesa do povoamento da região.

Nossa preocupação ao estudar os roceiros e extratores no século XIX na Amazônia, no caso nas províncias do Pará e Amazonas, pauta-se por entender os debates sobre os programas de colonização e controle sobre as populações do interior, de forma a incluir os aspectos econômicos, mas também compreendendo essas ações públicas como estratégia política de dominação sobre extensas áreas de florestas e da população nacional que vivia nesses espaços. Nesse aspecto, a intervenção do Estado deve ser analisada, não apenas vinculada às problemáticas regionais ou envolvendo apenas grupos e setores locais, ou ainda com interesses mais diretamente relacionados a esses programas, mas como processo que ajuda pensar a própria construção do Estado imperial no Brasil, e em que os programas também desempenharam um papel importante, contemplando interesses de grupos locais ao mesmo tempo que afirmava a autoridade do governo imperial na região, perpassando por interesses econômicos.

As reflexões anteriores, portanto, compartilham com os estudos de Paulo Pinheiro Machado (1999, p. 13) quando se propõe a analisar a política do Estado imperial com respeito às experiências de colonização para a pequena propriedade no Brasil meridional, particularmente na década de 1870 no Rio Grande do Sul. No caso, buscavam-se levantar as continuidades e descontinuidades desse serviço, seus diferentes objetivos, limites e possibilidades. A ideia era que "o Estado brasileiro aprimorou e atualizou constantemente a legislação, as normas, a estrutura burocrática e administrativa, a infraestrutura portuária e terrestre e os contratos internacionais", constituindo assim como agente central das políticas de colonização, que se pautavam também na busca de controle das populações nativas que ocupavam os espaços de floresta.

Terra e colonização, entre outros conceitos

Estudar as políticas de colonização e controle das populações na Amazônia, sob o ponto de vista do processo de ocupação da terra e produção agrária, considerando o debate historiográfico anterior e as proposições de pesquisa que se apresentam nos levam a refletir sobre algumas questões associadas à concepção de espaço e usos da terra.

No que diz respeito à dinâmica de ocupação dos espaços, a partir de estratégias de colonização como instrumento de controle e dominação, parte-se aqui do pressuposto de que incorporar a categoria *espaço* na explicação histórica não é nem uma tarefa evidente. A começar pelo fato de que, como alerta Durval Muniz de Albuquerque Júnior (2008), em grande medida, os historiadores têm prestado pouca atenção ao espaço, tomando-o como algo dado, quase como um cenário onde se desenrola o drama humano.

Não há dúvida que a tradição da história sobre o rural no Brasil certamente não deixou de lado uma reflexão atenta sobre o espaço. A influência da historiografia francesa, notadamente de alguns estudos clássicos de Marc Bloch e Lucien Febvre, por exemplo, deixou marcas profundas nas perspectivas de trabalho dos historiadores brasileiros. Pouco a pouco, consolidou-se no Brasil um campo de estudo das atividades agrárias, e igualmente, com o desenvolvimento de modelos explicativos e metodologias que procurassem dar conta das especificidades da complexa estrutura agrária do Brasil, como, por exemplo, os trabalhos de Maria Yedda Linhares e Francisco Carlos Teixeira da Silva (1981, 1995).

Em 2007, por exemplo, Márcia Motta e Elione Guimarães propuseram uma série de novas perspectivas sobre história agrária. Baseadas em pesquisas mais recentes, indicam a importância das reflexões que relativizam o "caráter monocultor" do passado brasileiro, que enfatizam as "estratégias de sobrevivência" dos pequenos produtores, lavradores e plantadores. A renovação dos estudos de história agrária reside na sua rearticulação no sentido de uma *história social* do rural, que quer "reconstruir a história dos movimentos sociais e das lutas pela terra a partir de uma metodologia que rompe com esquemas pré-concebidos, reconstituindo ou buscando reconstruir o passado em suas complexas matrizes, de forma a considerar as experiências e usos da terra" (MOTTA; GUIMARÃES, 2007, p. 109).

Ao discutir a ocupação do espaço por roceiros e extratores, interessa aqui também refletir sobre os debates em torno do problema da localização e da difusão dos fenômenos. Uma das principais perguntas sobre essa temática é "onde" se dá esse processo de ocupação. Segue-se naturalmente outra indagação: "por que ali?". Assim, além de localizar os fenômenos espacialmente, é preciso explicar a razão dessa distribuição. Passo fundamental para a pesquisa, portanto, é compreender os sentidos da defesa de uma ocupação agrícola e extrativa na Amazônia de forma organizada, a partir dos interesses do Estado, mas também das populações que ocupam a região. "Onde" e "por que" são nesse sentido perguntas fundamentais. Afirmar a importância das atividades econômicas ligadas à agricultura e extrativismo nesses espaços, portanto, exige uma explicação não só sobre os lugares em que se concentram essas atividades (inclusive apostando numa cartografia dessa distribuição), mas também sobre as razões e movimentos dessa ocupação. Não se pode assumir que essa distribuição em regiões decorra apenas das condições ecológicas, muito embora esteja certamente condicionada por elas. A dinâmica espacial relacionada à produção rural decorre das formas como a população desses espaços se organizou e igualmente como os grupos que a compuseram representaram esses locais de produção e povoamento.

Por outro lado, é preciso tomar a área que se estuda não como um espaço isolado, mas também a partir das relações que estabelecem com outras áreas, não necessariamente contínuas ou mesmo contíguas. Essas relações são também de natureza espacial e certamente temporal, pois tanto a distribuição como as relações se transformam ao longo do tempo. Certamente, há dinâmicas internas e externas que ajudam a compreender a dinâmica espacial da economia e sociedade, e que, definitivamente, a reflexão sobre "centros" e "periferias" não dá conta de explicar (RICCI, 2003).

Um caminho profícuo foi trilhado a partir da primeira metade do século XX por Carl Ortwin Sauer e a chamada Escola de Berkeley (CORRÊA; ROSENDAHL, 2000). Boa parte das pesquisas de Sauer (e de seus seguidores) se concentrou no processo de "difusão espacial" de plantas e animais. Não se tratava somente de identificar geograficamente os lugares de concentração de determinados gêneros, mas sim de entender a dinâmica de sua difusão geográfica, muitas vezes numa longa escala de tempo. *Agricultural origins and dispersal*, por exemplo, é modelar dessa perspectiva ao examinar os padrões de cultivo e disseminação de espécies vegetais e animais no velho e novo mundos, inclusive com um capítulo dedicado à América do Sul (SAUER, 1952, p. 40-61).

Outro estudo sobre a perspectiva de uma distribuição de conhecimento e experiências de cultivo é o trabalho de Andrew Clark, discípulo de Sauer, que investigou, entre vários temas, os mecanismos de difusão das práticas de uso da terra, nas ilhas da Nova Zelândia, e a importância do que ele denomina de "localização relativa" para essa compreensão. Clark argumenta basicamente que, apesar das similaridades da Nova Zelândia (principalmente a ilha sul) com as condições geográficas da Inglaterra, os padrões de uso da terra foram profundamente influenciados pela proximidade com a Austrália. O caso em questão, explica o autor, é somente um exemplo de uma "infeliz tendência entre geógrafos e historiadores em focar principalmente sua atenção em regiões, tomando sua localização relativa a outras partes da terra apenas como uma questão de menor importância" (CLARK, 1945, p. 230).

A indagação sobre a distribuição e difusão espacial dos fenômenos no universo espacial da lavoura e da extração não apenas é algo observável nas propostas de maior controle sobre as experiências produtivas nos sertões amazônicos. Trata-se de pensar essas ações do governo brasileiro para a região como estratégia de posicionar a região em uma rede de comércio mundial, não apenas disponibilizando seus produtos, como ainda importando novas espécies para cultivos e novas técnicas e implementos de plantio e extração.

A terra é outro tema que ganha relevância nesse projeto. Contudo, o seu estudo deve estar pautado de modo a percebê-la para além de uma suposta materialidade inviolável. Ela é mais do que um documento de propriedade estipulado ou assinado em um cartório ou livro de registro, mas como produto da ação humana e elemento de construção de valores.

Já há algum tempo os historiadores sociais trabalham os usos da terra de maneira mais ampla (GUIMARÃES; MOTTA, 2007; OLINTO; MOTTA; OLIVEIRA, 2009; MOTTA; ZARTH, 2009). Nesse sentido, passou-se a valorizar a relação entre a história da ocupação de terras e o que dessa relação se produzia com a história dos costumes e usos sociais da terra no Brasil. É preciso notar que a bibliografia que analisa os movimentos rurais no Brasil imperial tem certa vinculação com estudos que vêm da França e da Inglaterra, como já foi mencionado. Marc Bloch (2002) e Lucien Febvre (2000) já desde o início do século XX dedicaram estudos sobre o mundo rural, a função social da terra ou de rios e florestas para a história social francesa em uma tentativa de construção de uma história, na qual a força da geo-história era evidente.

Nos estudos atuais no Brasil, em que existe um nítido interesse em interpretar o campo de estudo da história social da terra com conflitos entre os interesses do Estado e as populações rurais, os estudos propostos pela chamada nova esquerda britânica são inspiradores. Nesse sentido, trabalhos como os de Georges Rudé e Eric Hobsbawm (1992) sobre as formas de rebeldia e movimentos sociais no mundo moderno, sobre história vinda de baixo ou, ainda, a ideia de invenção das tradições são significativos (RUDÉ, 1995; KRANTZ, 1988). Em uma linha de trabalho próxima, pode-se citar ainda os estudos mais culturais como os de Edward Thompson (1979, 1998 e 1987) e seus livros sobre os conceitos de classe e experiência de classe, ou ainda outros onde o tema são os *Costumes em Comum* e mais detidamente em *Senhores e caçadores*. Neste último título, Thompson analisa o direito costumeiro, estudo que influenciou em demasia todo um grupo de pesquisadores brasileiros a estudar de outra forma desde movimentos dos operários e escravos até os usos sociais da terra pelos trabalhadores que ali residiam (GUIMARÃES; MOTTA, 2007; OLINTO; MOTTA; OLIVEIRA, 2009; MOTTA; ZARTH, 2009).

Sobre o mundo do trabalho livre no escravismo, estudos vêm se ampliando também. Desde trabalhos pioneiros como os de Maria Silvia de Carvalho Franco (1983) sobre os homens livres na ordem escravocrata, até trabalhos de Frederico Castro Neves (2000) sobre as revoltas de massa no Ceará ou os estudos como os de Márcia Motta (1998) que criticam a visão bipolar que ressalta a oposição entre fazendeiros e cativos, minimizando as múltiplas contribuições dos homens livres e pobres.

Dessa mudança teórica e metodológica vêm surgindo estudos que valorizam os trabalhadores rurais e sua história e atribuem valor significativo às lutas desses homens, mesmo dentro do mundo da escravidão. Também sob o ponto de vista da legislação sobre a terra e o processo de colonização e sua história vêm ocorrendo mudanças. Conforme estudos de Silveira (1994) e os de Ricci (2008), na Amazônia o duro processo de independência e depois a derrota cabana pelas forças da legalidade certamente auxiliou no processo de concentração de terras nas mãos de poucos proprietários.

Apesar dos estudos anteriores e de muitos outros surgirem depois, ainda se observa uma compreensão de uma história da colonização amazônica marcada pela teoria "euclidiana" de ocupação. Para Euclides da Cunha (1969), a Amazônia seria sinônima de um vazio demográfico e um movimento como o da Cabanagem de 1835 teria gerado regionalmente um novo tipo social: o cabano. É preciso criticar as duas máximas euclidianas, sobretudo a de que este genérico tipo "cabano" seria fruto do "crescente desequilíbrio entre os homens do sertão e os do litoral". Para Cunha (1969, p. 61), o "raio civilizador, refrange na costa", não alcança o interior. Essas ideias se difundiram pela historiografia amazônica e especialmente naquela sobre a Cabanagem do início do século XX, gerando interpretações equivocadas para as ações da massa cabana e do povo amazônico. Todas as atitudes e lutas deste povo eram desclassificadas. Os cabanos, assim como os sertanejos de Canudos, seriam homens interioranos, desprovidos dos saberes, positivados pela civilização litorânea. Suas ações teriam um valor muito limitado para uma história que se fazia a partir de valores culturais alheios a estes homens e mulheres. É preciso rever essa posição.

O significado de *sertão* remetia à ideia de terra desabitada e inculta, construída ainda no período colonial. Compreendia ainda o lugar inculto, no interior, distante do litoral, dos centros civilizados e habitat de homens rústicos, violentos e indomáveis. Eram territórios dos selvagens, vistos como espaços a conquistar. As reflexões de Mary Louise Pratt (1999, p. 36) contrapõem a essa ideia de *sertão*. Prefere denominar esses espaços até então classificados como regiões de fronteira como "zonas de contato" em que se estabelecem múltiplas experiências de vida, rompendo a lógica de espaço desabitado. Para essa autora, o termo é preferível porque evoca "a presença espacial e temporal conjunta de sujeitos anteriormente separados por descontinuidades históricas e geográficas, cujas trajetórias agora se cruzam" (PRATT, 1999, p. 36). Em razão disso, define as zonas de contato como "espaços sociais onde culturas díspares se encontram, se chocam, se entrelaçam uma com a outra, frequentemente em relações bastante assimétricas de dominação e subordinação – como o colonialismo, o escravismo, ou seus sucedâneos ora praticados em todo o mundo".

A partir desse contexto mais amplo, é possível perceber que estudar os usos sociais da terra no Brasil e na Amazônia é transitar por terrenos históricos e metodológicos bastante distintos. A terra não é apenas propriedade econômica, é também local de moradia, *status* e segurança física, portadora de significados e valores para as populações que a ocupam. Dessa forma, não se pode separar a terra do homem.

Para compreender o processo de controle e dominação do Estado imperial sobre as populações dos sertões amazônicos, com destaque aos roceiros e extratores, e os diversos interesses em torno da terra e da produção, é importante analisar os discursos construídos pelas autoridades provinciais e do Império brasileiro. Estamos, pois, trabalhando com a compreensão de que tais discursos, a despeito de suas convergências e/ou divergências, expressam um conflito fundamentado pelos interesses dos diversos agentes envolvidos. Assim, a compreensão é de que estes discursos adotam e expressam a carga histórica dos temas e questões sobre os quais tratam (BAKHTIN, 2006). Dizendo de outra forma, o discurso se constitui como evento social, não se caracterizando como um acontecimento contido em uma análise abstrata, nem algo originado da consciência subjetiva do enunciador. O enunciado concreto é resultado de um processo de interação com o meio social, não sendo formado em um processo abstrato (BRAIT, 1999).

Considerando as reflexões de Michel Foucault, deve-se levar em consideração, para além da inscrição dos lugares de produção e de recepção nos discursos produzidos por uma sociedade, os lugares de exclusão, de interdição, de controle que se inscrevem no discurso ou nos sistemas de normas que regem as práticas discursivas. Como afirma o autor: "em toda sociedade a produção do discurso é ao mesmo tempo controlada, selecionada, organizada e redistribuída por certo número de procedimentos que têm por função conjurar seus poderes e perigos, dominar seu acontecimento aleatório, esquivar sua pesada e temível materialidade" (FOUCAULT, 1996, p. 8). Nesse aspecto, para além de focalizar o discurso como lugar de lutas sociais e de confrontos políticos, ou como um lugar onde se expressam essas lutas e esses confrontos, deve-se atentar para o fato de que o próprio discurso pode ser também aquilo porque se luta.

As vinculações entre Estado e controle sobre roceiros e lavradores não estão sendo pensadas apenas como reflexo da crise escravista, como tem apontado a historiografia, mas como fruto de embates entre projetos e grupos sociais diferentes e divergentes, refletindo, portanto, interesses regionalizados. Diante disso, observamos que o discurso em torno da defesa do maior controle sobre as áreas rurais e de defesa do desenvolvimento produtivo e ampliação do comércio, se por um lado era utilizado como elemento de unificação de diferentes interesses, por outro deveria orientar as ações dos governos da província e imperial, servindo de justificativa para as ações de controle e dominação das populações locais. Diríamos, portanto, que conhecer as ações de controle e processo de implantação dos programas de colonização implica em compreender os significados construídos em torno desses espaços. Isso exige analisar os interesses quanto às normas que determinavam as formas de ocupação, os critérios de escolhas dessas áreas, os locais destinados às atividades agrícolas, os tipos de plantio, sementes e as formas de uso da terra. Isso significa compartilhar com a concepção de que o ato de colonizar está revestido da ideia de domínio sobre as terras e as populações (BOSI, 1992; LARANJEIRAS, 1983; GREGORY, 2005). Trata-se, portanto, de se entender colonização no sentido de ocupação territorial, combinado com a ideia de desenvolvimento de uma atividade econômica e controle sobre os hábitos. Esses interesses devem ser pensados relacionando-os com os valores e significados atribuídos aos e pelos colonos, aqui entendidos como roceiros e extratores.

Deve-se trabalhar na perspectiva de que as ações desses indivíduos não podem ser pensadas de forma isolada da legislação criada em torno dos programas de colonização, mas se constituem em oposição, ou não, aos limites impostos pelas autoridades, dependendo dos interesses de cada grupo. A compreensão e a apropriação que farão dos sistemas normativos nos quais estão inseridos serão elementos fundamentais para a definição das práticas e estratégias de sobrevivência. Aqui utilizamos as reflexões de Thompson (1998, p. 17) sobre cultura popular, "não situada dentro do ambiente dos significados, atitudes, valores, mas localizado dentro de um equilíbrio particular das relações sociais". O processo de implantação e consolidação das áreas de colonização reflete, portanto, a relação entre as legislações pensadas para administrar esse espaço e os modos de vida das populações, constituindo "um conjunto complexo ao mesmo tempo de receitas técnicas e de costumes", como aponta Marc Bloch (2002, p. 13).

Considerações sobre a documentação

Para analisar esse processo de controle sobre a ocupação e o uso da terra por parte do Estado imperial e os interesses envolvidos, importante uma leitura e análise dos relatórios da administração do governo imperial, em especial do Ministério da Agricultura, Comércio e Obras Públicas e relatórios do Ministério dos Negócios do Império debatidos na Assembleia Geral do Brasil. No caso dos relatórios e pronunciamentos das autoridades provinciais, estes permitirão, além de outras discussões, investigar os debates e os resultados da política de implantação dos programas agrícolas e que teria nas províncias o seu espaço de execução. Importante destacar que essa documentação se caracteriza quase sempre como um balanço anual ou de governo, feito no término de um mandato e no início de outro. Não resta dúvida de que expressa a imagem que cada governante teve de seu mandato, e de si mesmo. Nesse sentido, não se deve analisar essa documentação como descrição fiel dos problemas e das realizações governamentais, mas como textos que evidenciam, entre outras coisas, embates entre grupos políticos (MACHADO, 2011, p. 204).

Além desses registros, outra documentação produzida pelos poderes públicos deve ser analisada: Ofícios, Avisos e Cartas. A expectativa é de se encontrar registros não apenas das estratégias do poder público na implantação de suas ações, mas também, perceber o que estava sendo construído fora da estrutura de governo e que, por diferenciados motivos, foram "dignas" de apontamentos pelas autoridades.

Outras fontes vêm colaborar para entendermos os diversos interesses que se formaram em torno da região amazônica. Estamos nos referindo aos Anais do Senado e Anais do Parlamento Imperial. O parlamento tornava-se espaço privilegiado para as discussões e posicionamentos políticos quanto às questões que surgiam no país. Nesse aspecto, os discursos proferidos nas casas legislativas devem ser analisados com o propósito de se entender os valores que se formaram em torno da colonização e que eram reproduzidos nos discursos de parlamentares.

Outra questão a ser abordada a partir da documentação pesquisada corresponde à lida desses roceiros e extratores com a terra e com a floresta. A formação dos longos e quase sempre conflituosos caminhos no meio da mata que serviam de demarcação dos terrenos e como estradas para a prática extrativa da borracha e outros produtos florestais; o uso de mourões, mudados de dias em dias, como prova de que estava na hora de aumentar os limites dos roçados; a retirada da madeira para a venda a partir de produtos como: lenha para o carvão, os cipós, palhas, cavacos, além de frutas e todo e qualquer produto da floresta; o viver em volta de roçados em cabanas no meio da mata; os usos dos rios; as formas de plantar e colher e como se efetivam os trabalhos de extração dos recursos florestais são algumas das muitas situações que envolviam essa população e que ajudam a explicar o processo de ocupação da terra e modos de vida nos sertões amazônicos. Assim, um "corpus" documental importante foi o constituído por Abaixo-Assinados, Requerimentos e Comunicações ao presidente da província.

Outras informações que revelem aspectos do modo de vida nos sertões amazônicos podem ser observadas nos relatórios de viajantes vindos da Europa interessados em conhecer as potencialidades de exploração da floresta. Registra-se ainda a confecção de inúmeros mapas da bacia hidrográfica feita por instituições estrangeiras, a tessitura de discursos "científicos" classificatórios e nacionalizantes das populações mestiças, negras e indígenas, construídos por expedições militares de reconhecimento da região e de busca por potenciais recursos de exploração, dentre outros registros que ajudam a compor um quadro histórico que colocou a Amazônia sob os interesses de observação do Império.

Outras questões (espaço e temporalidade)

Consideramos os últimos anos da década de 1830 até a década de 1880 como período importante a ser analisado quando buscamos compreender as populações sertanejas amazônicas. Isso porque entendemos que a década de 1840 marca o início dos debates parlamentares em torno da necessidade de maior controle sobre as populações rurais, legitimada por um discurso de defesa de práticas modernas de cultivo e extração. Nos dizeres de Ilmar Mattos (2004, p. 258), é o período de uma acirrada discussão que refletia a necessidade de se garantir um amplo contingente de mão de obra barata para a grande lavoura, em um momento em que a pressão inglesa e as insurreições negras ameaçavam de colapso o fornecimento de trabalhadores escravizados. Há de se considerar que, através desses projetos, buscava-se legalizar a propriedade dos plantadores que haviam obtido terras, conseguindo preservá-las e mesmo ampliá-las.

No caso da Amazônia, é o momento de reorganização administrativa da província do Grão-Pará, desestruturada com a Cabanagem. Do ponto de vista dos interesses das autoridades, o período é também marcado pela intervenção junto às populações "espalhadas" pelo interior da região, não mais recorrendo ao uso das forças policiais, uma característica comum da atuação do governo provincial nos últimos anos da década de 1830, o que era justificado por um discurso de manutenção da ordem através da repressão aos revoltosos cabanos. A partir da década de 1840, os discursos são revestidos da defesa da moralização dos hábitos, o que seria alcançado como a implantação de programas que fortalecesse a atividade agrícola e extrativista. Há de se considerar ainda que as décadas de 1870-80 são marcadas pelos debates e experimentos com trabalhadores estrangeiros, sobretudo europeus, além de se afirmar como o momento em que o ideário positivo-evolucionista ganhava força no país e legitimava os discursos em torno da defesa do constante desenvolvimento das técnicas produtivas na agricultura e na extração (SCHWARCZ, 1993, p. 14).

Importante destacar que em meados do século XIX a Amazônia é alçada a uma posição de destaque em uma economia cada vez mais globalizada. A tradicional prática baseada na extração das drogas do sertão articula-se a retirada do látex para a produção de borracha, matéria-prima fundamental de inúmeras mercadorias industrializadas à época, assim como outros produtos florestais como o cacau e a castanha. Essa inserção em um mercado globalizado renova o histórico interesse imperialista na região, conectando a Amazônia a grandes fluxos econômicos internacionais. Pode-se dizer que nesse momento as observações do Império se voltam para o território amazônico, produzindo discursos colonialistas e aplicando uma agenda de exploração econômica. Conectado com disputas dos jovens Estados Nacionais latino-americanos sobre a floresta, havia vigorosos interesses capitalistas estrangeiros em jogo, o que posiciona a discussão da problemática numa perspectiva transnacional.

Dentro dessa conjuntura, houve todo um processo de classificação e nomeação de lugares e pessoas com vistas a consolidar as formas de dominação material e simbólica. Discursos moralizantes foram erigidos, códigos e leis foram criados e implementados para o maior controle da força de trabalho dos "povos da floresta". Rios foram rebatizados com os nomes dos cientistas e governantes, instrumentos da cultura material dos povos indígenas abasteceram os museus pelo mundo e os diversos territórios étnicos foram esbulhados e colocados no mercado de compra e venda de terras, revelando aspectos da vida da população amazônica.

Nesse contexto, é possível analisar as percepções do Estado imperial sob o ponto de vista das formas de ocupação e produção rural e a constituição de um modelo de trabalhador, que assegura um moderno cultivo e modelares práticas extrativistas. Trata-se de entender essas ações como associadas ao controle sobre a floresta, seus recursos e as populações que ocupam esse espaço, devendo ainda atentar para as práticas, técnicas, símbolos e valores construídos em torno dessas ações e materializados no uso que se faz das terras então colonizadas ou que passaram por intervenções governamentais.

Referências

ALBUQUERQUE JÚNIOR, Durval Muniz de. *Nos destinos das fronteiras*: histórias, espaços e identidade regional. Recife: Edições Bagaço, 2008.

BAKHTIN, Mikhail. *Marxismo e filosofia da linguagem*. São Paulo: HUCITEC, 2006.

BEIGUELMAN, Paula. *A formação do povo no Complexo Cafeeiro:* aspectos políticos. São Paulo: Pioneira, 1977.

BENCHIMOL, Samuel. *Amazônia – Formação Social e Cultural*. Manaus: Valer, 1999.

BLOCH, Marc. *A terra e seus homens*. Agricultura e vida rural nos séculos XVII e XVIII. Bauru: EDUSC, 2001.

BOSI, Alfredo. *Dialética da colonização*. São Paulo: Companhia das Letras, 1992.

BRAIT, Beth. As vozes bakhtinianas e o diálogo inconcluso. *In*: BARROS, D. L. P.; FIORIN, J. L. (orgs.). *Dialogismo, polifonia, intertextualidade*. São Paulo: EDUSP, 1999, p. 11-28.

CARDOSO, Fernando Henrique. *Capitalismo e escravidão no Brasil Meridional*. São Paulo: Paz e Terra, 1962.

CARVALHO FRANCO, Maria Sylvia. *Homens livres na ordem escravocrata*. São Paulo: Ática, 1983.

CLARK, Andrew Hill. "The historical explanation of land use in New Zealand". *The Journal of Economic History*, vol. 5, nº 2 (1945), p. 215-30.

CORRÊA, Roberto Lobato; ROSENDAHL, Zeny (orgs.). *Geografia cultural: um século (1)*, Rio de Janeiro: EdUERJ, 2000.

COSTA, E. Viotti. *Da senzala à colônia*. São Paulo: Unesp, 1998.

CRUZ, Ernesto. *Colonização do Pará*. Belém: Conselho Nacional de Pesquisa / Instituto Nacional de Pesquisas da Amazônia, 1958.

CUNHA, Euclides da. *Os sertões*. Rio de Janeiro, Edições de Ouro, 1969.

FEBVRE, Lucien. *La terre et l'évolution humaine*. Introduction géographique à l'histoire. Paris: Albin Michel, 1970.

FEBVRE, Lucien. *O Reno. História, mitos e realidades*. Rio de Janeiro: Civilização Brasileira, 2000.

FELLIPINI, Elizabeth. *Terra, família e trabalho:* O Núcleo Colonial de Jundiaí 1887-1950. Dissertação (Mestrado em História) – FFLCH-USP, São Paulo, 1990.

FERNANDES, Florestan. *O negro no mundo dos brancos*. São Paulo: Difusão Européia do livro, 1972.

FOUCAULT, Michel. *A ordem do discurso*. São Paulo: Loyola, 1996.

GADELHA, Regina Maria d'Aquino Fonseca. *Os núcleos coloniais e o processo de acumulação cafeeira (1850-1920), contribuições ao estudo da colonização de São Paulo*. Tese de Doutorado em História, FFLCH-USP, São Paulo, 1982.

GREGORY, Valdir. "Colonização". In: MOTTA, Márcia (ORG.). *Dicionário da Terra*. Rio de Janeiro: Civilização Brasileira, 2005, p. 98-102.

GUIMARÃES, Elione S.; MOTTA, Márcia (orgs.). *Campos em disputa: história agrária e companhia*. São Paulo: Annablume, 2007.

HOBSBAWM, Eric; RUDÉ, George. *Capitão Swing*. Rio de Janeiro: Francisco Alves, 1982.

IANNI, Octavio. *Colonização e contra reforma agrária na Amazônia*. Petrópolis: Vozes. 1979.

KRANTZ, Frederick. *A Outra História*. Ideologia e Protesto Popular nos séculos XVII a XIX. Rio de Janeiro: Jorge Zahar, 1988.

LARANJEIRA, Raymundo. *Colonização e reforma agrária no Brasil*. Rio de Janeiro: Civilização Brasileira, 1983.

LINHARES, Maria Yedda; SILVA, Francisco Carlos Teixeira da. *História da agricultura brasileira:* combates e controvérsias. São Paulo: Brasiliense, 1981.

LINHARES, Maria Yedda. "História Agrária". *In*: CARDOSO, Ciro Flamarion & VAINFAS, Ronaldo (orgs.). *Domínios da história:* ensaios de teoria e metodologia. Rio de Janeiro: Campus, 1997, p. 165-84.

MACHADO, Marina. Relatórios de Presidente da Província. MOTTA, Márcia; GUIMARÃES, Elione. *Propriedades e disputas*: fontes para história dos oitocentos. Niterói: Eduff, 2011, p. 203-206.

MACHADO, Paulo Pinheiro. *Política de colonização no Império*. Porto Alegre: Ed. Universidade/UFRS, 1999.

MATTOS, Ilmar Rohloff de. *O Tempo Saquarema*. São Paulo: Hucitec, 2004.

MELO, José Evandro Vieira de. Fragmentação fundiária e formação de núcleos coloniais: os pequenos fornecedores de cana do Engenho Central de Lorena, no final do século XIX. *In*: MOURA, Esmeralda Blanco Bolsonaro; AMARAL, Vera Lúcia (org.). *História Econômica*: Agricultura, Indústria e Populações. São Paulo, Alameda, 2006.

MOTTA, Márcia. *Nas fronteiras do poder*: Conflito e direito à terra no Brasil do século XIX. Rio de Janeiro: Aperj/Vício de Leitura, 1998.

MOTTA, Márcia. "História agrária no Brasil: um debate com a historiografia". *VIII Congresso Luso-Afro-Brasileiro de Ciências Sociais*. Coimbra, 2006.

MOTTA, Márcia & GUIMARÃES, Elione. "História social da agricultura revisitada: fontes e metodologia de pesquisa". *Diálogos*, v. 11, n. 3, p. 95-117, 2007.

MOTTA, Márcia Menendes; ZARTH, Paulo A. (orgs.). *Formas de resistência camponesa*: visibilidade e diversidade de conflitos ao longo da história Concepções de justiça e resistência nas repúblicas do passado (1930-1960). São Paulo/Brasília: UNESP/NEAD, 2009.

NEVES, Frederico Castro. *A multidão e a história*. Saques e outras ações de massas no Ceará. Rio de Janeiro: Relume Dumará, 2000.

OLINTO, Beatriz Anselmo; MOTTA, Marcia Menendes; OLIVEIRA, Oséias de (orgs.). *História Agrária*: propriedade e conflito. Guarapuava: UNICENTRO, 2009.

PRATT, Mary Louise. *Os Olhos do Império*: relatos de viagem e transculturação. São Paulo: EDUSC, 1999.

RICCI, Magda. "O fim do Grão-Pará e o nascimento do Brasil: movimentos sociais, levantes e deserções no alvorecer do novo Império (1808-1840)". *In*: PRIORE, Mary del; GOMES, Flávio dos Santos (orgs.). *Os senhores dos rios*. Amazônia, margens e histórias. Rio de Janeiro: Campus, 2003, p. 165- 93.

RICCI, Magda. "A Cabanagem, a terra, os rios e os homens na Amazônia: o outro lado de uma revolução (1835-1840)" *In*: MOTTA, Márcia & ZARTH, Paulo A. (orgs.). *Formas de resistência camponesa*: visibilidade e diversidade de conflitos ao longo da história Concepções de justiça e resistência nas repúblicas do passado. São Paulo/Brasília: EdUSP. NEAD, 2008, p. 153-70.

RUDÉ, George. *Ideology and popular protest*. Chapel Hill: The University of North Carolina Press, 1995.

SANTOS, Roberto Araújo de Oliveira. *História Econômica da Amazônia, 1800- 1920*. São Paulo. T. A. Queiroz, 1980.

SAUER, Carl O. "La morfología del paisaje" [1925]. *Polis*, v. 5, n. 5, 2006.

SAUER, Carl O. *Agricultural origins and dispersals*. Nova York: The American Geographical Society, 1952.

SCHWARCZ, Lilia Moritz. *O espetáculo das raças*: cientistas, instituições e questão racial no Brasil – 1870-1930. São Paulo: Companhia das Letras, 1993.

SILVEIRA, Ítala Bezerra da. *Cabanagem*: uma luta perdida. Belém: SECULT, 1994.

THOMPSON, Edward P. *Tradición, revuelta e consciencia de classe*. Barcelona: Editorial Crítica, 1979.

THOMPSON, Edward P. *Costumes em comum*: estudos sobre a cultura popular tradicional. São Paulo, Companhia das Letras, 1998.

THOMPSON, Edward P. *Senhores e caçadores*: A origem da lei negra. Rio de Janeiro: Paz e Terra, 1987.

WEINSTEIN, Bárbara. *A borracha na Amazônia*: expansão e decadência. São Paulo: Hucitec, 1993.

CAPÍTULO 2

OS PORTUGUESES NA ECONOMIA DO BAIXO AMAZONAS

Joanderson Caldeira Mesquita

Introdução

A segunda metade do século XIX, no Vale Amazônico, é conhecida especialmente pelo avanço do desenvolvimento da economia da borracha, mas também é entendida como um período de mudanças significativas na sociedade. A partir de 1840 o fim do tráfico de escravos na Amazônia (BEZERRA NETO, 2001), em sincronia com a adoção de novas políticas de Estado, pode expressar a emersão de novos agentes e transformações na sociedade da região do Baixo Amazonas.

Na primeira metade do século XIX, o tráfico de escravos que estruturava as relações sociais do Brasil desde o século XVI e no Vale do Amazonas desde o fim do XVII (ALENCASTRO, 2000; BEZERRA NETO, 2001) passou a ser ameaçado e combatido pelos ingleses. Sob forte pressão, e para não arriscar relações estabelecidas com a Inglaterra, em 1850, Brasil acabou oficialmente com o tráfico de escravos vindos da África. Entretanto, a proibição do tráfico aconteceu quando as economias das diferentes regiões brasileiras se inseriram de forma diferenciada na economia mundial capitalista, momento em que se destacou a valorização do café no mercado e sistematicamente o aumento das demandas por mão de obra nas lavouras.

O fim do tráfico de escravos resultou em uma série de políticas governamentais visando a inserção de imigrantes estrangeiros no Brasil. Na Amazônia, Francivaldo Nunes (2011) conseguiu captar o protagonismo dos governantes na construção de políticas de desenvolvimento agrícola. Para esse autor, os presidentes da província consideravam que a imigração estrangeira seria um dispositivo de modernização e profissionalização das práticas agrícolas na Amazônia.

Todavia, a política imigratória despertou resistência de determinados grupos da sociedade. Com interesses diferentes do Estado, parte dos latifundiários tentava estabelecer formas de atender às demandas por mão de obra nas lavouras e concentrar o monopólio da terra (COSTA, 2010). Diferente dos projetos de modernização nacional, defendidos pelo governo imperial, a elite latifundiária defendeu a vinda de africanos, proposta prontamente recusada pelo governo Imperial (ALENCASTRO, 1997).

Na província do Pará, o crescimento das atividades comerciais ligadas à economia extrativista pode ter despertado a preocupação da elite proprietária, que entendia o comércio da borracha como um problema para os seus negócios. Bárbara Weinstein (1993) afirma que a imigração no Baixo Amazonas pelos conflitos de interesses entre a elite tradicional – produtora de gêneros agrícolas e extrativistas, como cacau e castanha do Pará – e a elite comercial, especializada no comércio da borracha, considerada o principal produto na balança comercial da Província do Pará a partir de 1860. Todavia, autores como Luciana Marinho Batista (2004), Jonas Marçal Queiroz (2005), Cristina Donza Cancela (2006) e Francivaldo Nunes (2013) argumentam que a articulação entre grupos de diferentes setores da sociedade paraense impulsionou a diversificação das atividades produtivas na Amazônia.

A partir de 1850, as políticas de imigração, o aumento da produção de mercadorias e das exportações provinciais e o acúmulo de fortunas entre as elites paraenses podem ter gerado intensas transformações na Amazônia. Luciana Marinho Batista (2004) analisou o acúmulo de fortunas pela elite proprietária na região de Belém durante o desenvolvimento da economia da borracha entre 1850 e 1870. Em sua análise, a autora caracteriza a economia da província do Pará da segunda metade do século XIX como *pré-capitalista* e assim entende que o acúmulo de fortuna da elite proprietária era um mecanismo de manutenção hierárquica durante a ascensão da economia da borracha.

Posicionaremos a nossa discussão sob o prisma da *História Social da Amazônia*. Analisaremos a participação de três portugueses no comércio de couro de gado na economia do Baixo Amazonas. Sobre os estudos de História Social, Thompson (1998) considera fundamental entendermos a experiência e a agência dos sujeitos e, de diferentes formas, a resistência das pessoas comuns ao avanço do capitalismo. O autor também considera que os sujeitos estão condicionados às teias estruturais do contexto no qual estão inseridas, todavia, a experiência desses indivíduos comuns pode moldar as estruturas e o próprio sistema capitalista.

João Fernandes, Antônio José da Silva e Sousa e Cândido José Ferreira de Carvalho: a documentação e a historiografia sobre o Baixo Amazonas

Em 1862, a firma Pinto & Irmãos (firma pertencente aos irmãos, Miguel Antônio Pinto Guimarães e Manuel Antônio Pinto Guimarães) processou em 1862 o senhor "João Fernandes, [vivente] da lavoura e comércio, de nacionalidade portuguesa, nascido na cidade de braga"[2], por roubo de couro de gado. O depoimento a seguir é de uma das testemunhas que acompanhou a negociação e conhecia as práticas comerciais estabelecidas por João Fernandes. Segundo o depoente, os couros de gados eram tirados na Vila Franca e transferidos para Santarém, depois eram enviados para a cidade de Belém.

> 1ª testemunha
> Benjamim Azeredo de trinta e does annos de idade, comerciante, solteiro, morador no arapixuna, natural de Tetuam no Império de Marrocos.
> [...]
> Respondeu que ano passado, [...] pelo tempo da enchente, indo elle testemunha ao lago grande da Villa Franca, a fazenda de Thereza de Jesus Baptista, vio o réo João Fernandes com duas ou três pessas a tirar de couro de gado, e lhe perguntou de quem era o gado de que elle tirava os couros, elle respondeu que era da viúva frós, que lhe tinha prometido tirados a troco de um batelhão que ele tinha emprestado. [...] Perguntado se sabe que o capatas de Motta tinha vendido algumas reses para p réo tirar o

---

2   Centro de Documentação Histórica do Baixo Amazonas, Fundo do Tribunal de Justiça do Estado do Pará, Comarca de Sanatrém, Sumário de Culpa de José Fernandes, 1862, p. 5.

couro, ou se elle tinha dado para tirar meias? Respondeu que não sabe e que estando em sua canoa a negociar, Lourenço Justiniano, e indo passando a capatas de motta, aquele pedir a este que lhe deixasse tirar o couro de uma reis que estava morrendo, e o capataz lhe respondeu que seu patrão não cedia que que alguém tirasse couro, nem meia, que deixasse morrer. Perguntado se sabe que junho do anno passado o réo condusio do Lago Grande para esta cidade huma porção de couros secos de gado vacum, e os quais serão d´aqui remetidos para a capital a Manoel José Ribeiro, pelo negociante desta cidade Antonio José da Silva Sousa? Respondeu que sabe que o réo condusio couros do lago para cá, mas não saber em que data, e que sobre a remessa delle para a capital, ouviu dizer na casa de Antonio José da Silva e Sousa, não se recordar por quem. Perguntado se sabe que esses couros tinham marca de J.F? Respondeu que não sabe. (p. 5-5v).

A testemunha em seu relato afirma que viu o réu José Fernandes "pelo tempo da enchente com duas ou três peças de couro de gado, tirando couro de gado da Viúva do Frós"[3]. O depoente, ao perguntar ao réu sobre a origem do couro de gado, este lhe respondeu que estava tirando couro em troca de um batelão (embarcação) que tinha emprestado. Essa experiência do modo de produção do couro e relações de trocas são fatores que expressam a complexidade do mundo do trabalho e da economia local. A logística estabelecida também é um elemento que chama a atenção. O couro de gado era trazido da Vila Franca para Santarém pelo dito José Fernandes, depois era enviado de Santarém para Belém pelo negociante português Antônio José da Silva e Sousa, o produto tinha como destino o armazém do senhor Manoel José Ribeiro, estabelecido na cidade de Belém.

O documento citado pertence ao acervo do Centro de Documentação Histórica do Baixo Amazonas que vem sendo higienizado, identificado, organizado, digitalizado e catalogado nos últimos anos. O acervo é formado por documentos do Fórum Criminal e Cível das cidades de Santarém, Óbidos, Oriximiná, Monte Alegre, Itaituba e Alenquer. O projeto firmado entre a Universidade Federal do Oeste do Pará (UFOPA) e o Tribunal de Justiça do Pará tem como objetivo a preservação dos documentos dos séculos XIX e XX da região do Baixo Amazonas e o desenvolvimento de pesquisas sobre a

---

3 Idem, 5v.

região. Alguns historiadores já desenvolveram pesquisas sobre a dita documentação (FUNES, 1995; BEZERRA NETO, 2001; LIMA, 2010; ALMEIDA, 2011), entretanto, a maior parte desse acervo ainda não foi analisada pela historiografia.

A história econômica e do mundo do trabalho na Amazônia foi expandida nas últimas décadas. Todavia, alguns carecem de atenção. A participação de comerciantes estrangeiros na economia do Baixo Amazonas ainda é um fenômeno pouco avaliado pela historiografia. Na região amazônica, Jonas Marçal de Queiroz (2005), Cristina Donza Cancela (2006) e Francivaldo Nunes (2013) desenvolveram as melhores pesquisas sobre a atuação de estrangeiros na sociedade paraense, mas esses trabalhos abordam superficialmente a região do Baixo Amazonas. Para entender melhor a participação de três portugueses na economia do Baixo Amazonas, faremos um breve panorama das políticas adotadas pelo Governo da Província do Pará. No discurso dos presidentes de província do progresso, as atividades comerciais e industriais estruturam a política da segunda metade do século XIX.

O reordenamento comercial na Província do Pará e as atividades de regatão

A partir de 1840 uma série de políticas foram executadas nacionalmente. A elevação produtiva e a integração nacional balizaram o debate político nacional. Na província do Pará, a execução dessas políticas se particularizou devido aos problemas ocasionados pela Cabanagem na economia e no mundo do trabalho da província. Patrícia Raiol Castro de Melo Lopes (2012), em sua dissertação "Os corpos de trabalhadores na província do Grão-Pará", avaliou a política dos corpos de trabalhadores dentro de um amplo processo de reordenamento político nacional. A autora avalia concretamente as disputas políticas entre juízes locais e militares representantes das demandas de integração nacional.

> Desse modo, com a explosão da cabanagem e a chegada de Francisco José de Sousa Soares d'Andrea, foram postas em prática as ordens que o Governo Imperial mandava aplicar. Os Juízes de paz, considerados suspeitos e contrários à ordem imperial, foram sendo transformados em meros

escrivães sem poder político, e subordinados aos comandantes militares (LOPES, 2012, p. 34).

As políticas de reordenamento aplicadas pelo Comandante Francisco José de Souza Soares d'Andrea foram executadas com dois objetivos: 1) Intervir na instabilidade política e controlar os focos de revoltas e violência que viessem acontecer na província do Pará, alinhando à província do Pará em uma ampla política nacional firmada a partir de 1840 com o golpe da maioria que colocou Dom Pedro II no comando do Império do Brasil; 2) O desenvolvimento da agricultura e da indústria província do Pará.

> Andréa demonstrava preocupação com o estabelecimento da ordem, mas, ao mesmo tempo, possuía uma visão favorável ao progresso, sendo partidário da conjugação da agricultura com a indústria como fatores do aumento da riqueza nacional, tese avançada na época (LOPES, 2012, p. 65).

Siméia Lopes (2002) em sua dissertação, "Comércio interno no Pará Oitocentista", corrobora para essa discussão ao debater o processo de reorganização das rotas de comércio a partir de 1840. Desde a chegada da família real, as rotas de comércio estabelecidas no período colonial foram desestruturadas e reorganizadas. O estabelecimento da família real na cidade do Rio de Janeiro afetou as redes de comércio entre os comerciantes da província do Pará e o mercado português. Abalados com as dificuldades de encontrar mercados para os seus produtos, os comerciantes da província do Pará aproveitaram a intervenção de militares portugueses na Guiana Francesa para vender os seus produtos aos interventores. O movimento de reorganização das relações entre os comerciantes locais e o comércio internacional na Guiana Francesa atendeu às demandas por mercado dos comerciantes locais até a chegada de comerciantes europeus no porto de Belém do decreto de abertura dos portos (ALVES, 2012).

Nas duas primeiras décadas do século XIX, a província do Pará conseguiu elevar o comércio de produtos na balança comercial motivados principalmente pelo processo de independência da Venezuela. Nesse período, a província intensificou a produção de cacau e a chegada de escravos para a colheita do fruto (BEZERRA NETO, 2001). Todavia, apesar da intensidade das trocas comerciais vinculadas ao comércio europeu, alguns comerciantes mantiveram trocas comerciais com a Guiana Francesa durante um longo período. Relações que obrigaram o Estado a adotar uma série de políticas de controle comercial na província do Pará (LOPES, 2002).

As ideias de progresso econômicas estabelecidas a partir da segunda metade do século XIX influenciaram a adoção de políticas. Os presidentes da província se preocuparam em fortalecer o comércio interno e fiscalizar o contrabando de produtos pelos rios da Amazônia durante o reflorescimento da economia do pós-cabanagem (LOPES, 2002).

Laura Trindade de Morais (2016), em "Poder Simbólico das Bugigangas", debate as relações estabelecidas entre regatões e indígenas na região do rio Tapajós. A autora aponta a centralidade da mão de obra indígena na produção de produtos como borracha, guaraná, salsa parrilha e cravo. Por outro lado, ela destaca também as conflituosas relações entre os indígenas, regatões e autoridades políticas e religiosas durante o comércio desses produtos na região. Preocupados com a atuação dos regatões, o presidente da província adotou em 1850 a seguinte medida:

> Com as constantes críticas direcionadas a esses comerciantes, ocorreu o estabelecimento de algumas leis e buscou-se abolir essa forma de comércio. A resolução provincial de nº 182, de 9 de dezembro de 1850 decretava que estava proibido, "em todas" as águas da Província, as canoas as em que se faz o comércio chamado de regatão' esta proibição estava ligada principalmente a dois fatores: principalmente a forma de comercializar dos regatões, sobretudo com os grupos indígenas, que era considerada ilícita pelas autoridades provinciais e em segundo lugar pela falta de controle que a província tinha sobre esses comerciantes, sobretudo no que diz respeito ao mecanismo de arrecadação de impostos (MORAES, 2016, p. 49).

Todavia, logo após a proibição percebeu-se que a medida não tinha efeito. O controle sobre as atividades dos regatões não foi alcançado devido à amplitude espacial da região. Nesse aspecto, algumas autoridades propuseram outra medida para controlar as atividades desses agentes. A criação de impostos defendida por alguns políticos poderia representar ganhos econômicos para a economia da província do Pará (MORAES, 2016).

Moraes (2016) dá ênfase ao processo produtivo protagonizado por indígenas na região do rio Tapajós e as rotas comerciais estabelecidas entre esses produtores de borracha, guaraná, salsa parrilha e cravo. Todavia, diferente da região do Alto Tapajós, onde a mão de obra indígena estrutura de produção dos produtos citados, no Baixo Amazonas, apesar da proximidade regional e da centralidade comercial da cidade de Santarém na distribuição, tinha atividades produtivas distintas.

Os estrangeiros na economia do Baixo Amazonas e Pará na historiografia

A economia a partir da segunda metade do século XIX passou por significativas mudanças. O valor da borracha no mercado internacional intensificou a produção e o comércio na província do Pará. A intensidade das atividades produtivas pode ter despertado a atenção da elite agrária. Segundo uma parcela da historiografia, o processo de imigração para a província do Pará está diretamente relacionado com o balanceamento entre as demandas de abastecimento local e o comércio internacional.

A produção acadêmica sobre a imigração na Amazônia trata do tema sobre diferentes ângulos analíticos. Entre a década de 1980 e 1990, os principais trabalhos que abordaram o fenômeno da imigração observaram o tema a partir do problema de desabastecimento da província do Pará. Historiadores importantes como Roberto Santos (1980) e Bárbara Weinstein (1993) consideram que a subordinação da produção local à extração de borracha gerou desequilíbrio em comparação com as atividades agrícolas que atendiam às demandas internas da província do Pará.

Na década de 1980, o debate sobre abastecimento interno ganhou destaque na historiografia em relação à tese de *subordinação* da produção ao mercado internacional. Ao participar desse debate, Roberto Santos (1980, p. 89-90) defende que o projeto de subsídio à inserção de imigrantes estrangeiros fracassou na província do Pará. O autor argumenta que na Amazônia esse fenômeno está relacionado à concentração de mão de obra nas atividades de produção da borracha, e consequentemente o abandono da agricultura. Em linhas gerais, ele divide a imigração nos seguintes modelos; 1) imigração dirigida; que era financiada pelo presidente da província do Pará, mas não correspondeu ao investimento estabelecido, como no caso norte-americano, que trouxe, 160 a 200 imigrantes para uma colônia estabelecida a alguns quilômetros da cidade de Santarém: "[...] constituindo a colônia Bom Gosto, implantada entre 1866 e 1867. A experiência fracassou e em 1871 não estavam mais que umas poucas famílias"; 2) imigração espontânea, que era financiada pelos próprios sujeitos.

Na década de 1990, Bárbara Weinstein (1993), manteve a tese da imigração como meio de superar o problema do abastecimento. A autora afirma que as contradições estabelecidas entre a elite política e a elite comercial dificultaram a execução do projeto de imigração na Amazônia. Sobre a imigração no Baixo Amazonas, Weinstein considera que os núcleos agrícolas nessa região eram estratégicos. Os núcleos agrícolas para atrair imigrantes foram estabelecidos no Baixo Amazonas com o objetivo de superar o desabastecimento, e esses não entravam em conflito com os negócios dos produtores e comerciantes de borracha pela baixa produtividade da borracha nessa região.

No início do século XXI, novas pesquisas revisitaram o argumento de Weinstein (1993) e perceberam que a tese de desabastecimento na Amazônia não corresponde ao movimento real. Entre esses trabalhos, Luciana Marinho Batista (2004), em "Muito além dos seringais", enfrenta o argumento de Weinstein (1993) e defende a tese de diversidade na produção econômica na segunda metade do século XIX. Segundo Batista (2004), a relação estabelecida entre os produtores agrícolas e extrativistas favoreceu a diversificação da produção econômica da província do Pará entre 1850 e 1870.

Jonas Marçal de Queiroz (2015) em "Artífices do próspero mundo" reivindica as análises de Marinho (2004) e realiza a pesquisa de mais fôlego sobre a imigração e a inserção de estrangeiros na Amazônia. O autor critica a tese de "dicotomia" entre uma elite política e uma elite comercial. Para além de Marinho (2004), o autor afirma que as políticas de imigração estabelecidas na segunda metade do século XIX ultrapassaram os limites da exploração desses sujeitos em si. A política de imigração estabeleceu a representação ideal do trabalhador nacional na figura do imigrante.

> [...] as representações do trabalhador imigrante não diziam respeito a seus referentes imediatos, mas principalmente aos trabalhadores nacionais, livres ou escravos, e as dificuldades de recrutá-los e explorá-los. Através de um jogo de imagens, invertendo qualidades e defeitos que atribuíam a

força de trabalho existente no país, jornalistas e administradores da província não estavam aludindo a um trabalhador real, mas construindo representações que evidenciaram também as relações que estabeleciam como Governo Imperial (QUEIROZ, 2015, p. 19).

Cristina Donza Cancela (2006), em "Casamento e relações familiares na economia da borracha", assim como Batista (2004), analisou a veracidade do argumento de Weinstein (1993) sobre os atritos estabelecidos entre a elite política (especializada na produção agrária) e a elite comercial (especializada na exportação da borracha) e faz uma avaliação do fenômeno do casamento como meio de articulação entre diferentes famílias da cidade de Belém. A autora defende que o casamento era um dos meios de amenização das discrepâncias políticas entre a elite política e a elite comercial. Apesar da tese de Cancela não objetivar a imigração como tema de pesquisa em si, ela corrobora com os estudos sobre a imigração e posiciona o casamento como medida estratégica para a inserção de imigrantes na sociedade paraense.

Em 2013, Francivaldo Nunes, em "Sob o Signo do Moderno cultivo", também avaliou o argumento de crise de abastecimento defendido por Weinstein (1993). O autor defende que no momento de ascensão da economia da borracha, a produção de gêneros não foi abandonada pela falta de mão de obra. Nesse processo de modernização, Nunes (2013) analisa os relatórios do presidente da província do Pará e constata que, além de buscar mão de obra para atender às demandas do mundo do trabalho na Amazônia, os presidentes entendiam que imigração era um elemento estratégico no desenvolvimento das práticas agrícolas na Amazônia. Ou seja, o argumento de desabastecimento pela subordinação não se sustenta, e na direção diametralmente oposta, o Estado estabeleceu projetos para o desenvolvimento da tecnologia agrícola. A agricultura se constitui como uma atividade estratégica para os interesses do governo Imperial.

Percebe-se que existia uma expectativa muito grande em relação à chegada de imigrantes na província do Pará. Bárbara Weinstein (1993) nesse debate sobre abastecimento e elevação da produtividade agrícola da província do Pará é quem melhor avalia a inserção de estrangeiros na particularidade econômica da região do Baixo Amazonas. Todavia, para além das expectativas em relação à inserção de estrangeiros nos projetos de elevação da produtividade agrícola, vale a pena avaliar as agências particulares desses agentes na forma de organização da economia do Baixo Amazonas na segunda metade do século XIX. Entre esses agentes, destacamos as atividades de comércio de couro de gado no Baixo Amazonas.

Os portugueses João Fernandes, Cândido José Ferreira de Carvalho e Antonio José da Silva e Sousa na economia do Baixo Amazonas

Para entendermos a participação desses agentes na economia do Baixo Amazonas, precisamos evidenciar algumas particularidades econômicas dessa região em relação à província do Pará. Na segunda metade do século XIX, sabe--se bem da influência da produção de cacau e da criação de gado. Essas atividades atendiam às demandas do mercado mundial. Bezerra Neto afirma que os principais produtos produzidos na região do Baixo Amazonas, no século XIX, eram o cacau e a criação de gado. O cacau ocupava a primeira colocação como produto mais importante da economia na primeira metade do século, todavia sua produção foi diminuindo a partir da segunda metade, ficando na segunda colocação na balança comercial. A criação de gado cresceu no número de propriedades a partir da segunda metade, mas ainda com menos propriedades que o número de produtores de cacau (BEZERRA NETO, 2001). Harris corrobora (2017) o argumento de Bezerra Neto (2001), afirmando que, na primeira metade do século XIX, além da posse de cacauais e de gado, a significância da elite proprietária podia ser medida pela propriedade de escravos, fazendas e transporte fluvial – o único meio logístico para o escoamento da produção do Baixo Amazonas até Belém, capital da província.

Apesar dos projetos nacionais e provinciais buscando a elevação da produtividade agrícola no Império do Brasil, e as políticas de controle que proibiram as atividades comerciais a partir da segunda metade do século XIX, é possível observar as atividades produtivas de João Fernandes em uma ampla rede de comércio que interligava diversas áreas do Baixo Amazonas e tinha como destino o comércio na cidade de Belém.

Réu no sumário de culpa de autoria da Firma Pinto e irmãos, é acusado de furtar 23 couros de gado da fazenda de Francisco Caetano Corrêa na Vila Franca e a documentação, além de mostrar a participação do português João

Fernandes na economia do Baixo Amazonas, pode apresentar a disputas no comércio de couro de gado da região.

O réu João Fernandes era português, "filho de Manuel Fernandes, de 31 annos, casado, [empregado] na lavoura e comércio, nascido na cidade de Braga, sabe ler e escrever"[4]. Segundo a testemunha, "Francisco Benício, lavrador, morador no aritapera viu o réu João Fernandes fazendo carniça e morava em casa do finado Fróes. A firma Pinto & Irmãos que ingressou na justiça contra João Fernandes pertencia irmãos Manuel Antônio Pinto Guimarães e Miguel Antônio Pinto Guimarães, fazendeiros, comerciantes e políticos influenciantes na região do baixo Amazonas e na Província do Pará[5]; Miguel tinha grandes fazendas de gado na região, incluindo uma sesmaria no Lago do Ituqui conhecida como Fazenda Taperina, localizada na região da cidade de Santarém. Como político, Miguel teve também grande destaque. Foi um dos mais influentes políticos do Partido Conservador na política do Pará[6]. Chegou à condição de Vice-Presidente da Província do Pará[7] e recebeu o título de Barão de Santarém, em 1872. Percebe-se nesse aspecto que a disputa judicial envolve a firma comercial Miguel Antônio Pinto Guimarães, um dos agentes mais poderosos da região do Baixo Amazonas.

As negociações estabelecidas entre João Fernandes e a "viúva do Fróes" e o capataz da fazenda pertencente à Antônio Figueira dos Santos Motta também chamam a atenção. 1) Pela forma de negócio entre João Fernandes e "a viúva do finado Alberto Magno Fróes"; 2) Pela negociação na negociação estabelecida entre o capataz de Antônio Figueira dos Santos Motta e José Fernandes. Como já vimos no depoimento do comerciante Benjamin Azeredo, a negociação estabelecida entre João Fernandes e viúva do fazendeiro Alberto Magno Fróes foi feita através de trocas de mercadorias. João foi ao lago grande da Vila Franca tirar o couro do gado pertencente à viúva em troca de um batelão (embarcação) que ele tinha emprestado. Enquanto negociava com Lourenço Justiniano em sua canoa, Benjamim diz ter ouvido a negociação

---

[4] Centro de Documentação Histórica do Baixo Amazonas, Fundo do Tribunal de Justiça do Estado do Pará, Comarca de Santarém, Sumário de Culpa de José Fernandes, 1862, p. 5.
[5] Idem, p. 2.
[6] Jornal *A Constituição*. Belém, nº 201, 24 de setembro de 1883.
[7] Relatório apresentado à Assembleia Legislativa Provincial do Pará pelo vice-Presidente Miguel Antônio Pinto Guimarães, em 15 de outubro de 1855.

entre o capataz de Motta e José Fernandes. O depoente afirma que o réu pediu ao capataz de Motta que deixasse tirar o couro do gado que estava morrendo, porém, o capataz lhe respondeu que seu patrão não cedia que outro alguém tirasse couro, nem meia, e que deixasse o gado morrer. Provavelmente esse material já estava destinado à Firma comercial Pinto & irmãos conforme seus representantes reivindicam nos autos.[8] Dada a palavra ao réu, ele afirma em sua defesa os couros que "elle réo trouxe do lago, este é de marcas de motta, foram lhe dados pelo capataz desde para tirar meias e outras comprou do mesmo capatas, assim como tinha autorização de vender gados e cavalos"[9], todavia, outra testemunha afirma que ouviu o capataz de Motta negar a retirada do couro do gado pertencente ao seu patrão, diz Raimundo José Rebello:

> Elle testemunha que indo um dia em companhia do capataz da fazenda dos queixosos em uma montaria [embarcação], de passagem chegaram a casa onde morava o réo, e o dito capatas lhe perguntou pelos does couros que tinha tirado de duas reses da fazenda, e que o dito reo disse que ali estavão e pedio ao capataz que lhe vendesse, as que esse respondeu que não podia vender, e não sabe o que se passou depois, porque sua volta da dita viagem viram por detrás da fazenda[10].

Não se pode descartar que o depoente possivelmente tem relação com os capatazes da fazenda dos queixosos ou com os queixosos, todavia, o réu novamente parece ter o seu pedido de negociação negado pelo capataz da fazenda dos queixosos. Vale ressaltar que não é de nosso interesse investigar a inocência ou culpa de João Fernandes. Nosso interesse principal é perceber a atuação dele e de outros portugueses no comércio de couro de gado seco na região do Baixo Amazonas e sua relação com o comércio na cidade de Belém. Para entender melhor a atuação de João Fernandes, Cândido José Ferreira de Carvalho e Antonio José da Silva e Sousa voltaremos novamente ao depoimento do comerciante judeu marroquino morador do Aritapera, Benjamim Azeredo: "sabe que o réo condusio couros do lago [Grande da Vila Franca] para cá [cidade de Santarém], mas não saber em que data, e que sobre a remessa delle

---

8   Centro de Documentação Histórica do Baixo Amazonas, Fundo do Tribunal de Justiça do Estado do Pará, Comarca de Santarém, Sumário de Culpa de José Fernandes, 1862, p. 5-5v
9   Idem, p. 5v
10 Idem, p. 8v.

para a capital, ouviu dizer na casa de Antonio José da Silva e Sousa, não se recordar por quem".

No depoimento, percebe-se parte da distribuição desse material. Segundo Benjamin, o couro era trazido do Lago Grande da Vila Franca para a cidade pelo português João Fernandes e depois levado de Santarém para Belém. Na trajetória desses produtos, podemos observar a participação de dois outros portugueses. Antônio José da Silva e Sousa e Cândido José Ferreira de Carvalho, marítimo, responsável por conduzir os produtos no barco *Sucurya* até Belém.

> Candido José Ferreira de Carvalho, de vinte e 25 anos de idade, marítimo, solteiro, residente a bordo do barco que é mestre, natural de portugal[11] respondeu que na capital no armazém de manoel josé ribeiro, vio vinte e does couros de gado vacum secos, coma mesma j.f junto no carnal, pertencentes à joão fernandes, e este vio na ocasião em que se fes o corpo de delito nos mesmos, que o signal do dito pertencente aos queixosos [...] declara que são iguais que esses couros forão por elle conduzidos no barco sacurya, mandados por seu patrão por conta de joão fernandes, disse mais que esses couros recebeo elle teste,unha nesta cidade em casa de bernardo braga[12] (p. 7-7v)

Diz Cândido que viu os 22 couros de gado vacum secos, marcados com a marca de ferro pertencente ao réu João Fernandes e pertencente aos queixosos. O couro foi transportado pelo depoente de Santarém até a capital Belém, onde o material ficou guardado no armazém de Manoel José Ribeiro. O autor aponta assim uma ampla rede de comércio que interliga o Lago Grande da Vila Franca e a cidade de Santarém, localizados na região do Baixo Amazonas até o armazém de Manoel José Ribeiro em Belém, capital da província, onde existia um dos principais portos comerciais da Amazônia. No depoimento do comerciante e português, poderemos visualizar a intensidade dessa rede de comércio estabelecida entre diferentes regiões:

> Antonio josé da silva e sousa, de trinta e um annos de idade, commerciante, casado reside em santarém, natural de portugal [...] sabe que os couros que

---

11   Centro de Documentação Histórica do Baixo Amazonas, Fundo do Tribunal de Justiça do Estado do Pará, Comarca de Santarém, Sumário de Culpa de José Fernandes, 1862, p. 7
12   Idem, p. 7-7 v.1'nnnfew.

se trata a queixa erão da fazenda dos autores, por conteúdo, o acusado dado o pagamento d'elle testemunha noventa e oito couros em que por a mesma j.f. foram estes remettidos por ele informante para a capiral a manoel josé ribeiro, o qual mandou dizer a elle informante que tendo-se encontrado couros que lhe tinha remetido, vinte e does da fazenda dos queixosos, que elle tinha mandado proceder o corpo de delicto e a vinte que perguntou elle informante, ao acusado como tinha obtido aquelles couros, e este lhe disseram que tinha comprado huns do capatar da mesma fazenda, e outros tirados de reses que tinha morrido, e que tinha tirado tirado com consentimento do mesmo capataz.[13]

O depoimento de Antônio chama atenção pela quantidade de couro transportados de Santarém para a cidade de Belém. Segundo Antônio, além dos 22 couros de gado vacum secos trazidos aos réus da fazenda dos queixos, ele depositou 98 couros de gado vacum pertencentes ao réu e marcados com o ferro J. F e o próprio remeteu esse material para o armazém de Manoel José Ribeiro. O marítimo Cândido provavelmente era empregado de Antônio José e Souza. Pela falta de documentação, não temos informações se além dos 98 couros de gado vacum adquiridos do réo João Fernandes. Na primeira metade do século XIX, os comerciantes agrupavam a produção de vários produtores para enviar para o comércio da cidade de Belém (HARRIS, 2017), portanto, pela tradição existente na região, possivelmente houve mais produtos na viagem capitaneada pelo comerciante Antonio José da Silva e Souza para a cidade de Belém.

Considerações Finais

A partir da segunda metade do século XIX, foi executada uma série de políticas em prol do reordenamento da província, da integração nacional e do desenvolvimento econômico. Os presidentes de província desde os corpos de trabalhadores intervieram no cotidiano da população com o discurso de restabelecimento do comércio e da indústria abaladas pela Cabanagem. A política de reordenamento adotada pelo Estado prossegue nas primeiras décadas da

---

13 Centro de Documentação Histórica do Baixo Amazonas, Fundo do Tribunal de Justiça do Estado do Pará, Comarca de Santarém, Sumário de Culpa de José Fernandes, 1862, p. 12.

segunda metade do século XIX e pode ser avistada no comércio fluvial, conforme observa Simeia Lopes.

O debate de produtividade do comércio e da indústria reproduzido na província como parte de uma ampla política nacional envolveu também os estrangeiros. Iniciado com o debate sobre abastecimento da província, percebe-se que a historiografia observa a inserção de estrangeiros na economia e no mundo do trabalho na província em alinhamento com o debate de desenvolvimento. Entendia no primeiro momento que o abastecimento na província tinha sido prejudicado pela transferência da mão de obra das lavouras para os seringais. A transferência, para esses autores, causava conflitos entre a elite tradicional representada pelos latifundiários e a elite comercial representada pelos comerciantes de borracha (WEINSTEIN, 1993). A partir de 2000 uma outra análise em relação ao abastecimento e à relação entre a elite local e comercial foi capaz de perceber a diversidade produtiva da província e as redes de casamento estabelecidas com o objetivo de superar as discrepâncias políticas e sociais entre a população (CANCELA, 2006). Prosseguindo o debate sobre desenvolvimento econômico da região, a chegada de imigrantes representava a inserção de tecnologia agrícola na província.

A diversidade produtiva para *além dos seringais* (BATISTA, 2003) é possível perceber na região do Baixo Amazonas, onde diferentes da região próxima de Belém e o alto Tapajós que pulsava intensamente a produção e o comércio de borracha, os produtores utilizando principalmente de mão de obra escrava (BEZERRA NETO, 2001) permaneceram com as atividades de produção de cacau e criação de gado vacum. Avaliada como uma das principais atividades econômicas do Baixo Amazonas, a criação de gado vacum atendeu contraditoriamente o comércio local a partir da venda de carne aos consumidores da região, todavia, manteve também uma ampla rede de comércio que interligava o Lago Grande Franca, Santarém e Belém. Entre os agentes dessa rede comercial foi possível avaliar a intensa participação dos portugueses João Fernandes, António José da Silva e Sousa e Candido José Ferreira de Carvalho. No ano de 1860, João Fernandes trouxe o couro de gado do Lago Grande da Vila, o comerciante António José da Silva e Sousa comprou os couros que João tirou e Cândido José Ferreira encaminhou o couro de gado vacum para o armazém pertencente a Manoel José Ribeiro, estabelecido na cidade de Belém.

Referências

Fontes

Centro de Documentação Histórica do Baixo Amazonas, Fundo do Tribunal de Justiça do Estado do Pará, Comarca de Santarém, Sumário de Culpa de José Fernandes, 1862.

Jornal A Constituição. Belém, nº 201, 24 de setembro de 1883.

Relatório apresentado à Assembléia Legislativa Provincial do Pará pelo vice-Presidente Miguel Antônio Pinto Guimarães em 15 de outubro de 1855.

Bibliografia

ALENCASTRO, Luiz Felipe de. *O trato dos viventes*: formação do Brasil no Atlântico Sul / Luiz Felipe de Alencastro. São Paulo: Companhia das Letras, 2000.

ALENCASTRO, Luis Felipe de; RENAUX, Maria Luiz. *Caras e modos migrantes e imigrantes*. In: ALENCASTRO, Luis Felipe de. *História da vida privada no Brasil*: Império. São Paulo: Companhia da Letras, 1997. (História da vida privada no Brasil; 2).

BATISTA, Luciana Marinho. *Muito além dos seringais*: elite, fortunas e hierarquias no Grão-Pará, c. 1850-c. 1870. 2004. Dissertação (Mestrado em História) – Universidade Federal do Rio de Janeiro, Rio de Janeiro, 2004.

BEZERRA NETO, José Maia. *Escravidão negra na Amazônia (Séc. XVII-XIX* / José Maia Bezerra Neto. Belém: Paka-Tatu, 2001.

CANCELA, Cristina Donza. *Casamento e relações familiares na economia da borracha (Belém, 1870-1920)*. Tese (Doutorado em História Econômica) – Universidade de São Paulo, São Paulo, 2006.

COSTA, Emília Violti da. *Da senzala à colônia*. São Paulo: Editora UNESP, 2010.

HARRIS, Mark. *Rebelião na Amazônia:* Cabanagem, raça e cultura popular no Norte do Brasil, 1798-1840. Campinas, 2017.

LOPES, Patricia Raiol de Castro Melo. *Os Corpos de Trabalhadores na Província do Pará*: outros significados para uma política de arregimentação de mão de obra (1835-1840). Dissertação (Mestrado) – Universidade Federal do Pará, Belém, 2012.

LOPES, Siméia de Nazaré. *O comércio do Pará oitocentista*: atos, sujeitos sociais e controle entre 1840-1845. Dissertação (Mestrado) – Núcleo de Altos estudos amazônicos, UFPA, PLADES, novembro de 2002.

MORAIS, Laura Trindade de. *"O Poder simbólico das bugigangas"*: índios e regatões na Província do Pará (século XIX). Dissertação (Mestrado) – Universidade Federal do Pará, Belém, 2016.

PAPAVERO, Nelson; OVERAL, Willian L. *Taperinha histórico das pesquisas de história natural realizadas em uma fazenda da região de Santarém, no Pará, século XIX e XX*. Belém: Museu Paraense Emílio Goeldi, 2011.

NUNES, Francivaldo Alves. *Sob o signo do moderno cultivo*: Estado Imperial e Agricultura na Amazônia. 2011. Tese (Doutorado) – Universidade Federal Fluminense, Niterói, 2011.

SANTOS, Roberto. *História econômica da Amazônia (1800-1920)*. São Paulo: T. A. Queiroz, 1980.

THOMPSON, Edward P. *Costumes em comum*. São Paulo: Companhia das Letras, 1998.

THOMPSON, Edward P. *As peculiaridades dos ingleses e outros artigos*. Campinas: Unicamp, 2012.

WEINSTEIN, Bárbara. *A borracha na Amazônia*: expansão e decadência (1850-1920). São Paulo: Hucitec/Edusp. 1993.

CAPÍTULO 3

AGRONEGÓCIO, BOLSONARISMO E PANDEMIA: APONTAMENTOS DE PESQUISA

Pedro Cassiano

> Há mais coisas entre o céu e o Brasil
> que os pesadelos mais pavorosos jamais
> apanharão (FERNANDES, 1989, p. 10-11).

Introdução: primeiras palavras

Nossa análise da arena da luta política engloba uma perspectiva relacional entre Estado e sociedade civil. O Congresso Nacional, o Ministério da Agricultura, Pecuária e Abastecimento (MAPA) e outras pastas ministeriais serão tratados como espaços privilegiados da sociedade política, ou Estado restrito, enquanto as agências e entidades da sociedade civil do agronegócio serão tratadas como *locus* principal da produção e reprodução de projetos da política agrícola do país. A sociedade política e seus principais agentes – individuais e coletivos – estão ligados, direta ou indiretamente, às principais agências do agronegócio no país, a saber, Associação Brasileira do Agronegócio (Abag), Confederação da Agricultura e Pecuária do Brasil (CNA)[14] e, por fim, mas não menos importante, o binômio Instituto Pensar Agropecuário (IPA)/Frente Parlamentar da Agropecuária (FPA)[15]. A teoria do

---

14 Criada em 1963, a confederação tinha o nome de "Confederação Nacional da Agricultura" (CNA), atualmente sua nomenclatura foi modificada, mas a sigla foi mantida.

15 O IPA/FPA possui destaque em ascensão meteórica na última década necessitando de uma maior investigação, uma vez que ela é uma frente parlamentar suprapartidária vinculada

Estado que norteia esse trabalho é a noção de Estado ampliado ou integral do marxista sardo Antonio Gramsci (GRAMSCI, 2011; MENDONÇA, 2014).

O capítulo fará um breve panorama das organizações da sociedade civil do agronegócio na tentativa de entender a correlação de forças e as especificidades de algumas delas no complexo xadrez político atual. Em seguida abordaremos alguns dos principais temas e episódios que ocorreram na pandemia e que envolveram as discussões das agências e agentes do agronegócio, mostrando um claro alinhamento com o governo Bolsonaro.

Cabe ressaltar que este capítulo foi produzido em meio aos acontecimentos e ao volume enorme de informações que transbordam a capacidade de análise de um pesquisador individual. Assim, o levantamento e as considerações aqui apresentados devem ser encarados como hipóteses e argumentos parciais da pesquisa em andamento. A urgência na participação do debate público sobre o tema se faz necessária à publicação, entretanto, nos obriga a apresentá-lo neste formato, ou seja, apontamentos de pesquisas.

O que é agronegócio?

O agronegócio no Brasil é um fenômeno relativamente recente, mas que tem suas bases na histórica desigualdade fundiária de longa duração. A periodização da bibliografia especializada (DELGADO, 2012; MENDONÇA; OLIVEIRA, 2015; POMPEIA, 2020b) data dos anos 1990-2000. O termo em si não foi criado no Brasil, sendo oriundo da expressão *agribusiness* que, por sua vez, foi forjada ainda da década de 1950 nos cursos de economia, na universidade de Harvard (Estados Unidos), para tentar designar o processo de integração e industrialização da agricultura, nos chamados *sistemas agroalimentares*. O agronegócio, portanto, englobaria uma cadeia produtiva, integrando os processos "antes e depois da porteira", altamente internacionalizados e financeirizado (LEITE, 2019). As indústrias de insumos, maquinarias agrícolas, além da pesquisa e desenvolvimento tecnológico seriam os setores "antes da porteira", os produtores rurais os de "dentro da porteira" e, finalmente, o processamento e distribuição abarcariam as áreas "depois da porteira". Todo esse processo atualmente está financeirizado, isto é, os diversos setores do

organicamente a um instituto que agrega entidades da sociedade civil, vocalizando as principais estratégias e concentrando diversos debates sobre a política agrícola nacional.

agronegócio possuem títulos e papéis disponíveis na bolsa de valores, seja por meio da abertura do capital das empresas rurais como a Cargil, Bunge etc., seja por meio da aquisição de terras no mercado especulativo imobiliário, ou ainda pela abertura de linhas de crédito e títulos próprios.

Apesar de ser um termo criado na escola de negócios e não na escola de agronomia, sua aderência para explicar a reestruturação produtiva da agricultura nos EUA se tornara inequívoca após ser efetivada como política do estado restrito estadunidense e seu uso na esfera pública, principalmente na grande mídia, se tornaram frequente (POMPEIA, 2020b, p. 55). Vale ressaltar que os EUA possuem uma estrutura fundiária baseada em pequenas propriedades de terras de trabalho majoritariamente familiar, os chamados *famers* (VEIGA, 1994), algo totalmente diferente da concentração fundiária brasileira de longa duração histórica. Nesse sentido, a chegada do agronegócio e sua implementação ao país sofreria adaptações.

No Brasil, a expressão *agribusiness* chegou a ser veiculada por algumas entidades patronais e publicada em revistas especializadas, grupo de assessores da empresa de genética vegetal, produtora de sementes, a Agroceres, ainda na década de 1970. Mas coube ao seu proprietário, Ney Bittencourt de Araújo, o protagonismo na defesa e divulgação do *agribusiness* no país como um projeto de política agrícola diferenciado de tudo o que havia até então.

É importante ressaltar que aqui esse processo não foi um arroubo solo da iniciativa privada e de empresários rurais. O florescimento do agronegócio só foi possível graças a um terreno político aplainado e fertilizado, garantidos pela ditadura empresarial-militar (1964-1985) que durante as décadas de 1970-80 implementou a chamada *modernização da agricultura* (SILVA, 1981). Pelo alto, massacrando os movimentos sociais rurais e o sindicato dos trabalhadores agrícolas com uma política agrícola totalmente alinhada com os grandes proprietários rurais, foi possível a construção de uma ideologia do latifúndio produtivo como empresa rural e seus donos como os novos "empresários rurais" (BRUNO, 1997). Vale a pena aqui destacar as principais políticas agrícolas perpetradas pelo Estado restrito nesse período que viabilizou o agronegócio: a) crédito rural subsidiado através do Serviço Nacional de Crédito Rural (SNCR), criado em 1965; b) desenvolvimento de tecnologia pela Empresa Brasileira de Pesquisa Agropecuária (EMBRAPA) e difusão tecnológica pela Empresa Brasileira de Assistência Técnica e Extensão Rural (EMBRATER), criada em

1973 e 1974, respectivamente (MENDONÇA, 2012; OLIVEIRA, 2017); c) expansão da fronteira agrícola, sobretudo para as regiões do Centro-Oeste e do Norte do país com programas como PCI – Programa de Crédito Integrado e Incorporação dos Cerrados (1972), Prodecer – Programa de Cooperação Nipo-Brasileira de Desenvolvimento Agrícola da Região dos Cerrados (1974) e Polocentro – Programa de Desenvolvimento dos Cerrados (1975) (LEITE, 2019, p. 307).

Assim, enquanto se implantava a modernização do campo, a ditadura perseguia, sufocava e silenciava as principais lideranças dos movimentos sociais rurais, acabando com qualquer tipo de resistência e mobilização organizada. Isso não quer dizer, porém, que o agronegócio é uma *continuidade* da modernização da agricultura, pois não há resquícios de um projeto nacional desenvolvimentista em seu escopo (LEITE, 2019). Portanto, o agronegócio pode ser lido como a substituição do projeto da modernização conservadora da agricultura iniciado na década de 1970, cuja principal diferença concentra-se na internacionalização e financeirização das terras e da produção, com forte participação de empresas multinacionais em toda a cadeia produtiva. Entretanto, as bases da modernização – industrialização da agricultura, a integração dos setores produtivos e o financiamento através do crédito rural com juros subsidiados – aplainaram o terreno, dando as bases necessárias para a consolidação desse novo projeto.

Sociedade civil e agronegócio: aparelhos privados e partido do agronegócio

As discussões teóricas sobre a noção de Estado ampliado de Antonio Gramsci constituem-se cada vez mais aprofundadas e esclarecedoras (BIANCHI, 2008; LIGUORI, 2007; LIGUORI; VOZES, 2017). Não é nosso objetivo aqui entrar nessa seara. Realizaremos apenas algumas considerações de forma resumida com a finalidade de melhorar a compreensão de algumas categorias aqui utilizadas e demover o sentido do senso comum de outras. Entendemos aparelho de hegemonia, ou aparelho "privado" de hegemonia, como uma "sociedade particular (formalmente privada) [...] articulada a uma concepção nova de ideologia" que se torna o correspondente do aparelho governativo-coercitivo" (HOEVELER, 2019, p. 149). Assim, a Abag e a CNA, por exemplo, são aparelhos privados de hegemonia de frações do agronegócio e da classe dominante agrária. Elas representam interesses específicos de suas frações e possuem o papel de formulação de uma nova ideologia, portanto, "o aparelho hegemônico de classe constitui o 'horizonte dentro do qual um projeto de classe é elaborado e dentro do qual ela procura interpelar e integrar seus antagonistas'" (HOEVELER, 2019, p. 154).

Utilizamos também a categoria *partido*[16], no sentido gramsciano de "intelectual coletivo", de organização de um projeto hegemônico. O historiador Rodrigo Lamosa afirma que "[...] ambos, tanto partidos quanto intelectuais, na teoria gramsciana, cumprem funções históricas similares de síntese e mediação entre as necessidades objetivas da classe que representam e a direção ético-política que orienta a formação hegemônica" (LAMOSA, 2016, p. 50). Nesse sentido, o partido político não é compreendido aqui apenas como uma legenda partidária que disputa as eleições, mas sim em um sentido ampliado, como um intelectual coletivo fundamental no processo de constituição da hegemonia de uma classe ou fração de classe dominante. Realizadas essas considerações, podemos retornar ao tema.

No âmbito da sociedade civil, nas décadas de 1980-90, a Organização das Cooperativas Brasileiras (OCB) ascendia como uma das principais porta-vozes dos grandes produtores rurais diante das tradicionais organizações do patronato rural, a Sociedade Nacional de Agricultura (SNA) e a Sociedade Rural Brasileira (SRB)[17] (MENDONÇA, 2010b). O então presidente da organização, Roberto Rodrigues, liderou no período da Assembleia Constituinte a Frente Ampla da Agropecuária Brasileira (FAA) que se notabilizou na aprovação e direcionamento das emendas sobre políticas agrícolas e agrárias (OLIVEIRA, 2018). A doutrina cooperativista empresarial fora veiculada como importante no processo de racionalização econômica e integração dos produtores rurais que obteriam o aumento da produtividade e do lucro. Contudo, o cooperativismo empresarial não previa a associação das cadeias produtivas dos diferentes setores da produção agropecuária e voltava-se para o setor agropecuário, assim, seu processo de mobilização tornou-se pouco eficiente. Na década de

---

16 Para reforçar a distinção entre partido político eleitoral e partido no sentido mais amplo optamos por grafá-lo em itálico.
17 Essas entidades não desapareceram, mas tornaram-se entidades tradicionais, coadjuvantes na correlação de forças políticas.

1990, Ney Bittencourt de Araújo, então vice-presidente da OCB, com o apoio de Rodrigues, saiu da agência para fundar, em 1993, a Associação Brasileira do Agribusiness (Abag)[18].

A Abag foi criada para vocalizar e consolidar o projeto do agronegócio no Brasil. Pompeia defende que a associação percorreria um longo trajeto até a incorporação de suas diretrizes para a política agrícola no estado. A criação do Fórum Nacional da Agricultura (FNA), em 1997, no governo do presidente Fernando Henrique Cardoso – FHC (1990-2002) e o Conselho do Agronegócio, instituído dois anos depois, foram conquistas da associação em hegemonizar o agronegócio como uma das principais políticas agrícolas do país (POMPÉIA, 2020b, p. 170). A historiadora fluminense Sonia Mendonça afirma que o coroamento da Abag, como entidade hegemônica no patronato rural, viria com a indicação de Roberto Rodrigues, seu presidente, ao posto de Ministro da Agricultura no governo Lula (2003-2010). Ele permaneceu no cargo até 2006.

Os membros da Abag possuem uma composição muito singular que merece ser analisada. Mendonça e Oliveira afirmam que a associação possui uma *modalidade associativa de novo tipo no país*, pois sua formação não concentraria somente organizações ligadas à produção agropecuária, mas também todas as atividades correlatas do complexo comercial-financeiro que compunha o agronegócio (MENDONÇA; OLIVEIRA, 2015). Essa situação pode ser vista na composição da entidade que agregaria empresas de comunicações (grupo Globo), bancos (Banco do Brasil, Santander, Itaú etc.), instituições do mercado financeiro (BM&F Bovespa S/A) e empresas de especulação de terras (Radar Propriedades Agrícolas S/A), isso para citar só algumas.

Apesar de ser a única organização com "agronegócio" no nome, a Abag não é a única a exercer a defesa do agronegócio. Atualmente, a hegemonia da Abag foi duramente abalada em detrimento de outras entidades que possuem um escopo distinto da associação original do agronegócio. Entre elas destaca-se a Confederação da Agricultura e Pecuária do Brasil (CNA). Velha conhecida no cenário da classe dominante rural, a confederação foi criada em 1963 e ratificada em 1964 como órgão máximo do sindicato patronal oficial pelo Estatuto do Trabalhador Rural (ETR). Sua origem deu-se a partir

---

18 A Abag teve como primeiro nome *agribusines* que foi modificado nos anos 2000.

da Confederação Rural Brasileira (CRB) – braço sindical da SNA – atuando durante a ditadura empresarial-militar como contraponto à Confederação dos Trabalhadores da Agricultura (Contag) e apoio ao regime (RAMOS, 2011; GALVÃO, 2020). No decorrer de sua trajetória, a CNA afastou da sua progenitora, criando uma espécie de autonomia política lastreada por forte base sindical que a possibilitou controlar farto volume de recursos provenientes das federações de agricultura dos estados. Além disso, como representante legal dos "patrões do campo", a CNA ganharia assentos permanentes em diversas comissões, conselhos e órgãos do estado restrito em nome da paridade sindical. Sua configuração atual é composta de três entidades que, segundo o site oficial da entidade, denomina-se de "Sistema CNA", são elas: a) a Confederação propriamente dita; b) o Serviço Nacional de Aprendizagem Rural (SENAR); nos moldes do "sistema S" de educação; e c) o Instituto CNA, que desenvolve pesquisas na área social e no agronegócio.

A senadora da República pelo estado do Tocantins, atualmente filiada no *Progressista*, Kátia Abreu, pode ser considerada uma das mais proeminentes figuras da CNA. Ela foi presidente da entidade no período de 2008 a 2014 quando se licenciou do cargo para assumir a pasta da Agricultura no governo Dilma Rousseff (2011-2016) e não retornou devido à divergência de seu posicionamento no golpe contra a presidente Dilma em 2016. A CNA, em abril do mesmo ano, publicou uma nota de apoio ao *impeachment* de Dilma Rousseff, enquanto Kátia Abreu permaneceu ao lado da presidente[19]. Talvez, essa seja uma das primeiras demonstrações do desembarque do projeto de alianças de classe do governo do Partido dos Trabalhadores (PT).

Com discurso voltado para o "produtor rural" de todas as escalas, a CNA desponta-se como uma das principais agremiações da sociedade civil que disputa a hegemonia da representatividade dos empresários rurais e das bandeiras do agronegócio. Em 2016, a entidade fundou o "Conselho do Agro", composto por dezesseis entidades do agronegócio. Mesmo que a composição do conselho inclua a Abag, cabe à CNA a liderança da nova organização[20]. Acreditamos que o Conselho do Agro atue mais como um fórum de discussão das entidades

---

19 Ainda não estão totalmente claros os motivos da fidelidade de Kátia Abreu à presidente que desgastaram seu capital político e ocasionaram sua expulsão da presidência da CNA.
20 Para mais detalhes sobre o Conselho do Agro: http://www.conselhodoagro.org.br/. Acesso em: maio 2021.

lideradas pela CNA do que propriamente um novo aparelho privado de hegemonia, ou seja, uma arena política da sociedade civil de debates para a criação de convergências de pautas relacionada ao agronegócio. Inferimos que o desapontamento da CNA como liderança hegemônica do agronegócio na atualidade se firma por sua extrema penetração nos quadros técnicos e cargos no Instituto Pensar Agropecuário (IPA) que falaremos mais adiante.

É importante salientar uma distinção entre a Abag e a CNA destacada pelo antropólogo Caio Pompeia. Ele se baseia na comparação da composição social e ações políticas de ambas as agremiações. Segundo o autor, a Abag aglutina, principalmente, os setores "antes e depois da porteira" compreendendo associações, confederações e organizações de empresas químicas e de adubos, maquinaria agrícola, ou mesmo de *marketing* e comunicações, chamado de setores "industriais" ou a "montante da porteira". Por outro lado, a CNA concentraria os produtores rurais e/ou proprietários rurais propriamente ditos, aqueles de "dentro da porteira". Dessa forma, Pompéia (2020) compreende, atualmente, a Abag como uma entidade de menor projeção e envergadura em comparação à CNA, afirmação dissonante da historiadora Sônia Mendonça que, como já mencionamos, entende a Abag como o principal aparelho de hegemonia da classe. De qualquer forma, atualmente, o antropólogo apresenta o binômio IPA/FPA como principal articulador da "concertação de poder" do setor, entendido aqui como *partido* do agronegócio[218] e isso é consenso na bibliografia especializada, apesar de ainda ser pouco estudado.

A divisão proposta entre a Abag e a CNA feita por Pompéia pode trazer luz a determinados comportamentos e ajudar a compreender posicionamentos dessas entidades nos últimos dez anos, contudo, tal afirmação dependeria, a meu ver, de mais estudos e pesquisas empíricas comparativas. Um fator preponderante nessa discussão, e que não pode ser deixado de lado, é o processo de financeirização e grau de influências do capital financeiro, tanto na questão da especulação de terras quanto na especulação das safras e empresas rurais na bolsa que possuem capital aberto. Seja como for, é importante exortar para a complexidade do setor do agronegócio que não pode ser considerado como um

---

21   Fazemos aqui a utilização do termo "partido" no sentido gramsciano de intelectual coletivo, cuja função principal é a construção da hegemonia. "No partido político, os elementos de um grupo social econômico *superam* este momento de seu desenvolvimento histórico e se tornam agentes de atividades gerais, de caráter nacional e internacional" (GRAMSCI, 2011, p. 25).

bloco monolítico. Além disso, concordamos com o antropólogo na questão de apontar que o atual epicentro da formulação do consenso sobre o direcionamento dos principais projetos do agronegócio junto ao estado restrito está no binômio IPA/FPA.

Criada em 1995, a Frente concentra uma fonte de recursos volumosa, possui um quadro técnico com capacidade de produção de conhecimento jurídico notável e ainda realiza o monitoramento das matérias, projetos de lei, emendas e decisões judiciais sobre temas e assuntos do interesse da agropecuária. A consulta ao site da Frente e sua comparação com outras organizações revelam uma produção e sistematização de informações invejável[22]. Por outro lado, o IPA possui um sítio virtual com poucas informações. Sabemos que o Instituto foi criado em 2011 e apresenta-se como uma "entidade do setor agropecuário com o objetivo de defender os interesses da agricultura e prestar assessoria à Frente Parlamentar da Agropecuária (FPA) por meio do acordo de cooperação técnica"[23]. Diferentemente da FPA, que é composta por parlamentares com mandato, o IPA determina em seu estatuto[24] que para ser associado basta "que seja entidade de classe que tenha vínculos com atividades do setor agropecuário, no Brasil"[25]. Assim, o vínculo orgânico do IPA é com os aparelhos privados de hegemonia do agronegócio e seus principais quadros de direção não são técnicos, mas intelectuais orgânicos do setor. O primeiro presidente do IPA foi ninguém menos do que Ricardo Tomcyk[26], sócio-fundador da Associação

---

[22] O site da FPA possui uma seção denominada "serviços legislativos" que contém um resumo de todas as publicações no DOU sobre assuntos relacionados à área da agropecuária, monitoramento dos projetos de leis com pareceres favoráveis ou não.

[23] Disponível em: https://www.pensaragro.org.br/historia-do-ipa/. Acesso em: maio 2021.

[24] O IPA teve seu estatuto alterado em 2015 em relação ao de sua criação no ano de 2011. As principais mudanças foram: retirada de sócios "pessoa física", aceite de instituições e pessoas ligadas à agropecuária do exterior. Além disso, o novo estatuto prevê a proibição de recebimento de recursos públicos e impõe a todos os sócios uma cota de participação – anteriormente era possível ser sócio e não realizar nenhum tipo de contribuição não tendo, contudo, voto nas assembleias (IPA, Estatuto, 2011 e IPA, Estatuto, 2015).

[25] Disponível em: https://www.pensaragro.org.br/estatuto/. Acesso em: maio 2021.

[26] Mato-grossense, advogado, Tomczyk é um dos fundadores da Aprosoja, foi diretor administrativo e vice-presidente da Associação. Atualmente ele é o presidente do IPA, executivo de Relações Institucionais da Amaggi, empresa de "desenvolvimento sustentável do agronegócio" do filho do ex-ministro da Agricultura e maior produtor de soja do Brasil, Blario Maggi, presidente da Comissão de Estudos das Questões Jurídicas do Agronegócio da Ordem dos Advogados do Brasil (OAB) do Mato Grosso e sócio da empresa Tomczyk condomínio agrícola. Foi secretário de Desenvolvimento Econômico do estado do Mato Grosso (2016-2017), presidente do conselho de administração do Instituto Mato-Grossense da Carne (IMAC) (2016-2017), presidente

dos Produtores de Soja e Milho do Mato Grosso (Aprosoja)[27]. A presidência atual do IPA é ocupada por Nilson Aparecido Leitão[28], ex-deputado federal do Partido Social Democrático Brasileiro do Mato Grosso (PSDB-MT), mas, conforme o site do Instituto, ele é apresentado como "representante da CNA". Portanto, a vinculação de ambas as organizações demonstra, no mínimo, o IPA como o principal aparelho privado de hegemonia do agronegócio que, juntamente com a FPA, concentra a multiplicidade de organizações da sociedade civil. Portanto, a imagem do IPA como apenas um órgão de assessoria técnica, tal como veiculado em seu site, não faz jus ao seu real papel.

Por fim, mas não menos importante, é significativo perceber a explosão de uma miríade de organizações satélites que estão atuando na área de comunicação, propaganda e marketing em especial nas redes sociais. Tais entidades não possuem o grau de complexidade, capitalização e articulação política das organizações anteriores mencionadas, mas, atualmente, são importantes caixas de ressonâncias de uma determinada "ideologia do agronegócio" e, portanto, recebem apoio da maioria dessas entidades. A título de exemplo falaremos de duas delas a seguir.

A primeira denomina-se como a "liga do agro", concentra suas ações e divulgação de propaganda em redes sociais. Na descrição em seus perfis, encontramos a seguinte mensagem "combatendo o fake news, desmistificando assuntos do setor e produzindo conteúdo em uma linguagem simples para conectar o campo à cidade". Em recente postagem em sua página no *Instagram*, a liga do agro publicizou uma reportagem sobre um aluno que, segundo a matéria, fora "humilhado" em uma palestra realizada pela deputada federal Sônia Guajajara (Psol-SP) no seu colégio, Escola Avenue, em São Paulo. O motivo da suposta humilhação que sofrera foi por ter "defendido o agronegócio"[29]. O aluno foi convidado a ir na exposição Acricorte, organizada pela Associação

---

da União Nacional do Etanol de Milho (2017-2019). Disponível em: https://www.linkedin.com/in/ricardo-tomczyk-ab51a427/?originalSubdomain=br. Acesso em: maio 2021.

27   Apesar de ser uma entidade estadual, a Aprosoja tem se destacado no debate nacional do agronegócio.

28   Mato-grossense, possui formação técnica. Político de carreira do Partido Social Democrático Brasileiro (PSDB), foi vereador em Cassilândia – sua cidade natal – no período de 1997 a 1999. Foi também deputado federal   em 2014 e presidente da FPA em 2017. Disponível em: https://pt.wikipedia.org/wiki/Nilson_Leit%C3%A3o. Acesso em: maio 2021.

29   Disponível em: https://www.poder360.com.br/brasil/aluno-quis-me-inferiorizar-diz-sonia--guajajara/. Acesso em: maio 2021.

dos Criadores do Mato Grosso (Acrimat) onde foi ovacionado pelo público e elogiado por líderes do setor.

Outra importante associação de propagação do agronegócio é uma espécie de escola sem partido do agronegócio. Em decorrência de uma iniciativa de insatisfação das "mães do agro" com o material didático dos seus filhos que continham mentiras sobre a questão agrária e agrícola no Brasil, em 2018, elas criaram o movimento intitulado "de olho no material escolar". O objetivo principal é realizar a vigilância dos conteúdos dos livros didáticos de escolas públicas e privadas sobre o assunto da agricultura no Brasil. A organização possui uma página no *Instagram* (@deolhonomaterialescolar), um canal no *YouTube* e em outras redes sociais que são os principais veículos de divulgação de suas ações. A inscrição como um membro do "de olho no material escolar" pode ser realizada por qualquer pessoa através de um cadastro online e o pagamento de uma mensalidade no valor de 150,00 mensais para pessoas físicas e 500,00 reais mensais para pessoas jurídicas. Suas ações concentram-se na confecção de materiais publicitários sobre o agronegócio, realização de visitas de professores e membros da organização a editoras, entidades do agronegócio e instalações de institutos de pesquisa. Há ainda a intensa participação em eventos públicos e na mídia especializada sobre o tema e, principalmente, levantamento e denúncia dos materiais escolares de redes públicas e privadas.

Diversas entidades apoiam o projeto. Segundo o site "De olho nos ruralistas", estão entre elas a SRB e o Conselho Superior do Agronegócio (Coasg), departamento ligado à Federação das Indústrias do Estado de São Paulo (FIESP). Um dos principais intelectuais e apoiadores da organização das mães do agro é Francisco Graziano Neto, conhecido como Xico Graziano. Agrônomo, ex-deputado federal pelo PSDB, ex-secretário de Meio Ambiente do Estado de São Paulo, foi um dos principais intelectuais conservadores sobre a questão da agropecuária que participou do governo Fernando Henrique Cardoso – FHC (1995-2002). Em diversas mídias, Graziano faz apologia ao projeto de fiscalização do material didático sobre o agro e as "mentiras que se contam" para as crianças.

As lideranças do movimento "de olho no material escolar" são Andréia Bernabé – diretora executiva da Associação de Produtores de Sementes de Mato

Grosso (Aprosmat) e consultora/CEO da "Agro b"[30]– e Letícia Zamperlini Jacintho[31] – diretora da ZJ Investimentos, uma empresa ligada ao setor agropecuário e sócia de seu marido, o agrônomo Sebastião Ferreira Jacintho, na produção de cana de açúcar em São Paulo. Para elas, assuntos como reforma agrária, campesinato, luta pela terra, monocultura, latifúndio, trabalho análogo à escravidão e devastação ambiental provocada por queimadas intencionais de produtores rurais são visões distorcidas e equivocadas sobre o campo brasileiro. A questão dos agrotóxicos também possuiria uma abordagem equivocada. O correto seria demonstrar a pujança do agronegócio no país que carregaria os maiores índices de produtividade graças ao desenvolvimento tecnológico e à força do "agricultor brasileiro".

Em outubro de 2021, a organização entregou um relatório com o levantamento do conteúdo "mentiroso" sobre agricultura no Brasil ao ministro da educação, Milton Ribeiro. Na solenidade estavam presentes a Ministra da Agricultura, Tereza Cristina, a deputada Federal Bia Kicis (PSL-DF) e o presidente do IPA, Nilson Leitão. O relatório entregue pelo movimento foi realizado pelo próprio IPA. A deputada federal Aline Sleutjes (PSL-PR), membro da Frente e presidente da Comissão de Agricultura, Pecuária, Abastecimento e Desenvolvimento Rural (CAPADR) da Câmara dos Deputados, é a principal porta-voz do movimento no Congresso. Foi ela quem articulou o encontro com os ministros e o levantamento realizado pelo IPA.

Essas duas últimas organizações nos ajudam a entender não somente a complexidade dos aparelhos privados de hegemonia do agronegócio como também um movimento de guinada conservadora e de extrema direita, aprofundado no governo Bolsonaro, como veremos a seguir.

Agronegócio e bolsonarismo: autocracia burguesa e neofascismo

Conforme já foi dito, o golpe da presidente Dilma Rousseff, em 2016, teve o apoio da CNA, mesmo com sua presidente licenciada na pasta da Agricultura. A Abag também se mostrou "positiva" diante da votação no

---

30 Disponível em: https://www.linkedin.com/in/andreia-bernabe-b56a1022/. Acesso em: maio 2022.

31 Disponível em: https://www.linkedin.com/in/leticia-zamperlini-jacintho-59a8b7185/?original_referer=https%3A%2F%2Fwww%2Egoogle%2Ecom%2F&originalSubdomain=br. Acesso em: maio 2022.

Congresso[32]. No governo Temer (2016-2018), a bancada ruralista foi decisiva para a aprovação de algumas de suas medidas, como a Reforma Trabalhista, e sua manutenção no cargo. Uma das principais contrapartidas do apoio de Temer foi traduzida na extinção do Ministério do Desenvolvimento Agrário (MDA), reivindicação histórica do setor (OLIVEIRA, 2020). O cumprimento de quase todas as propostas da "pauta positiva biênio 2016-2017" produzida pelo binômio IPA/FPA (FPA, 2016) reforça a tese do embarque escancarado do agronegócio ao governo Temer.

Durante a campanha presidencial de 2018, algumas das principais lideranças do setor tomaram rumos distintos. Kátia Abreu compôs chapa com Ciro Gomes – candidato pelo PDT – e Ronaldo Caiado – governador de Goiás e filiado ao Democratas (DEM-GO) – apoiou desde o início a chapa de Bolsonaro. A União Democrática Ruralista (UDR), entidade fundada por Caiado e, atualmente, liderada por Luiz Antônio Nabhan Garcia[33], também apoiaria a campanha de Bolsonaro.

Durante a campanha de Bolsonaro, Nabhan Garcia foi o assessor para o setor da agricultura. Contudo, ele e a UDR representam a face mais truculenta e atrasada da classe dominante rural. A agremiação não é um aparelho de hegemonia do agronegócio, pois representa os setores mais conservadores e atrasados da agricultura, principalmente a pecuária extensiva. Além disso, a defesa da propriedade privada, pauta histórica da classe dominante rural, transforma-se em justificativa para o incentivo à formação de milícias armadas nas propriedades (MENDONÇA, 2010). Nesse sentido, é possível entender a filiação de Garcia a Bolsonaro, pois a convergência ideológica fascista encontra-se na raiz da UDR. Caio Pompeia afirma que Bolsonaro tirou vantagem das divergências entre os setores mais progressistas e o mais atrasado do agronegócio, tomando

---

32 Disponível em: https://www.sna.agr.br/entidades-do-agro-repercutem-votacao-a-favor-do--impeachment-de-dilma/. Acesso em: maio 2022.

33 Formado no curso técnico de agropecuária e zootecnia, Garcia é pecuarista e agricultor com fazendas nos estados de São Paulo e Mato Grosso do Sul. Envolveu-se em embates armados com os sem-terra no Pontal do Paranapanema no período de 1990-2010, organizando milícias armadas rurais. Nesse período, em virtude de o estado concentrar grandes produtores de soja. Nabhan Garcia refundar a UDR e tornou-se presidente da entidade em 2012, se licenciando em 2018 para assumir a direção da secretaria de assuntos fundiários do MAPA. Disponível em: https://exame.com/brasil/quem-e-nabhan-garcia-o-todo-poderoso-secretario-fundiario--de-bolsonaro/. Acesso em: maio 2021. Disponível em: https://theintercept.com/2019/02/19/milicias-nabhan-garcia/. Acesso em: maio 2021.

parte das pautas dos mais atrasados e violentos, vocalizando os interesses desse setor:

> [Bolsonaro] Defendeu a redução de impostos para a agropecuária e a possibilidade de supressão das dívidas do Funrural, posicionou-se contra os movimentos sociais e contra os direitos territoriais de povos e populações tradicionais, fez críticas à fiscalização e à punição a ilícitos ambientais e propôs a facilitação do uso de armas de fogo por proprietários rurais. Era exatamente o que muitos desses fazendeiros queriam ouvir, e nenhum outro candidato à Presidência estava propondo na campanha de 2018 (POMPÉIA, 2022)[34].

Contudo, mesmo com algumas rusgas e descontentamento, as principais entidades do agronegócio embarcaram de cabeça na campanha do então candidato à presidência pelo Partido Social Liberal (PSL). A união foi consumada no dia 2 de outubro de 2018, cinco dias antes da votação em primeiro turno, com uma carta publicada no site da FPA após uma reunião entre o candidato e a presidente da Frente, a deputada federal pelo DEM do Mato Grosso do Sul (DEM-MS), Tereza Cristina[35]. Na carta, assinada por Tereza

---

34   Disponível em: https://piaui.folha.uol.com.br/materia/o-agrobolsonarismo/. Acesso em: jan. 2022.

35   Natural de Campo Grande (MS), é formada em engenharia agronômica pela Universidade Federal de Viçosa. Foi deputada federal pelo PSB, em 2014, e líder da bancada de seu partido em 2017. Nesse mesmo ano mudou-se para o Democratas. Em 2018 assumiu a liderança da Frente Parlamentar da Agropecuária (FPA). É ferrenha defensora da flexibilização dos agrotóxicos no país. Antes de exercer mandato, ocupou diversos cargos políticos no governo do Estado do Mato Grosso do Sul e também integrou a direção de algumas organizações da sociedade civil: Diretora, Federação da Agricultura e Pecuária de Mato Grosso do Sul – Famasul, Campo Grande, MS, 2001-2003; Diretora, Associação dos Produtores de Sementes de Mato Grosso do Sul – Aprosul, Campo Grande, MS, 2001-2003; Diretora, Associação dos Criadores de Mato Grosso do Sul – Acrissul, Campo Grande, MS, 2003-2006; Superintendente, Fundação Nacional para o Desenvolvimento Rural – FUNAR, Campo Grande, MS, 2006-2006; Superintendente, Serviço Nacional de Aprendizagem Rural – SENAR, Campo Grande, MS, 2006-2006; Conselheira Titular, Conselho de Desenvolvimento Industrial – CDI, Campo Grande, MS, 2003-2006; Vice-Presidente, Conselho Nacional de Secretários de Estado de Agricultura – Conseagri, Campo Grande, MS, 2007-2009; Presidente, Conselho de Administração das Centrais de Abastecimento Ceasa, Campo Grande , MS, 2007-2014; Presidente, Conselho Estadual de Desenvolvimento Rural Sustentável – CEDRS, Campo Grande, MS, 2007-2014; Presidente, Conselho Estadual de Investimentos Financiáveis pelo Fundo Constitucional de Financiamento do Centro Oeste – CEIF-FCO, Campo Grande, MS, 2007-2014; Conselheira Titular, Conselho Gestor do Fundo de Defesa de Interesses Difusos e Lesados – Funles, Campo Grande, MS, 2007-2014; Conselheira Titular, Conselho Gestor do Fundo para o Desenvolvimento das Culturas de Milho e Soja – FUNDEMS, Campo Grande,

Cristina, afirma-se que a decisão foi "atendendo ao clamor do setor produtivo nacional, de empreendedores individuais aos pequenos agricultores e representantes dos grandes negócios"[36]. Apesar do pioneirismo de Nabhan Garcia em apoiar Bolsonaro, o comando da pasta da agricultura foi para as mãos de Tereza Cristina, isto é, do agronegócio, contudo Garcia conquistou a Secretaria de Assuntos Fundiários que possui amplos poderes sobre assuntos ligados à reforma agrária, desapropriação de terras – assunto caro principalmente para proprietários de terras que entram em disputa com movimentos sociais e realizam grilagem em terras indígenas.

A definição do bolsonarismo enquanto fenômeno radical conservador no Brasil ainda é um tema a ser mais estudado. Porém, importante notar que o governo Bolsonaro põe em marcha a ideologia do bolsonarismo que congrega elementos fascistizantes com a velha autocracia burguesa, traço histórico da personalidade das classes dominantes brasileiras. Para interpretar o bolsonarismo, o historiador fluminense Marcelo Badaró Mattos pensa a tese da autocracia burguesa de Florestan Fernandes em *A Revolução Burguesa no Brasil* (2020) e empreende análise conceitual sobre o fascismo e o neofascismo. Em suas palavras: seguindo as indicações de Fernandes, entendemos que o governo Bolsonaro representa "um momento em que a autocracia burguesa recorre ao neofascismo para garantir a contrarrevolução preventiva" (MATTOS, 2020, p. 236).

Assim, é possível vislumbrar o comportamento dos aparelhos privados do agronegócio como um fenômeno de continuidade histórica da preservação da ordem em tempos de crise de hegemonia por meio do esmagamento das classes subalternas e hegemonia no Estado restrito para garantir seus interesses. No decurso do governo Bolsonaro e, principalmente, no ano de 2020 e 2021, a

---

MS, 2007-2014; Diretora Executiva, Fundo de Apoio à Industrialização – FAI, Campo Grande, MS, 2007-2014; Conselheira Titular, Fundo de Desenvolvimento do Sistema Rodoviário do Estado de Mato Grosso do Sul Fundersul, Campo Grande, MS, 2007-2014; Conselheira Titular, Serviço Brasileiro de Apoio às Micro e Pequenas Empresas – Sebrae, Campo Grande, MS, 2007-2014; Coordenadora, Conselho de Desenvolvimento e Integração Sul – Codesul, Comissão Permanente da Agricultura, Campo Grande, MS, 2007-2014; Conselheira Titular, Conselho Nacional de Secretários de Desenvolvimento Econômico – Consedic, Campo Grande, MS, 2008-2014; Presidente, Conselho Nacional de Secretários de Estado de Agricultura – Conseagri, Campo Grande, MS, 2009-2011. Disponível em: https://www.camara.leg.br/deputados/178901/biografia. Acesso em: 05 abr. 2020.

36 Disponível em: https://agencia.fpagropecuaria.org.br/2018/10/02/nota-oficial-fpa-declara-apoio-a-jair-bolsonaro/. Acesso em: maio 2021.

CNA, a Abag e o binômio IPA/FPA convergiriam para um alinhamento descarado, apoiando e realizando o desmonte das políticas a favor dos povos originários e da preservação do meio ambiente através do sucateamento dos órgãos responsáveis por essas políticas e da ocupação de seus quadros com intelectuais orgânicos do agronegócio. Veremos essas ações mais de perto a seguir.

O agronegócio na pandemia: crédito rural, terras indígenas e boi bombeiro

A pesquisa documental ainda em andamento concentra-se no levantamento do período de 2020-2021 das principais publicações veiculadas pelas agências da sociedade civil e do Estado restrito. No âmbito da sociedade civil, a pesquisa focou-se nos documentos, reportagens e notícias publicadas nos sites oficiais da Abag, CNA e FPA. No domínio do Estado restrito, realizamos uma varredura nas matérias publicadas nos sites oficiais do MAPA, no *Diário Oficial da União* (DOU), principalmente nas seções "política agrícola" e "meio ambiente" e recorremos ao Censo Agropecuário de 2017, realizado pelo Instituto Brasileiro de Geografia e Estatística (IBGE). Ainda utilizamos informações sobre a temática veiculadas na grande mídia. Tal mapeamento cruzou as informações, percorrendo as possíveis relações entre as ações governamentais e o posicionamento das entidades do agronegócio.

De maneira geral, o argumento central das agências do agronegócio é a aclamação do "agro"[37] como potência econômica do país, comprovado pelo excelente desempenho nas exportações de commodities, principalmente soja, carne e açúcar[38]. Em documento produzido pela CNA, em parceria com o Centro de Estudos Avançados em Economia Aplicada da Escola Superior de Agricultura Luiz de Queiroz da Universidade de São Paulo (Cepea-ESALQ/USP), o setor corresponde a 26,6% do PIB brasileiro, representando um aumento de 24,31% em relação ao ano de 2019 (CNA, 2021). Em diversas

---

37 A nomenclatura "agro" é amplamente utilizada atualmente como pode ser observado na propaganda atual transmitida diariamente na rede Globo "agro é tudo". Pompéia afirma que "avaliava-se que a noção era fundamental contribuição à ação política intersetorial e à legitimação de pleitos de nucleações patronais, mas não tinha passado incólume pelos conflitos da década de 2000. [...] Após considerarem outras denominações, prevaleceu o artifício de tirar 'negócio' do termo, deixando somente 'agro'" (POMPÉIA, 2020, p. 273).

38 Disponível em: https://www.cnabrasil.org.br/noticias/exportacoes-do-agro-alcancam-us-77--9-bilhoes-de-janeiro-a-setembro. Acesso em: maio 2021.

reportagens, ao longo do ano de 2020, a CNA deu destaque à questão dos recordes de safras e exportação de commodities[39], cuja principal compradora é a China (CNA, 2021), país constantemente alvo de insultos por parte do presidente, seus filhos e alguns ministros. Mesmo assim, a adesão do agronegócio ao governo não parece ser afetada e os contornos das gafes diplomáticas contornados em notas e comunicados diretamente produzidos pelas entidades.

A FPA, em março de 2020, por exemplo, produziu uma carta endereçada à embaixada da China no Brasil reforçando a importância de manter as relações de amizade e comércio entre os países: "A FPA não corrobora com nenhuma declaração feita neste sentido [difamação da China] e repudia ilações e ataques contra um dos parceiros mais importantes da última década para nosso desenvolvimento" (FPA, 2020, p. 1). Em recente reportagem publicada pela revista *Piauí* sobre a negociação do leilão da tecnologia do 5G no Brasil algumas associações de produtores de carne – Associação Brasileira das Indústrias Exportadoras de Carne (Abiec) e a Associação Brasileira de Frigoríficos (Abrafigro) –, a senadora Kátia Abreu, o ex-ministro da Agricultura e um dos maiores produtores de soja do mundo Blario Maggi e a própria ministra da agricultura, Tereza Cristina, foram acionados como interlocutores para impedir o governo Bolsonaro de excluir a empresa de comunicação chinesa Huawei do leilão do 5G no Brasil. Além disso, por alguns meses do ano de 2021 a importação de carne do Brasil foi interrompida em um episódio que se soma à pressão política da China sobre o Brasil no setor[40]. Mesmo assim, a oposição ao governo Bolsonaro não figura no horizonte, muito menos no período da pandemia do novo coronavírus.

As medidas de distanciamento social e paralisação das atividades econômicas "não essenciais" tornaram-se o centro do debate logo no início da pandemia, em março de 2020. O movimento das entidades do agronegócio foi em dois sentidos: i) destacar o crescimento das safras e resultados positivos da exportação para reforçar a imagem do setor como inabalável mesmo em

---

39 Disponível em: https://www.cnabrasil.org.br/noticias/com-safra-recorde-e-exportacoes-vbp--deve-subir-15-em-2020, https://www.cnabrasil.org.br/noticias/cna-mostra-que-pib-do-agro--e-destaque-no-2-trimestre-de-2020. Acesso em: maio 2021.

40 Disponível em: https://piaui.folha.uol.com.br/materia/licao-das-bravatas/. Acesso em: março 2022.

tempos de recessão econômica e crise social[41] e ii) colar a ideia do agronegócio como produtor de alimentos. Esse último argumento seria crucial para garantir a produção agropecuária como atividade essencial e assegurar medidas de financiamento e renegociação dos créditos contraídos pelo setor.

Em agosto de 2020, em evento de inauguração de uma Estação de Radar no Mato Grosso do Sul, Bolsonaro, ao lado da ministra da Agricultura, Tereza Cristina, reproduziu a fala das agências do agronegócio. Ele afirmou que o agronegócio é a "locomotiva da nossa economia". Esse evento foi noticiado pelo site oficial do MAPA como "Bolsonaro destaca importância do agronegócio para a economia e o abastecimento do país"[42]. O objetivo aqui era aliar o setor como principal produtor de alimentos para o mercado interno, afirmação reforçada por notícias publicadas nos sites das entidades do agronegócio.

A Medida Provisória nº 958 de abril de 2020 (MP 958/2020) facilitou o acesso ao crédito rural e flexibilizou medidas de renegociação de dívidas. Essa medida, entre outras ações, atuou sobre a chamada Cédula de Crédito de Exportação (CCE), que é um título de crédito passível de ser comercializado na bolsa de valores e está diretamente ligado aos produtores que realizam exportação. Contudo, a medida foi comemorada pela FPA e pela CNA sob o argumento de que essa ação ajudaria na renegociação e na obtenção de crédito de produtores de alimentos do país, evitando, assim, o desabastecimento da "nação"[43].

Em abril do mesmo ano, quando caducou a MP nº 958, o Conselho Monetário Nacional (CMN) aprovou uma série de medidas para manter a flexibilização do acesso ao crédito rural e a garantia da renegociação das dívidas já contraídas para aqueles que estão em pandemia[44]. De fato, ambas as medidas beneficiaram muitos produtores rurais, independentemente do tamanho do estabelecimento, além de conter resoluções específicas para os acordos de

---

41 Disponível em: https://www.cnabrasil.org.br/noticias/na-pandemia-a-agropecuaria-registrou-saldo-positivo-na-geracao-de-empregos-em-mato-grosso-do-sul Acesso em: 25 maio 2021.

42 Disponível em: https://www.gov.br/agricultura/pt-br/assuntos/noticias/bolsonaro-destaca-importancia-do-agronegocio-para-a-economia-e-o-abastecimento-do-pais. Acesso em: maio 2021.

43 Disponível em: https://www.portaldbo.com.br/fpa-e-cna-comemoram-aprovacao-na-camara-de-teto-de-r-250-para-custa artorarias/. Acesso em: maio 2021.

44 Disponível em: https://www.cnabrasil.org.br/artigos-tecnicos/cmn-aprova-tres-novas-resolucoes-que-flexibilizam-tempo rariamente-procedimentos-para-a-concessao-e-prorrogacao-de-operacoes-de-credito-rural. Acesso em: maio 2021.

crédito provenientes do Programa Nacional de Agricultura Familiar (Pronaf). Contudo, o Censo Agropecuário de 2017 revela que 62% do crédito contraído fora destinado às regiões Sul e Centro-Oeste enquanto a concentração de estabelecimentos agropecuários de pequenos produtores e agricultores familiares, esses sim responsáveis pela produção de gêneros alimentícios para o mercado interno, encontra-se na região Norte e Nordeste (57% dos estabelecimentos), ou seja, a região que concentra o maior número de grandes propriedades também concentra o maior percentual de aquisição de crédito rural. Isso significa que as medidas de flexibilização temporárias sobre crédito rural beneficiaram diretamente grandes produtores das regiões onde concentra o agronegócio que não produz alimentos para o mercado interno.

O empenho do governo em garantir condições favoráveis supostamente a todos os produtores rurais não foi equivalente quando o assunto foi o auxílio emergencial para aqueles que estavam em situação de pobreza por conta da pandemia. A primeira proposta do governo, em março de 2020, após diversos debates e pressão social, foi um auxílio no valor de R$ 200 reais para a população de baixa renda. O projeto de lei que instituiu o auxílio foi proposto pelo Congresso Nacional, aumentando o valor para R$ 600 reais e sancionado em 2 de abril de 2020[45].

Durante a pandemia, os projetos de desmonte das políticas públicas para diversos setores dos subalternos não pararam. Ao lado das informações e estratégias sobre a agricultura na pandemia, a questão indígena é um dos assuntos de maior repercussão das entidades, em 2020. O bolsonarismo é claramente contra as reservas indígenas e novas demarcações e paralisou todos os processos de demarcação de terras junto à Fundação Nacional do Índio (FUNAI), que é controlada pelo delegado da Polícia Federal Marcelo Augusto Xavier da Silva[46]. Marcelo Xavier é a favor da legalização do garimpo em terras indíge-

---

45 Disponível em: https://www.camara.leg.br/tv/714071-2020-na-camara-legislativo-aprova-auxilio-emergencial-de-r-600/#:~:text=Baixar-,2020%20na%20C%C3%A2mara%20%2D%20Legislativo%20aprova%20aux%C3%A   Dlio%20emergencial%20de%20R%24%20600,renda%20m%C3%ADnima%20garantida%20em%202020. Acesso em: maio 2021.

46 Paulista, bacharel em Direito e técnico em Agropecuária, atuou como assessor na Comissão Parlamentar de Inquérito (CPI) da FUNAI. Marcelo Xavier é presidente da FUNAI desde julho de 2019. Disponível em: https://www.gov.br/funai/pt-br/composicao/quem-e-quem/perfil-do-presidente Acesso em: maio 2021.

nas[47] e entregou a chefia de quase 60% das coordenações regionais da fundação para militares[48]. O site oficial do governo afirma que Xavier é "defensor da autonomia dos indígenas" e acredita na "melhoria das condições de vida dos povos originários por meio de atividades sustentáveis que resultem em geração de renda para as comunidades"[49].

Nesse assunto, a FPA possui total alinhamento com o governo Bolsonaro e com o presidente da FUNAI. A Frente defende a inconstitucionalidade de novas demarcações de terras indígenas, pois isso poderia trazer uma "insegurança jurídica" aos proprietários. Eles alegam que o marco temporal da demarcação é 5 de outubro de 1988, data da promulgação da constituição. Portanto, qualquer outro tipo de demarcação baseada em áreas consideradas, após esse período, não poderia ser realizada:

> Caso essa interpretação da constituição não seja respeitada, todo o território brasileiro poderá ser considerado indígena, criando insegurança jurídica, a exemplo de Copacabana e Ipanema (que possuem nomes indígenas), serem reivindicadas como territórios indígenas (FPA, 2021, p. 2).

Esse argumento apresenta a retórica equivocada e ridícula da Frente sobre essa questão. Em nota pública divulgada em maio de 2020, a FPA foi contra a decisão do ministro do Supremo Tribunal Federal (STF) Edson Fachin que suspendia todos os julgamentos de demarcação das terras indígenas durante a pandemia de Covid-19, ou até o julgamento do caso da demarcação das terras indígenas Ibirama La Klãnõ em Santa Catarina, do povo Xokleng[50,31]. A nota afirmava que a decisão é monocrática e inconstitucional. Em agosto de 2020, a FPA realizou um debate virtual a respeito da decisão judicial sobre a demarcação de terras indígenas, afirmando o apoio da CNA nessa questão. "A CNA e a Aprosoja Brasil defendem o cumprimento da data 5 de outubro de 1988,

---

47 Disponível em: https://oglobo.globo.com/brasil/em-entrevista-ao-globo-novo-presidente-da-funai-nega-ligacao-com-agronegocio-falatorio-23869438. Acesso em: maio 2021.

48 Disponível em: https://www.brasildefato.com.br/2021/02/19/militares-ja-ocupam-quase-60-das-coordenacoes-regionais-da-funai-na-amazonia-legal. Acesso em: maio 2021.

49 Disponível em: https://www.gov.br/funai/pt-br/composicao/quem-e-quem/perfil-do-presidente. Acesso em: maio 2021.

50 Disponível em: http://www.stf.jus.br/portal/jurisprudenciaRepercussao/verPronunciamento.asp?pronunciamento=8038455. Acesso em: maio 2021.

promulgação da Constituição Federal, como limite para ocupação da área a ser considerada como terra indígenas passível de demarcação"[51],[32].

Além disso, em documento publicado no dia 20 de maio de 2021, a FPA apresentou uma classificação do grau de integração das comunidades indígenas em isolado, semi-isolado e integrado, alegando que condicionado à habitação permanente da terra anterior a 1988, os indígenas precisam manter-se em completo isolamento, pois:

> A constituição também determina que o direito à terra se dá para a manutenção dos seus usos, costumes e tradições, o que não acontece hoje em dia com grande parte dos indígenas, enfraquecendo o argumento do direito originário para os indígenas que já estão integrados.
>
> **Como se vê, a questão atinente à comprovação da tradicionalidade da ocupação da terra em muitos casos se mostra prejudicada, já que não pode ser demonstrada pela comunidade indígena, de modo bastante, que ocupasse a área sob litígio para "seus usos, costumes e tradições".** (FPA, 2021, p. 3, grifos do original).

É importante enfatizar que o desmonte das garantias jurídicas e institucionais por parte do governo à questão indígena tem sido a linha de ação do governo Bolsonaro desde o seu primeiro dia. Segundo a Comissão Pastoral da Terra (CPT), os conflitos no campo, em 2018, aumentaram com destaque para o homicídio de lideranças:

> a CPT havia registrado o assassinato de 29 camponeses e indígenas (em 2018 foram 28). O dado que chamou mais atenção foi o do homicídio de oito indígenas (sete deles eram lideranças), maior número de lideranças indígenas mortas em conflitos no campo em onze anos, refletindo na realidade o discurso bolsonarista de desprezo pelos direitos dos povos indígenas e a prática de avanço ainda mais predatório do capital sobre a Amazônia [...] com estímulos governamentais. (MATTOS, 2020, p. 226-227).

---

[51] Disponível em: https://agencia.fpagropecuaria.org.br/2020/08/27/live-abordou-decisoes-do--judiciario-sobre-demarcacoce-terras-indigenas/. Acesso em: maio 2021. Essa notícia é um resumo de uma *live* promovida pelo Canal Rural e pela FPA. A íntegra do vídeo está disponível em https://www.youtube.com/watch?v=RMAbOiB5zrA. Acesso em: maio 2021.

Com a desculpa de combater os "focos de incêndio" e "ações preventivas e repressivas contra delitos ambientais, direciona ao desmatamento ilegal", o governo autorizou o emprego da Força Nacional de Segurança amparada pela lei da Garantia da Lei e da Ordem (GLO) nas áreas de fronteira das terras indígenas, unidades federais de conservação ambiental e em outras áreas federais nos Estados da Amazônia Legal (Decreto nº 10.341, 6 de maio de 2020). O decreto tinha vigência de trinta dias, mas foi estendido até abril de 2021 (Decreto nº 10.394, 10.421, 10.539). As justificativas para a expansão de quase um ano não estão contidas nos decretos, tampouco há registro ou relatório das atividades da Força nessas regiões. Durante a vigência da Força Nacional nesses territórios, houve o relato de violência de garimpeiros em terras Yanomami[52] além de outros conflitos[53].

Se é possível vislumbrar uma convergência na questão indígena entre os aparelhos de hegemonia do agronegócio e Bolsonaro, o mesmo não pode ser dito na questão ambiental. O comportamento das entidades do agronegócio varia entre a condenação generalizada do desmatamento, apoio ao mercado de carbono e incentivo à devastação ambiental. A Abag, que lidera a Coalizão Clima Brasil Floresta e Agricultura (Coalizão), criada em 2015, defende uma agenda cujo lastro encontra-se em uma perspectiva de "conjugação" entre a produção do agronegócio com medidas de "sustentabilidade". O documento lançado pela Coalizão com dezessete propostas para solucionar as questões do meio ambiente incluem recomendações como a regularização fundiária, cadastro de imóveis rurais, monitoramento das florestas e biomas, produção de relatórios de desmatamento e aumento das punições para crimes ambientais (COALIZÃO, 2015, p. 5). Em setembro de 2020, a Coalizão entregou um documento ao governo com seis ações para a "rápida" contenção do desmatamento na Amazônia.

1. Retomada e intensificação da fiscalização, com rápida e exemplar responsabilização pelos ilícitos ambientais identificados;

---

52 Disponível em: https://www.cptnacional.org.br/publicacoes-2/destaque/5646-uma-luta-de-resistencia-centenaria-garimpeiros-invadem-territorio-yanomami-e-atiram-contra-indigenas. Acesso em: maio 2021.

53 Disponível em: http://www.ihu.unisinos.br/78-noticias/605481-dados-parciais-conflitos-no-campo-2020-2020-o-ano-do-fi m-do-mundo-como-o-conhecemos. Acesso em: 25 maio 2021.

2. Suspensão dos registros do Cadastro Ambiental Rural (CAR) que incidem sobre florestas públicas e responsabilização por eventuais desmatamentos ilegais;

3. Destinação de 10 milhões de hectares à proteção e uso sustentável;

4. Concessão de financiamentos sob critérios socioambientais;

5. Total transparência e eficiência às autorizações de supressão da vegetação;

6. Suspensão de todos os processos de regularização fundiária de imóveis com desmatamento após julho de 2008 (COALIZÃO, 2020).

Esse documento provocou a saída da Aprosoja da Abag. O presidente da associação de soja e milho, Bartolomeu Braz, disse que "eles [Abag] só defendem o meio ambiente e mais nada, é uma entidade que não entende o papel dela. Eles não têm a percepção do econômico pro (sic) lado do produtor. Eles têm do lado do negócio, que é o do banqueiro"[54].

Por outro lado, a Aprosoja permanece no IPA e não se manifestou contrário às declarações da Frente sobre a questão do fogo no Pantanal. Em documento publicado pela FPA, o fogo no Pantanal teria causas naturais.

> **A ocorrência e a propagação dos incêndios florestais estão fortemente associadas às condições climáticas.** A intensidade de um incêndio e a velocidade com que ele se propaga estão diretamente ligados a umidade relativa e a temperatura do ar, além do efeito direto da velocidade do vento (FPA, 2020b, p. 2, grifos do original).

O documento ainda destaca o protagonismo do "homem do campo" no combate ao incêndio e atesta algumas medidas para o combate ao fogo. Entre elas está o "boi bombeiro":

> No Pantanal é muito comum ouvir a expressão "boi bombeiro". Isso porque o animal é reconhecido como o principal combatente de incêndios. Um bom manejo do rebanho faz com que o boi coma todo o mato existente na

---

54 Disponível em: https://www.brasilagro.com.br/conteudo/aprosoja-rompe-com-abag-apos-documento-sobre-desmatamento-na-amazonia.html#:~:text=Segundo%20representante%20dos%20produtores%20de,Brasileira%20do%20Agroneg%C3%B3cios%20(Abag). Acesso em: maio 2021.

propriedade, eliminando assim a matéria seca que possa pegar fogo. Há até linhas de pesquisas da Embrapa sobre técnicas que estimulam o rebanho a limpar o terreno para reduzir o risco de fogo nessa época (FPA, 2020b, p. 3).

O documento conclui que

Desta forma, é repudiante toda e qualquer tentativa de imputar a culpa pelos atuais incêndios aos Pantaneiros ou como comumente dito por especialistas de plantão, fazendeiros ou ribeirinhos da região, que em verdade são as maiores vítimas dessa tragédia, seja pela destruição do seu patrimônio, consumido pelas chamas; seja pela destruição de sua reputação, massacrada pela mídia; seja pelas restrições legais e econômicas, impostas por novas políticas ideológicas e de cunho eleitoreiro, que em nada beneficiam o homem a fauna e flora do Pantanal (FPA, 2020b, p. 4).

Em audiência pública sobre o estatuto do Pantanal, em setembro de 2020, a Ministra da Agricultura, Tereza Cristina, destacou a necessidade da elaboração de um plano de "desenvolvimento para o Pantanal que contribua para manter as tradições e a ocupação sustentável da região". O consultor do meio ambiente da confederação, Rodrigo Justus, destacou nessa mesma reunião que os "produtores rurais foram prejudicados" e que a queimada no Pantanal foi "devido às secas e à própria força que a natureza impõe, a economia pantaneira acabou sendo reduzida e, hoje, o pantaneiro precisa ser socorrido"[55]

A ministra chegou a defender, em audiência pública no Senado, no mês seguinte, a tese do "boi bombeiro", assim como o Ministro do Meio Ambiente, Ricardo Salles. Segundo Tereza Cristina:

"Eu falo uma coisa que, às vezes, as pessoas criticam, mas o boi ajuda, ele é o bombeiro do Pantanal, porque ele quer comer aquela massa do capim, seja ele o capim nativo ou seja o capim plantado, que foi feita a troca", disse.

---

[55] Disponível em: https://www.cnabrasil.org.br/noticias/cna-participa-de-audiencia-publica-sobre-estatuto-do-pantanal. Acesso em: maio 2021.

> "É ele [boi] que come essa massa para não deixar que ocorra o que este ano nós tivemos".[56]

Assim, o binômio IPA/FPA e a CNA reforçam a ideia de que o desenvolvimento da região amazônica e do Pantanal passa pela produção agropecuária, alinhando-se às ideias do negacionismo climático e ao projeto de desenvolvimento econômico da Amazônia através desenvolvimento do agronegócio e da mineração, pautas dos bolsonaristas.

Considerações finais

Alguns textos trazem respostas, outros levantam muitas perguntas. Este capítulo, escrito em plena pandemia no Brasil e no mundo, chegando a número assustadores de mortos e infectados, tem como principal tarefa fazer uma análise da correlação de forças atuais ocorridas no Estado ampliado no tema agronegócio, bolsonarismo e pandemia. Infelizmente, os questionamentos são maiores do que as respostas, pois o volume de informação e a atualidade dos temas impedem uma análise fechada dos acontecimentos. Vimos que o setor do agronegócio possui diversos aparelhos privados de hegemonia que disputam a representação do setor no estado restrito. O binômio IPA/FPA tem-se despontado na última década como uma das principais porta-vozes da "agropecuária" e de todos os produtores rurais. A documentação disponível ainda é escassa para fazermos uma análise profunda desse binômio, principalmente em relação às atividades e composição do IPA. Contudo, inferimos o IPA/FPA como principal *partido* do agronegócio na história recente. Isso não invalida as ações e posicionamentos das demais entidades. Foi possível perceber que a Abag e a CNA realizam debates e organizam diversos projetos. A Abag está à frente nas discussões sobre o meio ambiente através da Coalizão e a CNA tenta tomar a dianteira do agronegócio com o "Conselho do Agro".

A tendência do comportamento das classes e frações da classe dominante brasileiras em momentos de crise de hegemonia é apelar para a contrarrevolução preventiva (FERNANDES, 2020). Não existe nenhum tipo de constrangimento no "casamento" espúrio do setor ao bolsonarismo, uma vez que

---

[56] Disponível em: https://webcache.googleusercontent.com/search?q=cache:kYQmddRlEyoJ:https://www.folhape.com.br/noticias/se-tivesse-mais-gado-no-pantanal-desastre-seria-menor--diz-ministra-da/157749/+&cd=5&hl=pt- BR&ct=clnk&gl=br. Acesso em: maio 2021.

diversas pautas convergem, como é o caso da questão indígena. Isso pode ser entendido pela chave da interpretação de Mattos que enxerga o bolsonarismo enquanto movimento reacionário com feições neofascistas aliados à autocracia burguesa (MATTOS, 2020). O desgaste das relações diplomáticas constantes do governo Bolsonaro com a China, principal comprador das commodities do Brasil, não afetam as relações do agronegócio com o governo. Pelo contrário, durante a pandemia o atendimento dos interesses do setor, no que tange ao crédito rural, foi garantido de forma eficaz.

Esse ponto pode ser pensado a partir de uma hipótese ainda em reflexão: a ausência do ideário neoliberal do setor do agronegócio, principalmente na defesa de um estado mínimo, exceto quando o assunto é comércio internacional. A dependência do crédito rural é um indício dessa hipótese.

A articulação do setor e sua rápida concessão por parte do governo mostra como é imperativo o controle das agências do estado restrito e o domínio do debate público parlamentar. Ouso dizer que mesmo diante de uma heterogeneidade de aparelhos privados, o agronegócio sabe como poucos setores da classe dominante brasileira se organizam para ter seus interesses hegemonizados.

Por fim, cabe dizer que existe uma urgência na investigação e no desenvolvimento de mais pesquisas e debates sobre a temática. Entender a construção da hegemonia do agronegócio é compreender a natureza e o comportamento das classes dominantes no processo histórico atual que tem se agudizado no momento de pandemia, com muitas coisas sendo realizadas por trás das constantes "cortinas de fumaça" do governo Bolsonaro.

Referências

BIANCHI, A. *O laboratório de Gramsci*. São Paulo: Alameda, 2008.

BRUNO, R. *Senhores da terra, senhores da guerra.* (a nova face política das elites agroindustriais). Rio de Janeiro: Forense Universitária; UFRRJ, 1997.

Coalizão Brasil, Clima, Florestas e Agricultura (Coalizão). *Ações para a queda rápida do desmatamento*. Brasília: Coalizão, 2020.

Coalizão Brasil, Clima, Florestas e Agricultura (Coalizão). *Uma aliança pioneira por uma economia de baixo carbono no Brasil*. Brasília: Coalizão, 2015.

CNA. *PIB do agronegócio*. Brasília: Confederação da Agricultura e Pecuária do Brasil, 2021.

DELGADO, G. C. *Do "capital financeiro na agricultura" à economia do agronegócio*: mudanças cíclicas em meio século (1965-2012). Porto Alegre: Ed. UFRGS, 2012.

FERNANDES, F. *A revolução burguesa no Brasil*: ensaio de interpretação sociológica. Curitiba: Kotter Editorial; São Paulo: Ed. Contracorrente, 2020

FERNANDES, F. *A constituição inacabada*. São Paulo: Estação Liberdade, 1989.

FPA. *Pauta positiva – biênio 2016/2017*. Brasília: Frente Parlamentar da Agropecuária, 2016.

FPA. *Ofício nº 072/2020 FPA*: carta à embaixada da China no Brasil. Brasília: Frente Parlamentar da Agropecuária, 2020a.

FPA. *Resumo executivo – fogo no Pantanal*. Brasília: Frente Parlamentar da Agropecuária, 2020b.

FPA. *Demarcação de terras indígenas*. Brasília: Frente Parlamentar da Agropecuária, 2021.

GALVÃO, E. "A ação política da Confederação Nacional de Agricultura (CNA) na ditadura militar". *In*: CAMPOS, P. H. P.; BRANDÃO, R. V. da M.; LEMOS, R. L. do C. N. e (org.). *Empresariado e ditadura no Brasil*. Rio de Janeiro: Consequência, 2020.

GRAMSCI, A. *Cadernos do cárcere*. Rio de Janeiro: Civilização Brasileira, 2011.

HOEVELER, R. "O conceito de aparelho privado de hegemonia e seus usos para a pesquisa histórica". *Revista Práxis e Hegemonia Popular*, ano 4, n. 5, p. 145-159, ago./dez., 2019.

LAMOSA, R. de A. C. *Educação e agronegócio*: a nova ofensiva do capital nas escolas públicas. Curitiba: Appris, 2016.

LEITE, S. P. "Dinâmicas de terras, expansão do agronegócio e financeirização da agricultura: por uma sociologia das transformações agrárias". *Revista Latinoamericana de Estudios Rurales*, v. 4, n. 7, p. 302-323, 2019.

LIGUORI, G.; GOZA, P. (org.). *Dicionário gramsciano*. São Paulo: Boitempo, 2017.

LIGUORI, G. *Roteiros para Gramsci*. Rio de Janeiro: Ed.URFJ, 2007.

MATTO, Marcelo Badaró. *Governo Bolsonaro*: neofascismo e autocracia burguesa no Brasil. São Paulo: Usina Editorial, 2020.

MENDONÇA, S. R. de; OLIVEIRA, P. C. F. de. ABAG: origens históricas e consolidação hegemônica". *Cadernos NAEA*, v. 18, n. 2, p. 169-184, 2015.

MENDONÇA, S. R. de. "Entidades patronais agroindustriais e a política de pesquisa agropecuária no Brasil (1963-2003). *Revista Raízes*, v. 32, n. 2, p. 72-86, jul.-dez., 2012.

MENDONÇA, S. R. de. *A questão agrária no Brasil*: a classe dominante agrária – natureza e comportamento 1964-1990. São Paulo: Expressão popular, 2010a.

MENDONÇA, S. R. de. *O patronato rural no Brasil recente (1964-2010)*. Rio de Janeiro: Ed. UFRJ, 2010b.

MENDONÇA, S. R. de. "O Estado ampliado como ferramenta metodológica". *Revista Marx e o Marxismo*, v. 2, n. 2, p. 27-43, 2014.

OLIVEIRA, P. C. F. de. A reforma agrária em debate na abertura política (1985-1988). *Revista Tempos Históricos*, v. 22, p. 161-183, 2018.

OLIVEIRA, P. C. F. de. "Como se comporta o agronegócio frente à ascensão da nova direita". *In*: MACHADO, M. A.; MIRANDA, J. E. B. (org.). *Nova direita, bolsonarismo e fascismo*: reflexões sobre o Brasil contemporâneo [livro eletrônico]. Ponta Grossa: Texto e Contexto, 2020.

OLIVEIRA, P. C. F. de. *Semeando consenso com adubo e dedal* – dominação e luta de classes na extensão rural no Brasil (1974-1990). Niterói: PPGH/UFF, 2017 (tese de doutorado).

POMPEIA, C. Concertação e poder: o agronegócio como fenômeno político no Brasil. *Revista Brasileira de Ciências Sociais*, v. 35, n. 104, p. 1-17, 2020.

POMPEIA, C. *Formação política do agronegócio*. São Paulo: Elefante, 2020b.

POMPEIA, C. "O agrobolsonarismo". *Revista Piauí*, São Paulo, ed. 184, jan. 2022.

RAMOS, C. *Capital e trabalho no sindicalismo rural brasileiro*: uma análise sobre a CNA e sobre a CONTAG (1964-1985). Niterói: PPGH/UFF, 2011 (tese de doutorado).

SILVA, J. G. da. *A modernização dolorosa*. Rio de Janeiro, Zahar, 1981.

VEIGA, J. E. *Metamorfoses da política agrícola dos Estados Unidos*. São Paulo: Annablume, 1994.

CAPÍTULO 4

"CONHECIDOS CONTRAVENTORES": OS DESCAMINHOS DA PRODUÇÃO AGRÍCOLA E DO PESCADO DA ZONA BRAGANTINA (AMAZÔNIA-BRASIL)

Renan Brigido Nascimento Felix

Introdução

Documentos da prefeitura de Bragança, do Arquivo Público do Estado do Pará, nos permitem sustentar a existência de várias práticas dentro do teatro cotidiano, que ocorriam tanto por terra como pelas águas de Bragança, Viseu e região. O transporte de produtos perecíveis pode ser observado em detalhes, listas das cargas embarcadas. Incumbidas de atender às necessidades de produtos das regiões vizinhas. À semelhança das listagens de despacho que algumas empresas[57] faziam no porto da cidade de Bragança de bens diversos, nas notas de embarque detalharam-se mercadorias, como: saco de cominho, chumbo para caça, sacos de açúcar branco, caixas de carne em conserva, fardos de papel de embrulho, feijão do sul, resmas de *papel almaço*.

A percepção ao movimento das mercadorias que pagavam impostos e tinham guias recolhidas de tributos é bastante explicativa, pois nos ajuda a aprofundar a percepção para a variedade das cargas que circulavam pelas águas

---
57 Arquivo da Prefeitura Municipal de Bragança Livro N. 072-C - Ano 1953 – Assuntos Ofícios. Gestão de Simpliciano Medeiros Junior (1951-1955).

e por terra em caráter legalizado. Para que tenhamos uma impressão inicial da exportação em quilos de produtos agrícolas em 1943, saídos dos Municípios do Interior para a Capital e para fora do Estado de alguns produtos mais conhecidos: Arroz com casca 17.224.710/ arroz beneficiado 3.362.481/ feijão 202.316/ milho 5.870.468/ farinha d'água 27.386.087/ farinha seca 17.650.286/ farinha de tapioca 17.650.286[58].

A articulação das cifras da produção agrícola no decurso da década de 1950, intercalado com dados estatísticos do Recenseamento de 1950 permite que vejamos números da posição que Bragança ocupava. Segundo o Censo na terceira posição em número populacional, Belém apresentava 254.949, Santarém 60.299 e Bragança 57.888. Na década de 1960, Bragança possuía uma população de 69.005, o número total de habitantes da Zona Bragantina a colocava com 40% dos habitantes do Pará (PENTEADO, 1967, p. 30).

Na prestação de contas do Executivo Estadual, é possível depreender como a arrecadação dos impostos era volumosa. Os dados tributários ganhavam contornos para exaltar os feitos administrativos dos chefes do executivo ao ponto de os municípios operarem com sobras de caixa. Joaquim de Magalhães Cardoso Barata, nos relatórios compostos durante suas interventorias[59], imprimia nas vias oficiais uma tentativa de moralidade pública que se desdobrava nas comunicações do seu governo em uma política rígida de controle fiscal e responsabilidade, marcas do trabalho desempenhado pelos prefeitos, que eram traduzidos em sua gestão em cifras que só aumentavam. Oportunidade de exibir os resultados por meio das porcentagens e de números que atestam o quanto os municípios do Estado do Pará haviam superado entraves históricos. Assim o assunto era descrito:

> Os balanços dos municípios do interior do Estado, em 1943, demonstram que os orçamentos municipais descrevem uma curva ascendente, em sua generalidade. Um rigoroso controle na arrecadação e um regime severo de

---

58 PARÁ, Interventor Federal, 1943-1945 (Joaquim de Magalhães Cardoso Barata). Relatório apresentado ao Presidente da República Getúlio Vargas em 1944. Belém Revista Veterinária, 1944. Anexos

59 O período administrativo respectivamente foi: Magalhães Barata (12/09/1930 a 12/04/1935), compreendendo a primeira interventoria; a segunda interventoria (20/02/1943 a 29/08/1945); retornado ao poder através do pleito eleitoral, quando efetivamente foi empossado através do voto em 01/01/1956, não completou o mandato, pois faleceu em 29/05/1959.

> moralidade e responsabilidade nas administrações municipais concorrem para que as rendas das prefeituras atingirem em 1943 a cifras até então nunca igualadas, havendo muitos municípios, dentre os cinquenta e dois do Estado, neste exercício, em que essa arrecadação foi a mais do que o dobro da receita orçada como Guamá e Bragança, com mais de 80%; [...] Capanema e Portel, com mais de 40%; Óbidos e Vizeu, com mais de 30% [...][60].

Entretanto, as listagens oficiais, embora sejam elucidativas do papel controlador do Estado, permitem que vejamos nas mesmas listas as brechas para aquilo não foi arrecadado, pois as documentações não são produzidas de forma isolada. Ao insistirem no fortalecimento dos meandros coercitivos, indicavam que muito circulava sem que os entes municipais ou estaduais conseguissem alcançá-las. Raciocínio que não se aplica somente ao meio fluvial, mas ao terrestre também. Questão que despertava o interesse das autoridades, pois além de tributos deixados de arrecadar aos cofres públicos, os descaminhos recorrentes indicam perda de controle fiscalizatório das respectivas administrações. Igualmente contribuem para uma menor arrecadação.

Fator que certamente não queriam deixar que escorresse das suas mãos. Porém, há também os autos de apreensão de mercadorias voltadas a distintos produtos ao serem capturados, detidos e submetidos a inquéritos. A ideia central é que fracassaram em sua tentativa de burlar a tributação, mas a outra subjacente a essa é que poderia não ser a primeira vez que lançavam mão a tal expediente, ou que a praticavam corriqueiramente. E entre pagar os tributos ou aventurar-se numa empreitada que poderia talvez não ser bem-sucedida, lançavam os dados na segunda opção. Com a segurança de quem conhece a prática de seguir em direção ao descaminho, de passar sem ser notado; sem chamar a atenção para a prática ilegal. Argumento que iremos aprofundar com base na análise dos documentos.

Dentro do recorte que o estudo se objetiva a analisar, as décadas de 1930 a 1950, é possível constatar que as abordagens jornalísticas, relatórios do governo municipal e estadual traziam visibilidade à questão rural, ao campo

---

60 PARÁ, Interventor Federal, 1943-1945 (Joaquim de Magalhães Cardoso Barata). Relatório apresentado ao Presidente da República Getúlio Vargas em 1944. *Belém Revista Veterinária*, 1944.

e à produção agrícola desenvolvida nesse espaço. Posição por sinal bem discutida pela historiografia amazônica no período Imperial e nos anos iniciais da República. As pesquisas conduzidas por Lacerda (2010), Nunes (2011) e Santos (2016) caminharam em aspectos centrais e norteadores da História Agrária e da migração, ao discutirem as políticas públicas voltadas ao fomento da agricultura. Compreendendo o estímulo à migração com o intuito de formar uma mão de obra que pudesse fomentar o trabalho na lavoura nos campos de colonização, no intuito de que uma gama de produtos, saídos desses lotes, pudessem atender à necessidade principalmente dos consumidores de Belém (FELIX, 2016), vindo a contribuir através do incremento agrícola para que os produtores pudessem fazer desse espaço um celeiro em uma região que não distava a uma longa distância da Capital do Estado.

Vendem-se camarões, peixe salgado e farinha do Maranhão e da Zona Bragantina

> CAMARÃO E PEIXE SECO do Maranhão e Bragança, não comprem sem verificar a esplêndida qualidade da CUIA PRETA. – Boulevard Castilho França, n.º 28, em frente à Recebedoria, Telefone 4919.[61]

Os jornais da capital Paraense frequentemente noticiaram fatos, opiniões, notícias corriqueiras, comercialização de produtos agrícolas, carnes e pescados, cuja produção e beneficiamento se davam na Zona Bragantina e Maranhão. Além disso, vendedores no espaço dos anúncios e das propagandas expunham seus produtos, atestavam a qualidade daquilo que negociavam, destacavam origem, ressaltando a procedência das mercadorias que eram comercializadas na Capital do Estado do Pará, conforme a nota de propaganda destacada anteriormente.

O deputado federal Lameira Bittencourt, membro da bancada paraense, proferiu um discurso que fora reproduzido nas páginas de um periódico de circulação regional, cuja reflexão, nos anos finais da década de 1940, atestam algumas dificuldades de abastecimento, em termos da disponibilidade de produtos produzidos internamente a fim de atender, sobretudo, a população de

---

61 Folha do Norte, 02 março de 1950.

Belém. Entretanto, não deixava de atribuir protagonismo às áreas agrícolas da Zona Bragantina. Território forjado com o princípio de atender o mercado consumidor crescente ao qual se destinava:

> O Pará importa mais de dois terços da sua alimentação, cada dia mais escassa e cara. Belém a capital, concentra cerca de um terço da população do Estado e tem seu abastecimento de gêneros alimentícios de procedência local, desde tempos remotos assegurados pela zona circunvizinhas do Salgado e Bragantina, com transporte diário por meio de Estrada de Ferro, auto caminhões, barcos canoas e condução animal. A colonização agrícola dessas duas zonas, por isso mesmo mereceu especial cuidado das administrações do Estado, desde o tempo do Império, com as colônias de Benevides[62].

Outras notícias apresentavam os gêneros agrícolas de modo mais genérico, esmiúçam-se os valores, aliados aos nomes dos itens essenciais à composição da cesta básica, repassados aos consumidores. Enfatizavam o custo dos alimentos no espaço por onde o trem da Estrada de Ferro de Bragança percorria. Ferrovia que entre os intuitos que fora erigida deveria interligar o espaço agrícola ao principal centro consumidor: Belém do Pará. A proposta oficial do governo no final do século XIX tentou juntar duas visões: modernização do transporte, construindo uma ferrovia de Belém até Bragança aliada à distribuição de núcleos coloniais pelo trecho onde a Estrada de Ferro Bragança (EFB)[63] passaria, tornando-os fornecedores de produtos agrícolas essenciais à capital do Pará (FÉLIX, 2016, p. 61). Com isso, a nota do periódico transcrita a seguir fazia o seguinte enfoque:

QUANTO CUSTA A VIDA PELA ESTRADA DE BRAGANÇA AFORA

> O quilo da carne em várias localidades da E. de F. de Bragança está tão caro como em Belém. Temos informações de algumas dessas localidades. Vejamos. Em Ananindeua custa de 12 a 14 cruzeiros; em João Coelho, o

---

62 O liberal, Belém, 13 de junho de 1947.
63 Para Lacerda (2010, p. 308-309), "a seca de 1889, no Ceará, que coincide no Pará com a construção de trechos da EFB foi marcante nesse sentido. [...] Grande número de cearenses que aportou no Pará se utilizou naquele momento da ferrovia para se dirigir aos locais já cortados pelo trem, onde iam se formando pequenos povoados".

preço é o mesmo; em Castanhal, 10 e 12; em Anhanga. 12; Igarapé-Açu.16; Timboteua. 13; Capanema, 16; Bragança, onde rareia o divino Apis porque o governo do Maranhão proibiu a exportação do gado, que abastecia toda a Estrada, não se compra o quilo por menos de 14; em Vizeu. 10 e 12. O camarão seco na rainha do Salgado vulgo Bragança é vendido a 26 cruzeiros o quilo; o ovo 1,30 e 1,50; galinha, 40; feijão da Estrada 9 em Bragança. Timboteua e Capanema, etc...

E, ponha-se a panela no fogo com um barulho desses.[64]

Em outros momentos, um item era selecionado a fim de refletir os impactos que a carestia causava entre os que dependiam de víveres específicos, uma vez que o tinham como indispensável à nutrição diária, adentrando as diversas refeições, na qualidade de mistura, ou como o único alimento para se manter de pé. Posição que a farinha de mandioca ocupa entre boa parte das famílias da Amazônia. Assim, quando o foco se voltava à constatação dos valores repassados aos consumidores, como no caso do preço da farinha. A quantidade produzida, as vendas nas praças de Belém e de outras regiões, embora atestassem o dinamismo agrícola que a Região Nordeste do Pará ocupava, demonstrava que sérios problemas eram enfrentados pelos consumidores sem que as autoridades tomassem medidas que fossem além dos discursos, uma vez que com um orçamento apertado não conseguiam levá-lo à mesa sem maiores dificuldades na já combalida economia doméstica.

A situação dos consumidores não era vista com a mesma atenção que o controle fiscalizatório efetuado pelo poder público, em detrimento a isso residiam as dificuldades dos moradores do Pará, que mesmo diante de um produto do campo com grande disponibilidade tinham que desembolsar os escassos salários a fim de garanti-lo. Por isso, se a notícia anterior trazia um apanhado de vários itens, tendo como comparativo Belém e os demais municípios, a lógica da outra reportagem, de um periódico distinto, era demonstrar que nem mesmo um produto agrícola sendo tão abundante não escapava do arrocho dos preços e das cobranças excessivas dos tributos Estaduais. Conforme se pode constatar:

NEM A FARINHA ESCAPA

---

64   Folha Vespertina, 29 de janeiro de 1952.

A farinha de mandioca é a produção agrícola paraense mais antiga e generalizada, por isso mesmo que é o gênero alimentício indispensável a toda a população do Estado. O seu consumo é essencial a todas as refeições, de ricos e pobres, e este é muitas vezes o único durante semanas e meses.

A maior concentração da cultura da mandioca e da cultura da mandioca e da fabricação da farinha é na zona bragantina. Sobretudo, daí é que se abastece Belém, o Estado e a Amazônia, com saldos de exportação para o sul do país e estrangeiro. Não interessam, porém, ao atual governo do Pará, as atividades dos nossos pobres lavradores, o abastecimento alimentar de Belém, a fome que assedia a toda a população do Estado, o fomento da nossa exportação.

Pela portaria 82, de 8 deste mês, a Recebedoria de Rendas, para pagamento dos impostos de origem, elevou a pauta do alqueire da farinha d'água para trinta cruzeiros, e da saca da farinha seca para noventa cruzeiros. Ora nisso não pode haver engano, mas tão somente ganância de arrecadação tributária, dado que, nos dois maiores mercados produtores da farinha de mandioca, o preço corrente do alqueire da farinha d'água é de quinze cruzeiros, em Bragança e da saca da farinha seca é de trinta e sete a quarenta cruzeiros em São Luís.

A pauta agora estabelecida pela Recebedoria, no dobro para a farinha d'água e quase o triplo para a seca, aumenta na mesma proporção os impostos de origem, sem nenhuma vantagem para o produtor e com evidente prejuízo para o consumidor. [...] Nem a farinha de mandioca, indispensável à sua alimentação e o povo paraense pode, como se vê, comprar, devido ao extorsivo regime atual dos impostos, que encarecem proibitivamente o seu consumo.[65]

Uma das questões que surgem como bem evidente nesse cenário é o fato de que nem mesmo a existência de um centro produtor, que alcançava a condição de *celeiro*, uma despensa de Belém do Pará, semelhante ao destaque da Zona Bragantina nesse contexto, servia para diminuir o valor de comercialização dos produtos tornando-os mais baratos e mais acessíveis. Além disso, a escassez de um determinado item resultaria consequentemente em taxações mais elevadas, como no caso da carne, conforme sinalizava a reportagem anterior, que vinha sendo afetada pelas proibições de exportação do Governo do

---

65 Folha do Norte, 15 de janeiro de 1950.

Maranhão ao Pará. De modo que dentro da pesquisa histórica deve-se ligar pontas que aparentemente parecem não fazer uma ligação tão clara, mas à medida que se efetua o cruzamento das evidências há uma sintonia muito grande entre as partes que são justapostas. Na investigação histórica, é preciso estar atento a detalhes pouco significativos numa primeira leitura da documentação (MOTTA, 2005, p. 258). Diante disso, entendemos que uma das formas de se compreender as estratégias de sobrevivência que se abriam diante dos altos custos dos produtos, ou por vezes de sua escassez, era a de adotar mecanismos de resistência às constantes taxações. Isso se revestia de mecanismos de furar as barreiras, burlar as medidas impostas pelos agentes públicos que exerciam controle sobre a produção agrícola a fim de dirimir as perdas que os pagamentos de impostos causavam.

Lesando as cobranças de impostos municipais e estaduais: como estratégias de sobrevivência

Michel de Certeau (2014) analisa as Artes de fazer – que se apresentam em termos das estratégias variadas, a saber, em como os indivíduos inventam e reinventam sua vida no dia a dia, de modo que os sujeitos não são tragados pelas circunstâncias. Daí reinventam suas vidas baseado no que sabem e no que têm à mão. A ideia de que os indivíduos não fazem história é para justificar o poder dos dominadores. Quantas vezes homens comuns não enganam ou ludibriam um rei, um presidente? Por isso, as sinalizações de Certeau seguem na direção de pensar como a transgressão à norma institucional, às convenções legais são mecanismos dos sujeitos sociais para escapar ao controle dos que exercem poder a fim de garantir a sobrevivência e lutarem com inúmeras facetas as imposições dos que exercem autoridade. As astúcias sutis traduzem-se através de táticas de resistência e reapropriação do espaço, algo que é observado através da análise histórica dos vestígios escritos, dentro do espaço da zona bragantina. Diante disso, os descaminhos da produção agrícola, muito mais que uma simples recusa aos pagamentos de tributos, servem para que possamos compreender dentro desse estudo como uma prática corriqueira que diferentes sujeitos sociais utilizavam como forma de escaparem das medidas de controle.

Na Inglaterra, convulsionada pelas transformações capitalistas que atingiam com ferocidade as principais cidades, transformando os costumes e os direitos consuetudinários da população pobre, as experiências vivenciadas pela plebe inglesa, no âmbito rural, são relativizadas pelo historiador Thompson, uma vez que a cultura costumeira não se submete em seu funcionamento ao domínio opressivo dos governantes, asseverando que o alcance da lei era relativo aos integrantes da plebe inglesa. O texto legal estabelece os limites aceitos, no entanto, na Inglaterra do século XVIII, a mesma não penetrava nos lares rurais, não aparece nas preces das viúvas, não decora as paredes com ícones, nem dá forma à perspectiva de cada um (THOMPSON, 1998, p. 19).

Ao desviarem-se das rotas mais fiscalizadas, ou até mesmo ousarem passarem sem serem percebidos, lançavam mão de táticas variadas, desde encobrir certos tipos de produtos para que passassem incólumes. Isso incluía também adulterar a pesagem a fim de pagarem menos impostos por uma carga muito maior. Até mesmo arriscando ter toda mercadoria apreendida, tentavam furar as barreiras quando os olhares dos fiscais recrudesceram.

Um episódio ligado ao Diretor do Instituto Agronômico do Norte surgida nas fontes, no caso destacado, inseria-se no âmbito de isenção fiscal a fim de que um carregamento de 600 sacas de farinha fosse despachado por uma firma de Bragança ao Projeto Belterra.

> Do: Diretor do Instituto Agronômico do Norte
> Ao: Ilmo. Sr. Prefeito Municipal de Bragança.
> Assunto: Solicita autorização para o desembaraço de 600 sacas de farinha.
> Senhor Prefeito:
> Venho solicitar a autorização de V. S. no sentido de ser desembaraçado, SEM ONUS PARA O GOVERNO DA UNIÃO, um lote de 600 (seiscentas) sacas de farinha, adquiridas por este Instituto, à firma M. DIAS & CIA, dessa praça e destinada à alimentação do nosso pessoal das Plantações Ford de Belterra, no Município de Santarém.[66]

66　Arquivo – Prefeitura Municipal de Bragança – Livro Nº 73- C – Ano 1953 – Assuntos: Ofícios – Gestor: Simpliciano Medeiros Junior. Ofício enviado foi datado em 30 de setembro de 1953. O ofício era assinado por Rubens Rodrigues Lima, Diretor do Instituto Agronômico do Norte em 12 de fevereiro de 1953.

O ofício encabeçava um arranjo voltado à alimentação dos trabalhadores do Projeto. A finalidade dizia respeito ao fomento da despensa da cozinha, da multinacional, atuante no território Amazônico, através do fornecimento dessa quantidade expressiva de sacas de farinha, sem que os devidos impostos fossem tributados. Por sua vez, pedia a abertura da barreira fiscal de Bragança a fim de que o produto passasse sem embaraços, algo que sem dúvida incidiria numa arrecadação expressiva ao erário público do município caso fossem devidamente pagos pela empresa fornecedora do produto agrícola.

O documento nos fornece indícios para que possamos observar como a cobrança de impostos tinha dois pesos e duas medidas. Uma condescendente, que flexibilizava a entrega de produtos, agindo dentro da estrutura do poder do estado de modo bastante prático, beneficiava a uma empresa de *grosso trato* de produtos da zona bragantina – além de atender ao interesse do capital internacional operante na Amazônia. Adquire também feições claras de beneses públicas a fim de garantir as ações da Empresa Ford, uma vez que uma relação pontual diz respeito a quem adquiriu as referidas sacas: o Instituto Agronômico do Norte.

O contrapeso distintivo das ações do Estado diante desse exposto, caracterizava-se de forma enérgica e fiscalizatória, coibindo movimentos de lavradores que infligiram prejuízos às divisas públicas ao tentarem atravessar sua produção, sem pagarem os tributos ao fisco das praças municipais ou estaduais. A articulação dos entes públicos, de forma distinta, articulava forças a fim de recrudescer as barreiras de controle, quer sejam em terra ou águas, cobrindo as fronteiras entre os municípios de maneira mais rigorosa, delatando travessias que transcorriam com clara burla fiscal.

O prefeito de Bragança, Raimundo Ferreira, manifestava-se em um comunicado em 10 de julho de 1931 ao governo estadual, em que afiançava ter *ordenado enérgicas providências*[67]. Pleiteava ao executivo estadual um raio maior da fiscalização das exportações, pois na batalha contra a sonegação os expedientes utilizados para furar o cerco alfandegário não só eram diversificados como difíceis de serem combatidos diante das inovações utilizadas, levando-nos a analisar que por mais que o lavrador sentisse as pressões dos impostos, não poucos resistiam às medidas restritivas.

67　Arquivo Público do Estado do Pará – Governo do Pará. Secretaria de Estado do Interior e Justiça. Série: Ofícios – Anos: 1931 – Caixa n.º 51.

Com isso, na imposição das taxas e numa fiscalização aparentemente extensiva, em que o Estado impõe e normatiza os indivíduos dentro dessa perspectiva demonstravam como a norma é a transgressão e ao invés de serem vencidos e tomados pelo poder, introduzem uma relação de fluidez contra a ordem através da indisponibilidade de se submeterem; como característica de suas astúcias, seu esfarelamento em conformidade e com as ocasiões, suas "piratarias", sua clandestinidade, seu murmúrio incansável, em suma, uma quase invisibilidade [...], por uma arte de utilizar aqueles que são impostos (CERTEAU, 2014, p. 89). Enganando os que exercem autoridades, fatores que podemos constatar na correspondência oficial, entre o poder municipal de Bragança e o Estadual,

> [...] verifica-se que este município vem sendo lesado na cobrança dos impostos de exportação, sucedendo que os exportadores apenas requisitam as respectivas guias para saírem do Município livremente, não as entregando na Recebedoria para o pagamento de devido imposto, vendendo os gêneros nos portos intermediários. Não é de um modo geral que assim sucede, porém, estou certo que não são poucos os exportadores que assim fazem, não só por via marítima como por via férrea.[68]

Os descaminhos da produção devem ser filtrados a partir da evidência em dois níveis analíticos. A primeira diz respeito a perceber um fluxo constante que escapava aos mecanismos de controle. Passavam, portanto, com frequência debaixo dos olhos dos agentes públicos agrupados como *exportadores*[69] dentro do relato da autoridade municipal. Permite-nos com muita segurança afiançar que não se tratava de casos isolados ou singularizados no espaço de circulação da Zona Bragantina, mas de não: *poucos os exportadores que assim fazem*[70]. O que nos leva a analisar que incluíam desde pequenos lavradores a comerciantes com um volume mais expressivo de produtos agrícolas, frutos do mar e carnes variadas, que mercadejavam na região; e como o documento deixa bem evidente, retiravam a guia de recolhimento de tributos, o que lhes permitia, em posse desta, passarem com tranquilidade ao serem abordados, pois

---

68 *Idem.*
69 Arquivo Público do Estado do Pará – Governo do Pará. Secretaria de Estado do Interior e Justiça. Série: Ofícios – Anos: 1931 – Caixa n.º 51.
70 *Idem.*

estavam munidos com o papel do imposto a ser recolhido em mãos, que lhes garantia trânsito livre. Ao não efetuarem o pagamento do fisco na *Recebedoria*, conseguiam comercializar a produção com uma margem maior de lucro, pois sabiam como burlá-la, o que indica conhecimento das ações de controle fiscal. A segunda percepção advinha da compreensão dos pontos onde comumente ficavam, horários de maior inspeção e quem eram os agentes públicos incumbidos da função. Entendiam quais estratégias o Estado erigia no sentido de fortalecer as vias de comunicação mais acessadas. A imagem a seguir data do contexto da década 1950-1960, representando o espaço Portuário de Bragança. É significativa por demonstrar a dinâmica que é percebida através da aglomeração de pessoas dentro e fora dos espaços comerciais, públicos e privados, a qual transcorria entre o espaço da feira livre da cidade, do Mercado Municipal de Carne, além de um fluxo intenso de embarcações aportadas que aparecem nas margens do Rio Caeté.

Imagem 1 – Na parte central espaço da feira livre de Bragança, à esquerda barcos aportados às margens do rio Caeté, ao fundo Mercado Municipal de Carne

Fonte: Acervo particular da família Correa de Sousa.

Nas estratégias utilizadas pelos sujeitos sociais apelando para ilicitude das ações, por vezes ocorreram em meio a esse espaço, uma vez que a vigilância deixa brechas e nem sempre consegue cobrir por completo todas as transações, sejam as feitas com a luz do dia ou na calada da noite. Porém, outras vias existiam em *portos intermediários*[71] conforme afiançava o balanço da autoridade municipal, para isso usavam caminhos alternativos e rotas menos usuais. Além de vias aquáticas que não eram cobertas, a saber, portos clandestinos e em horários que escapavam ao coibir, por vezes, uma vigilância mais atuante diuturnamente.

Em cidades que tiveram suas configurações forjadas pela dinâmica das águas, as embarcações foram e são essenciais e não desapareceram. No sul e sudeste do Pará, no contexto das décadas de 1960 e 1970, várias cidades nasceram às margens dos rios, ostentando o status de cidade de beira-rio. Mais adiante, com a abertura das rodovias, passaram a ser cidades beira de estrada. Embora houvesse uma manutenção da importância dos rios, uma certa interrupção entre os espaços da terra e água foi perdida (PEREIRA, 2005). Já em Bragança, uma das reflexões que as fontes têm demonstrado na pesquisa de doutorado diz respeito à existência de rotas que não são feitas somente pelos trilhos, mas que também sejam considerados historicamente todos aqueles que se moveram por outros caminhos: rios, igarapés, pequenos varadouros, trechos abertos na mata para que passassem tanto as pessoas como os animais e as mercadorias. Por essa razão, é fundamental apontar utilizando-se da historiografia consolidada sobre a Estrada de Ferro de Bragança, aliada a uma memória escrita ou oral e em grande parte advinda do senso comum assentado sobre a presença da linha férrea, que ela não conseguia abranger a todas as necessidades diárias de transportes é o que as fontes oficiais também permitem vislumbrar, conforme temos demonstrado nesse estudo. Vale ir atrás e insistir em percursos de viagens por outras vias, semelhantes aos das águas do Rio Caeté, que cortam a cidade. E o Rio Caeté dentro do contexto que o vislumbramos fazia às vezes não somente subsidiando a referida férrea, mas garantindo o tráfego de passageiros onde a via férrea encerrava o seu raio de abrangência ou também circulava, pois o trem, ao cruzar uma das cinco pontes, as águas de baixo continuavam a correr.

Num auto de apreensão, efetuado em Bragança, vários elementos podem ser depreendidos da narrativa composta pelo fiscal municipal. Uma delas, que tem sido sustentada dentro dos nossos argumentos, é o da quebra dos horários mais visados, agir na surdina, camuflado através da cobertura da noite. No

---

71 Arquivo Público do Estado do Pará – Governo do Pará. Secretaria de Estado do Interior e Justiça. Série: Ofícios – Anos: 1931 – Caixa n.º 51.

caso inglês, séculos antes, Thompson analisa uma cultura popular que resiste em nome do costume às racionalizações e inovações da economia, tais como os cercamentos (THOMPSON, 1998, p. 19). No raio de ação desses sujeitos sociais, dentro da Zona Bragantina, amparados pela ausência do astro-rei, o favorecimento à clandestinidade revestia-se de maior eficácia e os desembarques dos produtos transcorriam cobertos pela noite. Embora a prefeitura Municipal de Bragança buscasse ser mais enérgica as estratégias dos burladores, pois além de terem conhecimento que as ações de furar o cerco aconteciam na penumbra, sabiam onde moravam, uma vez que efetuaram a apreensão na residência dos contraventores mais contumazes:

> Exmo Snr. Prefeito Municipal de Bragança
> Levo ao conhecimento de VExc. para os devidos fins que que hoje as 7,15 horas apreendi na residência de Manoel Custódio do Lisboa conhecido contraventor cincoenta e cinco (55) volumes de peixe com 918 quilos, peixes desembarcados as caladas da noite, peixe esse recolhido ao Fiscal Damasceno Junior.
> Como o infrator Manoel Custódio do Lisboa é reincidente na pratica do contrabando, recusando-se ao pagamento dos impostos previstos em Lei, com licença para negociar – sem pagamento de impostos de exportação, estando sujeito as penalidades do artº 28 do código de recolhimento Municipal. Decreto nº. 4255 de 28 de abril de 1934, estando portanto a multa de CR$ 500,00 mais CR$ 1.000,00, a título de imposto em dobro.
> No entanto, fica a critério de VExc. a porcentagem da Multa.
> Respeitosa Saudações
> Bragança, 5 de julho de 1955
> Inspetor Fiscal

O choque entre indivíduos e sociedade, ou no caso particular entre *contraventores* e agentes públicos, pode ser percebido dentro de certas nuances tanto por uma relação conflitante, que seguem, segundo Norbert Elias (1994), na configuração de uma sociedade na qual os indivíduos buscam imprimir as feições que lhes parecem mais apropriadas. Daí considerar a transformação social e mental de grupos relativamente pequenos, que agem de maneira relativamente imediatista, com necessidades simples e uma satisfação incerta dessas necessidades (ELIAS, 1994, p. 113).

O relatório que partiria do *Território de Viseu*, assinado pelo delegado Lourival Pereira Lima, apresentava a montagem de equipamentos fiscalizatórios, que por meio de dispositivos legais visavam criar um arsenal legal a fim de punir com multas administrativas de diferentes valores. A percepção inicial das fontes é que a montagem de *Dispositivos Gerais*, segundo o próprio título, diz respeito às medidas regulamentares a fim de estabelecer regras de circulação nas vias aquáticas. Tratava-se de um código escrito a fim de atender às particularidades locais do *Território de Viseu*, demonstrando o quanto o tema de evitar os descaminhos tinha aspectos macro e microfiscalizatórios, mas em ambos, o poder do Estado do Pará e dos Municípios, ao serem confrontados, respondiam com multas e normativas para que em diferentes práticas, que visavam o lucro individual, o quinhão dos impostos fosse devidamente pago.

Por conseguinte, aqueles que fossem pegos contrabandeando mercadorias ou visando o lucro com o acúmulo de uma atividade que escapasse àquela que estavam autorizados a fazer. No caso, se a embarcação era voltada ao transporte de passageiros, para regatear produtos, deveria pagar a quantia estabelecida. Notemos os detalhes das medidas editadas em Viseu pelo delegado Lourival Pereira Lima:

> Art. 4º - Toda embarcação a vela que faça o serviço exclusivo de frete e passageiro para fora deste Territorio, pagará de accordo com a Tabela n.2 da Renda Ordinaria, sendo, porém, vedado ao proprietário ou encarregado da mesma o direito de commerciar sob a forma de regatão, podendo, no entanto, isso fazer mediante o pagamento de 500$000 anuaes
>
> Art.5º - Toda a embarcação que conduzir sementes oleaginosas deste Territorio, cujos donos ou responsáveis diminuírem propositalmente o peso ou quantia para lezarem este Territorio, em proveito proprio ou beneficio de qualquer outro municipio, f ica sujeita à multa de 1:000$000. Esta medida se torna extensiva a todos os productos ou gêneros de exportação deste Territorio
>
> Art. 12º - Será considerado contrabando todo e qualquer gênero ou produto embarcado neste Território sem o devido despacho, ficando o mesmo quando apprehendido, á multa de 200$000[72]

---

72 Estado do Pará. Orça a Receita e fixa a despesa do Território de Viseu. Belém: Officinas Graphicas do Instituto D. Macedo da Costa, 1931.

Uma correspondência entre os prefeitos de Bragança e Capanema, Joaquim da Silva, gestor de Capanema, relata que diversas pessoas lhe informaram que "as proximidades do quilômetro '20', do lado deste município, vem saindo, ultimamente, grande quantidade de farinha que é levada para o seu município com manifesta burla da nossa fiscalização"[73]. Pedia ao colega ajuda a fim de coibir as práticas que "só prejuízos nos causa e nenhum lucro atribui a Bragança"[74]. Naquele momento dizia estar impossibilitado de dar uma resposta eficaz, por isso, indicava a necessidade de reforçar a vigilância entre as duas praças com o propósito de punir os infratores.

O sentido contraditório e o peso diferente exercido na fiscalização dos que comercializavam pequenas produções, circulando naquela área fugindo do cerco tributário, claramente apareciam na colaboração do prefeito de Bragança ao enviar um agente de tributos para realizar um trabalho do controle fiscal na zona de competência do poder público vizinho. Porém, nos ajudam a entender que, havendo a denúncia às prefeituras, buscavam efetuar contramedidas para combater os desvios.

Considerações Finais

A história por vezes é escrita em base muito sólida, capaz de ter ligas tão fortes quanto aço, que arranhá-las naquilo que tem de essencialidade é uma tarefa um tanto quanto homérica, que às vezes parece mais sensato deixar como está e não ir atrás de outras respostas. Porém, a postura do nosso trabalho é demonstrar que não somente é possível a empreitada em conceber argumentos distintos, novas indagações e um olhar ao que já estava assentado. Além de necessário, se volta tanto aos sujeitos sociais, por vezes esquecidos em sua vivência, luta e prática social, que circularam e imprimiram resistência aos ditames do poder. Por isso, muito mais que conceber a via oficial é extremamente plausível enfatizar o que fugiu à regra, aquilo que indicava o descumprimento e impostura frente à regra.

Dentro dessas interseções que o ontem das fontes apresenta, por meio da focalização de recortes do passado e junção de aspectos do cotidiano, que

---

73 Arquivo – Prefeitura Municipal de Bragança – Livro Nº 112 – Ano 1955 – Assuntos: Ofícios e Comunicações – Gestor: Benedito César Pereira. No documento consta apenas a data com a assinatura do prefeito de Bragança, deferindo o pedido do colega, em 31 de março de 1955.

74 *Idem*.

se voltam ao preço dos produtos, ao custo que chega ao consumidor final e às estratégias de sobrevivência, as proximidades por vezes vêm dos resíduos das informações deixadas aqui e acolá. Na qual o alto custo de vida entra como uma pauta que não dista há longa distâncias do passado, mas que se reveste de uma atualidade das prementes do tempo presente, uma vez que a vida dos paraenses e brasileiros mais humildes tem sido afetada em sua sobrevivência pela alta dos preços que assola nosso país sem que as autoridades federais lancem mão de medidas efetivas de garantir a manutenção dos preços dos víveres essenciais da cesta básica. Nesse sentido, a sobrevivência no Pará, sobretudo na Capital e na zona Bragantina, permite que vejamos um ambiente que também foi marcado pela constante majoração dos preços dos produtos agrícolas e por mecanismos coercitivos a fim de engendrar um rígido cerco fiscal, porém que deixavam brechas e nelas os mais humildes, os exportadores e os conhecidos contraventores, eram tenazes em desafiá-la e seguir adiante.

Referências

ARQUIVO PÚBLICO DO ESTADO DO PARÁ, Governo do Pará. Secretaria de Estado do Interior e Justiça. - Série: Ofícios - Anos: 1931- Caixa n.º 51.

CERTEAU, Michel de. *A invenção do cotidiano*: 1. Artes de fazer; Tradução de Ephraim Ferreira Alves. 22. ed. Petrópolis: Vozes, 2014.

ESTADO DO PARÁ. *Orça a Receita e fixa a despesa do Território de Vizeu*. Belém: Officinas Graphicas do Instituto D. Macedo da Costa, 1931.

FELIX, Renan Brigido Nascimento. *"NOVO PORVIR" – Literatura e Cooperativismo em Candunga e outros escritos de Bruno de Menezes*. Dissertação (Mestrado) –

Universidade Federal do Pará, Instituto de Filosofia e Ciências Humanas, Belém, 2016.

JORNAL A FOLHA DO NORTE, 02 março de 1950 p.08.

JORNAL A FOLHA DO NORTE, 15 de janeiro de 1950 p.03.

JORNAL A FOLHA VESPERTINA, 29 de janeiro de 1952 p.04.

JORNAL O LIBERAL, Belém, 13 de junho de 1947 p.01.

LACERDA, Franciane Gama. *Migrantes cearenses no Pará*: faces da sobrevivência (1889-1916). Belém: Ed. Açaí, 2010.

NORBERT, Elias. *A sociedade dos indivíduos*. Rio de Janeiro: Zahar, 1994.

MOTTA, Márcia. Feliciana e a botica. *In*: LARA, Silvia Hunold; MENDONÇA, José Liberto Maria Nunes. *Direitos e Justiças no Brasil*. Campinas: Editora Unicamp, 2005, p. 239-266.

NUNES, Francivaldo Alves. *Sob o signo do moderno cultivo*: Estado Imperial e agricultura na Amazônia. Tese (Doutorado) – Universidade Federal Fluminense, Rio de Janeiro, 2011.

PARÁ, Interventor Federal, 1943-1945 (Joaquim de Magalhães Cardoso Barata). *Relatório apresentado ao Presidente da República Getúlio Vargas em 1944*. Belém Revista Veterinária, 1944.

PENTEADO, Antonio Rocha. *Problemas de colonização e do uso na terra na Região Bragantina do Estado do Pará*. São Paulo: Universidade de São Paulo, 1967. (Coleção José Veríssimo: UFPA).

PEREIRA, Airton dos Reis. A prática da pistolagem nos conflitos do Sul e Sudeste do Pará (1980-1995). *Territórios & Fronteiras*, v. 8, n. 1, p. 230-255, 2015.

PREFEITURA MUNICIPAL DE BRAGANÇA, Livro Nº 112 – Ano 1955 – Assuntos: Ofícios e Comunicações – Gestor: Benedito César Pereira. No documento consta apenas a data com a assinatura do prefeito de Bragança, deferindo o pedido do colega, em 31 de março de 1955.

PREFEITURA MUNICIPAL DE BRAGANÇA, Livro Nº 73- C – Ano 1953 – Assuntos: Ofícios – Gestor: Simpliciano Medeiros Junior. Ofício enviado foi datado em 30 de setembro de 1953. O ofício era assinado por Rubens Rodrigues Lima, Diretor do Instituto Agronômico do Norte em 12 de fevereiro de 1953.

SANTOS, Francisnaldo Sousa dos. *Ações colonizadoras em descompasso*: legislação, propaganda e atuação de colonos estrangeiros e nacionais nos últimos anos do império e início da república no Pará. Dissertação (Mestrado) – Universidade Federal do Pará, Instituto de Filosofia e Ciências Humanas, Belém, 2016.

THOMPSON, Edward P. *Costumes em comum*. São Paulo: Companhia das Letras, 1998.

CONFLITO POR TERRA, TRABALHO ESCRAVO E DESLOCAMENTO

CAPÍTULO 5

AS FACES DO DESENVOLVIMENTISMO NO EXTRATIVISMO DE CARNAÚBA NO PIAUÍ, 1930 E 1970[75]

Cristiana Costa da Rocha

A perspectiva desenvolvimentista aos moldes da industrialização no contexto rural brasileiro assume protagonismo na agenda política e ações governamentais do país desde meados do século XIX, em contextos amplos. Neste capítulo nos dedicamos a refletir sobre a lógica do desenvolvimentismo rural brasileiro e suas implicações nas condições de vida e acesso à terra, das famílias de lavradores extrativistas da palha da carnaúba entre os anos de 1930 e 1960, no estado do Piauí.

O projeto de desenvolvimentismo no campo se ancora nas estruturas rurais do país, com bases no conservadorismo e concentração de terras nas mãos de poucos sob legitimação do Estado. Cabe considerar que as interdições das formas de acesso à terra à população pobre rural constituem um projeto histórico que encontra legitimidade na Lei de Terras de 1850, que ao limitar o acesso à terra ao processo de compra legitima a terra cativa, presa na mão de poucos, na passagem da escravidão legal para o trabalho livre, estabelece novas formas de exploração do homem do campo (MARTINS, 1981). A Lei nº 601

---

75 Este capítulo contou com a colaboração de Brenda Maria Vieira Mendes para o levantamento de fontes, no âmbito do PIBIC.

de 1850, ou Lei de Terras, foi a primeira tentativa do Poder Público Nacional de oferecer legitimidade à propriedade privada das terras públicas brasileiras.

Racionalização e Modernização no Rural Arcaico

Segundo a historiografia local, no Piauí, até o século XIX, a lavoura representava uma atividade secundária do Estado, que tinha como atividade predominante a pecuária extensiva como origem da concentração de terras, uma vez que a colonização do Estado, por meio da criação de grandes extensões de fazenda de gado, contribuiu para definir a organização fundiária local. Posteriormente, as atividades extrativas ocuparam o lugar de destaque da pecuária e passaram a ser extraídas em sua maioria nas Fazendas Nacionais, sob a responsabilidade do Estado. Em 1942, o Procurador Geral Gabriel Rezende Passos (LIVROS, 1943) afirmou em relatório oficial a necessidade de as Fazendas Nacionais serem demarcadas devidamente, pois estavam sendo invadidas por conta de suas terras ricas em carnaubais. O relato do Procurador apresenta indícios de que os conflitos pela terra foram acirrados no período em questão, já que o aumento na economia suscitado pela cera de carnaúba nas décadas de 1930 e 1940 no Piauí acarretou uma valorização das terras nas áreas de ocorrência de carnaubais. Cabe considerar que o caráter oscilante da produção da cera de carnaúba foi atribuído à natureza extrativa do produto, que depende da técnica natural das plantas produtoras, das técnicas extrativistas consideradas rudimentares que causavam o desperdício da matéria-prima. Os argumentos em torno da baixa produtividade associada às técnicas rudimentares podem ser percebidos na documentação oficial, ofícios de fazendeiros, produtores e industriais enviados a lideranças políticas e entidades representativas da classe, relatórios e mensagens de governo, dentre outros. O apelo à modernização do extrativismo passou a ser discurso comum nesses grupos.

Conforme o Censo Agrícola do Estado do Piauí de 1940, os grandes estabelecimentos rurais do Estado correspondiam apenas a 2% do total e cobriam uma área de 40% da área. Na prevalência da concentração de terras, podemos observar a pouca quantidade de área correspondente aos estabelecimentos com menos de 100h em comparação aos dados dos anos posteriores e a grande quantidade de área destinada aos estabelecimentos com mais de 1000h. Já os Censos Agrícolas do Piauí de 1950, 1960 e 1970 apontam um crescimento significativo no número de estabelecimentos em geral e nos estabelecimentos com menos de 100h. Cabe considerar que esse aumento do número de estabelecimentos rurais não se traduz no acesso das populações pobres rurais à terra, o movimento não é expressão de uma libertação do cativeiro da terra pelos sujeitos comuns do campo. Um olhar mais atento sobre os dados nos permite compreender que a despeito do aumento de estabelecimentos com extratos menores de terras, bem como o aumento no número de arrendatários e parceiros, a área desses estabelecimentos ainda se mostra inferior e desproporcional aos estabelecimentos de 1000h ou mais.

Tabela 01: Distribuição da propriedade da terra, segundo a área que representa

Tamanho da propriedade	Área que representa %	
	1950	1970
Menos de 2 há	3,35	46,13
2 a 5 há	9,5	17,54
500 a 100 há	15,1	13,7
Mais de 1.000 há	52,8	36,1

Fonte: BANDEIRA, 1994, p. 46-55.

O aumento no número de estabelecimentos com menos de 100h pode ser mais bem evidenciado em diálogo com o aporte bibliográfico, que aponta a crise sofrida no extrativismo vegetal na década de 1950 e a desvalorização da cera de carnaúba em 1947, a qual fez com que parcelas dos latifúndios extrativistas fossem entregues a arrendatários ou parceiros para a melhor exploração de recursos, bem como para a prática de expansão da lavoura. Isto é, a exploração dos carnaubais era feita por famílias que concomitante a essa atividade plantavam suas lavouras. A não propriedade efetiva da terra por parte dos posseiros e arrendatários, condição predominante em um contexto de extrativismo vegetal, os torna passíveis de todos os tipos de exploração. Na década de 1930, entre as várias denúncias apresentadas sobre as condições de trabalho a que eram submetidos os extrativistas da palha da carnaúba, o relatório do interventor federal Landry Sales Gonçalves nos apresenta uma breve descrição da atividade ao tempo e acena para a necessidade de "modernização", tendo em vista o uso de técnicas rudimentares nessas atividades.

> CÊRA DA CARANAÚBA: - A principal fonte de rendas das fazendas é, incontestável, a cêra de carnaúba – produto valiosíssimo – entregue, até então, a arrendatários inexperientes, que exploravam a seu talante os carnaúbaes, até a exhaustão. Sem qualquer somma de protecção á preciosa palmeira e ao seu produto, era contristador o estado de abandono dos carnaúbaes a atestar a criminosa incúria dos que, por longos annos, viveram á custa de seus magníficos proventos (PIAUÍ, 1931-1935, p 114).

Os relatórios dos Governos entre os anos de 1930 e 1950 apresentam, em ordem de importância, a cera de carnaúba, o babaçu, o algodão e a mamona como as principais fontes de sustentação econômica do Estado. Em 1942, Leônidas de Castro Melo, então interventor do Estado, informou a aquisição de 5 "TITAN" nas Fazendas Estaduais para beneficiamento das palmas das carnaubeiras, a que atribui o aumento da produção (ROCHA, 2020, p. 89). Cabe considerar que o processo de mecanização era pensado, dentre outros aspectos da política de desenvolvimentismo no campo, como uma forma de "controle do trabalho" (THOMPSON, 1998).

A perspectiva de avanço do campo se associa à ideia do Estado como um órgão protetor da propriedade privada, tendo a propriedade como base do progresso econômico. Simplício Mendes[76], que se autodefinia como "juiz da roça" e, atendendo a seus interesses sociais e institucionais, apresenta em seus escritos clara defesa em relação ao uso da Lei, em particular a Lei de Terras, para organização e modernização da estrutura agrária do Estado. As perspectivas modernas e construções acerca da propriedade privada nesse contexto nos remete à interpretação da historiadora Rosa Congost (2007, p. 27):

> Más aún: la exaltación del papel del individuo en el discurso liberal, y la consecuente identificación entre lo liberal y lo individual han ayudado a disimular el fuerte contenido estatista que muchas veces impregnaba el discurso dominante. En consecuencia, la mirada estatista ha impregnado también el discurso historiográfico de muchos historiadores, pese a no ser

---

[76] Simplício Mendes nasceu no município de Miguel Alves, na região norte do Piauí, no ano de 1882. Foi magistrado, jurista, jornalista, escritor, membro e presidente da Academia Piauiense de Letras. Bacharel em Direito pela Faculdade de Recife (1908), juiz de direito nos municípios de Piracuruca e Miguel Alves, desembargador e presidente do Tribunal de Justiça e um dos fundadores da Faculdade de Direito do Piauí e seu professor catedrático de Teoria Geral do Estado, também ensinou Direito Constitucional na mesma faculdade (ROCHA, 2022A, p. 179).

siempre conscientes de ello. Entendemos por discurso estatista el hábito de pensar que la propiedad viene definida de forma exclusiva por las leyes y los códigos.

O Piauí, na primeira metade do século XX, se insere no modelo econômico centrado na exportação de produtos extrativos, borracha da maniçoba, cera de carnaúba e babaçu, que causaram euforia entre os proprietários rurais. A efervescência em torno do crescimento econômico se desdobrou em políticas em torno do aproveitamento de terras públicas e concessões de arrendamentos. Simplício Mendes, um típico proprietário de terras em área de extrativismo, evidencia seu paternalismo rígido na obra *Propriedade territorial no Piauhy*, publicada entre os anos de 1927 e 1928, que faz jus à necessidade de normatização da demarcação de terras devolutas do Estado. A corrida pela posse de terras gerou vários conflitos que opuseram grandes proprietários rurais e pequenos posseiros interessados na ocupação de terras devolutas, em particular na região sul do Estado. Simplício demonstrava particular atenção em relação às terras da região de exploração da maniçoba (ROCHA, 2020A, p. 192-193).

As relações então estabelecidas entre os proprietários de terra com o trabalhadores, posseiros ou os que passaram sob sistema de moradia em áreas de desenvolvimento da pequena agricultura produziram um vínculo de dependência à terra e exploração, que não obstante se desdobraram em violência no campo e deram a esses sujeitos, "cativos" à terra como muitos desses lavradores passaram a se apresentar, uma experiência de classe necessária para os seus enfrentamentos enquanto migrantes nas terras amazônicas, cujo fluxo teve aumento acentuado a partir da década de 1970.

Sobre a terminologia cativo, Thompson (1998, p. 32) nos diz:

> [o termo] Tem uma especificidade histórica consideravelmente menor do que termos como feudalismo ou capitalismo. Tende a apresentar um modelo da ordem social visto de cima. Tem implicações de calor humano e relações próximas que subentendem noções valor. Confunde o real e o irreal. Isso não significa que o termo deva ser abandonado por ser totalmente inútil. Tem tanto ou tão pouco valor quanto outros termos generalizantes — autoritário, democrático, igualitário — que, em si e sem adições substanciais, não podem ser empregados para caracterizar toda uma sociedade como paternalista ou patriarcal. Mas o paternalismo pode ser, como

na Rússia czarista, no Japão do período Meiji ou em certas sociedades escravocratas, um componente profundamente importante, não só da ideologia, mas da real mediação institucional das relações sociais.

Na ausência de horizontes sociais alternativos, o agregado tende a forjar relações de compadrio com o dono da terra, baseadas em acordos morais. Um fato narrado em 1960 por Simplício em uma coluna de um jornal de circulação local, para o qual escrevia semanalmente, desvela a teia de relações e acordos paternalistas aos quais estavam condicionados os subalternos em suas terras. Segundo o relato, "[...] o marido morrera, de repente, deixando a gleba de terra, lugar Bom Sucesso, um gadinho, animais domésticos, carnaubalzinho e cinco arroubas" (FOLHA DA MANHÃ, 1960). O fato que cabia à pequena proprietária era o pagamento de uma quantia equivalente a dez mil cruzeiros, correspondente ao imposto territorial, cujo pagamento Simplício evitou ao intervir através de pedido feito a um "amigo idôneo".

Em terras cedidas pelos proprietários aos moradores, que combinavam atividades extrativas (da amêndoa do babaçu e do pó da carnaúba) e o cultivo de roças, garantiram até pelo menos os anos de 1960, nas regiões Norte e Centro-Norte do Estado, a reprodução de formas de trabalho extrativista. O extrativismo da cera é apresentado nas fontes oficiais como uma atividade dependente dos contratos de arrendamento e parceria agrária, a saber:

> FAZENDAS ESTADUAIS – De acordo com dispositivos de nossa Constituição, os carnaubais e maniçobais das Fazendas foram postos sem concorrência pública, sendo os mesmos arrendados. O arrendamento dos carnaubais foi pago em espécie, com 15.500 quilos de cera flor e 62.000 ditos de cera parda, num total de 77.500 quilos, o que corresponde a 77,09% da produção média anual verificada no último decênio. Os maniçobais foram arrendados pela quantia de...... Cr$17.819,00 (PIAUÍ, 1952, p. 112).

Apesar de algumas dessas medidas terem sido executadas, não influenciaram uma mudança definitiva na estrutura fundiária concentrada do Estado como também nas regiões carnaubeiras. A criação das colônias, entre elas a Colônia Agrícola David Caldas, (1932-1950) que propagavam também a fixação do homem no campo foi mais uma entre as medidas implementadas dentro da cadeia da cera da carnaúba que não obtiveram resultados satisfatórios na mudança da concentração fundiária nessas áreas. O fragmento a seguir relata a decadência da Colônia Agrícola David Caldas em contexto de penúria e calamidade com indícios de expulsão do homem do campo para a cidade ou para outras regiões ou Estados vizinhos:

> COLÔNIA AGRÍCOLA "DAVID CALDAS" – A Colônia Agrícola "David Caldas", pelo abandono a que lhe relegaram caiu em verdadeira decadência. Quem a visita nos tempos atuais e a compara com os primeiros dias de sua fundação, sente-se constrangido, por ver frustrado, um plano, que prometia resultados compensadores, na fixação do homem à terra. Pelo que se sabe ali inverteu o Governo, em anos anteriores, grandes somas e é doloroso constar o fracasso em que escarmento das gerações, comportavam uma análise, um estudo minucioso em que apurassem as causas da sua ruína (PIAUÍ, 1952, p. 112).

Em 1972, na área de maior exploração do pó cerífero, no Norte do Piauí, 9,8% da população possuía a maior parte das terras. Conforme dados dos censos de 1950, 1960 e 1970, o número de estabelecimentos com menos de 100h correspondiam a cerca de 74,64% e ocupavam apenas 16,84 da área, sendo que os maiores, com mais de 100. 000ha, grandes propriedades, ocupam 83,16% da área.

A condição de pobreza das famílias rurais na região atravessa longo recorte temporal na documentação consultada. Em 1947, um documento de caráter opositor referente à administração das fazendas nacionais no estado do Piauí, acessado no jornal *O Piauí* (ANDRADE, 1947), denunciava a tradição de queimar as casas desses trabalhadores e a expulsão de famílias inteiras de suas terras, as áreas que englobavam as informações referidas são de extrativismo da carnaúba, como as cidades de Oeiras, Floriano e Simplício Mendes. Conforme trecho do documento:

> Não é possível que esse grupo humano estacionado em suas terras continue como um bando de retirantes profissionais, sempre votado a retiradas bruscas e, assim, forçado à vida em miseráveis palhoças e à construção de pequenos roçados em que apenas plantam o essencial a própria subsistência.

Prova deste fenômeno é ausência absoluta de arvores frutíferas de grande porte e produção tardia [...] (ANDRADE, 1947).

A problemática da pobreza no mundo rural é apresentada em dados estatísticos de forma elucidativa. O crescimento da pequena produção regulado pelo latifúndio tradicional no Estado dificultou o acesso à terra a milhares de trabalhadores, que passaram a buscar trabalho nas áreas de fronteira agrícola (ROCHA, 2015). Em 1977, foi estimado que em 49 municípios, cuja população rural correspondia a cerca de 43% em relação ao total do Estado, havia cerca de 69.882 produtores rurais classificados segundo as categorias de proprietários, parceiros e arrendatários, e desse total 54.542 eram classificados como não proprietários (ROCHA, 2015, p. 32).

Para Martins (1981), o princípio da propriedade nessa situação tende a dominar todos os fatores, assim o solo é propriedade do patrão, mas os moradores também o são de certo modo. De acordo com a análise dos Censos Agrícola no tocante ao Piauí do IBGE, de 1920 a 1985, o número de estabelecimentos concentrados em uma única pessoa vem aumentando. Em 1920, correspondiam a 9.044 estabelecimentos e em 1985 correspondiam a 24.6597 estabelecimentos. Diante disso, é importante mencionar que apesar de em todo o território ocorrer a presença de carnaubais, eles são explorados em maior ou menor medida dependendo do local e do período em questão. As áreas que mais ocorrem a exploração do pó cerífero para a produção da cera de carnaúba, segundo relatórios do estado do Piauí e o IBGE, concentram-se no Norte do Estado e Centro-norte. as cidades de Piracuruca, Campo Maior e Piripiri aparecem em maior frequência.

Conforme dados do IBGE, entre 1975 e 1985 houve uma diminuição significativa no número de área dos estabelecimentos destinados a extração passaram de 1.301.498 hectares em 1975 para 289.003 em 1985, sendo que a maior parte da área passou a ser correlata à agricultura e à pecuária. De acordo com a análise empreendida dos outros dados, isso também pode ser explicado pela queda no valor da cera de carnaúba e dos outros produtos de origem extrativistas no mesmo período, devido ao pouco interesse dedicado à mesma. Cabe considerar que o valor da cera de carnaúba no mercado influenciou diretamente na maior ou menor concentração de terras destinada ao produto.

Antônio José de Souza, então Presidente da Comissão de Defesa da Cera da Carnaúba e membro da Comissão Técnica para Assuntos da Borracha, Cera Vegetais e Resinas da Confederação Nacional da Agricultura – CNA, publicou em 1974 o livro "estudos e coleta de dados sobre a cera de carnaúba" no qual apresenta uma síntese, em parte explicativa sobre o produto, processo de extração da palha, beneficiamento e industrialização da cera, e, em outra parte, um conjunto de documentos, dados estatísticos, telegramas e ofícios enviados à Presidência da República, entidades, bancos e reprodução de notas de jornais, que reforçam as potencialidades regionais para a produção da cera de carnaúba como importante base de crescimento econômico para o desenvolvimento do Piauí, como do país, em um período considerado ameaçador para os produtores devido a queda da safra.

Em ofício enviado a Antônio Delfim Neto, Ministro da Fazenda, em 28 de março de 1972, o técnico da CNA apela para a recuperação das cotações da cera de carnaúba.

> O Estado do Piauí tem 50% da produção nacional da cera de carnaúba, representando, na sua economia, em anos anteriores, 70% (1947/50), achando-se, hoje, reduzida a 16,8%.
> O Brasil no quinquênio, 45/50, exportou US$ 107.478.000 correspondentes a 52.446 toneladas de cera. O valor médio por tonelada foi, em 1946, US$ 2.976,5, hoje o seu valor médio é apenas US$ 824,00.
> Pelos dados citados, extraídos do boletim oficial da CACEX, verifica-se um grande prejuízo na economia do Piauí, refletindo também na economia nacional, pela queda de suas divisas em dólares (CONFEDERAÇÃO NACIONAL DA AGRICULTURA, 1972).

O quadro a seguir apresenta a queda acentuada da cotação da cera em dólar, entre 1950 e 1970.

Quadro 1: Quadro de Produção e Exportação até 1973

Períodos	Produção Anual t	Exportação Tonelagem	Valor dólares US$ t	Valores médios quinquênio, US$ t
1946	11.633	10.019	29.823.000	2.976,
1950	10.625	12.578	22.223.000	1.741,
1955	5.606	12.466	16.857.000	1.352,2
1960	10.962	11.080.	17.782.000	1.604,9
1965	12.729	12.119	10.812.000	892,2
1970	-	13.602	9.585.000	704,68
1973 jan./jun.	-	7.442	6.683.000	898,00

Fonte: Adaptado pela autora de Souza (1974, p. 29).

Ainda em 28 de março de 1972, Antônio José de Souza apresentou para apreciação e aprovação da CNA a proposição de um curso de técnicos em cera de carnaúba, a ser criado com as Universidades ou Escolas Técnicas Federais. Juntamente com a proposta foi apresentada uma Exposição de Motivos, dentre as quais a necessidade de modernização da atividade considerada rudimentar,

> II – Não é possível continuar como está a extração e preparo da cera de carnaúba, um produto excepcional, só existente, no mundo inteiro, no Norte e Nordeste do Brasil, e de consumo universal, feita a sua extração sem técnica e ciência, e sem as exigências industriais que lhe são necessárias. [...]
>
> III – Sabemos que a boa apresentação dos produtos de exportação, hoje em dia, como o progresso da técnica e da ciência, requer um melhor e adequado aprimoramento. É, pois, o que desejamos ocorrer com a nossa cera de carnaúba, que seja realçada, essa inigualável matéria-prima, venha ter uma apresentação e preparo correto ao nível de suas altas qualidades nobres e químicas, e não como vem sendo feito, muitas vezes com razoável negligência por parte dos que se encarregam de sua extração e fusão (CONFEDERAÇÃO NACIONAL DA AGRICULTURA, 1972a).

O trecho ressalta a preocupação dos produtores com o modelo tradicional de exploração do pó cerífero, também comum em trechos das Mensagens de Governo, que apresentavam como entrave para o desenvolvimento da atividade a inadequação dos trabalhadores da cera à introdução de métodos modernizantes. Contudo, há registros de resistência dos trabalhadores extrativistas quanto à tentativa de implantação de máquinas e, a despeito dessas incursões tecnológicas, os trabalhadores do nosso tempo ainda executam o mesmo *modus operandi* já considerado rudimentar nos seus tempos áureos.

> [...] Trata-se de um tipo de atividade que se fundamenta historicamente em normas, obrigações sociais e valores peculiares aos interesses dos trabalhadores e que, ao se confrontarem com a lógica do mercado em larga escala voltado para a exportação, sofreu entraves, dada a falta de habilidade dos comerciantes, industriais e Estado em avançar na construção de metas essenciais para o seu desenvolvimento (ROCHA, 2020, p. 90).

Entre 1950 e 1970, houve um crescimento do uso da terra para a lavoura em terras que já estavam apropriadas pelo grande, médio e pequeno proprietário. Por sua vez, os lavradores sem-terra continuavam presos e condicionados às suas próprias condições de trabalho e qualquer condição. Seja parceria, arrendamento e/ou assalariamento, o proprietário obtinha o máximo do resultado do trabalho. O acordo entre lavradores, trabalhadores rurais e dono da terra se dava através de cláusulas de contratos "nunca escritos".

A documentação específica apresenta relatos como variadas tentativas de racionalização e modernização da atividade. Uma dessas tentativas diz respeito à emenda ajuntada à Lei nº 5.508, de 11 de outubro de 1968[77], através da qual a Superintendência de Desenvolvimento do Nordeste – Sudene promoveria a racionalização e modernização das atividades que envolvem a exploração da carnaúba. O projeto, voltado para os interesses dos fazendeiros e industriais, recomendou ainda a criação do Grupo Executivo da Carnaúba Nordestina – GECAN, e enfatizou, dentre outros aspectos, a criação de medidas urgentes para o avanço das atividades com foco em incentivos fiscais e creditícios, desenvolvimento de pesquisas científicas sobre a planta, reformulação das políticas de exportação, dentre outros.

A atividade funciona de forma sazonal e ocorre principalmente em áreas sujeitas a inundações durante alguns meses do ano. A derrubada da palha se dá em períodos posteriores de estiagem e envolve as seguintes etapas: corte, realizado pelo vareiro/foreiro, que utiliza varas de bambu com uma foice presa em

---

[77] Corresponde à quarta etapa do Plano Diretor de Desenvolvimento Econômico e Social do Nordeste para os anos de 1969, 1970, 1971, 1972 e 1973, e dá outras providências.

uma das extremidades para derrubar a palmeira; em seguida, o desganchador/gueiro colhe as palhas que são aparadas e enfeixadas pelo aparador; na etapa seguinte, é realizado o transporte pelos tangedores/carreadores até o lastro; o lastreiro espalha as folhas para secagem por cerca de seis a oito dias; após a secagem, se inicia o processo de retirada do pó cerífero com uso de máquinas, "bate palhas"; a etapa final é a industrialização para extração da cera presente no pó. A atividade, que envolve toda a família, fomentou um debate sobre o histórico de exploração sobre o que nos permite pensar o trabalho degradante e compulsório a que eram submetidas as famílias de trabalhadores extrativistas. O depoimento do Sr. Raimundo Pereira, vareiro, 42 anos, pelo coronel Antônio José de Souza em 1972, desvela o cotidiano da atividade.

> Existe o pé-de-olho, que é a plantinha pequena. Quando a altura passa de uns 4 metros, é guandu. Por último vem a carnaúba-de-sol: tão velha, tão alta, que é a primeira a ver despontar a luz do sol. Essa mede uns 20 metros; de idade, passa dos cem anos, e ninguém consegue alcançar as folhas para pegar o pó da cera. Nesse ponto é que se aproveita a madeira: está na hora de derrubar a árvore.
>
> Do tamanho de um guandu, a carnaúba já pode dar cera. É então que trabalha os "vareiros", como eu. Pegamos uma vara crescida, de bambu, às vezes com mais de 10 metros de tamanho. Na ponta vai uma foice curtinha, e com aquela vara a gente vai cortando as palmas, cuidando para não ficar debaixo delas. Serviço perigoso, dona moça: olhando para cima com o sol que Deus castiga cegando a vista, tem que ser ligeiro. Se a folha pegar algum, aí, coitado dele: fica todo rasgado nos espinhos da planta (SOUZA, 1974, p. 119-120).

Em outro fragmento, o Sr. Raimundo ressalta a participação da família na atividade. Diz ele: "Aliás, ia esquecendo, os filhos e a mulher também ajudam. Eles juntam as palhas e carregam os jumentos, às vezes, fazem outro serviço, também. É bonito, mas é um trabalho duro" (SOUZA, 1974, p. 120). Considerando que se trata de um relato dado supostamente a alguém designado pelo autor da obra, o coronel Antônio Souza, assim tratado em documentos emitidos pela Confederação Nacional da Agricultura – CNA, que como bem diz na introdução em nota de esclarecimento do livro *Estudos e coleta de dados sobre a cera de carnaúba*, se trata de uma obra "dirigida aos meus companheiros, produtores, industriais, ligados à produção, comércio e exportação dessa riqueza nacional" (SOUZA, 1974, p. 05), em vários pontos o vareiro Raimundo ressalta a condição difícil dos que vivenciam aquela atividade como uma forma de valorização do seu trabalho e, possivelmente, reivindicando compensações ou melhorias. As famílias, ligadas à terra pelo que o sistema de moradia lhes impõe, são submetidas e se submetem a condições exaustivas de trabalho com danos à saúde, denunciadas ainda nos anos áureos da cera.

O fragmento a seguir refere-se à fala do Delegado Agenor Martins. Diz ele:

> De todas as moléstias endêmicas, o paludismo constitui nesta "Divisão Sanitária" o maior flagelo, ceifando anualmente centenas de preciosas vidas, arruinando a saúde de milhares de pessoas, formando um exército de inflamados (expressão da terra) de homens pálidos, fracos, sem ânimo, sem ideal e sem vida, incapazes para o trabalho remunerador (PARNAÍBA, 1937, p. 183).

O contexto de debate sobre os danos causados à saúde nos trabalhadores da carnaúba é abordado pelas autoridades locais, que faziam eco diante da ameaça de alastramento de doenças infectocontagiosas, como a tuberculose.

As fiscalizações do Ministério do Trabalho e Emprego – MTE, em ação conjunta com o Ministério Público do Trabalho – MPT/PI nas áreas de exploração da carnaúba, surpreendem os extrativistas, fato que endossa a naturalização da exploração nas atividades extrativas. Em entrevista realizada em 2015, Valdinar Oliveira, 58 anos, derrubador da palha da carnaúba no município de Luís Correia, no litoral do Piauí, nos disse:

> Naquele tempo num tinha nada, num tinha problema nenhum, o pessoal ia pro mato do jeito que dava, né. Pegava um saco de roupa, passava uma semana trabalhando fora, na mata, todo mundo dormia na mata, já hoje não tem mais isso. Aquele tempo era bebendo água de cacimba né, água salobra. Hoje não, a pessoa vai, todo mundo leva as garrafas d'água (OLIVEIRA, 2015).

O entrevistado identifica mudanças em relação ao tempo em que começou a trabalhar nessa atividade, também praticada por seus pais e avós nas mesmas terras onde vive, tendo em vista a possibilidade de acesso a direitos e à justiça em relação a danos causados por uma atividade que, para muitos, a exploração é atravessada de forma naturalizada. Em linhas gerais, a atividade não sofreu transformações na forma de organização, tampouco nas relações estabelecidas na unidade produtiva. As relações familiares são predominantes e se apresentam como um entrave para o reconhecimento da exploração e trabalho escravo ou análogo à escravidão, frequentemente identificados nas áreas de carnaubais. No Piauí, as operações de combate ao trabalho escravo, em particular em atividades ligadas ao agronegócio, carvoarias e na extração do pó da carnaúba, foram iniciadas de forma mais expressiva a partir do ano de 2004 e apresenta entraves logísticos, além da invisibilidade e reconhecimento do descumprimento de regras trabalhistas e uso do trabalho análogo à escravidão na atividade, em muitos casos pelos próprios extrativistas[78]. O mapa a seguir evidencia as principais áreas de exploração da carnaúba no ano de 2006.

---

78   O artigo 149 do Código Penal sanciona a redução de uma pessoa a condições análogas às de escravo com pena de dois a oito anos de prisão; o Art. 207 sanciona o aliciamento de trabalhadores com o fim de levá-los para outra localidade do território nacional com pena de dois meses a dois anos de prisão e multa; e o Art. 203 sanciona a frustração, mediante fraude ou violência, do gozo de direito assegurado pela legislação do trabalho com pena de multa e prisão.

Figura 01: Mapa de Exploração da Carnaúba no Nordeste

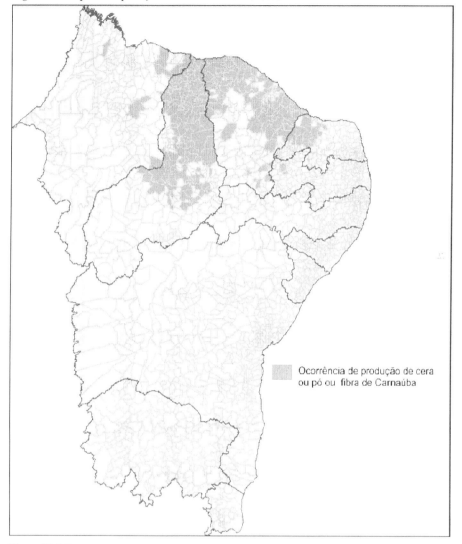

Fonte: IBGE, 2006.

Considerações Finais

O avanço do capitalismo no campo combinou relações de trabalho arcaicas para formação de conglomerados econômicos que atendem padrões produtivos modernizantes do grande capital. Nesse sentido, a preocupação permanente em torno da racionalização e modernização do campo se faz de modo que garanta a não ruptura de um sistema secular de exploração, cujo método é apropriado pelo capitalismo no contexto pós-abolição da escravidão legal com a incorporação de novos mecanismos de exploração e cerceamento da liberdade dos trabalhadores. A respeito das origens agrárias do capitalismo,

> Devido ao fato de que os produtores diretos numa sociedade capitalista plenamente desenvolvida se encontram na situação de expropriados, e devido também ao fato de que o único modo de terem acesso aos meios de produção, para atenderem aos requisitos da sua própria reprodução, e até mesmo para proverem os meios do seu próprio trabalho, é a venda da sua força de trabalho em troca de um salário, os capitalistas podem se aproximar da mais-valia produzida pelos trabalhadores sem necessidade de recorrer à coerção direta (WOOD, 1998, p. 06).

A ideia de cativeiro tratada neste capítulo remete às forças locais para o controle externo da administração familiar e da força do trabalho (ROCHA, 2015). Assim como no regime de colonato estudado por José de Sousa Martins (MARTINS, 1981), o morador de propriedade alheia é parte de um coletivo ao combinar as forças de trabalho com os demais membros da família. No Meio Norte, marcado secularmente por contendas entre patrões-proprietários e trabalhadores rurais, em circunstâncias específicas levadas à decisão do poder judiciário, mantém resquícios do mandonismo local que dificulta o acesso à terra pelas famílias rurais e maiores perspectivas econômicas para a pequena agricultura e permanência desses sujeitos no campo.

Nas atividades extrativas da carnaúba, cuja exploração permaneceu em menor escala em tempos de crise, as relações de parentesco que atravessam a atividade endossam a naturalização da exploração e submissão dos trabalhadores, em muitos casos viabilizadas por relações forjadas de parentesco e compadrio. Além das condições históricas que favoreceram a reprodução da pobreza nos confins do país, aliada à concentração fundiária e propriedade privada dos meios de produção, a prática e permanência de formas arcaicas de trabalho no mundo rural deve considerar suas bases no autoengano ou "engajamentos voluntários" (MARTINS, 2002), que é posteriormente substituído pela violência, cerceamento da liberdade e negação do estabelecido nas relações contratuais no meio rural, a partir de valores morais, como ocorre comumente em áreas de fronteira agrícola.

Referências

Entrevistas

OLIVEIRA, Valdinar Oliveira. Entrevista realizada por Cristiana Costa da Rocha em 15.10.2015 no município de Luís Correia.

Fontes diversas

ALVES, Maria Odete; COÊLHO, Jackson Dantas. *Extrativismo da carnaúba*: relações de produção, tecnologia e mercados. Fortaleza: Banco do Nordeste do Brasil, 2008. 214 p. (Série documentos do ETENE, 20).

ANDRADE, da Costa. *Administração das Fazendas Nacionais*. O Piauí: Órgão da União Democrática Nacional. Teresina (PI), 1947.

BRASIL. Lei nº 5.508, de 11 de outubro de 1968.

CONFEDERAÇÃO NACIONAL DA AGRICULTURA. Ofício enviado ao Ministro Antônio Delfim Neto. 28 mar. 1972.

CONFEDERAÇÃO NACIONAL DA AGRICULTURA. Exposição de Motivos. 28 mar. 1972A.

IBGE. Censos Agropecuários de 1970, 1975, 1980 1985 e 1995/1996.

IBGE. VI Recenseamento Geral do Brasil. V. XIII. Piauí, 1950.

IBGE. Recenseamento Geral do Brasil. [1o. de setembro de 1940] Série Regional. Parte V – Piauí. 1940.

IBGE. Censo Agrícola de 1960. Maranhão - Piauí. VII Recenseamento Geral do Brasil. Série Regional. Volume II - Tomo III - 1a. Parte, 1960.

IBGE. Censo Agropecuário. 2006.

Folha da Manhã, 23 jun. 1960.

LIVROS e Folhetos: Relatório - Dr. Gabriel Rezende Passos - Rio. Relatório - Dr. Gabriel Rezende Passos - Rio. Gazeta: (PI). Teresina, p. 4. agosto de 1943.

PARNAÍBA. Almanaque da Parnaíba, 1937, p. 183.

PIAUÍ. Diário Oficial do Estado. Relatório de Governo apresentado ao presidente Getúlio Vargas pelo interventor Landry Salles Gonçalves - 1931- 1935. Teresina: Imprensa Oficial, p. 114.

PIAUÍ. Diário Oficial do Estado. Relatório de Governo apresentado pelo interventor federal Leônidas de Castro Melo ao Presidente Getúlio Vargas (1938), p. 10.

SOUZA, Antônio José de. *Estudos e coleta de dados sobre a cera de carnaúba*. Rio de Janeiro: Expressão e Cultura, 1974.

Bibliografia

ARAÚJO, José Luís Lopes. O Rastro da Carnaúba no Piauí. *Revista Mosaico*, v. 1, n. 2, jul./dez., 2008.

BANDEIRA, William Jorge. A Nova Dinâmica do Setor Rural Piauiense. *Carta Cepro*, Teresina, v. 15, n. 21, 1994. p. 46-55.

CONGOST, Rosa; LANA, José Miguel. *Campos cerrados, debates abiertos*: Análisis histórico y propiedad de la tierra en Europa (siglos XVI-XIX). Pamplona: Universidad Pública de Navarra: Nafarroako Unibertsitate Publikoa, 2007.

QUEIROZ, Teresinha de Jesus. *Economia Piauiense*: da pecuária ao extrativismo. 2. ed. Teresina: EDUFPI, 1998.

LEVI, Giovanni. Economia camponesa e o mercado de terra no Piemonte do Antigo Regime. *In*: OLIVEIRA, Mônica Ribeiro de; ALMEIDA, Carla Maria Carvalho de (org.). *Exercícios de micro-história*. Rio de Janeiro: Editora FGV, 2009.

MARTINS, José de Sousa. *O Cativeiro da Terra*. São Paulo: LECH: Livraria Editora Ciências Humanas, 1981.

MARTINS, José de Sousa. *A Sociedade vista do Abismo*: novos estudos sobre exclusão, pobreza e classes sociais. Petrópolis: Vozes, 2002.

MENDES, Simplício de Sousa. *Propriedade territorial no Piauhu*y. Teresina: Typographia de "O Piahuy", 1928.

ROCHA, Cristiana C. Os Limites entre a Exploração e a Exploração e a Escravidão no Ciclo da Cera de Carnaúba. *Rev. Fac. Direito UFMG*, Belo Horizonte, n. 77, pp. 87-103, jul./dez. 2020.

ROCHA, Cristiana C. Em defesa do direito de propriedade: considerações sobre a vida e obra de Simplício Mendes. *In*: MOTTA, Márcia; PARGA, Pedro (org.). *Intelectuais e a questão agrária no Brasil*. Seropédica: Ed. da UFRRJ; Lisboa: Proprietas, 2020a.

ROCHA, Cristiana C. *A vida da Lei, A Lei da Vida:* conflitos pela terra, família e trabalho escravo no tempo presente. 2015. Tese (Doutorado em História) – Universidade Federal Fluminense, Niterói, Rio de Janeiro, 2015.

THOMPSON, E. P. *Costumes em Comum*: estudos sobre a cultura popular tradicional. São Paulo: Companhia das Letras, 1998.

WOOD, Ellen Meiksins. *Democracia contra capitalismo*: a renovação do materialismo histórico. São Paulo: Boitempo, 1998.

CAPÍTULO 6

MEMÓRIA HISTÓRICA DO INDIZÍVEL: VIOLÊNCIA NO CAMPO MARANHENSE (1964-1989)[79]

Márcia Milena Galdez Ferreira

Introdução

A Ditadura Militar no Brasil teve como um dos alvos principais os movimentos sociais do campo. No momento do Golpe Militar, em 1964, representavam uma das vanguardas políticas e tinham nas Ligas Camponesas sua principal expressão. Com a perseguição e o silenciamento dos movimentos sociais do campo, agentes e instituições ligadas à Igreja Católica progressista, inspirados na Teologia da Libertação, passaram a ter um papel fundamental na defesa dos pobres e na denúncia da violação dos Direitos Humanos. Conforme Camila Portela (2015), especialmente nos anos em que vigorou o AI-5, de 1968 a 1978, vários bispos, padres, freiras e os agentes da Comissão Pastoral na Terra (CPT), criada a nível nacional em 1975 e no

---

[79] O capítulo é resultante do projeto *Luta pela terra no Médio Mearim-MA (1960-1990): experiências, narrativas e deslocamentos* que contou com fomento da FAPEMA a partir do Edital 031-2016 e do projeto *Fronteiras em movimento: terra trabalho e deslocamentos no Meio Norte e na Amazônia Ocidental (1970-2000)* que conta com fomento do CNPQ.

Maranhão em 1976, passam a ser vigiados e investigados pela Delegacia de Ordem Política e Social (DOPS) sob suspeição de subversão[80].

Uma das principais bandeiras das reformas de base do governo João Goulart tem no início do regime militar seu esvaziamento com a aprovação do Estatuto da Terra de 1964[81], que não ataca de modo radical o problema da concentração de terras no Brasil. Tal debate foi postergado por duas décadas e retornou à cena política na transição democrática. Os anos que separam o Golpe Militar e o retorno propriamente dito à democracia, com a promulgação da Constituição de 1988, são marcados por crescente violência no campo brasileiro, perceptível não só pelo acirramento dos conflitos e por um crescente número de assassinatos no campo, como por formas de violência psicológica, física e patrimonial largamente empregada pelo patronato rural.

O enrijecimento político, o acirramento da censura, o desmonte dos movimentos sociais e a vigilância sobre o clero progressista dificultam também a produção e, especialmente, a circulação de fontes documentais que permitam precisar os índices e as formas de violência empregada. Foi especialmente a partir do início do processo de abertura política, em 1978, que simultaneamente houve uma maior divulgação das ocorrências de violação no campo e sua publicização na grande imprensa e registro em relatórios, dossiês, cartilhas, jornais e boletins elaborados pela CPT, Confederação Nacional dos Trabalhadores da Agricultura (CONTAG), Federação dos Trabalhadores Rurais e Agricultores do Estado do Maranhão (FETAEMA), bem como os Sindicatos de Trabalhadores Rurais (STRs) passaram a emitir com mais frequência e contundência denúncias acerca da violência no campo.

A partir dos anos 1970, mas especialmente nos anos 1980, no auge das discussões sobre Reforma Agrária e no momento de reorganização dos movimentos sociais do campo, o país fervilhava em conflitos e ações de resistência

---

80 A pesquisa de Camila Portela (2015, p. 04) reflete sobre "as formas de ação do clero católico" a partir dos acervos do DOPS, onde parte do clero ligado à Igreja Católica Progressista "encabeçar as listas dos ditos subversivos ao longo da documentação. A autora aborda diversos documentos de autorias de padres, freis, agentes da CPT que constam nesses acervos para investigação do DPOS. Para outras informações sobre o acervo do DOPS, vide Leonardo Chaves (2021). O autor faz referência a membros do clero e camponeses que figuram sobre a suspeição de subversão nesses acervos.

81 O Estado "filtrou uma determinada concepção de Reforma Agrária e conceitualizou o que seria latifúndio, propriedade, empresa rural, função social, desapropriação que desde sua origem já se encontravam permeados de uma dupla lógica" (BRUNO, 1995, p. 29).

dos camponeses pela permanência na terra. Paralelamente a esse movimento de abertura democrática, dava-se a reorganização do patronato rural e das suas formas de exercício da violência: a União Democrática Ruralista (UDR) passava a ser uma das principais agremiações que exortavam abertamente o uso da violência como forma de combater as ditas "invasões" dos Sem Terra. No campo brasileiro e no Maranhão, no estado de Goiás, Mato Grosso e na Amazônia, especialmente nos *espaços da fronteira em expansão*, os relatos de uma violência escancarada pareciam não ressoar na sociedade civil:

> um não reconhecimento dos trabalhadores do campo como portadores de direitos e, portanto, sujeitos a diferentes formas de submissão que tem a coerção como o parâmetro mais visível. Em todas elas é possível pensar na existência de determinadas formas de dominação nas quais se pode constatar um certo grau de consentimento fundado em procedimentos socialmente aceitos (MEDEIROS, 2013, p. 12).

A violência escancarada e anunciada, praticada à luz do dia e em lugares públicos, tornou-se recorrente nos espaços tidos como vazios pela ambição de grileiros, que contam com o apoio ou a negligência do Estado, da polícia e da Justiça. A maior parte dos conflitos registrados no campo entre 1964-1989, arrolados nos materiais consultados, remete a um confronto desigual: de um lado fazendeiros, pistoleiros, policiais, delegados e, do lado oposto, posseiros, Sem Terra, trabalhadores rurais, peões, lideranças sindicais e agentes pastorais. Trata-se de uma história trágica com muitas vítimas, inclusive fatais, que urge fazer-se pública, para que se transforme em uma bandeira de luta da sociedade civil e para que não se repita no campo.

Podemos conceber o oeste do território maranhense (a Amazônia maranhense, a região central e o sudoeste do estado), no recorte temporal proposto, como em *situação de fronteira*, ainda que em espaço contínuo menor do que os observados no sul e sudeste do Pará e em outros estados da Amazônia. Conforme concebida por José de Souza de Martins, a *fronteira* enquanto "cenário de intolerância, ambição e morte" (2009, p. 9) e de outra perspectiva, "lugar de elaboração de uma residual concepção de esperança, pelo milenarismo da espera no advento do tempo novo, um tempo de redenção, justiça, alegria e fartura" (2009, p. 10).

Buscando superar inconsistências das noções de *frente pioneira* (adotada massivamente por geógrafos com suposta ênfase na expansão econômica e capitalista e com a tendência ao fascínio pela figura do pioneiro), e da *frente de expansão* (comumente utilizada por antropólogos com ênfase na expansão demográfica e na perspectiva do avanço de não índios sobre povos indígenas), o sociólogo propõe uma conceituação propriamente dita dos *espaços* e *situação de fronteira*, que podem ser pensados como "limite do humano" (2009, p. 141) como lugar privilegiado para a compreensão da situação de conflito que envolve personagens diversos (grande proprietário, empresários, posseiro, peão, garimpeiro, indígenas), situados em temporalidades históricas distintas, que produzem, no seu confronto, desencontros; "um momento trágico de destruição e morte" (MARTINS, 2009, p. 143): onde o agronegócio e a agroindústria coabitam com a exploração do trabalho, a ameaça e o assassinato de camponeses e a própria reedição da escravidão contemporânea no meio rural.

> [...] *o que há de sociologicamente mais relevante para caracterizar e definir a situação de fronteira no Brasil é, justamente, a situação de conflito social.* E esse é certamente, o aspecto mais negligenciado entre os pesquisadores que tem tentado teorizá-la. Na minha interpretação, nesse conflito, *a fronteira é essencialmente o lugar da alteridade.* É isso que faz dela uma realidade singular. À primeira vista é o lugar do encontro dos que, por diferentes razões, são diferentes entre si, como os índios de um lado e os ditos civilizados de outro, como os grandes proprietários de um lado e os pobres camponeses de outro. Mas o conflito faz com que a fronteira seja essencialmente, a um só tempo, lugar de descoberta do outro e de desencontro. *Não só o desencontro e o conflito decorrentes das diferentes concepções de vida e de visão do mundo de cada um desses grupos humanos. O desencontro na fronteira é o desencontro de temporalidades históricas, pois cada um desses grupos está situado diversamente no tempo histórico* (MARTINS, 2009, p. 131, grifos meus).

A *situação de fronteira* precisa ser concebida e percebida na sua face trágica: ela possibilita compreender o conflito constitutivo da história rural brasileira nos diversos tempos de conquista – da Colônia ao tempo presente. Possibilita também vislumbrar a escrita da história a partir da perspectiva da vítima, dos homens e mulheres que experienciam a desumanização e o reverso da civilidade nas novas formas de reprodução do capital (marcadas por arcaísmos diversos) nos *espaços de fronteira*.

Em reparação às vítimas: reconstrução da memória histórica camponesa

"A história contemporânea da *fronteira* no Brasil é a história de inúmeras lutas étnicas e sociais" (MARTINS, 2009, p. 132, grifos meus), na qual a Amazônia se apresenta como a "última grande *fronteira*" (MARTINS, 2009, p. 130, grifos meus). E é justamente na Amazônia que vão se registrar os mais altos índices de conflitos e assassinatos no campo no período abordado.

Os materiais disponíveis na Biblioteca Virtual da CPT, produzidos pela Secretaria Nacional, sediada em Goiânia, trazem índices e informações sobre os conflitos, assassinatos, torturas e outras formas de violação a partir de 1985, quando se inicia a publicação dos Cadernos de Conflitos.

"A CPT reconhece como Massacre os casos nos quais um número igual ou superior a três pessoas é morto na mesma data e em uma mesma localidade, portanto, em uma mesma ocorrência de conflitos por terra"[82]. Considera também na categoria Massacre[83],

> quando diferentes ocorrências em datas distintas, (mas não distantes), porém em um mesmo imóvel rural ou área indígena, desde que referidas a uma única situação de conflito, evidenciando aspectos de negociabilidade, intolerância continuada e confrontos prolongados sem perspectiva de resolução por parte do Estado e do Judiciário.

Os dados sobre Massacres (ou Chacinas) estão disponíveis na Biblioteca Virtual da CPT desde 1985. Após esse ano, não foi registrado nenhum Massacre ou Chacina no estado do Maranhão. O Dossiê elaborado pelo MST indicará a ocorrência de três (ou quatro se computarmos um caso em que não foi possível identificar nem nome nem número dos lavradores e crianças mortas) Chacinas no Maranhão nos anos 1970.

---

[82] Disponível em https://www.cptnacional.org.br/noticias/acervo/massacres-no-campo.
[83] *Idem.*

A CPT registra até hoje 293 vítimas em 56 Massacres ocorridos a partir de 1985, sendo um no Amapá (1985), dois na Bahia (1985, 2017), um no Espírito Santo (2002), dois no Mato Grosso (1990 e 2017), quatro em Minas Gerais (São Domingos do Pará 1986, Unaí 2004, Felusburgo 2004, Uberlândia 2012), 29 no estado do Pará (Vizeu Ourém 1985, Fazenda Fortaleza, Xinguara 1985, Castanhal Pau Ferrado Xinguara/ Marabá abril de 1985, Fazenda Surubim II/ Xinguara, Rio Maria 1985, Paragominas 1985, São João do Araguaia, 13 e 18 de junho de 1985, Fazenda Princesa/ Marabá 1985, Surubim/ Xinguara 1985, Castanhal/Pau Ferrado Xinguara/ Marabá 1987, Serra Pelada 1987, Rondon do Pará 1987, Paragominas, 1988, São João do Araguaia 1995, Tucumã 1993, Tailândia 1993, Paragominas 1988, Eldorado dos Carajás abril e agosto de 1996, Marabá 2001, Xinguara/ Rio Maria 2002, Novo Repartimento/ Anapu, 2003, Baião 2006, Pacajá 2010, Conceição do Araguaia 2015, Pau D'Arco 2017, Baião 22 e 24/03/2019), dois no Rio Grande do Sul (Sarandi/ Passo Fundo 1986, Salto do Jacuí, 1989), oito em Rondônia (Vilhena /Espigão, Pimenta Bueno e Jari em 1987, Corumbiara 1995, Porto Velho 2008, Vilhena em 2015 e 2017, e Porto Velho em 2021), um no Tocantins (Colmeia, 1986), dois no Amazonas (Canutama, 2017 e Rio Abacaxis, 2020) e quatro em Terras Indígenas Yanomami em Roraima (Serra Couto Magalhães 1987, Paapiu 1988, Haximu 1993, Alto Alegre 2003). Esse mapeamento geral das chacinas inclui episódios envolvendo disputas por terra entre fazendeiros/grileiros, posseiros/ sem-terra, peões submetidos ao trabalho escravo contemporâneo, indígenas, garimpeiros, sujeitos diversos que se defrontam com a alteridade em *situação de fronteira* e cujos direitos humanos violados levaram-nos à tortura e/ou à morte.

Violência e violação no campo maranhense

Esboçamos a seguir uma breve análise dos conflitos por terra e assassinatos de trabalhadores rurais no Maranhão entre 1964 e 1989. Em seguida, abordamos o esboço do mapeamento quantitativo dos assassinatos no campo maranhense no período de 1964-1985, que antecede a publicação dos Cadernos de Conflito da CPT.

Tomamos como uma das fontes a obra *Conflitos e Lutas de Trabalhadores Rurais no Maranhão*, do antropólogo Alfredo Wagner Berno de Almeida. O levantamento apresentado tem como objetivo "documentar ocorrências que ilustram esses métodos ilegais e truculentos de expropriação e as forças de mobilização dos trabalhadores rurais em defesa de seus direitos" (ALMEIDA, 1983, p. 01).

Almeida assinala o caráter inacabado e a incompletude do levantamento apresentado, mas reconhece o mérito do trabalho na sistematização de informações dispersas e no seu potencial como subsídio para "os programas de lutas do movimento camponês", ou seja, tanto divulga (denúncia) para um público mais amplo episódios de extrema violência no campo maranhense como pode ser pensado como produto de uma antropologia engajada em meio à transição democrática. As estatísticas apresentadas são, "no mais das vezes, uma maneira impressionista de captar certos dados" (ALMEIDA,1983, p. 03).

Em relação ao inventário feito por Almeida, a principal documentação consultada para a compilação de dados foram notícias divulgadas nos jornais de circulação estadual: *Diário do Povo*, *O Estado do Maranhão*, *O Imparcial*, *Jornal de Hoje*, *Jornal Pequeno* e *O Jornal*. Foram "eventualmente" consultados pelo autor jornais de Belém do Pará onde circulam notícias sobre a Amazônia Maranhense (*O Liberal* e *Resistência*) do Rio de Janeiro (*Jornal do Brasil*) e de São Paulo (*Folha de São Paulo*), além de documentos disponíveis na FETAEMA e nos Tribunais de Justiça, e duas entrevistas com dirigentes sindicais.

Além da relação de trabalhadores rurais assassinados entre 1981 e 1982, Almeida traz dados sobre a atuação de pistoleiros e grileiros, conforme divulgados na imprensa, e áreas de terras griladas por região. Em algumas dessas amostragens, o recuo do antropólogo vai até o final dos anos 1970.

Entre janeiro de 1981 e janeiro de 1982, Alfredo Wagner Almeida (1983, p. 03) arrola "87 situações de conflito envolvendo 53 municípios maranhenses, contabilizando 30 mortos, 20 feridos e 35 trabalhadores rurais presos". Alfredo aventa "a extensão de 3.301.483,25 hectares em disputas que envolveram cerca de 11.049 famílias". Registra também "o incêndio e saque de 50 casas de trabalhadores rurais e 10 roçados destruídos."

Alguns anos depois, em 1986, o Movimento dos Trabalhadores Sem Terra publica *Assassinatos no Campo: crime e impunidade (1964-1985)*, Dossiê que visa publicizar, denunciar e reparar a violência no campo a partir de levantamento de assassinatos na imprensa de grande circulação (especialmente *O Estado de São Paulo* e *Jornal de Brasília*) de Relatórios da CPT Nacional e

Regionais, de Relatórios da CONTAG e da FETAEMA e de denúncias dos STRs e de Relatórios de Pastorais do Interior.

No prefácio à obra, Dom José Gomes, bispo de Chapecó, presidente da CPT Nacional, expressa o sentido de trazer a público tal listagem. O Dossiê é, além de um grito de alerta, uma ampla denúncia e um clamor por justiça. O MST, portanto, dezesseis anos antes da Criação da Comissão da Verdade, instituída em 2012, no governo de Fernando Henrique Cardoso, faz um esforço de reconstruir a memória dos crimes cometidos no campo durante a Ditadura Militar, muitos deles com a conivência ou o apoio do Estado. O Dossiê Assassinatos no Campo foi concebido para fazer lembrar, para que não se repita.

> A publicação dessa relação parcial é um grito de alerta!
> Primeiro: *queremos tornar públicos esses fatos*, que as autoridades, o Poder Judiciário e a grande imprensa omitem constantemente de forma deliberada. É sabido que essa guerra suja e não declarada não ocorre por acaso: mas que é fruto de um modelo econômico, de uma política agrária e de uma forma de sociedade que está unicamente voltada para os interesses do capital e de uma minoria. Nesse sentido, corresponsabilizamos as instituições e órgãos oficiais que patrocinam essa política.
> Segundo: *exigimos justiça*. Exigimos a imediata localização e condenação dos assassinos, bem como a proteção e o ressarcimento de todas as perdas às famílias atingidas.
> Terceiro, exigimos *uma política agrária que vá ao encontro e aos interesses dos trabalhadores rurais, a imensa maioria da população que vive no campo, para a implantação da Reforma Agrária ampla e radical*. Exigimos que nossa luta pela terra não seja encarada pelas autoridades como um caso de polícia em defesa do capital. Mas como uma luta pela justiça social.
> Por fim, queremos alertar que jamais nos esqueceremos da negligência como foram tratados todos esses *crimes hediondos*.
> Coordenação Nacional do MST (MOVIMENTO SEM TERRA, 1996, p. 4, grifos meus).

O prefácio se assemelha a um discurso que visa atingir um público amplo e se insere no campo das lutas travadas, tanto pela Comissão Pastoral da Terra como pelo MST, nos anos de intensa discussão da reforma agrária no

Brasil, que ocorrem entre o I Plano Nacional de Reforma Agrária (PNRA) e a Constituição de 1988. O bispo José Gomes e a CPT colocam-se, juntamente com o MST, em um campo oposto ao ocupado pelo patronato rural, que nesse período se organiza em agremiações, "o latifúndio contrata jagunços, cria essas milícias muito bem equipadas, alardeiam que não defendem o direito sagrado de posse e até fazem leilões para a compra de armas e nada acontece". (MST, 1986, p. 04). Paralelamente aos índices alarmantes dos conflitos no campo, o patronato rural passou também a ocupar um amplo espaço na grande mídia com referência explícita ao armamento e ao uso da violência como forma de combater as ocupações de terras em plena marcha.

Como aponta Pedro Cassiano Oliveira (2018, p. 165), "a violência era, e ainda é, a principal relação entre o trabalhador rural e o proprietário, na qual os jagunços são os principais agentes da truculência no campo", a nova configuração que os movimentos sociais do campo e o patronato rural ganham é resultado de um processo histórico de intensas transformações no meio rural:

> O que havia mudado era a própria configuração do campo brasileiro durante a Nova República, fruto da política de modernização da agricultura implantada durante o período da ditadura empresarial militar. Os resultados desses processos foram nocivos aos pequenos e médios produtores rurais e aos trabalhadores do campo em geral. Inúmeros pequenos proprietários foram "fagocitados" por grandes proprietários em seu entorno (OLIVEIRA, 2018, p. 179).

O MST responde à nova configuração do campo brasileiro com o crescimento e a repercussão das ocupações de terra no país, publicamente criminalizadas pelo patronato rural em pronunciamentos na grande mídia e tratadas como "invasões". Os discursos e os posicionamentos do MST e da CPT sobre a urgência de uma reforma agrária irrestrita são vistos por essa classe como manifestações comunistas. A Igreja Católica progressista, a esquerda e os movimentos sociais passam a ser taxados de comunistas pela elite agrária, que se organiza e se apresenta como classe nos primeiros anos da Nova República.

Nessa arena, instituições como a CPT, que inicia a publicação dos Cadernos de Conflitos no Campo em 1985, e o MST colocam-se também em meio às disputas de memória (POLLAK, 1989) e trazem à tona *memórias subterrâneas* da violência no campo. Trata-se de acontecimentos silenciados, interditos, que são trazidos à tona por instituições, movimentos sociais e intelectuais engajados na tarefa de construção da memória histórica camponesa. Como aponta Alberto Mendes (2021, p. 114): "quando solicitada a memória carrega sempre a intencionalidade de um indivíduo, de um grupo e quase sempre se constitui em instrumento contra o que seria seu contrário: o esquecimento". Maria Cristina Wannucchi Leme e Vânia Mara de Araújo Pietralesa, autoras do Dossiê, apresentam os objetivos na Introdução da obra:

> Era preciso, urgente mesmo, que se contassem os José, os Raimundos, aa Margaridas que aparecem sobre a forma de números, estatísticas - sempre incompletas- sobre a violência no campo. Dar uma feição humana a esses números e nomes. Além disso era preciso resgatar também a vida, as lutas- *a vida inteira de lutas, desses trabalhadores rurais assassinados*. Era necessário resgatar seus rostos e suas histórias, preservar, da indiferença e do esquecimento, essa memória camponesa. (MOVIMENTO SEM TERRA, 1986, p. 9, grifos meus).

Para elaboração do Dossiê, as autoras buscaram informações na imprensa, que muitas vezes "silencia o assassinato de lideranças ou publica notícias sobre assassinatos de homens do campo na Seção Policial". Reconhecem, ainda, a dificuldade do levantamento por se confrontarem com termos vagos ou dúbios como "trabalhadores encarregados da fazenda", "trabalhadores armados da fazenda", "rurícolas" ou simplesmente "lavrador" ou "homem do campo" sem especificar sua identificação como posseiro, grileiro, pistoleiro (MST, 1986, p. 09).

Tratamos o material consultado sem a pretensão de tratar-se de levantamentos completos passíveis de tabulação de dados precisos. O silêncio da grande imprensa, especialmente durante o período de vigência do AI-5 (1968-1978), certamente contribuiu para o número reduzido de casos de assassinatos registrados nos anos 1960 e no início dos anos 1970. À proporção que as décadas de 1970 e 1980 avançam, o número de assassinatos registrados no campo avoluma-se. A Lei Sarney de Terras de 1969 é outro denominador que precisa ser considerado para compreender o avanço da violência no campo.

O Dossiê tem o cuidado de incluir na listagem lavradores e crianças mortas que não foram identificados. Tem também a atitude reparadora de inserir entre os assassinatos casos de suicídio por desespero, devido ao trauma da perda de companheiros assassinados e à continuidade das pressões de fazendeiros e grileiros pela posse das terras. Em relação à amostragem acerca do estado do Maranhão, menciona-se entre os "assassinatos no campo" um aborto decorrente da extrema tensão e da situação traumática vivida pela esposa de um trabalhador rural em um povoado do município de Esperantinópolis, em novembro de 1979:

> O trabalhador rural teve sua casa queimada por jagunços a mando de grileiros desconhecidos, causando destruição de todos os seus pertences, inclusive 6 mil cruzeiros em dinheiro e três alqueires de arroz e outros bens. Por outro lado, sua esposa estava grávida, bastante assustada, perdeu a criança (MST, 1986, p. 95).

A grande maioria dos casos arrolados envolve assassinatos motivados por disputas por terra. Alguns não contêm o motivo expresso[84] e a vítima recebe designações genéricas como "lavrador" e "trabalhador rural" sem que seja possível inferir sua relação de posse/propriedade com a terra. Em apenas um dos episódios ocorridos no Maranhão, a contenda que leva ao assassinato de um "lavrador" envolve disputas entre indígenas e posseiros. O caso ocorreu no Centro dos Beretas, em Barra do Corda, município em cujo perímetro encontram-se Terras Indígenas Guajajara e Canela.

Teodoro José dos Santos, lavrador, 44 anos, morador do Centro das Beretas, foi morto em 11 de dezembro de 1975, após a contenda narrada a seguir:

> Dez Guajajara de Sapucaia foram ao Centro dos Beretas, perto da reserva fazer compras. Foram abordados por lavradores armados de facão e começou

---

84 O Dossiê relata, caso a caso, os assassinatos no campo, sequenciando-os ano a ano e apresentando-os por estado. Quando todas as informações estão disponíveis, constam: data, identificação da vítima com referência à idade, ocupação (trabalhador rural, lavrador, posseiro, líder sindical etc.), local de moradia (povoado e município), autoria-mandante, executor, descrição (narração do ocorrido), providências jurídicas (ausentes na maioria das ocorrências devido à negligência das autoridades) e fontes (enumeração das fontes consultadas, normalmente jornais dos quais se sinalizam data e página, relatórios pastorais e de STRs).

a discussão. Teodoro José dos Santos tentou duas vezes atingir um índio com o facão, sendo desarmado as duas vezes. Enraivecido, o lavrador bateu com um pedaço de madeira e um índio caiu desmaiado. Imediatamente os outros índios atacaram o agressor matando-o a facadas. Os outros lavradores fugiram com medo. O conflito se estende e em 26/12/80 são mortos dois índios Guajajara: Mateus e Moacir (MST, 1986, p. 61).

O Dossiê aponta como motivo "luta pela terra onde os índios têm suas terras invadidas pelos posseiros". Não é possível precisar pelas informações se os referidos posseiros são homens pobres, mas em *espaços de fronteira* os povos indígenas confrontam-se não só com madeireiros, fazendeiros, garimpeiros, mas também com trabalhadores rurais pobres que igualmente não reconhecem seus direitos sobre o território. Barra do Corda e Grajaú (município vizinho) têm um extenso histórico de conflitos sangrentos envolvendo indígenas e não indígenas.

As disputas por terra ocorrem em localidades diversas do Maranhão entre 1964 e 1985, mas alguns povoados e municípios concentram um número maior de tensões, ameaças, conflitos e vítimas. Destacam-se no levantamento do MST os municípios de Imperatriz[85] e Santa Luzia[86]. Nos anos 1980, a região do Médio Mearim[87] passa a figurar ao lado do Pindaré entre as áreas com maior incidência de conflitos no estado.

Por vezes um mesmo grileiro atua em regiões distintas. É o caso do povoado Sabonete, localizado entre Grajaú e Barra do Corda, onde "cerca de 30

---

85 Imperatriz teve, conforme dados contidos no Dossiê, 22 assassinatos no campo nos anos 1970 e quatro assassinatos de 1980-1985.

86 Santa Luzia teve, conforme dados contidos no Dossiê, quatro assassinatos no campo nos anos 1970 e sete assassinatos de 1980-1985.

87 No Médio Mearim, região central do Maranhão, aparecem dois casos de assassinato no campo nos anos 1970. Um caso em Joselândia em 1972, que vítima o lavrador João Maranhão e o soldado Diniz, por motivo de disputa por terras. Mortos depois de um tiroteio entre 30 pistoleiros, lavradores e PM. João Maranhão foi morto a tiro pelos pistoleiros provocando a revolta dos lavradores. Num segundo tiroteio, morreu o soldado. A Secretaria de Segurança do Maranhão enviou 19 soldados para evitar novos choques, mas os pistoleiros estavam fortemente armados e os policiais reconheceram que a força enviada não era suficiente para manter a ordem (MST, 1986, p. 42). É um caso em Esperantinópolis que será analisado adiante. Nos anos 1980, o Dossiê (MST, 1986) registra: em 1980 um assassinato em Esperantinópolis, em 1982 um assassinato em Pio XII, em 1983 um assassinato em Bacabal, em 1984 três assassinatos, sendo um em Lago Verde, e um em Pio XII e em 1985 cinco assassinatos no campo, sendo dois em São Luiz Gonzaga, um em Lago da Pedra e um em Bacabal.

posseiros e mais uma dezena de empregados de fazendas tiveram no sábado um tiroteio cerrado, devido a problemas de terras" que vitimou um posseiro não identificado:

> Segundo os fazendeiros e seus empregados, o autor do crime foi Francisco Rebouças, líder dos posseiros. Os conflitos começaram com a chegada de um capanga, José Cirilo, com ordens de demarcar de qualquer maneira, as terras da Fazenda São Benedito, *de empresários de Imperatriz*-MA. Os posseiros liderados por Francisco Rebouças e Júlio Davi reagiram dizendo que Sabonete ficava fora das terras da Fazenda e que por isso não sairiam. Esse foi o início de uma série de conflitos que chegaram a obrigar algumas famílias a abandonar o município. (MST, 1986, p. 60, grifos meus).

O conflito ocorrido em 21 de dezembro de 1975 em São Pedro da Água Branca, município de Imperatriz, trata-se de uma Chacina, onde são mortos onze posseiros não identificados:

> Cerca de 200 posseiros e 100 grileiros e jagunços *travaram uma dura batalha, nas ruas desertas* de São Pedro d' Água Branca. Os grileiros pretendiam anexar a área ocupada pelo povoado (onde moram 1.800 pessoas) e uma propriedade de 4.000 hectares, cujos donos são os fazendeiros Jackson Mendonça e Gerson Castro Alves. *Mas foram impedidos pelos homens de São Pedro d'Água Branca, que já os aguardavam à entrada do povoado.* Houve um tiroteio de trinta minutos que não fez nenhuma vítima. *Participaram da tentativa de assalto dois policiais do Pará, que a polícia disse terem dado cobertura aos grileiros (e, por isso, capturados pelos posseiros e depois liberados),* Os moradores do povoado obstruíram a única entrada de acesso contramedida de defesa contra os grileiros e o delegado de Imperatriz, João Severo, deu ordem de prisão para os fazendeiros Jackson e Gerson que fugiram durante o tiroteio.
>
> Na segunda-feira, depois de uma série de atritos entre posseiros e grileiros, os comandados de Jackson e Gerson seguiram para São Pedro decididos a anexar o povoado às terras da Fazenda.
>
> *Os homens –aqueles mais jovens e fortes– colocaram-se em trincheiras, recolheram-se nas copas das árvores e em lugares estratégicos nos telhados das casas, armados de espingardas e facões.* Quando os grileiros se aproximaram houve momentos de estudo mútuo entre os inimigos e explodiu o tiroteio. *Os*

> *grileiros, depois de trinta minutos de luta, feroz (diziam alguns policiais) foram obrigados a recuar, protegendo Jackson e Gerson para que fugissem.* O delegado Severo chegou a São Pedro a tempo de assistir aos últimos momentos do tiroteio. Nesse povoado morreram pelo menos 11 pessoas por conta da disputa por terra. Dezenas de posseiros foram expulsos de suas terras pelos novos e poderosos ocupantes Jackson e Gerson, supostos grileiros de Imperatriz, *cidade violenta que revive* os *tempos de faroeste* e que cresceu em função da rodovia Belém Brasília (MST, 1986, p. 62, grifos meus).

O relato narra com riquezas de detalhes o tiroteio decorrente da disputa por terras no povoado. A quantidade de moradores atingidos (1.000 pessoas) e a extensão da terra em disputa (4.000 hectares) explicam a dimensão da tragédia que vitima onze posseiros e envolve estratégias de guerrilha acionadas pelos moradores de São Pedro d'Água Branca. As ruas desertas do povoado indicam o planejamento da ação de defesa e uma provável estratégia de proteção das mulheres, crianças e idosos ("os homens – aqueles mais jovens e fortes – colocaram-se nas trincheiras") diante da ameaça de invasão. É comum em situações de conflito o acionamento de ações coletivas de resistência que, muitas vezes, envolvem a colaboração de posseiros de povoados vizinhos, que auxiliam com informações sobre a chegada de bandos de pistoleiros e, em alguns casos, com o apoio direto durante o confronto.

Sublinho também que os posseiros de São Pedro D'Água Branca tinham armas: espingardas e facões, itens provavelmente utilizados também como ferramenta de trabalho na caça e na roça, mas indispensáveis aos que vivem em regiões de disputa por terra. Nos anos 1980, o povoado sofreu outro grande impacto com a abertura da Estrada de Ferro Carajás nas suas margens.

É importante registrar um padrão na maioria das situações de conflitos descritas no Dossiê: normalmente são os grileiros que se põem em movimento e expulsam com truculência comunidades que viviam há muitos anos no povoado, são eles que ao expandirem as terras griladas obrigam os camponeses a buscarem outros espaços de fronteiras. É nesse desencontro de temporalidades que o conflito irrompe e é "no limiar do humano" que o confronto ocorre.

A participação de policiais do Pará[88], registrada em outros episódios de tiroteio no Maranhão, indica um trânsito entre os dois estados de sujeitos

---

88 A situação fronteiriça do povoado explica em parte esse trânsito.

envolvidos nas ações de confronto (invasão de povoados, queima de casas, expulsão de posseiros, tiroteios). Outros relatos também apontam a presença de policiais à paisana e de pistoleiros com farda do Exército. Ou seja, as formas de violência praticada, além de envolverem a polícia, sinalizam já na década de 1970 para uma "confusão" entre os papéis desempenhados por jagunços, pistoleiros e soldados e, possivelmente, para uma concepção de legitimidade do uso de armas pelos grileiros a partir de signos que remetem ao regime militar.

O confronto narrado a seguir ocorre em Sucuruizinho, município de Santa Luzia, que aos poucos se torna, ao lado de Imperatriz, um dos municípios mais violentos do estado.

> A região se localiza no Vale do Rio Zutiua, onde *mais de seiscentas famílias habitavam, muitas delas com mais de 40 anos de moradia*. Em 74 começaram as tentativas de grilagem de *mini grileiros* locais. Em 75 a COMARCO começou a retalhar a terra para grandes grupos: a CIRAC, a FRECHAL, etc.
>
> Os grileiros acima citados a frente de um grupo de jagunços [...] *que se diziam do exército* praticaram as mais duras violências contra os posseiros. Obrigaram-nos a assinar recibo de venda das benfeitorias. *Tocaram fogo nas casas. Espancaram e humilharam sem respeitar ninguém.*
>
> *O jagunço Jararaca, gerente da fazenda Frechal,* matou um posseiro e nada aconteceu. No dia 14/09/75, a esposa de Laurentino[89], fugindo grávida, dá à luz numa tapera abandonada. A esposa de Aureliano Martins morreu traumatizada, pois já estava viúva e doente. A violência atingiu um limite tamanho que obrigou dois vereadores de Santa Luzia a irem à região fazer uma vistoria. Dos 45 moradores de Sucuruizinho, 42 se mudaram. Depois, 12 retornaram.
>
> *O grileiro armou seu pequeno exército, que usava farda e armamento da PM e do Exército.* (MST, 1986, p. 87, grifos meus).

A computação da morte da viúva de Aureliano Martins referida anteriormente traz a conotação de reparação, que envolve não somente as vítimas

---

[89] Neste como em outros casos relatados no Dossiê, parece haver erros. Não há nenhuma informação sobre Laurentino neste relato, talvez se trate do próprio Aureliano Martins e a mulher grávida seja sua viúva.

diretas de tiros de espingardas, revólveres e fuzis, pois impacta sobremaneira a vida dos familiares da vítima. O povoado é praticamente esvaziado, com a retirada de 42 das 45 famílias. Os jagunços se diziam do Exército e o mandante tinha acesso a fardas e a armamentos. É uma espécie de institucionalização ao reverso: eles se fardavam para representar "soldados". Regina Bruno assinala o caráter estruturante da violência no campo e sua reconfiguração sob novos moldes na Nova República, quando o patronato rural organizado em agremiações difunde na grande mídia o acionamento de milícias no campo, buscando construir uma opinião que legitimasse tais atos.

> Procuro mostrar que a violência das classes e grupos patronais no campo é estruturante e expõe os componentes de velhos e novos padrões de conduta. Não se trata de um hábito individual e esporádico, é uma violência ritualizada e institucionalizada, que implica a formação de milícias, a contratação de capangas, a lista de marcados para morrer e os massacres (BRUNO, 2009, p. 285-286).

O uso de fardas do Exército pelos jagunços pode também remeter a uma conotação de subversão atribuída à resistência dos posseiros, visto que durante a Ditadura Militar e os primeiros anos da Nova República as ações de resistência no campo eram comumente classificadas como atos comunistas.

A ritualização da violência traz outros níveis de crueldade em casos que envolvem execução precedida de tortura. Como assinalam Airton Pereira (2018) e Tavares dos Santos (1995), um "teatro do terror" e uma "pedagogia do medo" são acionados e o martírio e o sofrimento das vítimas funcionam como exemplo a não ser seguido: os que lutam pela terra vivem sob o espectro da morte e convivem com o terror e o trauma que se instauram mediante o conhecimento das práticas de torturas. Em diálogo, com a obra *Vigiar e punir* de Michel Foucault, Airton Pereira (2018, p. 251), analisando a violência das Chacinas no sul e sudeste do Pará, aponta: "Em quase todas as situações analisadas, é possível perceber que os assassinos, agiram com um elevado grau de crueldade, brutalidade e punição pela dor, 'numa arte de fazer sofrer', como um 'teatro de terror'".

Os episódios ocorridos nos meses de julho de 1980 nos municípios de Parnarama e Caxias atestam o grau de crueldade e truculência que a violência no campo atinge nos anos de abertura política no campo maranhense:

> Antônio Genésio Veras, lavrador, levou um tiro pelas costas.
>
> Colocaram a casa de Antônio Genésio abaixo, usando golpes de machado, não deixando nada, "nem mesmo as panelas". *O armazém da vítima também foi posto abaixo e os capangas inutilizaram 4.500kg de arroz, encharcando-os com querosene.*
>
> *O delegado não quis registrar* a *queixa.*
>
> Cicero Catarino, lavrador, morador do povoado de Joao Vito, foi *encontrado nas águas do rio Itapecuru,* perto do povoado Joao Vito, *tinha sinais de tortura, afundamento na nuca e um tiro no olho direito.*
>
> Napoleão, lavrador, 40 anos, morador do povoado de Belmonte, foi encontrado no quilômetro 100 da MA-034, *com a cabeça decepada.* Município de Caxias.
>
> os corpos desfigurados foram encontrados de junho a agosto de 80, "nas piores circunstâncias" (MST, 1996, p. 108, grifos meus).

A execução em lugares públicos é um outro ato que implica na violência ritualizada e na pedagogia do medo. O assassinato do jovem lavrador Francisco Jesus da Silva de 17 anos, morador de Alagoinhas, município de Esperantinópolis, executado pelo grileiro Manoel Martins, o Louro, *irmão do Baiano*:

> *Morto com um tiro no peito e outro no ouvido enquanto dançava com a namorada numa festa em Alagoinhas.* O STR de Esperantinópolis acusa Manoel Martins de haver planejado há meses, matar lavradores de Alagoinhas para facilitar a invasão de grileiros (MST, 1986, p. 107 grifos meus).

O Sindicato de Trabalhadores Rurais denunciou também que

> *nem o prefeito Anísio Carneiro, nem os policiais tomaram providências* e a conveniência do *delegado de Alagoinhas, que foi visto dias após o crime, viajando*

> de *Pedreiras para Esperantinópolis*, em companhia do Baiano [*irmão do mandante* e *apontado como executor*] e do pistoleiro Chico Guarda (MST, 1986, p. 107, grifos meus).

É importante ressaltar o papel desempenhado pelos STRs durante boa parte do regime militar. Em vários registros ao longo do Dossiê, faz-se referência às denúncias dos STRs como fonte. Especialmente os casos com mais riquezas de detalhes costumam ser relatados pelo STR ou por agentes pastorais. É também recorrente a negligência e/ou a cumplicidade entre grileiros, pistoleiros, prefeitos e delegados. Em outras palavras: entre usurpadores e representantes e funcionários públicos. A omissão do prefeito e a visível proximidade do delegado com o executor referidos anteriormente sinalizam para a falta de providências na maioria dos casos envolvendo mortes ou agressões no campo e, ao mesmo tempo, a exibição de possíveis cumplicidades sem qualquer desfaçatez. Ou seja, o abandono das vítimas pelas autoridades mais próximas que levariam à abertura de inquéritos inviabiliza que mecanismos de punição legal sejam acionados. O posseiro não tem no estado um aliado, pelo contrário, ele é, muitas vezes, seu algoz. Daí o papel fundamental desempenhado pelos STRs atuantes e por bispos, freis, freiras e agentes pastorais ligados à Igreja Católica progressistas. Estes serão, junto com as lideranças sindicais e os posseiros, os mais visados na lista dos marcados para morrer.

Outro caso emblemático de violência ritualizada e institucionalizada é de Elias Zi Costa Lima, lavrador, 42 anos, casado, pai de nove filhos, presidente do STR de Santa Luzia, em 21 de novembro de 1982. O assassinato de Elias Zi, ocorrido a luz do dia e à queima roupa na feira, torna-se filme por se tratar de um episódio surreal e, ao mesmo tempo, corriqueiro em vários povoados do meio rural maranhense [90]:

> Autoria: Delmir, Delmar e Leônidas, *filhos do grileiro e mandante* José Gomes Novaes da região de Lagoa do Capim.

---

[90] SANTOS, Murilo. *Quem matou Elias Zi?* 1986. Documentário (14 minutos). Murilo filma o velório de Elias Zi em Santa Luzia e lança, em 1986, o filme, que pode ser utilizado como uma forma de história pública. Para uma análise desta produção fílmica, vide Ferreira e Frazão (2021).

Foi morto no mercado, diante de várias testemunhas. Sem qualquer discussão lhe deram dois tiros de revólver calibre 38 pelas costas. Depois de caído, os assassinos voltaram e deram à queima roupa, um tiro de espingarda no pescoço.

Causa: por apoiar inúmeras famílias que lutam contra a expulsão em uma área tida como devoluta da qual o grileiro José Gomes pretende se apossar.

O conflito teve início em janeiro de 81 quando José Gomes avançou sobre as terras das 300 famílias que trabalham na área desde 1967. Ele sempre usou de muita violência, queimando casas, plantações e expulsando os trabalhadores.

Todas essas agressões foram denunciadas à delegacia de Santa Luzia, à Secretaria de Segurança Pública do Maranhão, sem que qualquer medida ou punição fosse tomada. (MST, 1986, p. 138-139, grifos meus).

Como Elias Zi, muitas outras lideranças são marcadas para morrer e executadas. O cenário público da execução e o lugar ocupado por Elias Zi na presidência do Sindicato de Trabalhadores Rurais de uma das cidades mais violentas do estado do Maranhão no período abordado funcionam como "teatro do terror" e reproduzem a "pedagogia do medo". Lutar pela terra é visto como subversão pelo patronato rural e pelos aparelhos de repressão do Estado. A violência institucionalizada é exercida, de modo recorrente, conjuntamente por vários membros da família: pais e filhos, irmãos e primos, misturam laços de parentescos no exercício da violência pensada como legítima para a usurpação e manutenção de terras.

A antiguidade do uso da terra é ressaltada nessa e em outras ocorrências de conflito. Os moradores chegam à região em 1967 e Elias Zi é assassinado quinze anos depois. Percebe-se o peso do costume na experiência dos posseiros ameaçados, bem como a preocupação das redatoras do Dossiê do MST em sinalizar, sempre que a informação estiver disponível, o tempo de moradia (e trabalho) nas terras em litígio.

A experiência dos camponeses é marcada por resistências costumeiras: "a cultura é rebelde, mas o é em defesa dos costumes" (THOMPSON, 1998, p. 19) e a ênfase no tempo de usufruto da terra remete às possibilidades de uso do Estatuto da Terra de 1964 como amparo na luta pelos direitos dos posseiros.

***

É quase impossível alcançar a precisão estatística relativa a conflitos e a assassinatos no campo, especialmente durante a Ditadura Militar, pelo impacto da censura nos meios de comunicação e pelo medo de perseguições em caso de denúncia. Porém, utilizando dados arrolados no levantamento de Alfredo Wagner (mais preciso entre janeiro de 1981 e janeiro de 1982, apesar de restrito às notícias da imprensa), pode-se nitidamente sinalizar para o aumento da violência no campo nos primeiros anos da década de 1980. Os cadernos de Conflito da CPT editados a partir de 1985 permitem mensurar tanto o mapa da violência dentro do estado do Maranhão como compará-lo aos de outros estados brasileiros imersos, ainda na segunda metade dos anos 1980, em *situações de fronteira*. A tabela a seguir situa com mais precisão o(a) leitor(a):

Tabela 01: Quadro geral de conflitos no Maranhão

Ano	Conflitos por terra	Assassinatos	Feridos -Torturados	Ameaças de morte	Presos	Casas destruídas
1985	71	19	40-1	19	50	99
1986	52	7	11	14	36	141
1987	78	12	0-1	37	-	4
1988	43	7	62-1	12	14	46
1989	26	6	314-44	14	51	63

Fonte: Comissão Pastoral da Terra. Conflitos de Terra Brasil, 1989.

Os anos de 1985 e 1987 aparecem com os maiores números de conflitos (71 e 78, respectivamente). Quanto aos assassinatos no campo, persistem com maiores números os mesmos anos, dessa vez com 19 registros em 1985 e 12 em 1987. Nem toda situação de conflito leva propriamente aos assassinatos, mas outras formas de violência, com a violência psicológica decorrente das ameaças de morte tendem a aumentar entre 1985 e 1987 (com 37 e 19 casos respectivamente). Percebe-se que em dois anos o número de assassinatos diminuiu mais de 30% de 1985 a 1987, mas as ameaças de morte praticamente dobram. Outros dados presentes no quadro (número de feridos e torturados, prisões e destruição de casas) permitem mensurar outras formas de violências e violações de Direitos Humanos no campo maranhense.

Apesar da imprecisão sinalizada pelos próprios autores dos inventários utilizados, pode-se utilizar para os conflitos entre janeiro de 1981 e janeiro de

1982 (13 meses) 87 situações de conflito, abrangendo cerca de 61 municípios do estado do Maranhão (ALMEIDA, 1983, p. 11).

Os dados arrolados pelo MST apresentam por vezes aparentes incongruências[91] entre as datas dos assassinatos e as dos jornais ou relatórios que lhe servem como fonte. Mas, desconsiderando tais problemas, por entendermos tratar-se de erros de digitação ou demora na divulgação dos casos na imprensa, poderíamos aventar a seguinte tabela. No ano de 1985, os dados coincidem com os arrolados pela CPT nos Cadernos de Conflito, fato que nos leva a aumentar a confiabilidade no levantamento operado pelo MST.

Tabela 02: Assassinatos no campo maranhense (1964-1985)

ANO	ASSASSINATOS NO CAMPO
1964	01
1965	-
1966	-
1967	-
1968	-
1969	-
1970	-
1971	-
1972	01
1973	02
1974	-
1975- Massacre com 05 vítimas em João Lisboa e dois em Imperatriz com 11 vítimas	25
1976	-
1977	04
1978- Possível massacre na Fazenda Fernasa (crianças e lavradores não identificados, nem o nome, nem o número)	05
1979	10

---

91 A título de exemplo, um assassinato ocorrido em 1979 apresenta como fonte um jornal de 1980 e um relatório de STR de 1979. Outra possibilidade, além de erros despercebidos pelos revisores do Dossiê, é de que alguns casos só foram noticiados na imprensa meses depois de ocorridos. O escopo deste texto e a proposta de abordar a tentativa de construção de uma memória histórica camponesa, muito mais do que atingir estatísticas plenamente fidedignas, levou-nos a computar estes poucos casos de incongruências relatados nas análises quantitativas.

1980	04
1981	03
1982	12
1983	08
1984	14
1985	19

Fonte: Tabela elaborada pela autora a partir dos dados contidos no Dossiê. MOVIMENTO DOS TRABALHADORES SEM TERRA. *Assassinatos no Campo:* crime e impunidade (1964-1965). São Paulo: Secretaria Nacional do Movimento Sem Terra, 1986.

Não constam assassinatos no intervalo entre 1965 e 1972. Nem nos anos de 1974 e de 1976, entre os quais figura o ano com maior número de assassinatos na década de 1970: o ano de 1975, que apresenta 25 mortes, das quais 16 ocorrem em Chacinas (11 na Chacina de São Pedro da Água Branca, 05 na Chacina de João Lisboa).

Nos anos 1980, aparecem como mais violentos os anos de 1985 (19 mortos) e 1984 (14 mortos). Ainda assim, os 25 casos de 1975 os superam.

Com relação aos assassinatos, é perceptível um aumento no número de casos a partir dos anos 1980 e, principalmente, com o início da Nova República. Com os movimentos sociais do campo em marcha ascendente na ocupação de latifúndios e dos espaços políticos, os embates entre trabalhadores rurais e patronato tendem a se intensificar no bojo das discussões da Reforma Agrária e da Constituinte. Com o acirramento das disputas políticas e dos conflitos por terra, lamentável e irreparavelmente, cresceu também, no início da Nova República, o número de vítimas fatais da violência no campo.

Considerações Finais

A Ditadura Militar se configura como um período de fortalecimento do Poder Executivo e da visibilização de uma série de transformações que abrem caminho para uma modernização conservadora do campo brasileiro que complexifica o sujeito dominador: ao lado do fazendeiro (grande proprietário) figuram também empresários da agroindústria, empresas transnacionais e grandes projetos viabilizados ou executados pelo Estado. O enrijecimento do regime e a perseguição às mobilizações no campo, representadas especialmente pelas Ligas Camponesas, deram-se paralelamente ao acirramento dos conflitos e da violência no campo. A transição democrática é marcada pela emergência dos novos movimentos sociais do campo e de novos e velhos sujeitos na cena política: os Sem-Terra, os seringueiros, os usineiros, as quebradeiras de coco, os quilombolas e os indígenas.

Além de engajado diretamente em ações (ocupações de terra) e debates em prol "de uma reforma agrária ampla e radical", o MST organizou em 1986 um Dossiê que pode ser utilizado como artefato da memória histórica camponesa.

O outro inventário utilizado, de autoria do antropólogo Alfredo Wagner Almeida, traz explicitamente no Prefácio o engajamento da obra em prol de uma "memória camponesa" e do fortalecimento das diversas lutas do campesinato maranhense: em defesa da permanência nas terras e do acesso aos olhos d'água e babaçuais.

No Maranhão, a violência no campo atinge progressivamente altos índices a partir de meados dos anos 1970. Dois elementos nos ajudam a entender o avanço da violência no campo: a grilagem de terra, que se torna cada vez mais comum a partir da Lei Sarney de Terras de 1969, e o aumento da possibilidade de acesso aos dados sobre a violência no campo, com a maior veiculação de notícias na imprensa – pós revogação do AI-5 (1978) – e com a criação da CPT, em 1975, que passa a atuar diretamente no levantamento, na sistematização e na denúncia das ocorrências.

Traçar o mapa da violência nos anos anteriores à implantação da Nova República não é tarefa fácil. O antropólogo Alfredo Wagner e o Movimento dos Trabalhadores Sem Terra se empenham nessa empreitada. Temos ciência das lacunas das séries construídas, como os autores do inventário e do Dossiê utilizados, mas, como ambos, pensamos tratar-se de um rico material que possibilita inferir sobre a história social dos conflitos por terra e da violência no campo.

É também uma forma de tornar pública a violência estruturante e institucionalizada no campo, tarefa urgente devido à continuidade da vulnerabilidade de tantas comunidades rurais e à criminalização dos movimentos sociais do campo.

Referências

Fontes

ALMEIDA, Alfredo Wagner Berno de. *Conflitos e Lutas de Trabalhadores Rurais no Maranhão*. Comissão Pastoral da Terra, 1983.

COMISSAO PASTORAL DA TERRA. Massacres no campo. Disponível em: https://www.cptnacional.org.br/noticias/acervo/massacres-no-campo.

COMISSAO PASTORAL DA TERRA. Conflitos de Terra Brasil 1985. Disponível em https://www.cptnacional.org.br/index.php/publicacoes-2/conflitos-no-campo-brasil

COMISSAO PASTORAL DA TERRA. Conflitos de Terra Brasil 1986. Disponível em https://www.cptnacional.org.br/index.php/publicacoes-2/conflitos-no-campo-brasil

COMISSAO PASTORAL DA TERRA. Conflitos de Terra Brasil 1987. Disponível em https://www.cptnacional.org.br/index.php/publicacoes-2/conflitos-no-campo-brasil

COMISSAO PASTORAL DA TERRA. Conflitos de Terra Brasil 1988. Disponível em https://www.cptnacional.org.br/index.php/publicacoes-2/conflitos-no-campo-brasil

COMISSAO PASTORAL DA TERRA. Conflitos de Terra Brasil 1989. Disponível em https://www.cptnacional.org.br/index.php/publicacoes-2/conflitos-no-campo-brasil

MOVIMENTO DOS TRABALHADORES SEM TERRA. *Assassinatos no Campo: crime e impunidade (1964-1965)*. São Paulo: Secretaria Nacional do Movimento sem Terra, 1986.

Documentário

SANTOS, Murilo. *Quem matou Elias Zi?* 1986. Documentário (14 minutos).

Bibliografia

BRUNO, Regina. O Estatuto da Terra: entre a conciliação e o confronto. *Revista Sociedade e Agricultura*, v. 2, n. 2, p. 5-31, 1995.

BRUNO, Regina. Nova República. A violência do patronato rural como prática de classe. *Sociologias*, Porto Alegre, ano 5, n. 05, p.284-310, jul-dez 2003.

CONGOST, Rosa; LANA, José Miguel. Campos cerrados, debates abiertos. *Análisis histórico y propiedad de la tierra en Europa (siglos XVI-XIX)*. Pamplona: Universidad Pública de Navarra, 2007, p. 21-52.

FERREIRA, Marcia Milena Galdez; FRAZÂO, J. L. Cinema e ensino de história: a questão agraria maranhense a partir do audiovisual em Quem matou Elias Zi. *In*: CALVACANTI, Erinaldo Vicenti; SOUZA, Raimundo Inácio Araújo; CABRAL, Geovanni Gomes; CABRAL, Ramon de Souza Cabral (org.). *História, memória, narrativa e Ensino de História na Amazônia brasileira*. 01. ed. São Luís: EDUFMA, 2021, p. 112-132. v. 01.

CAVALCANTI, Erinaldo Vicente; SOUZA, Raimundo Inácio Araújo; CABRAL, Geovanni Gomes; CABRAL, Ramon de Souza. (org.). *História, memória, narrativa e ensino de História na Amazônia brasileira*. São Luís: UFMA, 2021.

CHAVES, Leonardo Leal. Propagandas adversas: O DPOS-MA e a imprensa alternativa no Maranhão em meio à aprovação da Lei da Anistia. (1979). *Outros Tempos*, São Luís, v. 18, n. 32, 2021.

MARTINS, José de Souza. *Fronteira*: a degradação do outro nos confins do humano. São Paulo: Contexto, 2009.

MEDEIROS, Leonilde. Dimensões políticas da violência no campo. *Tempo*, Rio de Janeiro, v. 1, p. 126-141, 1996.

MENDES, Alberto Rafael Ribeiro. Memória, verdade e reparação na Comissão Camponesa da Verdade. (1946-1988). *Outros Tempos*, São Luís, v. 11, n. 21, p.111-135, 2021.

OLIVEIRA, Pedro Cassiano de Farias. A reforma agrária em debate na abertura política (1985-1988). *Tempos Históricos*, v. 22, 2° semestre, p. 161-183, 2018.

PEREIRA, Airton dos Reis. A prática da pistolagem nos conflitos do Sul e Sudeste do Pará (1980-1995) *Territórios & Fronteiras*, v. 8, n. 1, p. 230-255, 2015.

POLLAK, Memória, esquecimento, silêncio. *Estudos Históricos*, Rio de Janeiro, v. 2, n. 3, 1989.

PORTELA, Camila Silva. *"Padres esquerdistas"*: o clero católico progressista nos documentos da delegacia de ordem política e social do Maranhão. *In*: Anais do XVI Simpósio Nacional da ABHR. Juiz de Fora: ABHR, 2015.

SANTOS, José Vicente Tavares dos. A violência como dispositivo de poder. *Sociedade e Estado*, Brasília, 10 92, p. 281-289, 1995.

THOMPSON, E. P. *Costumes em comum*: estudos sobre a cultura popular tradicional. São Paulo: Companhia das Letras, 1998, p. 13-149.

CAPÍTULO 7

LUTA PELA TERRA NA AMAZÔNIA, ASSASSINATOS: HOMENAGENS, MÚSICAS E POESIA NA HISTÓRIA DE VIRGÍLIO SERRÃO SACRAMENTO

Elias Diniz Sacramento

Introdução

> *Aqui termina essa história para gente de valor*
> *Pra gente que tem memória, muita crença, muito amor*
> *Pra defender o que ainda resta, sem rodeio, sem aresta*
> *Era uma vez uma floresta na linha do Equador.*
> Vital Farias – Saga da Amazônia

O campo e a cidade na Amazônia não foram mais os mesmos depois de 1964. No dia 31 de março daquele ano, os militares deram um golpe no Brasil depondo o presidente João Goulart, que havia sido eleito de forma democrática para colocar no seu lugar um general chamado Castelo Branco, mudando os rumos da história brasileira. Os militares, "preocupados" com a onda comunista pela América do Sul, decidiram então praticar o ato que tiraria a liberdade da população, principalmente no que dizia respeito à escolha do representante da nação.

Daniel Aarão Reis (2014) nos mostra como se deu a "gênese" da ditadura de forma objetiva. Vejamos:

> A vitória do movimento civil-militar que derrubou o presidente João Goulart em fins de março e começo de abril de 1964 encerrou a experiência republicana iniciada em 1945. Nascera então um estado de direito regido pela Constituição de 1946, em contraste com a ditadura aberta do Estado Novo, e um regime democrático, mas limitado, marcado pelas tradições autoritárias da ditadura que o antecedera. O autoritarismo era evidente na exclusão do jogo político de amplas camadas populares, por analfabetas; no estrito controle estatal das estruturas corporativas sindicais, herança intocada da ditadura varguista; no domínio incontrastado dos monopólios latifundiários – e do poder dos senhores de terra sobre a maioria da população, ainda vivendo no campo, onde a lei mal chegava, ou nação chegava; na repressão intermitente dos movimentos populares; na tutela militar, onipresente, característica da República brasileira desde sua fundação. Apesar dos pesares, ao longo do tempo, as margens do estado de direito e de uma democracia "autoritária", e nos parâmetros da cultura política nacional-estatista, hegemônica, construíra-se uma versão popular dessa cultura, liderada pelo trabalhismo brasileiro, associado a outras forças de esquerda – progressistas, socialistas e comunistas. A instauração da ditadura em 1964, destruiu tudo isto: o estado de direito, a democracia limitada e a versão trabalhista do nacional-estatismo (REIS, 2014, p. 17).

Como podemos ver em sua fala, o historiador Daniel Aarão Reis nos mostra que no período anterior, de 1945, embora houvesse um controle do Estado sobre a sociedade brasileira, principalmente sobre a classe trabalhadora, nada se compararia ao novo regime, com nascedouro em fins de março de 1964, quando o então presidente João Goulart foi deposto do cargo. Não sofreu um *impeachment*, mas sim um golpe civil-militar, com o qual o autor acredita que grande parcela da sociedade, naquele momento, foi conivente com a ala dos poderes militares.

Foram vinte e um anos de regime militar. Durante esse período, centenas de abusos foram cometidos pelos militares contra aqueles que não concordavam com o modelo governamental imposto. Acusados de subversão eram presos, torturados e muitos foram mortos ou entraram para a lista de desaparecidos, tendo muitos seus corpos nunca encontrados.

Exemplo clássico desse período foi o que ocorreu na Guerrilha do Araguaia, quando o Exército encaminhou, desde 1972, quatro grupamentos para encontrar os chamados "guerrilheiros", um grupo de homens e mulheres, jovens, sendo a maior parte do sudeste brasileiro, mais especificamente de São Paulo, sendo chamados na época de "Paulistas", que foram para essa região do sul e sudeste do Pará ajudar os moradores com serviços médicos, odontológicos, entre outros.

Vejamos o que nos falam os autores Laércio Braga e Pedro Fonteles (2011) na obra denominada *Guerrilha do Araguaia*, adaptada do resultado de um trabalho de conclusão de curso:

> O movimento guerrilheiro instalou-se nas matas do Araguaia, mais precisamente na região denominada de Bico do Papagaio. A escolha resultou de uma série de estudos por parte da direção do movimento, e deu-se sobretudo por dois motivos. Em 1º lugar, a avaliação era de que existiam na mata amazônica os elementos necessários para a prática de ações guerrilheiras. Em 2º lugar, a ausência do Estado e os conflitos próximo a mata fechada reuniam condições determinantes para o confronto com as Forças Armadas, pois a mata dificultaria o uso de armamento pesado como aviões e helicópteros, por exemplo. Estes corpos bélicos seriam usados com mais frequência apenas no meio de transporte, ficando sua utilização militar limitada. A floresta amazônica era considerada importante no que diz respeito ao fornecimento de caças e alimentos nativos que garantiriam a subsistência alimentícia dos guerrilheiros, além de significar um entrave para os ataques dos Exército, já que os militares não dispunham de grandes conhecimentos para os deslocamentos na mata fechada (BRAGA; FONTELES, 2011, p. 18-19).

Um dos nomes mais conhecidos e que teve grande perseguição no episódio da guerrilha do Araguaia foi o de Osvaldão. Tido pelos moradores da região onde se deu a maior parte da atuação dos conflitos, era uma pessoa muito boa e carismática. Ajudava sempre os agricultores e colonos que viviam em um abandono por parte das autoridades. Era chamado de Osvaldão devido ao seu porte físico. Foi perseguido e morto pelos soldados do Exército.

Assim como Osvaldão, muitos jovens tiveram o mesmo destino no caso da guerrilha do Araguaia. Antes desse caso, já existiam histórias que vinculavam a perseguições, prisões, torturas e mortes em relação aos casos contrários dos militares. No estado do Pará, no início do golpe em 1964, foi preso o presidente das Ligas Camponesas do Pará. Benedito era morador de Bragança e tinha uma participação nos movimentos ativistas desde 1950. Quando foi preso no começo de abril de 1984, em Castanhal, foi torturado ficando sem receber visitas. Dias depois, o quadro de saúde evoluiu sendo levado para o hospital da Marinha em Belém, vindo a óbito.

No Dossiê *Ditadura: mortos e desaparecidos políticos no Brasil (1964-1985)*, os organizadores, assim, mencionam a "bondade" presente no guerrilheiro. Veremos no trecho a seguir essas descrições:

> Por sua militância política, foi obrigado a viver na clandestinidade logo depois do golpe de Estado de 1964. Foi dos primeiros a chegar à região próxima ao rio Araguaia, por volta de 1966. Passou a viver na mata como garimpeiro e "mariscador". (Caçador). Conhecia muito bem a área da guerrilha e as terras em volta. Em 1969, fixou sua residência em uma posse que adquiriu às margens do rio Gameleira, onde mais tarde outros companheiros se juntaram a ele. Era muito querido e respeitado tanto pela população como pelos guerrilheiros. Contam-se a seu respeito inúmeras histórias como a de que, estando de passagem em casa de uma família camponesa, encontrou a mulher desesperada porque não tinha dinheiro para comprar comida para seus filhos. Era uma casa pobre. Osvaldo perguntou-lhe se queria vender o cachorro. A mulher sem alternativa, disse que sim. Tanto ela como Osvaldo sabiam o que significava a perda do cão: mais fome, pois na região, sem cachorro e arma, é difícil conseguir caça. Osvaldão pagou-lhe o preço do cão e, a seguir, disse-lhe: guarde-o para mim que eu não poderei levá-lo para casa agora (DOSSIÊ DITADURA, 2009, p. 572).

Segundo depoimentos de moradores da região, ele foi morto em abril de 1974, nos dias próximos à Semana Santa, perto da localidade de São Domingos do Araguaia (PA). Foi ferido com um tiro de espingarda 22 na barriga, disparado por Arlindo Piauí, um ex-guia que colabora com o exército por dinheiro. Em seguida, Osvaldo foi fuzilado pelos militares. Seu corpo foi dependurado por cordas em um helicóptero que o levou de Sarnazal.

E assim, o regime militar instalado no Brasil foi praticando atos de repressão contra os que não eram favoráveis a eles.

Trabalhadores assassinados

Este capítulo discute a história de um homem que viveu a experiência da luta do campo em fins do regime militar. Apesar dos últimos anos, a perseguição ter diminuído pelos militares, rastros do que construíram, principalmente na Amazônia, ficaram e transcorreram por décadas. A Amazônia nunca mais foi a mesma depois que os militares assumiram o poder. O modelo de desenvolvimento pensado para essa região trouxe graves consequências, principalmente para os que viviam há décadas nessas terras.

Pensada como o novo "Eldorado", a Amazônia recebeu a alcunha de um espaço vazio, sendo incentivada a vinda de "homens sem-terra" para um espaço de "terra sem homens". Foi o que bastou para que milhares de pessoas se aventurassem para essa parte do Brasil, principalmente para o estado paraense, mais precisamente para o sul e sudeste do Pará como nos mostra Airton Pereira (2015) no seu livro *Do posseiro ao sem-terra: a luta pela terra no sul e sudeste do Pará*.

Segundo o autor, nessas regiões, os conflitos se deram de forma tensas, uma vez que o espaço foi cenário da chegada de grande leva de migrantes que foram ocupando terras de maneiras mais variadas, com apoio do Estado e omissão desse mesmo Estado. Presença constante da pistolagem, que fez com que os números de assassinatos crescessem vertiginosamente na década de 1980. Desse "fenômeno" surgiu a figura de Sebastião da Teresona, apresentada pelo autor como uma das figuras mais temerosas na região de Marabá. No entanto, os conflitos nessas regiões causaram expulsão de índios, quilombolas e muitas outras populações tradicionais.

Mas não foi só nessa região que ficaram os conflitos iniciais. Em outras partes, como do nordeste paraense, também muitos outros conflitos se deram, culminando com expulsões, prisões e mortes, principalmente das lideranças que foram se construindo ao longo dos anos. O caso aqui apresentado se dará no município de Moju, localizado na região oeste do Pará. A figura de Virgílio Serrão Sacramento, pai de onze filhos, trabalhador rural, tornou-se então presidente do Sindicato dos Trabalhadores Rurais de Moju em 1983.

Antes do líder sindical Virgílio Serrão Sacramento ser morto em Moju, no dia 05 de abril de 1987, uma lista extensa de outras lideranças já constavam como vítimas das arbitrariedades cometidas no campo paraense. Vários desses homens e mulheres, mortos pelo latifúndio, tiveram suas histórias de vida retratadas por alguns pesquisadores. Um dos casos com maior repercussão se deu com o candidato a presidente do Sindicato dos Trabalhadores Rurais de Conceição do Araguaia, Raimundo Ferreira Lima, no dia 30 de maio de 1980.

Conhecido por Gringo, Raimundo Ferreira Lima era casado com Maria Oneide e tinham seis filhos. Quatro homens e duas mulheres. Em 2020, em tese de doutorado intitulada "É muito triste não conhecer o pai: a memória da violência e os familiares de 'Gringo', Benezinho e Paulo Fonteles", discorri sobre parte da história da vida e de sua morte, mencionando, sobretudo, que as causas estavam evidenciadas por sua luta e atuação em defesa dos trabalhadores rurais de sua região.

Outra liderança assassinada no dia 04 de julho de 1984 em Tomé-Açú foi Benedito Alves Bandeira, mais conhecido por "Benezinho". Também descrevi sua história na tese de doutorado. Benezinho era casado com Maria e tinha sete filhos. Sua morte, retratada no trabalho do pesquisador, se deu em decorrência de uma luta travada contra o fazendeiro do Espírito Santo conhecido por Acrino Breda, que queria se apossar de uma área de terra onde havia 70 famílias morando.

O líder sindical fez a defesa e os trabalhadores rurais ficaram com a área deixando o então "capixaba" "furioso". De sua derrota, contratou então três pistoleiros que fizeram o serviço da execução no dia já mencionado, por volta de uma hora da tarde. Depois do crime, os três fugiram, mas foram presos pela polícia no porto da balsa de São Domingos do Capim. Levados para a delegacia do município tomesuense, os três foram chacinados pela população revoltada com o brutal crime.

Ainda na tese de doutorado, trouxe um terceiro personagem, não diferente dos dois mencionados. Também foi morto por pistoleiros em Ananindeua, região metropolitana de Belém. Tratava-se de Paulo Fonteles, ex-deputado estadual pelo MDB e que havia concorrido a uma vaga de deputado federal pelo PCdoB no ano de 1986.

Paulo Fonteles havia sido preso em Brasília em 1971 junto com Hercilda Veiga, que seria sua primeira esposa. Levados para o Rio de Janeiro, foram torturados, retornando para Brasília com mais sessões de espancamentos. Cumpriu o resto da pena em Belém. Já em fins de 1979, foi para o sul do Pará ser o "advogado do mato" como ficou conhecido por defender sem-terra, colonos e trabalhadores rurais. Ainda teve dois relacionamentos, um segundo com Sandra Zaire e quando de sua morte era casado com Raquel Fonteles. Ao todo, resultado dos relacionamentos, foram cinco filhos.

Caso emblemático sobre a violência contra lideranças de trabalhadores ocorreu em Rio Maria em 1985. Descrito por Carlos Cartaxo (1999) em sua obra *A família Canuto e a luta camponesa na Amazônia*, uma literatura trágica nos mostra a história João Canuto, presidente do Sindicato dos Trabalhadores Rurais desse município e que foi morto a mando de fazendeiros da região. Na ocasião de sua morte, tinha seis filhos.

A história de João Canuto não cessou com sua morte. Anos depois, três filhos foram emboscados por pistoleiros. Infelizmente dois foram mortos, tendo escapado o terceiro, Orlando Canuto, ficando com sequelas por conta das balas que levou no atentado. O caso de Rio Maria é emblemático pelas disputas pela terra, que em 1991 outro presidente do Sindicato dos Trabalhadores Rurais foi morto, Expedito Ribeiro, mais uma vez assassinado pelo latifúndio.

A história de Virgílio não se diferencia dos casos já mencionados. Ela torna-se um símbolo de luta e resistência junto aos projetos dos governos militares que haviam se instalado nesse município nos fins da década de 1970. Sua atuação não foi contra os militares, mais sim contra os grileiros e latifundiários que haviam chegado nas terras mojuense e a todo custo tentavam retirar trabalhadores rurais com histórias. Foi quase uma década de participação como liderança, até que sua vida foi interrompida em 1987, quando foi atropelado de maneira proposital por um caminhão madeireiro.

Tenho escrito, de forma incansável, diversos trabalhos sobre meu pai, o líder sindical mojuense. Desde a graduação, procuro enveredar pelo caminho da pesquisa sobre os principais acontecimentos que se deram em Moju, quando da chegada de diversos projetos agroindustriais, como dendê, coco, látex, indústria madeireira, criação de gado, entre outros. Foi nesse período que também chegou no município Virgílio Serrão Sacramento e sua esposa, Maria do Livramento, com seis filhos.

No trabalho de conclusão de curso, com o tema *Os conflitos pela posse da terra em Moju na década de 1980: breve resumo da história social da luta pela terra*, procurei apontar os primeiros indícios de como se deu o imbróglio na disputa entre trabalhadores rurais e proprietários de vários projetos agroindustriais que ali chegaram.

Ao ingressar no mestrado, procuro ampliar o estudo sobre a violência nas terras. O resultado, defendido em 2007, deu origem ao livro intitulado *As almas da terra: a violência no campo mojuense*, no qual se mostra uma "cronologia" dos principais acontecimentos que se deram a partir da chegada dos empreendimentos, culminando com expulsões de famílias, mortes de colonos, pistoleiros, políticos, até chegar na liderança que era Virgílio Serrão Sacramento.

Sobre o caso desta liderança, em 2017, escrevi um artigo intitulado *A história e memória de um sindicalista na Amazônia: Virgílio Serrão Sacramento* publicado no livro *Culturas e dinâmicas sociais na Amazônia Oriental brasileira*. Nesse artigo, é mostrada a história do sindicalista desde sua infância no interior do município de Limoeiro do Ajuru, vindo de família de extrativista, passando por Tomé-Açú na década de 1970 trabalhando com a pimenta-do-reino até sua chegada em Moju, onde se tornou a liderança dos trabalhadores rurais até sua morte no dia 05 de abril de 1987, ocasião que deixou onze filhos.

Na maior parte dos trabalhos publicados, procuro retratar a história do sindicalista morto em Moju. No entanto, nesse trabalho aqui, foram as celebrações no dia de sua morte, discursos, músicas e poesia. Grande parte delas escritas como homenagem para aquele que morreu por uma causa: a luta em defesa dos trabalhadores rurais, posseiros, lavradores. Escritas em vários momentos, sobretudo nas celebrações da passagem de sua morte.

Breve resumo da história de Virgílio

Virgílio Serrão Sacramento foi o nome de batismo dado por seus pais, Ana Serrão Sacramento e Virgílio Sacramento Filho. No interior onde nasceu, lhe chamavam de "Bigico". A história começa no interior de Limoeiro do Ajuru, na localidade do rio Turuçú, região pertencente ao baixo Tocantins. Quando Virgílio nasceu, em 1942, ali pertencia ao município de Cametá.

Virgílio começou cedo a trabalhar com seus pais no extrativismo. No período de infância, estudou até a quarta série. Se quisesse continuar os estudos, precisaria ir pra Cametá ou Belém e os pais não tinham condições. Então restou ao filho o trabalho na extração da seringa, a coleta do muru-muru, a pesca, e o açaí, que era retirado para o consumo alimentar. Não existia nada que fizesse com que algum tipo de dinheiro circulasse na região vários rios que ficavam em frente à grande baía com uma bela paisagem, lugar que tiravam para o lazer no final de semana.

Na metade dos anos de 1960, alguns jovens ficaram sabendo da atividade econômica da pimenta nas terras japonesas que ficavam localizadas em Tomé-Açú, região nordeste paraense e que precisam de três dias de viagem para chegar até lá. Virgílio foi um dos que se animou e, reunido com mais outros amigos, foram ver de perto o que se comentava. Passaram a temporada da coleta da pimenta, período que durava uma média de dois meses, retornaram para o lugar de origem contando as "maravilhas". No ano seguinte, retornou com os pais e vários irmãos, que também se encantaram.

No retorno mais uma vez, Virgílio casou e dessa vez, além de seus pais terem ido para as terras tomesuesnses, ele foi independente, junto com sua esposa e seu filho menor, Dorival. Trabalhou "catando" a pimenta, como se dizia na época. Mais uma vez passada a safra, os trabalhadores voltavam para seus lugares de origem. Virgílio foi para a região do baixo Amazonas trabalhar na extração da juta. Não deu certo, retornou para a colônia japonesa no Pará.

Agora com mais uma filha, Dinalva, além de Dorival. Com sua esposa trabalharam nas terras dos japoneses, com a extração da pimenta, cuidando da limpeza dos pimentais, cortando mais "estaca" para novas plantações. Deu duro e aos poucos foi se firmando. O trabalho deu resultado. Em 1976, Virgílio já tinha sua própria terra, um trator e mais três filhos além dos mais velhos, Edna, Sandra e Elias. As coisas estavam indo bem até que em 1977 as pimenteiras sofreram um ataque de uma doença que devastou as plantações.

As de Virgílio foram atingidas e desgostoso resolveu vender suas terras e procurou outra, que encontrou no município de Moju. Chegaram em fins de 1977 na vila do Sucuriju, onde compraram um terreno medindo 250 metros de frente por mil metros de fundo. As terras eram uma parte sua e outra parte de seus irmãos e seus pais. Na ocasião da chegada de Virgílio, sua esposa veio grávida do filho João, que nasceu em dezembro daquele ano.

Ali Virgílio voltou ao trabalho pesado, retornando para a atividade da pimenta-do-reino. Aos poucos foi melhorando sua condição e dando uma vida estável aos seus familiares. É em Moju que começa a participar da comunidade, primeiro participando das celebrações aos domingos. Descobriu que havia o sindicato dos trabalhadores rurais e se sindicalizou. Conheceu o padre recém-chegado da Itália, Sérgio Tonetto, e se tornaram grandes amigos.

Ambos foram vendo a chegada de diversos projetos agroindustriais se instalando no município Mojuense, em diversas regiões como do Alto Moju, Baixo Moju, Jambuaçú. Eram projetos dos mais diversos como de fazendas de criação de gado, indústrias madeireiras, plantação de coco, de dendê. Tais projetos eram incentivados pelos governos militares e o município mojuense fez parte deste processo de escolha por conta de sua localização geográfica e de suas terras.

De repente, o município de Moju estava com seu mapa completamente modificado. E os conflitos pela terra não demoraram para ocorrer. Virgílio, que já era sócio do sindicato dos trabalhadores rurais, esperava que sua entidade representativa fosse defender aqueles que tiveram suas terras tomadas pelas agroindústrias que iam se instalando. Mas o STR nada fazia. Incomodado com essa situação, Virgílio reuniu um grupo de trabalhadores rurais e formou um grupo para tentar ajudar os que pediam socorro.

E assim nasceu a famosa "Oposição sindical". Em 1983, formaram uma chapa para as eleições sindicais, chamada de "Chapa 2" ou "Oposição Sindical", depois de grandes tribulações no processo eleitoral, sagrou-se vitoriosa, tendo tido o apoio da igreja católica com o padre Sérgio Tonetto e das irmãs missionárias, contribuindo de forma significativa para a grande conquista. Virgílio foi escolhido como presidente.

Em um trabalho de conclusão de curso defendido por Sérgio Tonetto (2007) em março de 2007, este apresentou o tema "Poderão matar as flores, mas não a primavera: a construção de Benezinho e Virgílio como símbolos de luta pela terra no imaginário social". Sérgio Tonetto era italiano e veio como padre da ordem dos Xaverianos. Chegou em Moju em fins de 1977, no mesmo tempo que a família de Virgílio chegava de Tomé-Açú.

Sérgio Tonetto foi amigo e companheiro de lutas do líder sindical Virgílio. Os dois levaram para as comunidades mojuense a experiência da Teologia da Libertação. Formaram Delegacias Sindicais que foram de fundamental importância para a conquista do STR em 1983. No seu trabalho acadêmico, Sérgio Tonetto procura mostrar a figura simbólica que se transformou, tanto o líder de Moju quanto o de Tomé-Açu. Virgílio e Benezinho se tornaram "mártires" da luta pela terra nesses dois municípios. Por isso, as duas romarias da terra foram realizadas em Moju, três meses depois da morte de Virgílio e em Tomé-Açu e depois nos dez anos da morte do líder sindical tomesuense.

Homenagens, cantos e poemas

Morto no dia 05 de abril de 1987, quando o autor deste capítulo tinha onze anos de idade, prestes a completar doze no dia 17 de abril. A morte de Virgílio foi um duro golpe para os movimentos sociais de Moju e da região. No entanto, mais difícil foi para a família. Virgílio deixou sua esposa Maria do Livramento viúva com onze filhos órfãos. A situação ficou difícil sem o pai. Em 2021, no artigo publicado com o título *Infância e conflitos agrários na Amazônia: memória de um filho de uma liderança sindical assassinada em Moju/PA na década de 1980* para o livro *História social da infância na Amazônia*, procuro retratar dois momentos distintos da infância, o primeiro com a presença do meu pai e a outra parte sem o genitor.

Memória rica na primeira parte, relembro uma infância pelo interior de Moju, com as "traquinagens". "balando passarinhos", colhendo frutos silvestres, tomando banho nos igarapés, ajudando nos trabalhos da agricultura, na roça, nos pimentais, cafezal, fazendo as tarefas dos estudos da escola da comunidade. A outra memória, mais difícil, sobretudo pela perda do pai. Dias de tristeza, sem saber direito o que fazer. Depois, tive que me tornar um vendedor "prematuro" ainda na infância, pela feira do município. Vendedor de *chopp*, laranja pelas esquinas da praça, café em pó, enfim, tendo que se reinventar.

A dor da perda do pai foi grande. No entanto, ver e saber que faziam homenagens para o líder sindical Virgílio Serrão Sacramento era um alento. Foi assim, por exemplo, quando completou três meses de sua morte e foi então realizada a Primeira Romaria da Terra na região conhecida como Guajarina. Ela ocorreu no dia 25 de julho de 1987, Dia do Trabalhador Rural. Não tenho registros dos discursos, poemas ou músicas desse momento, mas tenho o registro feito pelo jornal *O Liberal* do dia 23 de julho, apresentado no livro *As almas da terra: a violência no campo mojuense*, de 2012, como podemos ver a seguir:

> Diversas manifestações estão programadas para o dia 25 de julho, dia do lavrador. Em quase todos os municípios serão realizados atos públicos e

outras manifestações contra a violência no campo pela Reforma Agrária. Em Moju, o Sindicato dos Trabalhadores, a Comissão Pastoral da Terra e as Comunidades Eclesiais de Base vão promover a Primeira Romaria da Terra, que objetiva pedir justiça. Uma cruz será erguida no km 8 da PA – 150, onde foi morto o ex-presidente do STR, Vergílio Serrão Sacramento, vítima de um acidente até hoje não esclarecido (SACRAMENTO, 2007, p. 262-263).

No entanto, outras homenagens foram acontecendo ao longo dos anos seguintes. Edna do Socorro Diniz Sacramento (2000), a terceira filha de Virgílio, ao concluir seu curso de Sociologia pelo Campus Universitário de Abaetetuba da Universidade Federal do Pará, apresentou como Trabalho de Conclusão uma biografia do líder sindical e seu pai. Com o tema *A luta pela terra em Moju: a história do sindicalista Virgílio Serrão Sacramento*, Edna procurou mostrar de forma breve a história de vida e a atuação do líder sindical, com depoimentos de pessoas que conviveram com ele, desde seu lugar de origem até a luta que viveu com os trabalhadores rurais.

Dessa filha e autora, temos um trecho emocionado sobre o fato de escrever um trabalho acadêmico sobre uma pessoa próxima – nesse caso, o pai – assassinada:

> Devo admitir que escrever a história sindical de Virgílio não foi tarefa fácil como tinha pensado, pelo fato de ser sua filha. A sua atuação compreendeu momentos que em sua maioria foram vividos junto aos trabalhadores, não só da categoria que representava, mas dos assalariados rurais e funcionários da educação, categorias que ganharam admiração e colaboração. Não quero dizer com isso que sua família esteve alheia à sua história, mesmo porque o sindicalista fazia questão de compartilhar dela com a esposa e os filhos. O que na verdade ocorria é que para se dedicar exclusivamente ao movimento sindical, Virgílio teve que deixar a responsabilidade do trabalho de sua terra com a família, o que de certa forma os tolhiam de uma participação mais intensa nas atividades dos movimentos sociais do período. A dificuldade que me refiro acima, deve-se ao pouco tempo que tive de conversar com os trabalhadores que acompanharam o trabalho do meu pai. E como nesse período não havia a preocupação de registrar momentos, as referências que encontrei consistem em reportagens de jornais, publicações em periódicos,

além dos úteis dossiês elaborados pela CPT, Paróquia e STR de Moju (SACRAMENTO, 2000, p. 51).

Além dessa homenagem com o trabalho desenvolvido pela autora do trabalho, é nesse estudo que Edna Sacramento apresenta alguns poemas escritos para homenagear Virgílio em algumas ocasiões, como nos dez anos de sua morte, em uma vigília em frente à igreja matriz do Divino Espírito Santo, em Moju. Edna é autora de um dos poemas, vejamos a seguir.

SAUDADES DE TI

Quanta saudade de ti, tua luta pela terra
Pela partilha do pão
Acreditando em um mundo liberto, um mundo de igualdade.
Saudade da tua voz, as vezes mansa e serena
Quando entoava canções, aspirando um dia
Justiça ao camponês e ao operário;
Outras vezes tempestuosa, não se calando ante a fúria
Do poder do latifúndio, impiedoso e cruel.
Saudade ao lembrar teu riso
Quando junto contávamos piadas e anedotas
Riso que me contagiava, e me enchia de ternura
Ao vê-lo feliz.
Saudade ao relembrar tua caminhada
Tua doação, teimando sempre
Insistindo e persistindo
Sem receios, vencendo o medo
A barreira da morte.
Hoje não são apenas tempos idos
10 anos se passaram
Não passaram porém teus ideais
Ideais que almejaram um eldorado
Sem cruzes nos alto das ladeiras e nas curvas das estradas
Esse dia chegará! Saudades de ti!

Autoria: Edna Diniz (Homenagem a Virgílio no 10º aniversário de seu assassinato – 04.04.97).

Como podemos ver no poema, a autora demonstra através das palavras o sentimento expresso em sua alma. A saudade contada dessa maneira mostra uma indignação e ao mesmo tempo o amor que o tempo não apagou. Um amor de filha pelo pai. No mesmo evento, outro poema também foi apresentado, dessa vez pelo mojuense Herivelto Lima, jovem amigo da família, que depois viria a transformar os versos em letra de música:

CELEBRANDO A MEMÓRIA

Um canto pra Virgílio
Um canto eu vou cantar
Virgílio, tu és memória
A força e vida da paz.
Vivendo e não esquecendo
Que um dia tu foste forte
Pessoa corajosa que
Resistiu até a morte
Lutou numa maneira justa
Por causa da vida e do pão.
A opressão que fere
A opressão que mata
A ganância e a cobiça
Que cada vez massacra.
Hoje nós te saudamos
Com flores nesta vigília
Com chave que
Sonhaste libertar

A ganância e a cobiça
Que cada vez massacra.
Hoje nós te saudamos
Com flores nesta vigília
Com chave que
Sonhaste libertar
O povo um dia
Queremos te lembrar sempre
Apenas faz dez anos
Que tu deixaste saudade
Pro povo que conquistaste.

Autoria: Herivelto Lima (Homenagem aos dez anos da morte de Virgílio)

Embora o poema tenha se transformado em letra de música, nos mostra a intenção do autor ao fazer a homenagem para o líder sindical Virgílio Serrão Sacramento. Herivelto Lima desde cedo foi um autodidata. Aprendeu a tocar violão ainda criança e no decorrer da sua vida foi levando a música como algo importante. Não à toa, nos dez anos da morte de Virgílio, se esforçou e escreveu a letra poética, transformando logo em seguida em canção.

Em 1998, no décimo primeiro aniversário de sua morte, novas homenagens foram feitas para o líder sindical mojuense. O então deputado estadual pelo Partido dos Trabalhadores (PT), Miriquinho Batista, apresentou um projeto de lei na Assembleia Legislativa do Estado do Pará para que a rodovia PA-252, que começava no município de Abaetetuba, passando por Moju, chegando até o município de Acará, passasse a se chamar Rodovia PA-252 Virgílio Serrão Sacramento. O projeto foi aprovado.

Mais uma vez, sua filha Edna Sacramento anos traz uma poesia instigante, profunda, com misto de saudade e revolta:

AO VIRGÍLIO

Tomba um mártir!
Levanta a luta, como uma semente caída por terra
Para logo grelar, crescer, e dar muitos frutos.
Bendito é aquele que não se acovarda diante da morte
Diante das injustiças, rompendo todas as barreiras;
Barreira da corrupção, barreira da violência
Da desigualdade social, barreira do latifúndio
Pretexto mais forte para tua luta, meu pai!
Mas os grandes, os poderosos, decidiram com tua vida;
Apagaram o corpo, mas não os ideai, que continuam mais vivos do que nunca!
Malditos todos aqueles
Que pensam que as maneiras de vida de um povo
Malditos todos aqueles
Que pensam que as maneiras de vida de um povo
Dependem de suas decisões! São todos hipócritas, vermes!
A única coisa que sabem é fazer destruir.
Pai, continuo a ver teu rosto marcado pelo cansaço
Mas com uma vontade incrível de lutar, lutar e vencer
Continuas presente em cada um que acredita no teu exemplo
e acredita que no dia em que o trabalhador estiver unido e organizado
Ele chegará à vitória, e será o dia mais feliz:
Lembraremos de ti e de todos
Que se doaram a causa do irmão.
Benditos todos os revolucionários
Que tiveram no sangue a ânsia da liberdade
E no seu coração, o desejo de vitória!

Autoria: Edna Diniz (Homenagem a Virgílio no 11º aniversário de seu assassinato em 05.04.1998).

Rosa Paes Figueredo (2018), missionária e agente da Comissão Pastoral da Terra da região Guajarina, conheceu Virgílio no início dos anos de 1980. Atuando com a missionária Adelaide e padre Sérgio Tonetto, mantiveram uma amizade forte com o líder sindical. No dia da sua morte, Rosa, que fazia parte da equipe paroquial, organizou a celebração que ocorreria no dia 06 de abril. Velado na igreja durante toda a noite, a autora narra o momento no livro intitulado *Caminhos de vida, caminhos do reino: a trajetória de luta, fé e amorosa esperança de Pe. Sérgio Tonetto com os empobrecidos da terra e da água na região Guajarina*:

> Velamos o corpo de Virgílio a noite toda com orações, cantos e palavras de ordem. Criamos juntos, ali mesmo, uma frase que resumisse a vida e a luta do companheiro que tanto trabalhara pelas organizações dos pequenos, inclusive do Movimento de Mulheres, incompreensível e visto como desnecessário por vários companheiros: "Virgílio, nossa organização é fruto do que plantaste, obrigado! (FIGUEREDO, 2018, p. 106).

É de Rosa Figueredo a poesia que depois se transformaria em uma música em homenagem a Virgílio Serrão Sacramento pela ocasião do sétimo ano de sua morte:

CANÇÃO PARA VIRGÍLIO

Ouço passos na estrada
Da libertação.
São teus passos, Virgílio
E os de tanto irmãos
Que como tu enfrentaram a caminhada
E não olharam para trás
Como bagagem só a sede de justiça
O Evangelho e pra quê mais?
Chega de fazer silencio!
Da organização
Que com suor plantaste
E o teu sangue adubou
Virgílio, eu sei que vives
O amor te ressuscitou.
Chega de fazer silencio!
Chega de calar em vão!
Quando o poder e a injustiça
Esmagam a vida de um irmão.

Como bagagem só a sede de justiça
O Evangelho e pra quê mais?
Chega de fazer silencio!
Chega de calar em vão!
Quando o poder da injustiça
Esmagam a vida de um irmão.
Chega de fazer silencio!
Chega de calar em vão!
Se calarmos companheiros,
Até as pedras das estradas gritarão.
Vamos denunciar sem medo
Como Virgílio,
Gritando a libertação.
Libertação! Libertação!

Autoria: Freira Rosa Figueredo.

Como podemos observar, na letra, a inspiração de Rosa Paes Figueredo apresentada na canção não deixa dúvidas quanto à importância que teve o líder sindical para os movimentos sociais, sobretudo seu lado carismático e decidido a lutar em favor dos menos favorecidos na região de Moju.

A partir de 2006, a equipe da Comissão Pastoral da Terra formada pelo padre Sérgio Tonetto, as missionárias Rosa Figueredo e Adelaide passaram a ajudar a família de Virgílio a fazer memória do líder sindical em toda ocasião da passagem de sua morte, no dia 05 de abril. Infelizmente, em janeiro de 2007, Padre Sérgio faleceu na Itália, com problemas de saúde agravados por sua incansável luta na Amazônia, sobretudo na região Guajarina.

No entanto, foi nos trinta anos do martírio de Virgílio, em 2017, que várias homenagens foram prestadas ao líder sindical. Durante três dias foi realizada uma série de atividades, como: homenagem na câmara municipal de Moju, inauguração de um auditório no STR mojuense levando o nome do líder sindical, celebrações na igreja matriz e no seminário na comunidade Nossa Senhora da Conceição no rio Ubá.

Professores da Universidade Federal do Pará, bem como do Campus de Ananindeua, Francivaldo Alves Nunes, Paulo Bitencourt e Marcelo Vasconcelos, se fizeram presentes. Outros professores da mesma universidade, do Campus de Belém, como Valério Gomes e Gutemberg Guerra, estiveram lá com grupos de alunos de cursos de Agronomia e turma do mestrado em Agriculturas Familiares. Mais uma vez foram entoados cantos e poesias em vários momentos. Gutemberg apresentou um poema em homenagem a Virgílio, que transcrevo a seguir.

POEMA PARA VIRGÍLIO

O centro da cena é sangue.
O centro da cena é moto.
Caminhão, homem, morte.
O centro da cena é agenda.
É peixe, é sindicato, é família.
O centro da cena é vida, é luta.
A cor do centro é vermelho.
E o verde assiste o massacre.
Do freio no asfalto.
Do baque do caminhão na moto.
Os roncos interrompidos.

E o último suspiro.
O começo da dor.
Da viúva, dos órfãos,
Dos companheiros.
Terra, farinha, feijão.
Cana-garapa, arroz.
Quiabo, maxixe.
Terra dendê.
Trator, cerca.
Terra enxada, chapéu,
Semente.
Terra dinheiro.

Terra vida.
Terra cova.
Terra capital.
Trabalho, suor.
Lágrima, pão, fome.
Guerra, paz.
Descanso, Repouso.
Abrigo.

Autor: Gutemberg Guerra.

Concluindo

Ao concluir este capítulo, mais uma vez vejo a necessidade de se escrever mais sobre a Amazônia, sobretudo a partir da chegada dos militares ao poder, que, como vimos no início do texto, nos diz Daniel Aarão Reis: deram um golpe em 1964 com o apoio da sociedade civil.

Para mim, independentemente da participação civil, empresários, setores religiosos conservadores ou todos aqueles que levaram o Brasil a este resultado trágico, que permitiram que o país ficasse por mais de vinte e um anos com governantes "mãos de ferro", cometendo violações de direitos humanos, foi catastrófico, uma vez que povos indígenas e populações tradicionais perderam muito dos seus direitos e grande parte a vida.

A sensação que temos ainda hoje é de que o projeto dos militares, com o discurso de integração da Amazônia ao restante do Brasil, trazendo "progresso e desenvolvimento" com abertura de estradas, criação de núcleos urbanos no meio da floresta, foi muito ruim para essas populações. Populações, por exemplo, da região onde se construiu a hidrelétrica de Tucuruí, que tiveram que ser remanejadas para outros espaços. Em algumas dessas localidades, ficou apenas a "caixa d'água" submersa ou a torre da igreja em outra localidade.

No entanto, como procurei mostrar neste texto, foi a violação dos direitos humanos e a violência contra lideranças de trabalhadores alguns dos fatores que mais se desencadearam no campo amazônico por conta do projeto pensado pelos militares. Embora diga-se que não há prova de que nenhum agente de defesa dos pobres do campo tenha sido morto por uma arma militar, não há dúvidas de que o que se praticou foi com o incentivo de pessoas de toda espécie que vieram para a região.

Assim, ao destacar aqui alguns casos desses homens que foram mortos por se colocarem de um lado, dos pobres do campo, trabalhadores rurais, lavradores, posseiros, povos indígenas, do outro lado, fazendeiros, latifundiários, grileiros de terras, que se constituíram em grande parte apoiados pelos órgãos do Estado, praticaram os atos mais danosos contra essas pessoas.

Entendo que é preciso sempre poder jogar luz à tona desses casos, que é papel da história e da historiografia dar voz a esses personagens que tiveram suas vidas ceifadas. Essas pessoas não foram "pobres" vítimas, mas foram vítimas de um processo de um capitalismo que transformou a Amazônia. As vítimas do agronegócio que desencadeou na Amazônia pós-64 foram personagens importantes, por isso são lembrados. Por isso devem ser mais lembrados no mundo da academia. Suas lutas não foram só pela manutenção da terra para seus companheiros, mas também foram lutas por uma melhor qualidade de vida para todos. Por mais saúde, mais educação.

Grandes partes desses sonhos se percebem atualmente, com uma Amazônia com suas chagas referentes a essas lembranças. Mas também se percebe que muitos filhos desses trabalhadores conseguiram ter acesso ao ensino superior, que as universidades se multiplicaram pelos rincões amazônicos. Que a energia que era concedida para famílias com maior aquisição hoje chega para muitas famílias espalhadas por essa imensa floresta.

Falar dessas pessoas sem não falar sobre Virgílio Serrão Sacramento, meu pai, é muito difícil. Sempre tenho o maior prazer do mundo quando menciono seu nome. É triste lembrar e saber de sua ausência, mas ao mesmo tempo é um motivo de orgulho saber que meu pai foi uma pessoa importante na história da luta pela terra na Amazônia e de um município especificamente, Moju.

Ouvir as pessoas em diversas localidades falarem que meu pai foi um grande homem, apesar de sua estatura ser de aproximadamente um metro e sessenta, é uma felicidade imensa. É claro que queria muito que meu pai não tivesse partido quando eu tinha somente doze anos de idade e quando meus irmãos menores nem o conheciam de fato. Mas todos nós temos um orgulho muito grande dele, sobretudo porque vindo da comunidade, meu pai entendeu o significado do cristão raiz, aquele pregado pela teologia da libertação, de amar o próximo de verdade como amar a si mesmo.

Meu pai fez isso, pregou e praticou, como os outros que morreram tiveram suas vidas interrompidas pela ganância do latifúndio. Ouvi algumas pessoas falarem em Moju que meu pai não precisava se meter na luta, que ele tinha sua terra, seu trator, uma família que era a base de trabalho e poderia viver muito bem. Mas ele não pensou assim, viu a situação ficando difícil no campo mojuense e tomou partido. Fez os enfrentamentos. Foi morto sabendo que isso podia acontecer e não desistiu da luta. Por isso minha eterna admiração por ele, como filho, mas também como um historiador que acredita que esses são os heróis de verdade de nossa gente.

Saber que a partir da morte de pessoas como Virgílio Serrão Sacramento existe um reconhecimento, convertido em homenagens, como cantos e poesias, é gratificante. Assim como é gratificante saber que uma pessoa como ele, que mal teve um estudo primário, se tornou uma grande pessoa, que viajou o Brasil, o Pará e, sobretudo, as localidades de Moju nos anos de 1980, participando de encontros, congressos, foi eleito representante das categorias dos trabalhadores rurais, como Central Única dos Trabalhadores, Federação dos Trabalhadores na Agricultura do Estado do Pará, Sindicato dos Trabalhadores Rurais, Partido dos Trabalhadores e Agente da Comissão Pastoral da Terra, é motivo de muita felicidade. E assim, só posso terminar este capítulo dizendo: "obrigado, meu velho pai".

Assim, este estudo não esgota a história dos lutadores da Amazônia. Ainda há muito a se pesquisar e a se inscrever. Há muitos casos considerados emblemáticos que estão com farta documentação em arquivos que precisam ser analisados para se ter uma clareza melhor. No entanto, é preciso que haja pesquisadores interessados em ajudar a trazer à tona essas demandas. Infelizmente, há sempre novos casos de violência acontecendo nessa imensa Amazônia.

É fato que tão cedo não cesse essa violência, uma vez que a herança do projeto dos militares se faz presente na sociedade. Embora se diga que muito se avançou em termos de desenvolvimento, os retrocessos também se tornam visíveis. Por outro lado, é muito importante perceber que também "sementes" de idealizadores se fazem presentes nesses solos. Acreditamos muito que um dia a gente tenha apenas que procurar escrever as histórias dos que morreram lutando por uma causa justa, em defesa dos trabalhadores rurais. Que em breve a gente não tenha mais que contar que outros casos posteriores ocorreram.

Como diz o final da canção escrita por Rosa Figueredo, também nós podemos fazer nossa parte, seguindo o modelo, um exemplo, "Vamos denunciar sem medo, como Virgílio, Gritando a libertação. Libertação! Libertação!".

Imagem I: Cartaz para divulgação dos 30 anos da morte Virgílio Serrão Sacramento

Fonte: Arquivo pessoal do autor.

Bibliografia

CARTAXO, Carlos. *A família Canuto e a luta camponesa na Amazônia*. Belém: EDUFPA, 1999.

BRAGA, Laércio; FONTELES, Pedro. *Guerrilha do Araguaia:* luta e a apropriação da massa campesina (1972-1975). Belém: Cromos, 2011.

DOSSIÊ DITADURA. *Mortos e desaparecidos políticos no Brasil (1964-1985)*. São Paulo: Imprensa oficial, 2009.

FIGUEREDO, Rosa Paes. *Caminhos de vida, caminhos do reino*: a trajetória de luta, fé e amorosa esperança de padre Sérgio Tonetto com os empobrecidos da terra e da água na região Guajarina. Belém: Graphite, 2018.

LACEDA, Franciane Gama; PESSOA, Alba Barbosa. *História social da infância na Amazônia*. São Paulo: Livraria da Física, 2021.

PEREIRA, Airton dos Reis. *Do posseiro ao sem-terra:* a luta pela terra no sul e sudeste do Pará. Recife: Editora UFPE, 2015.

REIS, Daniel Aarão. *Ditadura e democracia no Brasil*: do golpe de 1964 à Constituição de 1988. Rio de Janeiro: Zahar, 2014.

SACRAMENTO, Elias Diniz. *Os conflitos pela terra em Moju na década de 1980:* breve resumo da história social da luta pela terra. Tailândia: UFPA, 2003.

SACRAMENTO, Elias Diniz. *As almas da terra*: a violência no campo mojuense. Belém: Editora Açaí, 2012.

SACRAMENTO, Elias Diniz. É muito triste não conhecer o pai: a herança da violência e os familiares de "Gringo", "Benezinho" e Paulo Fonteles. Tese de Doutorado. Belém: PPHIST/UFPA, 2020.

SACRAMENTO, Elias Diniz. Infância e conflitos agrários na Amazônia: memória de um filho de uma liderança sindical assassinada em Moju/PA na década de 1980. In: SACRAMENTO, Edna do Socorro Diniz. *A luta pela terra em Moju*: a história do sindicalista Virgílio Serrão Sacramento. Belém: UFPA, 2000.

TONETTO, Sérgio. *Poderão matar as flores, mas não a primavera*: o legado de Virgílio e Benezinho como símbolos da luta pela terra no imaginário social do campesinato da região Guajarina. São Luís: Universidade Politécnica Salesiana, 2007.

CAPÍTULO 8

QUINTINO LIRA E O CONFLITO AGRÁRIO NO NORDESTE PARAENSE: OS PROBLEMAS SOCIOECONÔMICOS NAS COMUNIDADES TRADICIONAIS DA REGIÃO DO GUAMÁ, ANOS 1980

Juliana Patrizia Saldanha de Sousa

Introdução

Atualmente, o território na Amazônia Brasileira, sobretudo as comunidades tradicionais, está envolvido em um ordenamento social que marca a região Norte do Brasil. No contexto que envolve a formação das comunidades tradicionais amazônicas, destacam-se os atores sociais em grupos constituídos como povos da floresta, dentre eles estão as comunidades indígenas, os caboclos, quilombolas, pescadores, ribeirinhos, assentados, assim como, pequenos agricultores.

Nesse sentido, esses distintos atores sociais que se constituíram nesse espaço dinâmico abrigam identidades culturais variadas, fruto da complexidade das relações sociais presentes na mistura de elementos introduzidos pelos índios, colonizadores, por africanos e, mais recentemente, imigrantes vindos de diferentes regiões do país (HAGE, 2015).

No artigo *Quem é a Amazônia Legal?*[92], é apresentada a definição de povos tradicionais baseados nos estudos de Almeida (2004). Segundo o texto,

> Os povos e comunidades tradicionais são unidades de mobilização nas quais a territorialidade funciona como fator de identificação, defesa e força: laços solidários e de ajuda mútua informam um conjunto de regras firmadas sobre uma base física considerada comum, essencial e inalienável. São situações nas quais o controle dos recursos básicos não é exercido individualmente por um determinado grupo doméstico ou por um de seus membros. Estas mobilizações apoiam-se também no repertório de saberes específicos próprios das realidades localizadas.

Porém, mesmo com toda essa diversidade cultural, a Amazônia foi considerada uma região primitiva. Loureiro (2021), tratando sobre desenvolvimento e cultura, afirma que desde os primeiros colonizadores a região norte do país vem sofrendo com tentativas de alterar a realidade cultural desse povo. Nesse sentido, a autora explica que

> Dos conquistadores do século passado, aos governantes, políticos e planejadores dos dias atuais, a história da Amazônia tem sido o penoso registro de um enorme esforço para modificar aquela realidade original. Trata-se de uma tentativa de domesticar o homem e a natureza da região, moldando-os à visão e à expectativa de exploração e de lucro do homem de fora, estrangeiros no passado, brasileiros e estrangeiros no presente (LOUREIRO, 2021, p. 250).

Nessa linha de pensamento, pode-se dizer que a região amazônica, historicamente, sempre foi notada a partir de uma visão, do outro, distorcida da sua realidade primária. Esse olhar preconceituoso ao longo do tempo foi transformando a cultura dessa gente em um "inferno cotidiano estabelecido pela permanente exploração da natureza e pela violência desencadeada pelos preconceitos e ignorância contra os homens e a natureza da Amazônia" (LOUREIRO, 2021, p. 251).

---

92 ALSO: Sociedade e cultura. *Quem é a Amazônia Legal?* Resp. Fernanda Rennó (S/A).

Desse modo, ao longo do tempo, as comunidades tradicionais foram perdendo suas terras e, consequentemente, sua identidade cultural ocasionada pela política de expansão populacional e econômica da região amazônica.

Pereira (2020) destaca que, considerando o território da Amazônia como um espaço a ser ocupado, em meados do século XX, houve uma política por parte do Governo Federal com projeto de construção de estradas, como também em realizar propagandas em meios de comunicação de modo a possibilitar grandes contingentes de migrantes para a Amazônia Legal. Consequentemente, houve um gigantesco número de trabalhadores que migraram para o estado do Pará em busca de trabalho e lucro fácil e, ao chegarem na região, se identificavam como posseiros.

Segundo o mesmo autor (PEREIRA, 2020, p. 170), para "esses trabalhadores rurais, da região ou migrantes de outras partes do território nacional, assumir a condição de posseiro passou a significar requisito básico de sua sobrevivência, de autonomia e de liberdade em face da exploração dos grandes proprietários rurais".

É nesse emaranhado de processos e fatos subjacentes à ocupação territorial da Amazônia Brasileira que se percebe a política sobre o uso das terras presentes no território; assim, é evidente a busca por metodologias políticas para que se pudesse alcançar o objetivo de tornar a Amazônia um espaço de produção para o capitalismo a partir de mecanismos que pouco consideram os trabalhadores.

De acordo com o Decreto[93] de nº 6.040, elaborado em 2004 pela Comissão Nacional de Desenvolvimento Sustentável dos Povos e Comunidades Tradicionais e, posteriormente, editado em 2007, define os povos e as comunidades tradicionais como:

> I - Povos e Comunidades Tradicionais: grupos culturalmente diferenciados e que se reconhecem como tais, que possuem formas próprias de organização social, que ocupam e usam territórios e recursos naturais como condição para sua reprodução cultural, social, religiosa, ancestral e econômica,

---

[93] https://antigo.mma.gov.br/desenvolvimento-rural/terras-ind%C3%ADgenas,-povos-e-comunidades-tradicionais/comiss%C3%A3o-nacional-de-desenvolvimento-sustent%C3%A1vel-de-povos-e-comunidades-tradicionais.html. Acesso em: 25 abr. 2022.

utilizando conhecimentos, inovações e práticas gerados e transmitidos pela tradição (BRASIL, 2007).

Para Gawora (2010, p. 105), o mesmo decreto

é um grande avanço, uma vez que nele as comunidades tradicionais são reconhecidas como grupos culturalmente diferenciados, que devem ser respeitados como tais, sendo reconhecidas as suas formas de vida e de economia. E ainda, reconhece o território como necessidade para a continuidade desta perspectiva diferenciada.

O autor ainda discorre sobre os debates que envolvem a grande maioria das comunidades tradicionais:

Está, hoje, orientada para assegurar o território. A razão disto está associada aos conflitos com outros atores sociais, bem mais poderosos, que já ocuparam ou querem ocupar o território das comunidades tradicionais. Podem ser conflitos com empresas do agronegócio (as quais cultivam e comercializam, por exemplo, soja, cana ou outras monoculturas), com empresas agroflorestais (as quais cultivam e comercializam, por exemplo, plantações de eucalipto), com empresas da pecuária, com empresas da mineração, com hidrelétricas ou outros atores fortes e desastrosos. Os conflitos permitem deduzir que a maioria das comunidades tradicionais vão perder, sem garantias, os seus territórios e, com isto, as suas características específicas e suas formas de vida e de economias sustentáveis no contexto atual da política brasileira do desenvolvimento (GAWORA, 2010, p. 105).

E vai, além disso, afirmando que "os conflitos permitem deduzir que a maioria das comunidades tradicionais vai perder, sem garantias, os seus territórios e, com isto, as suas características específicas e suas formas de vida e de economias sustentáveis" (GAWORA, 2010, p. 106).

Dessa maneira, observam-se nas análises das literaturas que se propuseram a estudar os processos de ocupação da Amazônia no qual destacam a forma como a ocupação se deu, se caracterizou, sobretudo pela política do Estado.

No artigo "Terras tradicionalmente ocupadas", Almeida (2008, p. 30) explica que

> Foi exatamente este fator identitário e todos os outros fatores a ele subjacentes, que levam as pessoas a se agruparem sob uma mesma expressão coletiva, a declararem seu pertencimento a um povo ou a um grupo, a afirmarem uma territorialidade específica e a encaminharem organizadamente demandas face ao Estado, exigindo o reconhecimento de suas formas intrínsecas de acesso à terra, que me motivaram a refletir novamente sobre a profundidade de tais transformações no padrão "tradicional" de relações políticas.

O autor (ALMEIDA, 2008, p. 89) ainda afirma que

> deriva daí a ampliação das pautas reivindicatórias e a multiplicação das instâncias de interlocução dos movimentos sociais com os aparatos político-administrativos, sobretudo com os responsáveis pelas políticas agrárias e ambientais (já que não se pode dizer que exista uma política étnica bem delineada).

Nesse mesmo emaranhado de discussões, Bruno (1995, p. 7) enfatiza que

> A ideia que sustenta a concepção de reforma agrária aqui enunciada é a da reforma fundiária. O ponto chave do argumento consiste na modificação no regime de posse e uso da terra, matriz da reforma agrária do Estatuto da Terra e do "velho projeto político da reforma agrária" dos anos 50 e início dos 60 no Brasil.

Assim, o processo de desenvolvimento da região Nordeste Paraense acontece no governo Barata, nos anos 1950, a partir das aberturas de estradas na microrregião do Guamá, que, na época, compreendia os municípios de Ourém, Capitão Poço, Bragança e Vizeu. Esse projeto passou a favorecer o escoamento dos produtos agrícolas para a capital do Pará, Belém.

Sobre essa ocupação, a partir desse projeto de aberturas de estradas, Alexandre Cunha (2000, p. 71) nos mostra que

Um novo impulso de crescimento urbano, transformando-se em um expressivo mercado consumidor de alimentos básico e desenvolvendo uma indústria de fibras que utiliza malva junto com a juta, e que se constitui como oportunidade para o incremento da produção camponesa. Como tal, contribuiu também para a expansão e fortalecimento da categoria na respectiva região.

Diante disso, este capítulo objetiva, em relação aos pequenos agricultores, conhecer o contexto socioeconômico da região Nordeste paraense na tentativa de compreender quais eram suas atividades e planejamento de trabalho durante um dos maiores conflitos agrários travados no Estado do Pará. Assim, questionam-se como suas identidades se forjavam em meio a essa intervenção conflituosa e o que estava diretamente ligado ao que eles defendiam, durante o conflito agrário, na década de 1980.

Por isso, é pertinente discutir a situação social em que o conflito aconteceu, pois compreendendo as questões sociais e econômicas das comunidades na região do Guamá, é possível encontrar marcas que provocaram as motivações e levaram os pequenos agricultores a se organizarem socialmente. Nesse caso em específico, são notórios os privilégios aos proprietários de grandes extensões de terras em detrimento aos interesses dos pequenos agricultores, sem levar em consideração o viver e o fazer, nas produções agrícolas, dos sujeitos que viviam nessa área conflituosa.

Como consequência, surgiram alguns personagens sociais, como Quintino Lira, que ganhou notoriedade por assumir a responsabilidade diante da luta por seus direitos à terra, contestando a legitimidade a partir da legalidade dos órgãos competentes. Nesse sentido, enfrentou o Estado em favor do pequeno agricultor.

Somando a isso, fazia parte de seu projeto eliminar pistoleiros, enfrentar a polícia, a justiça e o governo em favor dos pequenos agricultores da região. Assim ele explica:

Trabalho pela pátria. É a natureza que ensina eu a me desenvolver cada vez, dia a dia mais. Porque eu não trabalho mais na roça. Eu trabalhava na roça, mas o grileiro não deixou eu trabalhar. Eu fui para a polícia, a polícia não deixou eu trabalhar. As maiores autoridades também não me deixou eu trabalhar. O presidente da República deu apoio foi para o grileiro. Então eu fui e formei um cangaço. Formei os meus direitos, apoiados pelo povo do Pará. E na realidade eu vivo a lutar. E vou até o fim da linha pelo povo. Porque eu não tenho outra coisa a aprender, a não ser pegar alguma inteligência (aperfeiçoar), tirar pelos meus trabalhos (ganhar experiência), pela natureza que me ensina dia a dia. Me ensina eu me defender, me ensina eu fazer, resolver uma questão, um projeto[94].

Baseado nessa premissa, será dado adiante um enfoque nessa organização econômica e social dos agricultores para que os dois lados da história sejam observados e que, no caso dos agricultores da região, o seu modo de vida e seu trabalho ajude na compreensão do que motivou a sua ação de resistir e contra-atacar, de se organizar socialmente e declarar guerra não apenas aos fazendeiros, na região de Santa Luzia do Pará – Ourém, como também, posteriormente, contra a empresa Companhia de Desenvolvimento Agropecuário do Pará (CIDAPAR) no interior de Vizeu e ao governo do Estado do Pará, na época, governado por Jader Barbalho, no período de 1983 até 1987.

Ferreira e Rodrigues (2021, p. 290) apontam que: Grupos empresariais são estimulados pelo governo federal a instalarem-se nas margens das rodovias federais, com incentivos fiscais da Superintendência do Plano de Valorização Econômica da Amazônia (SPVEA), depois transformada, em 1966, em Superintendência do Desenvolvimento da Amazônia (SUDAM).

É diante desse panorama de ocupação territorial, na região nordeste paraense, que acontece um dos maiores conflitos por terras, nos anos 1980, que marcou toda uma região e se tornou notório a nível nacional e internacional e que, inevitavelmente, trouxe à superfície as problemáticas no trato, ineficiente, das leis que garantem o direito à terra por meio da política da reforma fundiária.

O contexto socioeconômico das comunidades durante o conflito, contra a CIDAPAR, na microrregião do Guamá

A História Social nos leva a entender que não se pode pensar a história de determinado grupo social sem antes considerar todos os seus elementos que

---

94 *O Liberal* (23/11/1984, p. 20).

edificam e sustentam a sua cultural, como também levar em consideração as relações entre os atores que protagonizam e antagonizam os cenários de tensões e conflitos que podem, como consequência, suprimir a identidade cultural de determinadas sociedades.

No que diz respeito ao contexto que envolve, até então, a vila do Broca, Pau de Remo, Bela Vista, entre outras, sob a jurisdição da paróquia de Santa Luzia do Pará e, posteriormente, as vilas que pertencem ao município de Vizeu, a questão conflituosa nessas áreas não foi diferente, pois muitos dos problemas que provocam a deflagração de conflitos por terras são similares e alteraram o cotidiano desses povoados.

Esses elementos externos provocaram tensões e medo, é justamente compreendendo essa rede de relações que se busca entender os fatores que explicam os motivos para a eclosão da crise agrária na região do Guamá, que afetou de forma drástica o cotidiano dessas comunidades, que por sua vez, modificou os elementos que constituem a identidade cultural da região.

É justamente no período da Ditadura Militar, a partir da conclusão da construção da rodovia federal BR-316, por volta de 1975, que liga os estados do Pará e Maranhão, que a região começa o seu processo de povoamento e crescimento econômico.

Segundo Cunha (2000, p. 126),

> Essa fase do aparecimento das estradas de rodagem, como a de Capanema/Ourém/Capitão Poço, que foi construída nos princípios de 1950, estendendo-se depois a Irituia, para chegar à Belém-Brasília, a partir de grupos já estabelecidos na área. Um outro exemplo, é a estrada Pará/Maranhão, construída na década de 50, completada e pavimentada em 1975, para a ligação com o Nordeste.

Por fim, com a Br. 316 finalizada e passando por Santa Luzia, abriram-se novos caminhos para dar acesso às comunidades do Broca, distante 27 km de Santa Luzia e seguindo mais adiante 15 km até a comunidade do Pau de Remo, palco inicial do conflito.

Na época, e considerando que a região era tomada pela floresta amazônica e, portanto, em alguns lugares estava em fase de povoamento, a produção dessas terras era baseada na agricultura rudimentar, tradicional, realizada a partir da cultura do milho, arroz, feijão, mandioca, laranja, banana, produção de fibras de malva, além da produção de farinha "e as poucas plantações de pimenta-do-reino, pois esse último cultivo já havia caído de produção pois já havia sido muito grande na década passada" (CUNHA, 2020, p. 127).

Assim, pode-se dizer que a agricultura era a atividade que sustentava as famílias dos agricultores. Dessa maneira, é notório que a identidade deles está ligada ao trabalho no campo com a produção familiar de produtos para suprir a própria necessidade e, também, para comercializar nos mercadinhos e vendidos na maior feira da região, em Santa Luzia do Pará.

Desse modo, é válido destacar as lembranças do agricultor Vasques, que explica sobre o trabalho como uma das principais atividades agrícolas da década de 1980.

> Naquele tempo tinha muita dificuldade, as pessoas trabalhavam muito para ter as coisas, sustentar a família. Aqui a gente plantava a mandioca... pegava a maniva, enterrava com uns dois palmos de cumprimento na terra toda capinada, arada. Essa parte de cuidar da terra era mais pesado porque tinha as vezes de roçar, encoivarar, arar tudo e depois plantar na época da chuva pra plantar brolhar... isso já vai colher lá pros oito nove meses [...].

Nessa fala, é importante perceber como o trabalho com a terra antecede o produto. Nota-se uma relação do agricultor com o seu lugar, o conhecimento do tempo certo, a técnica para preparar a terra para receber a plantação. Como diz no depoimento, é a parte mais trabalhosa, pois demanda saberes, conhecimentos e força de trabalho.

Figura 1: Agricultor em atividade de produção agrícola

Fonte: *O Liberal* (27/09/1983, 1º cad., p. 16).

Assim, há um ciclo de saberes e fazeres que se complementam de modo cultural. Portanto, as atividades de trabalho tradicionais como a caça, a pesca, o cultivo de arroz, a maniva e a mandioca, aqui exemplificada, compõem a cultura rudimentar desse povo.

Para Brandão (2009, p. 349), o papel da pequena comunidade já era discutido nos primeiros estudos históricos, pois

> O lugar e o papel da pequena comunidade de pobres produtores de bens através do trabalho direto com a agricultura, a coleta e/ou o pequeno criatório de animais, é constante a evidência de que um diferenciado campesinato ao longo da história e entre os espaços da geografia de praticamente todo o planeta, mais do que servir-se da cidade, serviu servilmente a ela, tornando possível a sua existência, a sua expansão e o seu desenvolvimento.

Assim, segundo Cancline (1983), essa cultura, aqui colocada no campo da cultura popular, perpassa diferentes campos de organização dos sujeitos: 1- No que diz respeito às realizações espirituais dos membros de cada grupo, como os aspectos voltados a atividades intelectuais, religiosas e artísticas; 2- Nas questões envoltas nos aspectos materiais que têm a ver com o trabalho, costumes de alimentação, entre outros.

Logo, havia uma utopia de vida melhor, a ideia de que o pobre teria melhores condições de vida que, segundo Loureiro (2000), se materializa num cotidiano no qual se percebe um nível econômico ligado à necessidade de sobrevivência familiar, um nível cultural e político, que direcionava a união entre os colonos na luta pela mesma causa. Conforme afirma, "Há um nível cultural, fundado em um saber que é respeitado e numa experiência reconhecida e valorizada segundo a qual eles organizam a vida, exercem o trabalho e manifestam as aspirações" (LOUREIRO, 2000, p. 109).

No caso do cultivo da mandioca, vale ressaltar que se trata de herança das práticas indígenas no cultivo da terra, não apenas no manejo como no uso de subsistência. O diferencial é que os colonos da década de 1980 faziam da plantação, do produto, além de seu próprio sustento, um comércio lucrativo que abastecia a cidade e as comunidades circunvizinhas.

Figura 2: Agricultor em atividade de produção agrícola

Fonte: *O Liberal* (27/09/1983, 1º cad. p. 16).

Na reportagem de Paulo Roberto Ferreira, sob o título *A esperança pela terra prometida* (1983), é destacado que

> Estes colonos produziram, segundo eles, nas comunidades do Japim, Cristal, Faveira, Timbozal, Piquiá e Piriaúna, ano passado segundo dados aproximados, vinte mil sacas de arroz, dez mil sacas de farinha, 15 milhões de unidades de bananas, seis mil sacas de milho, duas mil toneladas de malva, mil sacas de feijão, seiscentos mil quilos de carne de porco e boi, mil toneladas de cipó e quinhentas toneladas de abreu.

Na mesma matéria jornalística, Paulo Ferreira afirma que "em moeda atual, isto representa mais de Cr$ 2 bilhões anuais e poderia ser muito mais se as condições para transportar os produtos fossem tão precárias".

O repórter continua dizendo que "Francisco Vasques, um dos líderes dos colonos de japim e Cristal, lamenta que toda essa produção não seja controlada pelo Estado, lá mesma na fonte, pois não existe em nenhuma dessas localidades, um posto de fiscalização da Secretaria da Fazenda".

O próprio Vasques, em seguida, relata ao repórter que "É por isto que não sabemos hoje quanto contribuímos para o município de Viseu, já que muitas dessas mercadorias daqui exportadas devem ser registradas em outras localidades, possivelmente em Santa Luzia, no Km 47 da Br 316, que já é município de Ourém".

Nesse sentido, o trabalho que perfaz a socioeconomia é de cunho tradicional, parte e formador da identidade local, mas atravessado por problemáticas que também passaram a compor a identidade dessa gente, pois torna-se o "elemento de ligação entre todas as áreas, dando identidade organizativa aos posseiros da região, diante do avanço dos latifúndios que avançava tomando-lhes todas as terras", diz Cunha (2000, p. 140).

Na mesma matéria, são descritas as dificuldades que os agricultores tinham, na época, para exportar seus produtos.

> Os meios de transporte para escoar a produção são os mais precários possíveis. Na época da safra dos produtos é grande a dificuldade dos colonos para escoar a produção. Alguns lavradores precisam andar quilômetros para transportar a mandioca, a farinha, a banana ou o arroz. No lombo dos

jumentos ou mesmo nas costas, homens, mulheres e crianças percorrem as picadas abertas no meio das capoeiras transportando os seus produtos até chegar nos núcleos urbanos onde são feitas as transações comerciais.

No relato de seu Bastião[95], agricultor, é possível perceber a preocupação que existia, principalmente quando se tratava do escoamento da produção nesse período de conflitos entre os agricultores e os fazendeiros.

> A gente trabalha aqui na roça mas a gente não sabe direito o que vai acontecer com a nossa produção, porque a gente sabe que o que a gente planta vai vingar mas e depois? Aqui a gente tem que atravessar esses ramal correndo o risco de levar um tiro de um pistoleiro desses fazendeiro porque se ele não quiserem que a gente atravesse pelo terreno deles, a gente fica empacado, tem agricultor que anda quilômetros pelas picadas na maior dificuldade pra levar a produção pra vender no 47. É difícil...é difícil.

Ele continua a narrativa:

> Aqui é assim, nós trabalha de sol a sol, debaixo de chuva pra plantar, colher e ainda tem que lutar pra tentar vender o que plantou. É preciso ter coragem pra seguir nessa vida, nós não tem valor, os fazendeiros não respeita nosso serviço, a gente tem que se sujeitar as coisas que eles dizem ou então termina morto, é assim que funciona.

Portanto, as memórias individuais existem em paralelo à memória coletiva: nas falas anteriores, enfocando o valor do trabalhador do campo e o seu esforço no cultivo da terra e todas as dificuldades para os transportes das suas produções. Esses relatos condizem com o que tanto falaram os jornais da época, de uma terra onde a "bala corria solta".

Diante desse panorama na região, muitos migrantes continuam chegando em busca de terras e é nesse período, no ano de 1981 que o lavrador Quintino Silva Lira chega na comunidade do Broca procurando trabalho, trazendo consigo sua família, a esposa Helena de Aviz e seus quatro filhos, Albélia, Arlete, Aquiles, Alessandra. Primeiramente, chegando na área em busca de terras

---

95 Relato cedido durante entrevista em 05 jun. 2006, na vila do Broca.

improdutivas, baseado nas notícias de que estavam procurando trabalhadores para ocuparem esse espaço.

Seu projeto inicialmente seria se instalar no Km 64 ou na comunidade do Broca, mas em seguida segue para a comunidade do Pau de Remo, comunidades sob a jurisdição de Santa Luzia do Pará-km 47. Segundo Alexandre Cunha (2000),

> Quintino se instala na comunidade e começa a trabalhar em seu lote. Posteriormente, Libório, veio a requerer a reintegração de suas terras ocupadas por vários colonos, incluindo Quintino. Diante dessa questão, Libório[96], em setembro de 1981, passa o recibo da área em litígio para Claudio José da Costa. No documento consta "pagamento de uma área de terras com 168ha 94ª 43c [...] a Licença de Ocupação sob o 4º182.6/0011".[97]

O problema está instaurado e diante dessa questão é apresentada a "manutenção de posse", datada em 14 de abril de 1982, da Comarca de Ourém, sob o número 18/82. No documento, Cláudio aparece como sócio de Libório alegando que ambos são "os legítimos senhores e possuidores de uma área de terra com (1,664 ha 94 a 45 ca) ou seja, um mil seiscentos e sessenta e quatro hectares, noventa e quatro ares e quarenta e cinco centiares, representando, portanto, uma área dez vezes maior que a posse original"[98].

A situação vai para a justiça que determina a indenização dos posseiros, Quintino e outros não concordam com o valor estipulado, é quando o confronto pessoal entre Quintino e Cláudio Paraná fica acirrado, culminando na morte de Paraná, no dia 27 de novembro de 1982 na comunidade do Broca.

---

96 Libório, antigo e bem-sucedido morador de Pau de Remo.
97 *Idem*, p. 132.
98 *Idem*.

Figura 3: Mapa da área do conflito

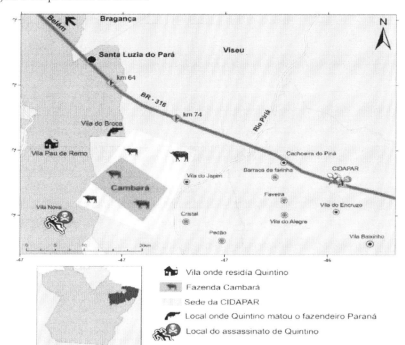

Fonte: Narrativas Fantásticas e Lendárias de Quintino Lira, no Nordeste paraense, Amazônia Brasileira.

Diante desse cenário conflituoso, Quintino Lira torna-se um dos líderes na luta contra os latifundiários. Assim destaca Patrizia (2019, p. 122), afirmando que

> Liderando os posseiros, Quintino Lira se destaca. Na época, com 46 anos, era conhecido pela profissão que ele próprio fazia saber: "matador de cabra safado". A missão de Quintino era lutar contra os grileiros e liberar para os colonos as terras que eram deles antes de serem apropriadas pelos proletários. A luta que já se arrolava há bastante tempo e teve início com os fazendeiros que passaram a fazer grilagem nas terras do estado, transpassando os limites dessas terras e adentrando as áreas dos pequenos agricultores, incluindo a propriedade de Quintino Lira.

A autora continua:

> Pode-se afirmar que era iminente, a partir desse momento, que um conflito armado estava para acontecer. Apesar de as duas partes buscarem a justiça para requerer judicialmente a posse das terras, ainda assim, os ânimos entre as partes, com recados ameaçadores, estavam se tornando acirradas (PATRIZIA, 2019, p. 140).

O processo na justiça está sem resultado durante oito meses, ocasionado pela burocracia que favorece o fazendeiro e, então, em maio de 1982, Cláudio Paraná, "confiante em sua força e achando que a justiça já lhe dera ganho de causa, na ausência dos homens, o fazendeiro tinha feito os despejos das mulheres dos colonos"[99]. Essa atitude revoltou os posseiros.

> É preciso notar que Cláudio Paraná já declarara que viera disposto a comprar a briga de Libório, que tinha saído devido notícias de que lhe tinham preparado uma tocaia. Também devemos observar que, desde 1980, os posseiros da Cidapar já se organizavam em grupos armados, tendo morto um pistoleiro e ferido outros, o que demonstra que a reação, armada, estava disseminada entre a população e que não vai surgir junto com Quintino, nem que seja fruto de uma espontaneidade social, mas que advem da maturação de um longo processo sócio-político[100].

Essa sequência dos fatos narrados confirma que Quintino "não agia por conta própria, ele, assim como os demais posseiros recorreram à Justiça, ficaram sem trabalhar por cinco meses esperando o posicionamento do Juiz sobre a anulação da avaliação de indenização[101]".

Cunha (2002, p. 146) discorre que

> Ao mesmo tempo que construía e firmava seu poder, Quintino, despejado de sua terra, trabalhava como diarista ou em empreitas nas fazendas da região. Um informante que o conheceu nessa época destaca a sua disposição para o trabalho. Entretanto, o despejo feito em maio de 1982, as ofensas pessoais por parte de Paraná, que não aceitava o valor indenizatório pedido por Quintino, a descrença na justiça, dado o retorno impune de Luís à

---

99   CUNHA, 2002, p. 138.
100 *Idem*, p. 139.
101 PATRIZIA, 2019, p. 142.

região, e a espera de mais de cinco meses fora de sua terra, fizeram com que Quintino começasse a intentar a morte de Paraná, depois de uma viagem feita à Ourém, com o objetivo de saber o pronunciamento da Justiça.

Em face dessa problemática enfrentada contra os latifúndios, os pequenos agricultores buscam de forma organizada lidar com a situação e "o conflito leva os camponeses a um salto organizativo que foi a fundação de um novo sindicato em Santa Luzia do Pará[102]".

Nessa mesma linha de raciocínio, a reportagem do jornal *Tribuna da Luta Operária* (1984) esclarece que "há casos em que tais líderes terminam sendo usados pela reação. Para servir ao povo precisam tomar consciência que o enfrentamento com o latifúndio não pode se apoiar em valentias ou grupos isolados, exige a mobilização e a organização das massas".

Diante da repercussão nos noticiários, ao mesmo tempo que os pistoleiros tentaram assassiná-lo, Quintino explica os motivos que o levam a se tornar, segundo ele mesmo, o Gatilheiro[103].

> Eu era lavrador. Acontece que os fazendeiros não queriam me deixar trabalhar, queriam tomar o que era meu. Botei na justiça a minha questão e em oito meses eles não me deram apoio. Ocupei até o presidente da República e eles não me deram apoio e era eu e mais 32 posseiros. Ou melhor dizendo, éramos 33 mas um deles (Bragança[104]) o fazendeiro mandou matar e ficamos 32. Botei oito meses na justiça e eles não me deram o direito e eu resolvi matar o fazendeiro. Matei gerente, matei pistoleiro e o escambau. De lá pra cá me dirigi a matar cabra ruim. Toda terra que se encontra em conflito, minha ideia é liberar e matar os cabras que estão lá a atentar.

---

102 CUNHA, 2000, p. 60.
103 Entrevista cedida ao repórter Paulo Roberto Ferreira, de *O Liberal* (03/08/1984).
104 Luíz Paraná, gerente da fazenda Cambarà, assassina o agricultor Manoel Nunes, conhecido por "Bragança", no dia 13/02/1982, na comunidade do Pau de Remo. Quintino promete vingança e mata o fazendeiro Cláudio Paraná.

Figura 4: Quintino é fotografado durante entrevista

Fonte: *O Liberal*, 23 de novembro de 1984.

Quintino Lira e o conflito na Gleba Cidapar

Enquanto isso, na comunidade do Cachoeira do Piriá-Vizeu, distante 50 km de Santa Luzia do Pará, outro conflito é deflagrado e diante da fama de Quintino na região ele é convidado por Abel[105], outro líder revoltado, para unir forças e em seguida ele integra, em muitas ocasiões, a sua tropa a Abel contra a empresa mineradora Companhia de Desenvolvimento Agropecuário do Pará – CIDAPAR.

A empresa foi um projeto agropecuário e mineral financiado pelo Estado brasileiro localizada na mesorregião nordeste do Pará – Br 316 na PA/MA[106],

---

105 Lavrador, nascido na área grilada, diz que sua verdadeira mãe é a mata e que não abandonará a luta dos trabalhadores, porém evita as entrevistas e nunca foi fotografado. *Tribuna da Luta Operária* (07 a 13 jan, 1985).
106 CUNHA, 2002.

distante 60 km de Santa Luzia do Pará. Ferreira e Rodrigues (2021, p. 292) discorrem que

> A partir dos anos 60 as grandes empresas capitalistas que quisessem se instalar no campo são beneficiadas com a política de incentivos fiscais pelo Estado, que lhes dá apoio econômico, ampliando e estendendo a sua capacidade de repressão no campo, para proteger os interesses que estava estimulando. É neste processo que o Estado concede arrendamento onde já havia posses, vendem-se posses de tamanhos duvidosos, assim como glebas estaduais são superpostas. Nesta deliberada política fundiária, multiplicam-se os conflitos pela posse da terra.

Patrizia (2019, p. 124) aponta que a região da Amazônia que fornecia minérios, ouro e amplos espaços para pastagens de gado

> era o foco da elite econômica do estado. O poder legitimado pelo estado e seu aparelho repressor, assim como a morosidade da justiça em resolver a questão, fizeram com que o maior conflito agrário da Amazônia, na época, se tornasse o segundo maior embate social após a Cabanagem (1823 a 1836).

Figura 5: Propara, uma das empresas instaladas na região

Fonte: Arquivo pessoal de Paulo Ferreira.

Seguindo essa linha de raciocínio, Ferreira e Rodrigues (2002, p. 290) explicam: "O conflito nos revela claramente o antagonismo entre terra de trabalho e terra de negócio. Os posseiros apelam à justiça e reivindicam o direito à terra por usucapião como forma de proteção do Estado, ante o clima de violência provocado por grupos armados a serviço das empresas, compostos por jagunços e pistoleiros de aluguel com o objetivo de forçá-los a abandonar a área em litígio.

Diante desse novo cenário conflituoso, nesse momento, as duas lideranças se encontram com o objetivo de ouvir de Quintino a experiência travada contra os fazendeiros para então unir as duas frentes de batalha, mas agora é contra a empresa. "A chegada de Quintino representou um passo adiante na luta, pois inicialmente unificou os diversos grupos de posseiros que, segundo suas declarações, não se conheciam e passaram a agir de forma conjunta, indo além da unidade conseguida pela igreja" (CUNHA, 2002, p. 314)[107].

> Os posseiros da Gleba Cidapar em reuniões decidem convidar Quintino para que se junte a eles na luta para liberação das terras, pois o novo chefe da Segurança da Empresa fazia uma política de "terra arrasada". Assim, foram algumas comissões para contactar com Quintino, que é localizado na Vila Nova e, aceita a proposta (CUNHA, 2000, p. 162).

A entrada de Quintino na Cidapar tem um efeito positivo dada as circunstâncias em que os agricultores se encontravam, como resultado, "na primeira entrada do Japim é recebido hipoteticamente pela população que faz-lhe espontaneamente". O relato continua[108]:

> [...] Dirige-se depois para o Cristal onde tem uma reunião com a principais lideranças da comunidade e são feitos os entendimentos para essa nova fase da peleja. Quintino após expor seus planos, monta um grupo escolhido entre três posseiros do conflito de Pau de Remo, Coja, Reginaldo e Portinho e um migrante cearense, Cabralzinho. Além disso, estabeleceu seu quartel general na Faveira.

---

107 Alexandre Cunha. A Gleba Cidapar: Novos movimentos sociais. *In*: BEZERRA NETO, José Maia; GUZMÁN, Décio de Alencar. *Terra matura*: Historiografia & História Social na Amazônia (2002).

108 *Idem*, p. 163.

No entanto, Quintino não assume o conflito como o todo na região da Cidapar, ele agia dando suporte ao grupo de Abel sempre que os colonos necessitavam de apoio, "sob a forma de uma coluna avançada com pequenos grupos de cinco ou seis elementos, deixando Abel atuando na mata, com grupos de vinte a quarenta homens[109]", depois da ação, voltava para a região do Broca e Pau de Remo.

Enquanto isso, Quintino e suas ações ganham notoriedade. Na reportagem de *O Liberal* (01/08/84, 1º Caderno, p. 16), a figura do Gatilheiro é descrita:

> [...] quem é afinal esse personagem? [...] está ligado diretamente a tumultuada questão fundiária em nosso estado. Ele mesmo foi vítima de grilagem e depois de uma longa tentativa de solução pacífica passou a descrer da justiça e das autoridades. Passou então a fazer justiça com as próprias mãos. Segundo informações, mais de cem pessoas já tombaram entre colonos e pistoleiros [...] diz que não teme a morte e que só vai abandonar a luta quando a terra for liberada para os colonos (...) conta que respeita os colonos, mulheres e crianças e por isso se considera melhor que o lampião, o rei do cangaço.

Nesse ínterim, os colonos impediam a todo custo que suas terras fossem desapropriadas ilegalmente e, diante da morosidade da justiça, como também dos ataques dos pistoleiros, eles buscaram por meio do gatilho fazer justiça, como mostra a nota de *O Liberal* (20/11/1984, p. 18): "Nenhuma fé na justiça e muita crença no gatilho". Na mesma matéria, Quintino explica por que vai continuar a luta por meio do gatilho.

> Pediram um prazo de noventa dias, nesses noventa dias era para os colonos pararem com a matança e a gente foi e parou. Eu como comandante da tropa, parei com a matança, enquanto resolvia essa questão com a justiça. Venceram os três meses e nada. A matança vai continuar, porque a Justiça não resolve. Então porque falaram para a gente parar com a matança? Portanto eu continuo a dizer: A Justiça não resolve essa questão. Quem vai resolver essa questão é o gatilho e mais nada.

---

109 *Idem*, p. 239.

No decurso do conflito travado contra empresa, a situação dos agricultores se agrava, pois não havia possibilidade de escoar a produção agrícola, visto que os homens da empresa bloquearam a passagem nos ramais, ameaçando e impedindo os agricultores de transportar seus produtos. Varques lembra que

> Teve a situação que os colonos faziam a farinha e depois ia vender. Mas pra vender era preciso pegar ramal... aí era feio...Tinha emboscada na hora de passar, os pistoleiros dos fazendeiros e a empresa bloqueava o ramal e não deixava as famílias chegar em Santa Luzia pra vender os produtos na feira... isso foi pra piorar o conflito... o bloqueio das estradas [...] o pessoal que tentava passar era morto e o resto ia por dentro das fazendas com a maior dificuldade... e aí era considerado invasão [...].

Diante dos depoimentos, é possível entender que no contexto do conflito estava o fato de alguns desses colonos emergirem economicamente. A produção era tradicional, as famílias mantinham-na e geram certa renda com a venda nas feiras da cidade. Para os empresários, essa ascensão incomodava na medida que abalavam as velhas estruturas oligárquicas presentes no estado, mesmo em tempos de redemocratização do país, pois pensavam que uma vez crescidos as terras seriam definitivamente dos agricultores.

Partindo dessa premissa, não se podia pensar no trabalho, que é a própria constituição cultural, sem que a violência de um grupo não se colocasse sobre outro. Essa situação mudou a rotina de trabalho dos agricultores, pois muitas vezes havia a incerteza do resultado positivo da lavoura causado pelas ameaças, armadilhas e atentados provocados pelos pistoleiros da Cidapar que com o intento de forçar, por meio do medo, que essas pessoas abandonassem seus lotes de terra forçando-os a reação, até que os colonos começassem a reagir e a violência passasse a ser também parte da história local.

Segundo Ferreira e Rodrigues (2021, p. 289), "Embora o processo de luta na região seja recorrente, foi durante a década de 1970 que se acentuou, de forma a ensejar a resistência armada, que se fez presente entre 1983 e 1984, na pretensão de levar às últimas consequências a luta pelo direito dos lavradores ao seu principal meio de produção: a terra.

Como consequência dessas arbitrariedades contra essa gente, a prática da agricultura, seja familiar ou para fins comerciais, estava ameaçada pelo interesse dos fazendeiros e das empresas, com o estado subserviente aos interesses do proletariado e a morosidade da justiça em desfavor dos agricultores.

Considerações finais

Como foram mencionadas anteriormente, as atividades socioeconômicas das comunidades da microrregião do Guamá perpassam por duas questões fundamentais. Primeiramente, em suas práticas de trabalho que remontam à agricultura familiar de subsistência, cujo costume advém dos povos tradicionais da Amazônia.

Em segundo lugar, as atividades eram transpassadas pelos conflitos agrários em defesa da posse de terras tomadas pelos grileiros. Assim, é possível entender que a terra é o ponto nuclear de uma bipartição social entre empresários e os colonos, estes ocupados em cumprir a justiça da divisão da terra que era de ninguém antes de ser deles e que agiam contra o latifúndio na região.

No caso dos agricultores, compreende-se que sua união em classe por meio do sindicato representa a luta do bem contra o mal, ideia advinda historicamente do movimento da cabanagem que defendia, dentre outras questões, que os direitos dos mais pobres deveriam partir de uma consciência e de sua organização social. Foi nesse sentido que o conflito agrário na região se formou, entendendo o direito dos colonos à terra, de plantar, de colher e sobreviver dos produtos de seu trabalho.

Esse movimento social projeta Quintino Lira e seus homens e ele assume a liderança diante do conflito. Buscou fazer justiça com as próprias mãos contra os invasores e pistoleiros dos empresários e se firma, ao mesmo tempo, como um herói para os pequenos agricultores e um bandido, um fora da lei, para os grileiros e os órgãos institucionalizados.

Assim, em meio ao conflito, a figura lendária de Quintino foi fundamental para que a repercussão e a fama do Gatilheiro, o dono do bananal, corressem o Brasil afora. Toda a sua luta foi ao lado dos posseiros, para que esses continuassem suas terras e que seguissem com seu trabalho e pudessem escoar seus produtos que abasteciam a região e a capital, Belém.

Hodiernamente, a região, que se tornou palco desse conflito agrário, convive com certo apagamento da memória desse passado conflituoso, mas por outro lado, mantém as bipartições sociais e as práticas de trabalho que permeiam os saberes e os fazeres dos agricultores locais. São saberes que advêm de uma herança indígena e quilombola, comunidades tradicionais que compõem a cultura dos que ali vivem e sobrevivem.

Sobre isso, é importante dizer que as atividades socioeconômicas da região, nos dias de hoje, continuam tradicionais não porque as práticas de trabalho na agricultura pararam no tempo, mas porque remontam aos tempos passados no sentido de que as comunidades mantêm os principais modos de vida que eles têm para se sustentar e comercializar.

Há, desse modo, a modernização dentro dos processos de produção agrícolas, pois a feira se mantém, a casa da farinha também, mas o velho tipiti deu lugar para as máquinas que espremem a massa da mandioca amolecida nos igarapés. Mais do que um objeto, a máquina substitui práticas, reformula saberes, mas onde esses aspectos permanecem e resistem a tradição se mantém, a cultura se fortalece e se imprimem as identidades socioculturais, como assim acontece nos campos do rio Guamá.

Referências

Fontes

O LIBERAL, Sou o rei do tiro, um gatilheiro. Nunca matei por dinheiro, 01 ago.1984

O LIBERAL. Nenhuma fé na justiça e muita crença no gatilho: Quintino reúne povo na praça e discursa, 15 nov.1984.

O LIBERAL. A esperança pela terra prometida, 27 nov.1983, 1º cad, p. 16

VASQUES, Francisco Chagas. Ex. Vereador. Entrevista concedida a Juliana Patrizia Saldanha de Sousa.

Bibliografia

ALMEIDA, Alfredo Wagner Berno de. Amazônia: a dimensão política dos conhecimentos tradicionais como fator essencial de transição econômica. *Revista Somanlu*, v. 4, n. 1, 2004.

ALMEIDA, Alfredo Wagner Berno de. Terras tradicionalmente ocupadas: processos de territorialização e movimentos sociais. *Revista Brasileira de Estudos Urbanos e Regionais* (RBEUR), v. 6, n. 1, 2008.

BRANDÃO, Carlos Rodrigues. *Relatório final do Projeto Tempos e espaços nas comunidades rurais do Alto e Médio São Francisco – Minas Gerais.* Uberlândia: UFU, 2009.

BRUNO, Regina. O Estatuto da Terra: entre a conciliação e o confronto. *Estudos Sociedade e Agricultura*, v. 5, novembro, 5-31p. 1995.

CANCLINI, Nestor. *As Culturas Populares no Capitalismo.* 1983. Mimeo.

CUNHA, Manoel Alexandre Ferreira da. *Batismo social: política e utopia (a sociedade da penumbra) banditismo social e políticas nos sertões da Amazônia.* Brasília, 2000.

CUNHA, Manoel Alexandre da. A Gleba Cidapar: Novos movimentos sociais. *In:* BEZERRA, José Maria *et al.* (org.). BEZERRA NETO, José Maia; GUZMÁN, Décio de Alencar. *Terra Matura*: Historiografia & História Social na Amazônia. Belém: Paka-Tatu, 2002. 444 p.

GAWOR, Dieter. *Povos e comunidades tradicionais e seu papel estratégico – da perspectiva defensiva à ofensiva*, 2010.

FERREIRA, Paulo Roberto; ARAÚJO, Telmo Renato da Silva; COSTA, Tony Leão da; SILVA, Jairo de Jesus Nascimento da. (org.). *Amazônia: História, Culturas e Identidade.* Belém: Imprensa Oficial do Estado, 2021.

HAGE, S. M. Educação na Amazônia: Identificando singularidades e suas implicações para a construção de propostas e políticas educativas e curriculares. *In:* HAGE, S. M. (org.). *Educação do campo na Amazônia*: retratos de realidade das escolas multisseriadas no Pará. Belém: Gráfica e Editora Gutemberg Ltda, 2005.

LOUREIRO, Violeta R. *Estado, Bandidos e Heróis.* Belém: CEJUP, 1997. 454 p.

LOUREIRO, Violeta R. Desenvolvimento, Cultura, Meio-Ambiente. *In:* SIMÕES, Maria do Socorro Simões (org.). *Cultura e biodiversidade*: entre rios e floresta. Belém: UFPA, 2001.

OLIVEIRA, Pedro Cassiano Farias de. A reforma agrária em debate na abertura política (1985-1988). *Tempos Históricos*, v. 22, p. 161-183, 2018.

PATRIZIA, J. *Narrativas fantásticas e lendárias de Quintino Lira no nordeste paraense, Amazônia brasileira.* (Dissertação) – Programa de Pós-graduação Saberes da Amazônia, Universidade Federal do Pará, Bragança, 2019.

PEREIRA, Airton dos Reis. A luta pela terra no sul e sudeste do Pará, Amazônia oriental. In. Tiago Siqueira Reis *et al.* (Org). *Coleção história do tempo presente*: volume II, Boa Vista: Editora da UFRR, 279 p. 2020.

PEREIRA, Airton dos Reis. A prática da pistolagem nos conflitos de terra no sul e no sudeste do Pará (1980-1995). *Revista Territórios & Fronteiras*, Cuiabá, v. 8, n. 1, jan.-jun., 2015.

CAPÍTULO 9

ENTRE A VÁRZEA, AS ÁGUAS E A FLORESTA: CONFLITOS TERRITORIAIS NAS ILHAS DE BELÉM

Enos Botelho Sarmento

Introdução

Discutiremos neste capítulo alguns conflitos territoriais ocorridos na região das ilhas insulares de Belém, mais precisamente as áreas fronteiriças à Capital do Pará, como a Ilha das Onças, Ilha de Arapiranga e Ilha de Combu[110], um período marcado por expressivos movimentos de ocupação dessas terras, concentrados entre o final do século XIX e as primeiras décadas do século XX. Os territórios dessas ilhas ocupam grande parte do litoral da capital paraense. Alinhando-se ao longo desse litoral, as ilhas constituem a sua contramargem, formando assim a baía de Guajará (MOREIRA, 1966, p. 69).

A distância entre o litoral da capital paraense e a margem das ilhas (separado pela baía de Guajará) é de aproximadamente 4 km de extensão, o que torna expressiva a proximidade de Belém com sua fronteira insular. Não apenas pelo fator aproximação, mas principalmente pelas diversas formas de exploração e

---

110 Das três ilhas citadas: Arapiranga, Onças e Combú, apenas uma parte (cerca de 30%) do território de Arapiranga é composto de terra firme. Combu e Onças são integralmente territórios de várzea.

obtenção de ganhos, favoreceu-se o estabelecimento de relações e uso dessas terras para exploração de látex, prática da agricultura no cultivo de frutas e verduras (banana, melancia, maxixe, abóbora), da pesca e no assentamento de alguns empreendimentos industriais ceramistas como a Olaria Noguez[111] (na Ilha das Onças) e a Olaria de Arapiranga[112] (na Ilha Arapiranga) para produção de telhas e tijolos, atraindo alguns indivíduos com intenção de aforamento dessas terras. Nota-se ser duvidosa a permissão para utilização dessas regiões aos interessados, pois a escassez de uma legislação específica para adesão a essas áreas de várzea, na condição de "terras de marinha", acabava favorecendo a esses sujeitos a formação e apropriação de grandes latifúndios, ampliando ilegalmente suas fronteiras de domínio.

Em vista disso, a janela dos conflitos fundiários estava lançada. Os pequenos agricultores, na condição de meeiros que chegavam atraídos pela possibilidade de trabalho nessas terras, começaram a formar pequenas comunidades nas regiões que até então eram "terras de marinha", mas que de forma ilegal já estavam sendo apropriadas pelos latifundiários. Propomo-nos a analisar esses conflitos, e ao mesmo tempo refletir sobre os efeitos decorrentes da ausência de ações específicas para o controle e regulamentação no uso desses espaços, entregues nas mãos de uma pequena "elite agrária das várzeas", que através de prestígio e influência se apropriaram desses locais que, subsidiados por mão de obra meeira e camponesa, criaram uma barreira social profundamente desigual entre proprietários e serviçais. Pessoas que tiveram as suas vidas marcadas por intensos conflitos, violência, sofrimento e dor, "vidas que são como se não tivessem existido" (FOUCAULT, 2006, p. 210). Nesse sentido, projetamos uma discussão a ser feita em dois momentos: primeiramente um breve diálogo com alguns autores que estudam os conflitos decorrentes das questões fundiárias no Brasil; em seguida, trataremos das discussões a respeito dos conflitos

---

111 Fundada pelo cidadão francês chamado Domingos Noguez, era um dos estabelecimentos comerciais mais importantes do Brasil. Em 1900, o estabelecimento possuía três máquinas de fabricação de telhas e tijolos que trabalhavam simultaneamente produzindo diariamente 30.000 mil tijolos e 25.000 mil telhas, sendo necessários nove secadores que comportavam prateleiras para 65.000 tijolos e 52.000 telhas de cada vez. (CACCAVONI, Arthur. *O Pará comercial na Exposição de Paris*. [S.l.:s.n.], 1900, pág. 31-32).

112 De igual modo, a olaria Arapiranga, no início do século XX, fabricava tijolos angulares, retangulares, ladrilhos, maciços lisos, maciços prensados, alvenaria maciça para jardins e poços, telhas no sistema Marselha e comum. Além da olaria, seringais, uma fazenda e uma serraria também faziam parte do empreendimento (Jornal "*O Estado do Pará*", 06/03/1918).

territoriais nas ilhas defronte Belém, definindo como marco temporal[113] as dissidências que se sucederam durante as primeiras décadas do século XX.

Breve síntese sobre os conflitos fundiários no Brasil

Os debates em torno dos conflitos fundiários no Brasil têm sido amplamente examinados principalmente entre os historiadores, dentre os quais destacamos: Márcia Motta (1998), Pedro Cassiano (2017), Airton Reis (2013), entre outros. A historiadora Rosa Congost, conhecida por seus estudos sobre direitos de propriedade, afirma que *El estudio de la propiedad de la tierra hoy ya no está de moda, pero algunos continuamos pensando, desde el desconcierto y la incomodidad, que es necesario continuar investigando sobre la propiedad como problema histórico* (CONGOST, 2007). Para Congost, mesmo parecendo uma discussão fora de moda, as questões atuais que regem o tema da questão agrária nos incomodam e apontam a necessidade de recorrentes debates.

Essas discussões, além de promoverem as reflexões em torno do conceito de propriedade[114], da desigualdade na distribuição de terras, da resistência pela manutenção da terra e da luta pelos direitos da terra no Brasil, denunciam a violência desenfreada, a brutalidade com que agem os grandes latifundiários contra os trabalhadores rurais e a frieza por parte dos poderes (tanto da esfera federal, estadual e municipal) e das autoridades militares fazendo vista grossa diante desses conflitos. A respeito dessa questão, Airton Pereira afirma que "A tendência das autoridades civis e militares foi de secundar os grandes proprietários, partindo da concepção de que estes seriam os guardiões da ordem social e política vigente. Ou seja, uso da força física foi capturado pela esfera privada" (PEREIRA, 2015, p. 232).

A luta pela terra no Brasil tornou-se um tema de discussões recidivo, pois os diversos crimes praticados em decorrência dos conflitos de ordem fundiária nos mostram a emergência da necessidade de políticas públicas consistentes

---

113 De acordo com uma ampla documentação levantada (inventários, recortes de jornais, registros cartoriais de casamento e nascimento, e algumas entrevistas orais), percebe-se que entre a virada do século XIX e as primeiras décadas do século XX, o fluxo de pessoas para a região das Ilhas (Arapiranga, Onças) torna-se intenso nessas regiões, motivo pelo qual escolhemos trabalhar esse período.

114 Não pretendemos tratar aqui do conceito de propriedade, mas a quem interessar, as referências bibliográficas completas dos autores que tratam deste conceito encontram-se ao final deste capítulo.

que diariamente são chamadas por intermédio dos ativistas, jornalistas, pequenos agricultores, historiadores, entre outros. O historiador Pedro Cassiano afirma que "o tema da reforma agrária no Brasil é o conceito polifônico que permeia quase todos os discursos políticos no Brasil durante o período republicano" (CASSIANO, 2018, p. 162). Cassiano contribui de maneira extremamente significativa no que tange pensar a complexidade que rege o tema da reforma agrária no Brasil, no período denominado "abertura política", entre 1985 e 1988, pois a multiplicidade das vozes que se juntam em torno de uma mesma causa (reforma agrária) ganha contornos cada vez mais fortes. O autor observa a acirrada disputa política que se forma em torno da temática, considerando especialmente as articulações políticas estabelecidas pelas classes dominantes, que lutam em favor dos grandes latifundiários, fragilizando os pequenos trabalhadores do campo. Do mesmo modo, Stédile (2005) torna-se também referência ao publicar em 1950 a coleção "A questão agrária no Brasil", na qual, ao observar os debates das formas de desenvolvimento a serem implementadas no país e que inúmeros projetos dos mais diferentes grupos políticos ganhavam contornos mais fortes, promovia-se o abismo desigual da reforma agrária, ora há muito tempo existente no Brasil.

A historiografia nos faz observar a complexidade do assunto a respeito das questões fundiárias no Brasil (que por sinal se arrastam por décadas) e o quanto estes foram tratados de maneira a favorecer os latifundiários, os grandes proprietários que insistem em manter o controle da terra em nome de um falso discurso de ordem e desenvolvimento, infelizmente apoiados por articulações políticas conservadoras do status desigual das relações sociais no Brasil. Partindo do pressuposto de que no Brasil nunca houve um verdadeiro programa de reforma agrária, razão que faz do país o segundo em escala mundial em termos de concentração da propriedade da terra (MATTEI, 2016, p. 247), a historiografia também nos motiva a entender que as discussões em torno das questões agrárias no Brasil precisam ser discutidas não apenas no âmbito acadêmico ou jornalístico, mas apontam para a emergência de uma política pública cidadã, justa e inclusiva. Uma reforma agrária enquanto instrumento de combate ao latifúndio e de promoção de reformas gerais do país.

Conflitos territoriais nas ilhas de Belém

As ilhas de Arapiranga, Onças e Combú, fronteiriças à Belém, possuem uma população expressiva habitando ao longo de seu vasto território de notável porção insular. Cerca de 8.260 pessoas habitavam nessas ilhas no ano de 2000, segundo o IBGE (SILVA, 2010, p. 35). Hoje, se tivermos a oportunidade de visitarmos as ilhas nos arredores de Belém, veremos que sua população aumentou significativamente, assim como novas práticas do uso da terra, das águas e rios também foram alteradas em relação ao ano 2000. O que ainda permanece invisível é a legislação específica que regulamenta e define a posse desses espaços para as populações insulares, pois a ausência destas torna os habitantes desses locais fragilizados juridicamente e sem segurança de posse oficial definitiva desses territórios. Entre os muitos diálogos e relações de amizades tecidas com moradores dessas regiões, notamos que muitas famílias estão a quatro ou cinco gerações habitando as ribeiras dessas ilhas, coletando, plantando, colhendo e vivendo nelas suas histórias.

No que tange pensarmos a respeito dos debates em torno do processo de uso, fluxo de indivíduos e povoamento das ilhas de Belém, estes ainda são observados de maneira muito tímida pela historiografia paraense, o que não impossibilita as reflexões em torno da temática. Para Leila Mourão, a Ilha das Onças (cujo seu território ocupa grande parte da contra margem do litoral de Belém) foi, desde o início de sua ocupação pelos europeus, sede de manufaturas. Ela foi concedida como Data e Carta de Sesmaria a Dom Lourenço Álvares Roxo de Portlis, no século XVIII, para plantação de cana-de-açúcar, instalação de engenho de açúcar e aguardente. Através dos estudos feitos por Leila Mourão, compreendemos que a presença humana nas ilhas de Belém remonta ao período colonial, assim como também observamos (no caso da Ilha das Onças) a concentração desses territórios sob a posse de um único proprietário, como era de praxe isso acontecer no referido período (MOURÃO, 2018, p. 5). Mas o foco de nosso diálogo não é tratar da utilidade que as ilhas tiveram para os europeus no século XVIII, e sim pensar sobre os conflitos que se desdobraram num período em que o fluxo de indivíduos nesses locais estava acontecendo de forma intensa. A historiadora Franciane Lacerda (2006, p. 14) pontua que

> Entre finais do século XIX e início do século XX, a Amazônia de maneira especial as regiões do Pará e Amazonas, experimentou uma série de transformações decorrentes da exportação do Látex, e na sua exportação para o exterior envolvia nesta rede um grande número de pessoas com papéis sociais variados.

No início do século XX, as Ilhas do Pará (especialmente as ilhas de Arapiranga e Ilha das Onças, fronteiras à Belém) despertavam interesses dos latifundiários principalmente pela possibilidade de extrair látex e fracionar os latifúndios em pequenos loteamentos para aluguéis a agricultores que para lá migraram. Mas a ausência de controle e legislações específicas para aforamento e posterior uso dessas terras acaba resvalando em sérias consequências, pois o controle e propriedade ficavam nas mãos da chamada "pequena elite insular". Nesse sentido, e através da documentação coletada (Periódicos da Hemeroteca Digital Brasileira, inventários disponibilizados no Centro de Memórias da Amazônia – CMA – UFPA, Entrevistas orais), entendemos que entre a virada do século XIX e as primeiras décadas do século XX as ilhas constituíram-se como destino de muitos destes indivíduos que estavam interessados principalmente nas possibilidades e ofertas de trabalho existentes nos seringais e nas olarias que ali existiam. Percebemos também que o número de indivíduos com propriedades nas ilhas aumentou. Analisando o Tomo I dos registros de terras feitos no Pará catalogados pelo engenheiro Palma Muniz, notamos o nome de vinte indivíduos que obtiveram posses nas ilhas fronteiriças de Belém: Arapiranga, Ilha das Onças e Ilha de Combu.

Tendo em vista a extensão dos territórios insulares (a Ilha das Onças, por exemplo, possui cerca de 75 mil hectares), o número de vinte sujeitos com posses nesses locais parece insignificante, mas ao analisarmos os inventários de alguns desses indivíduos, percebemos que se trata de verdadeiros latifúndios. Ou seja, as terras de várzeas das ilhas de fato estavam concentradas nas mãos de um seleto grupo. Com as ilhas sob domínio desses sujeitos, aqueles que se deslocavam até elas invariavelmente estavam destinados a trabalhar na condição de inquilinos em um espaço de terra alugado pelo rendeiro (proprietário), ou aventuravam-se em disputas por regiões que ainda estavam na condição de terras de marinha (terras que pertenciam à união), ou em processo de aforamento. Para aqueles que decidiam alugar as terras, um representante designado pelo patrão repassava ao novo inquilino valores (geralmente variavam de $5 réis a 7$ réis) e regras para uso daquele espaço. A partir da decisão de sujeitar-se às restrições impostas por aquele considerado "dono das terras", o novo inquilino passava a construir uma relação com seu patrão, prevalecendo soberanos os preceitos e vontades do proprietário.

Em uma entrevista concedida por seu Benjamim Botelho[115], ex-morador da Ilha das Onças, migrante da região da então Vila de Barcarena, por muitos anos inquilino de um proprietário de terras naquela ilha, percebemos a submissão a qual esses trabalhadores estavam sujeitos, assim como a sentença que lhes era imposta caso descumprissem alguma das regras. No seu relato, ele diz o seguinte:

> Os novos moradores que chegavam la na ilha e que não arrumavam nenhum trabalho nas olarias alugavam uma terra para trabalhar. So que tinha regra sabe?! A gente não podia construir casa de tijolo, so podia de madeira. Não podia cobrir as casas com telha de barro, so podia com palha. Eles não deixavam porque diziam que casa de tijolo e casa coberta com telha de barro daria direito pra gente sobre a terra deles. E se a gente fizesse isso era expulso da terra (Benjamim Botelho, 87 anos).

Percebemos pelo breve relato de seu Benjamim as privações que eram impostas aos trabalhadores (na condição de inquilinos), vetando a possibilidade desses indivíduos de evoluir socialmente. Notamos também uma nítida relação entre explorador e explorado, apontando uma questão inevitável: a construção dos relacionamentos. Muitas relações tecidas entre inquilinos e rendeiros tornaram-se "estremecidas", causando "contendas" nos limites dos latifúndios, além de conflitos de ordem jurídica e policial (brigas que geralmente acabavam na delegacia ou na justiça) que se desdobravam em graves conflitos agrários. Um desses conflitos foi registrado no jornal *Estado do Pará*, na sua edição do dia 7 de agosto de 1921. A manchete foi estampada na página policial com o título seguinte: "Um morador inconveniente". O texto da matéria afirmava:

---

115 Seu Benjamim Botelho, hoje com 87 anos, residente em Belém-PA, morou por cerca de 20 anos na Ilha das Onças. Trabalhou por cerca de cinco anos em uma olaria sediada naquela ilha, e ao longo de 15 anos morou de aluguel nas terras de um proprietário local.

> Donas Julieta Olympia Rangel, Alice Rangel Pereira e Maria Rangel são proprietárias do sítio denominado São Francisco, na Ilha das Onças. Em vista da grande extensão do terreno, suas proprietárias alugaram-no a diversos lavradores, mediante a mensalidade de 5$ cada um. Entre os locatários das terras conta-se Manoel Euclydes do Amaral, que de certo tempo para cá se tornou um indivíduo pernicioso, commettendo toda a sorte de depredações e incitando outros moradores a não pagarem os aluguéis, tentando aggredir o cobrador quando este lhe apresenta os recibos. Hontem, aquelas senhoras queixaram-se ao sr. Chefe de polícia que vae recomemendar ao subprefeito local que tome as necessárias providencias.

Ao lermos a manchete, percebemos que o conflito em questão envolvia as senhoras Julieta Olympia Rangel, Alice Rangel Pereira, e Maria Rangel, contra um de seus inquilinos o lavrador Manoel Euclydes do Amaral, que se recusava a pagar o valor da mensalidade do aluguel das terras das proprietárias fixado em $5 réis. Ao percebermos a recusa de Manoel em pagar o valor (o que já vinha fazendo há algum tempo) e incitar outros lavradores a fazerem o mesmo, surgiu um conflito de natureza agrária entre as rendeiras e inquilinos liderada por Manoel, que acabou desdobrando-se em uma questão de ordem policial. Pela narrativa da manchete, percebemos a intenção do articulista de criminalizar a ação dos lavradores sem esclarecer o que de fato estava motivando aquela recusa dos mesmos em pagar a mensalidade do aluguel das terras.

Através das narrativas de seu Benjamin Botelho, conseguimos o esclarecimento a respeito do que levava esse ato de resistência por parte dos lavradores insulares. Em seu depoimento, seu Benjamin relata que a pressão imposta aos trabalhadores para que pagassem as mensalidades era muito grande, e o período de plantação de frutas e verduras, da coleta de açaí e da pesca nas ilhas, torna-se muito escasso nos primeiros meses do ano, por conta de dois fatores: o rigoroso inverno amazônico de fortes chuvas, e as constantes inundações dos territórios das várzeas pelo fenômeno anual da maré alta, atingindo diretamente os ganhos dos lavradores que nesse sentido encontravam dificuldades em efetuar o pagamento dos aluguéis. Esta pressão por parte dos cobradores causava constantes revoltas dos trabalhadores que se desdobravam em conflitos tal qual o que foi noticiado no jornal, pois os proprietários exerciam toda forma de poder em busca dos pagamentos, sem levar em conta os infortúnios acometidos aos lavadores em virtude das constantes chuvas e maré alta, que viam no boicote das mensalidades uma forma de resistência.

Outro conflito territorial ocorrido nas ilhas de Belém também foi noticiado na manchete do jornal *Estado do Pará*, na edição do dia 5 de Agosto de 1921 com o seguinte título: "Uma Violência iqualificável". Ao lermos o título da matéria percebemos a gravidade da situação estampada na página do periódico. O texto da manchete narra o fato:

> [...] o sr. Manoel Cardoso Cunha Coimbra, acompanhado de várias pessoas e de praças da Brigada, aportou inesperadamente o rio Tauerá, e invadindo as feitorias daquelle rio pertencentes a pescadores da colônia Z 23, e não encontrando estes na ocasião, expulsou das mesmas as famílias dos ditos pescadores, queimando depois as feitorias [...].

O conflito em questão envolvia uma associação de pescadores residentes à margem do Rio Tauerá, na Ilha das Onças, e o suposto proprietário daquelas terras, Manoel Cardoso Cunha Coimbra. Coimbra, farmacêutico, residente em Belém do Pará, possuía uma propriedade na Ilha das Onças, que, de acordo com informações contidas em seu inventário (disponível no Centro de Memórias da Amazônia – UFPA – Belém), media cerca de dois mil e duzentos metros de frente por três mil e trezentos de fundo e que ocupava grande parte da zona leste da ilha. Coimbra alegava que as terras ocupadas pela associação de pescadores eram de sua propriedade, reprimindo-os violentamente naquela sexta-feira (5 de agosto de 1921). Coimbra não exercia apenas o ofício de farmacêutico, como está descrito em alguns de seus documentos (certidão de casamento, inventário de partilha de bens), mas era também proprietário e arrendava terras, dispondo de certa influência na capital. Usava desse prestígio a seu favor conseguindo apoio até mesmo da brigada policial para realizar a operação violenta de expulsão contra os pescadores que residiam na Ilha das Onças, usando de violência e brutalidade para manter a posse da suposta terra sob seu domínio. Além da violência, o que também chama nossa atenção é que as terras reclamadas por Coimbra na prática não pertenciam a ele, mas que este, de forma ilegal e truculenta, buscava apropriar-se delas, e isso foi confirmado na matéria do dia seguinte publicada pelo jornal *Estado do Pará* do dia 6 de agosto de 1921.

De acordo com o que foi apurado pelo articulista, após as autoridades tomarem conhecimento da gravidade da situação que estava ocorrendo na Ilha das Onças, promoveu-se uma reunião entre o procurador da república Francisco Jucá, o procurador fiscal da fazenda federal José Serpa e o Sr. Raimundo da Fonseca, que representava a federação de pescadores acompanhados pelo capitão de fragata Alexandre Messeder e o suposto proprietário Manoel Coimbra, além de estarem presentes o Sr. Caetano Landi, (industrial residente na Ilha das Onças e proprietário da Olaria Landi) e Sylla Borralho, (proprietários vizinhos às terras de Coimbra) a fim de solucionar aquela situação. Após o término da reunião, o articulista narra que

> Disseram-nos ser de marinha o terreno ocupado pela colônia de pescadores n. 23 [...]. Verificaram, pelas informações que conseguiram colher, não ser nenhum terreno aforado ao sr. Manoel Coimbra nem ao sr. Landi. Desconhecem por enquanto qualquer documento comprobatório de seu direito de propriedade sobre o local que suscitou o litígio entre eles e os pescadores (*Estado do Pará*, 8 de agosto de 1921).

Ao ouvirem as duas partes, as autoridades constataram ser de marinha as terras ocupadas pelos pescadores que Coimbra tentava se apossar de forma extremamente violenta. Na ocasião, descobriram que Caetano Landi também mantinha ilegalmente sob seu domínio posses que pertenciam à união e que em nenhum momento foram a ele aforadas, o que motivou as autoridades na decisão do parecer favorável aos pescadores. O que nos chama atenção é que a organização dos trabalhadores (tendo um representante) foi fundamental, o que é difícil vindo daquelas que comumente são consideradas classes mais baixas, pois geralmente, mesmo quando bem representados, os pequenos agricultores e pescadores perdem as disputas com os "barões" da terra. A resistência dos pescadores (ainda que temerosa) é histórica, mas causaram marcas profundas na vida da comunidade, com traumas, separações e dispersões, pois o fato de Manoel Coimbra mandar queimar as casas dos pescadores promove sentimento de pesar até mesmo entre as autoridades que se chocaram ao se depararem com a destruição das benfeitorias dos pescadores, deixando apenas vestígios de destruição.

As duas manchetes também narram uma questão comum: trabalhadores pobres em conflito pelas terras de várzea das ilhas contra indivíduos de notável prestígio que usavam desse poder para amedrontar e manter tais áreas sob seu controle. E o uso exagerado da força e da violência é praticado por Manoel Coimbra contra os pescadores, tentando mostrar uma mensagem de poder, de mando, de demonstração de pertencimento. O sentimento de pertencimento, de exercer pressão, o uso do poder desenfreado, é uma característica que comumente se sobressai entre os proprietários de terras. Para Regina Bruno, existem dois traços que podem identificar o perfil dos proprietários e dos empresários rurais no Brasil. Segundo ela, o primeiro é a defesa da propriedade como direito absoluto. O segundo é a violência como prática de classe. Para Bruno, a propriedade privada aparece aos olhos da classe patronal como direito incontestável, eterno e absoluto. Aparece ainda não só como forma segura de se criar riqueza, mas também para obter reconhecimento político e prestígio social. E associada a essa noção de propriedade da terra está a defesa da violência como prática de classe. É justamente o uso da violência, afirma ela, que "torna imprecisa a fronteira entre o novo e o velho, entre empresários rurais defensores da competitividade e da negociação e os tradicionais fazendeiros-latifundiários" (BRUNO, 2002, p. 193).

Outras reflexões

A problemática da violência em decorrência dos conflitos por terra na Amazônia brasileira, periodicamente, chega às manchetes de jornais e da televisão, sobretudo com notícias de assassinatos de lideranças de trabalhadores rurais e de defensores de direitos humanos (PEREIRA, 2015, p. 230). No caso específico dos lavradores das Ilhas de Belém, as formas de violência descortinam a realidade de muitos sertões da Amazônia, onde a prática de fiscalização, o controle aos crimes praticados em virtude dos conflitos fundiários, nem sempre é de conhecimento público e ainda repousa sobre essas populações.

Hoje, com a cadeia produtiva do açaí em demanda elevada, e com tendências de aumentar a cada ano, a presença dos ribeirinhos que há gerações ocupam esses espaços tornou-se fragilizada, uma vez que ainda na condição de posseiros, não têm como comprovar a propriedade da terra que trabalham e se sustentam. A ausência dessa regulamentação nas terras de várzea das ilhas de Belém faz com que ainda hoje os conflitos surgidos no início do XX continuem a ganhar desdobramentos em pleno século XXI, sustentando e acentuando as estatísticas dos confrontos agrários no Brasil. Quando promovemos esses debates, não estamos apenas denunciando essa violência em páginas de livros, teses e dissertações, mas sim mostrando a dura realidade que é vivenciada em nosso país por aqueles que não querem nada além de um pedaço de terra para trabalhar, morar e construir sua história.

Referência

Fontes

Periódicos

Hemeroteca Digital Brasileira

JORNAL "O Estado do Pará", 07/08/1921.

JORNAL "O Estado do Pará", 05/08/1921.

JORNAL "O Estado do Pará", 06/08/1921.

JORNAL "O Estado do Pará", 13/08/1921.

Centro de Memória da Amazônia – CMA/UFPA

Inventário de Manoel Cardoso Cunha Coimbra localizado em: Cartório Odon (2ª vara cível) 269 "B", 1939 Cx. 190.

Acervo digitalizado de Obras Raras da Fundação Cultural do Pará

Índice Geral dos Registros de terras: Publicação oficial organizada na administração do Exmo. Snr. Dr. Augusto Montenegro governador do Estado. TOMO 1.

Bibliografia

BRUNO, Regina Angela Landim. *O ovo da serpente*. Monopólio da terra e violência na Nova República. Tese (Doutorado em Ciências Sociais) – Universidade Estadual de Campinas, Campinas, 2002.

FOUCAULT, Michel. A vida dos homens infames. *In*: FOUCAULT, Michel. *Estratégia, Poder-Saber* (Ditos & Escritos IV). Rio de Janeiro: Forense Universitária, 2006.

MARTINS, José de Souza. *O cativeiro da terra*. São Paulo: Editora Contexto, 2010.

LACERDA, Franciane Gama. *Migrantes cearenses no Pará*: faces da sobrevivência (1889 – 1916). Belém: Açaí – Centro de memória da Amazônia / PPHIST – UFPA, 2010.

MATTEI, L.. O debate sobre a reforma agrária no contexto do Brasil rural atual. *Política & Sociedade* (Online), v. 1, p. 234-260, 2016.

MOURÃO, Leila. *Memórias*: histórias da indústria e do trabalho na Amazônia paraense. 01. ed. CAMPINAS: Librum Soluções Editoriais de Campinas, 2018. v. 300. 250p.

MOTTA, Márcia. *Nas fronteiras do poder*: conflito e direito à terra no Brasil do século XIX. Rio de Janeiro: APERJ, 1998.

MOREIRA, Eidorfe. *Belém e sua expressão geográfica*. Belém: Imprensa Universitária/UFPA, 1966.

OLIVEIRA, P. C. F.. A Reforma Agrária em debate na Abertura Política (1985-1988). *Tempos Históricos* (Edunioeste), v. 22, p. 161-183, 2018.

OLIVEIRA, Pedro Cassiano Farias de. *Semeando consenso com adubo e dedal*: dominação e luta de classe na extensão rural no Brasil (1974-1990). Tese (Doutorado em História) – Departamento de História, Universidade Federal Fluminense, Niterói, 2017.

PEREIRA, Airton dos Reis. *A luta pela terra no sul e sudeste do Pará*. Migrações, conflitos e violência no campo. 2013. Tese (Doutorado em História) – Universidade Federal de Pernambuco, Recife, 2013.

PEREIRA, Airton dos Reis. A luta pela terra no sul e sudeste do Pará, Amazônia Oriental. *In*: REIS, Tiago Siqueira; SOUZA, Carla Monteiro de; OLIVEIRA, Monalisa Pavonne; LYRA JÚNIOR, Américo Alves de (org.). *Coleção história do tempo presente*: volume II. 1ed.Boa Vista: Editora da UFRR, 2020, v. II, p. 170-187.

PEREIRA, Airton dos Reis. A prática da pistolagem nos conflitos de terra no sul e no sudeste do Pará (1980-1995). *Territórios e Fronteiras* (UFMT. Online), v. 8, p. 230, 2015.

SILVA, R. O. *Pesquisa de Cadeias de Valor Sustentáveis e Inclusivas*: Açaí. Belém: Instituto Peabiru, 2011.

STÉDILE, João (org.). *A questão agrária no Brasil:* programas de reforma agrária 1964-2003. São Paulo: Expressão Popular, 2005.

CAPÍTULO 10

"AQUI NA TIRAXIMIM NÃO DÁ PRA GENTE VIVER" – TRABALHO ESCRAVO, ESTRATÉGIA DE FUGA E CRIAÇÃO DA CPTE/PI

Daniel Vasconcelos Solon

No primeiro semestre do ano de 2003, agentes da Comissão Pastoral da Terra no Piauí (CPT/PI), Pastoral do Migrante e Federação dos Trabalhadores na Agricultura (Fetag/PI) entrevistaram 367 pessoas que migraram para outros estados brasileiros, ou que tiveram familiares nessa situação. As entrevistas foram feitas em áreas rurais de sete municípios (Miguel Alves, Barras, União e Esperantina, ao norte do estado; Uruçuí Corrente e São Raimundo Nonato, ao sul), localidades estas que eram consideradas pela Comissão Estadual de Prevenção e Combate ao Trabalho Escravo (CPTE) como as de maiores índices de trabalhadores migrantes no Piauí.

O estudo "surgiu da necessidade de se conhecer mais de perto a realidade dos trabalhadores que saem do estado para trabalhar, que são explorados de múltiplas formas e que, em algumas situações e locais, são submetidos a situações de escravidão" (CAMPANHA, s.d, p. 1). De acordo com o relatório que resultou da pesquisa de campo, "o que orientou o trabalho de investigação foi conhecer melhor como vivem estes trabalhadores e suas famílias no Piauí, como se realiza o trabalho migrante e qual a avaliação que estes trabalhadores fazem deste trabalho" (CAMPANHA, s.d, p. 1). Tratava-se de uma primeira tentativa dos movimentos sociais de avançarem da fase de denúncia do problema do trabalho escravo contemporâneo para outro patamar: conhecer empiricamente a situação dos trabalhadores migrantes, ainda que aquela não fosse uma pesquisa com grande rigor estatístico.

Este capítulo, ao passo que reconstrói o processo de organização de movimentos sociais do Piauí no combate ao trabalho escravo contemporâneo, traz a narrativa de um trabalhador migrante piauiense que foi entrevistado durante a coleta de informações para o diagnóstico pretendido pela CPTE, em 2003. Para isso, utilizamos a metodologia da história oral (PORTELLI, 1997; MEIHY, 2002). As entrevistas foram feitas pela internet (*Skype* e *Zoom*) devido principalmente às precauções em torno da pandemia de Covid-19. Para a escrita deste texto, que fará parte de uma tese de doutorado em construção, também nos valemos de dados colhidos no questionário da CPTE, fontes hemerográficas, dentre outras.

Um diagnóstico para conhecer a realidade e organizar trabalhadores

Uma das participantes da Comissão Estadual de Prevenção e Combate ao Trabalho Escravo para realização da pesquisa foi Joana Lúcia Feitosa Neta, que fazia estágio na assessoria jurídica da CPT/PI. Ela explica como se deu a organização da Comissão que posteriormente viria a se transformar em outra organização, mais ampla, de combate ao trabalho escravo no Piauí:

> Quando eu entrei na CPT se trabalhava muito a questão da denúncia e tinha pouco o trabalho de prevenção em uma linha mais organizada, de pensar um pouco essa questão de grupos, comissões, e de ter um foco maior nessa questão da organização. A partir da minha entrada, a gente começou a trabalhar um pouco mais isso, de forma mais intensa. Um foco maior nessa questão. E aí começamos a trabalhar prevenção, mas também a articulação com outras instituições, né? E aí foi quando nasceu a CPTE. A CPTE nasceu em 2002, a partir de um seminário que a Comissão Pastoral da Terra promoveu. Foi convidada a Fetag, a Pastoral do Migrante, (que) já tinha uma afinidade de luta com a CPT, e outras organizações. Dentre elas, inclusive, a Superintendência Regional do Trabalho. E aí a partir desse seminário que nasceu a CPTE. E aí se pensou, a partir da CPTE, de se ter um diagnóstico a nível do estado do Piauí que pudesse contribuir, para que pudéssemos conhecer melhor essa realidade dos trabalhadores migrantes, né? Então foi a partir da CPTE que surgiu o primeiro diagnóstico, esse

> diagnóstico que levantava um perfil desses trabalhadores, quem de fato eram esses trabalhadores, onde eles estavam, qual era o grau de escolaridade... Enfim, qual era a renda desses trabalhadores, quantas pessoas tinha na família. Então assim, a CPTE contribuiu para que pudéssemos conhecer essa realidade e conhecer essa realidade não a partir de uma instituição, mas a partir de um conjunto de instituições que trabalhava a temática na época. A CPT era uma das organizações que sempre trabalhou a questão de prevenção ao trabalho escravo, muito no aspecto da denúncia. A Fetag também já tinha um trabalho nessa época. E tinha a pastoral do migrante, mas cada um era para o seu lado. Então a CPTE articulou essas várias organizações em torno dessa temática e foi a partir desse trabalho conjunto, dessas instituições, que foi criado também depois o Fórum de Prevenção e Combate ao Trabalho Escravo. (FEITOSA NETA, 2021).

Pelo relato de Joana Lúcia Feitosa Neta, denota-se que a CPTE não se limitou a reunir apenas organizações dos movimentos sociais e ativistas que lutavam em defesa dos direitos humanos ou trabalhistas. A Comissão acabou ainda incorporando representantes da Superintendência Regional do Trabalho (à época, Delegacia Regional do Trabalho – DRT). Essa instituição, em conjunto com outros órgãos públicos, desde 1995, compunha o Grupo Especial de Fiscalização Móvel, responsável direto da estrutura do governo federal pela repressão ao trabalho escravo contemporâneo e "resgate" de pessoas encontradas em situação de trabalho análogo ao escravo (FEITOSA NETA, 2021).

A criação da Comissão Estadual de Prevenção e Combate ao Trabalho Escravo aconteceu em 2002, em um contexto de elaboração do primeiro Plano Nacional para a Erradicação do Trabalho Escravo. Lançado apenas nos primeiros meses da presidência de Luís Inácio Lula da Silva (Partido dos Trabalhadores – PT), o Plano (BRASIL, 2003) foi fruto de discussões de uma Comissão Especial inicialmente instituída e nomeada no último ano do segundo mandato de Fernando Henrique Cardoso (Partido da Social-Democracia Brasileira – PSDB), a partir da Resolução nº 05 de 28 de janeiro de 2002 do Conselho de Defesa dos Direitos da Pessoa Humana (CDDPH), no âmbito do Ministério de Justiça (BRASIL, 2002).

A Comissão Especial foi constituída com representantes do governo, judiciário, parlamento e sociedade civil (dentre eles, a CPT e a Confederação dos Trabalhadores da Agricultura – Contag, mas também do agronegócio, com a cadeira de representante da elite ruralista a partir da Confederação Nacional da Agricultura – CNA) para "conhecer e acompanhar denúncias de violência no campo, exploração do trabalho forçado e escravo, exploração do trabalho infantil, e propor mecanismos que proporcionem maior eficácia à prevenção e repressão a essas práticas" (BRASIL, 2002).

A criação da Comissão Especial era a medida que respondia às pressões nacionais e internacionais, de Organizações Não Governamentais, Organização Internacional do Trabalho (OIT) e Organização das Nações Unidas em torno do tema do trabalho forçado/trabalho escravo. Ao mesmo tempo, por colocar diferentes atores numa só mesa para debater o tema do trabalho análogo ao escravo, o governo pretendia se destacar internacionalmente como defensor dos direitos humanos, em um período marcado por chacinas e massacres, como o dos sem-terra em Eldorado dos Carajás, no Pará, e de apogeu do neoliberalismo no Brasil.[116]

A pesquisa realizada pela CPTE e o processo de criação do Fórum de Prevenção e Combate ao Trabalho Escravo em âmbito estadual também aconteceu em um momento político importante no Brasil e, especificamente, no Piauí, que após décadas sendo governado por grupos tradicionais de direita, o último deles um governo tampão de Hugo Napoleão (Partido da Frente Liberal – PFL), viu a chegada ao poder de lideranças oriundas da reorganização política e sindical dos trabalhadores na década de 1980, a partir do PT e da Central Única dos Trabalhadores (CUT). Em âmbito nacional e estadual, eram governos de conciliação de classes[117], de Frente Popular (GARCIA, 2008).

---

[116] Foi ainda no primeiro mandato de Fernando Henrique Cardoso, em 1996, a aprovação do primeiro Plano Nacional de Direitos Humanos – PNDH. Sobre a política de direitos humanos no governo neoliberal de Fernando Henrique Cardoso, a partir da pressão de organismos internacionais e das pressões da sociedade civil no Brasil, ver Vieira (2005) e Oliveira (2010). Foi um governo marcado por grandes privatizações, desmonte das universidades públicas, ataque aos direitos trabalhistas e previdenciários.

[117] Não é nosso objetivo abordar, neste capítulo, sobre mudanças e continuidades de ações governamentais a partir de 2003. No entanto, considero importante, para breve contextualização, perceber que a coleta de informações sobre trabalhadores migrantes piauienses se deu antes do lançamento do Plano Nacional Para a Erradicação do Trabalho Escravo e coincidiu, portanto, com o início da presidência de Lula e da gestão de Wellington Dias (PT) na esfera estadual. Ambos foram grandes lideranças sindicais. O primeiro deles destacou-se nas greves operárias do ABC Paulista ainda no final dos anos de 1970, em um processo de abertura política do país que vivia uma ditadura desde o golpe de 1964. Wellington Dias, por sua vez, surgiu do ascenso do movimento sindical nos anos de 1980, tendo grande destaque após presidir o Sindicato dos

Como em décadas anteriores, a economia do Piauí no início do século XXI era extremamente frágil, com grau de industrialização irrisória, com receita dependente em grande parte de repasses financeiros do governo federal e na arrecadação de impostos a partir do comércio e de serviços (PIAUÍ, 2004). Porém, o Estado já era visto há algum tempo como uma fronteira agrícola a ser explorada, principalmente nos cerrados (ao sul, a partir da monocultura de soja) e para monocultura de cana de açúcar e de arroz (e ao norte).

Quanto à questão da terra, é importante ressaltar que a concentração fundiária gritante, em meio a uma situação de parcelas imensas de terras devolutas (propriedades pertencentes ao Estado), ocupadas irregularmente por grileiros em disputa violenta com posseiros (ROCHA, 2015), havia motivado, poucos anos antes, em 1997, a instalação de uma Comissão Parlamentar de Inquérito, na Assembleia Legislativa do Piauí, sobre conflitos no campo e estrutura agrária.

De imediato, é possível compreender que o desejo da CPTE em fazer o diagnóstico não era apenas coletar dados e conhecer uma determinada realidade mais de perto, mas também uma maior aproximação com trabalhadores rurais, com o objetivo de organizá-los na luta pelo acesso à terra e outros direitos. E, assim, fazer uma ação contínua de prevenção contra o trabalho escravo contemporâneo quando o Piauí aparecia como um dos estados que mais exportavam "escravos" no Brasil (SAKAMOTO, 2006).

> [...] Nesse trabalho todo, a CPT foi fundamental porque a CPT tinha uma referência muito prática, que era os trabalhadores, o trabalho direto com os trabalhadores migrantes que eram escravizados. Então foi a partir daí que a gente acabou é começando a ter um foco maior na questão da organização. E daí nasce, então, a questão de ter nos municípios, a necessidade de ter trabalhadores organizados em grupos, a princípio, e depois em comissões.

Bancários do Piauí. Tais governos petistas geraram expectativas em grande parte dos movimentos sociais, que ansiavam por uma reforma agrária ampla e uma ruptura com o agronegócio e elites agrárias. Não houve a prometida reforma agrária através de uma "canetada", e nem ruptura com as elites agrárias. Os movimentos sociais do campo e da cidade foram cooptados a participar do projeto lulista, assim como ruralistas e banqueiros também assumiram posições-chave em ministérios do governo Lula, ver Arcary (2011) e Garcia (2008). Os representantes dos grandes empresários (incluindo os do agronegócio) também tiveram grande espaço na gestão de Wellington Dias e assumiram postos no governo, recebendo assim apoio governamental para desenvolvimento de projetos de expansão da fronteira agrícola, mineração, para a acumulação de capital (ANDRADE, 2015).

> E a CPT foi muito pioneira nessa questão. A nível de Brasil, eu diria que foi uma das organizações, uma das pastorais da CPT que mais trabalhou a questão da prevenção com foco na organização dos trabalhadores, né? Especificamente porque a gente aqui, o estado do Piauí era um estado que exportava muita mão de obra. Trabalhadores daqui saiam para trabalhar fora, principalmente no estado do Pará, Tocantins, Maranhão. E a CPT Piauí começou então, com a CPT do Pará, a ter essa relação muito forte porque os trabalhadores daqui saiam muito para a região do Pará. Então na medida em que ia sendo resgatado um trabalhador lá, a gente acabava recebendo essa lista de trabalhadores que ia. A CPT de lá mandava para a gente e a gente começou a fazer um acompanhamento mais direto. Então tem essa articulação a nível do estado, mas também tem uma articulação específica entre as CPTs a nível nacional, e principalmente CPT Piauí e CPT Pará, que teve muita essa articulação (FEITOSA NETA, 2021).

Na ação deliberada de ir aos municípios, ir às comunidades, e depois do trabalho de sensibilização das equipes de aplicação do questionário, chegou-se ao povoado Jenipapeiro da Mata, em Miguel Alves. Um dos entrevistados na pesquisa realizada pela CPTE foi Aurélio Andrade Morais. Então com 41 anos, ele fora identificado em documento específico de como "vítima do trabalho escravo"[118]. O questionário, um documento datado de 12 de abril de 2003, foi preenchido com informações que buscavam construir um perfil do entrevistado, com nome, data de nascimento, estado civil, cônjuge, endereço, número de telefone e grau de instrução, e trazia perguntas com a preocupação ainda de entender a situação social da família do entrevistado, os motivos que o levaram a migrar, e como foi a experiência longe de casa.

De acordo com os dados obtidos no questionário, Aurélio Andrade, à época da visita dos pesquisadores, era casado e fazia parte de uma família com três pessoas: ele, a esposa e uma criança. Aurélio respondera que era a única

---

118 Utilizamos aqui o nome verdadeiro de Aurélio Andrade Morais pelo fato de ele estar entre as vítimas de trabalho escravo já considerado de grande exposição pública, não sendo necessário omitir a identidade dele. Encontramos o questionário respondido por Aurélio no arquivo da CPT, em agosto de 2021. Até aquele momento não sabíamos que ele tinha sido um dos entrevistados para a realização do diagnóstico feito pela CPTE em 2003. Para o estudo geral de diagnóstico, havia outro documento (FORMULÁRIO, 2003). Em nenhum dos materiais utilizados na pesquisa da CPTE havia campo de preenchimento sobre etnia/raça do entrevistado, que é uma das preocupações/questionamentos da pesquisa que desenvolvo no doutorado sobre trabalho escravo contemporâneo.

pessoa de casa que havia migrado, e que partira de Miguel Alves com mais 35 pessoas, em 1986, voltando ao Piauí no mesmo ano. A resposta ao quesito sobre "o que seria necessário para você permanecer na terra de origem" foi respondida da seguinte forma: "Emprego. O mesmo é músico e por ser pobre e não ter apoio é necessário ir para o Pará para tentar sobrevive(r) e para dar 'alimentos' a família" (QUESTIONÁRIO, 2003).

A fala de Aurélio Andrade sobre como se viu obrigado a deixar o local de origem para trabalhar em uma fazenda no interior do Pará parece igual a tantas e tantas outras vítimas do trabalho escravo contemporâneo no Brasil. Sufocado pela falta de trabalho e perspectivas e para garantir o sustento da família, Aurélio fora obrigado a migrar desde cedo, ainda adolescente, aos 14 anos, para o interior do Maranhão, para trabalhar no corte de cana. Tal fato corrobora com o perfil realizado pela Organização Internacional do Trabalho (OIT) em que grande parte dos trabalhadores que passam pela situação de trabalho análogo ao escravo também passaram pelo trabalho infantil (OIT, 2011).

Aurélio Andrade é um dos doze filhos de uma família de trabalhadores rurais que sobrevivem em áreas pertencentes a grandes proprietários de terra, em Miguel Alves. "A terra era dos outros. A gente trabalhava e no fim do ano tinha que pagar renda, né? Aquele negócio de antigamente, né? Trabalhava, num tinha terra não, nem podia fazer nem a casa. A casa tinha que ser de palha, nem de telha num podia cobrir nesse tempo, né?" (MORAIS, 2020). Cobrir a casa de telha não só simbolizava, mas materializou um vínculo maior à terra onde se vive e trabalha, o que geraria desconfiança do latifundiário sobre a possibilidade de algum conflito pela posse da terra, em uma região marcada há décadas por muita violência no campo, como a de Miguel Alves (VIEIRA, 2021).

Depois de passar pelo trabalho infantil no Maranhão e outros empregos de curta duração, Aurélio Andrade foi convidado, em 1986, com outros trabalhadores de Miguel Alves[119] e redondezas, a serem contratados em uma fazenda no interior paraense. Ele lembra que o "gato" (aliciador) andava pela região

---

119 O Censo de 1980 do Instituto Brasileiro de Geografia e Estatística (IBGE) apontava que Miguel Alves tinha uma população de 27.674 pessoas, sendo que 84,7% viviam na zona rural, com atividades econômicas preponderantes na agricultura e pecuária, com grande concentração fundiária, e índice de alfabetização de apenas 25,4%. Ver IBGE (1985).

> pegando peão pá trabalhar, né? E a gente precisando de trabalhar, aí ajuntamos um bocado aqui e eles pegaram um ônibus, levaram nós no ônibus, né? Nós viajamos umas três noites. Aí que ele, o ônibus, não ia pelas estradas, ele ia desviando, né? Por causa da polícia, né? Ele ia por dentro, desviando sempre das estradas. A gente... por aquelas estradas mais ruins, cortando volta, pra num passar nos postos rodoviários, né? Mas ninguém num sabia (não desconfiava de irregularidades), a gente pensava que ia assim mesmo, né? (MORAIS, 2020).

O destino do ônibus era a Fazenda Tiraximim, localizada em São Félix do Xingu, no Pará (localizada a 900 km da capital Belém, a 1.200 km de Miguel Alves, no Piauí). Durante a viagem, Aurélio Andrade alimentava o sonho de ganhar muito dinheiro, como o "gato" havia prometido. Não queria apenas garantir o sustento da família. O sonho era maior: comprar instrumentos musicais, ter condições de entrar em um bom estúdio para gravar músicas, ter estrutura para divulgar o disco e fazer muito sucesso nas emissoras de rádio e shows pelo Brasil a fora. Mas ao chegar na fazenda Tiraximim, surgiu uma desconfiança.

> A esperança era de conseguir o que eu sonhava. O meu plano era todo tempo era a vontade de gravar, né? O sonho meu, eu tinha uma mó vontade! Eu não podia ver um instrumento que ficava doido, né? E aí eu sempre andava assim viajando sempre com aquele sonho de "um dia eu arrumo". Aí nessa viagem na Tiraximim, que nós pegamos o ônibus aqui, que viajamos, aí quando chegou lá, que ia entrar numa fazenda, eu já fiquei cismado, porque na fazenda num entrava carro, né? Só entrava trator ou avião. Aí nós tinha que descer do ônibus e pegar uma carroça, um trator com uma carroça, né? Até embrenhar na fazenda. Aí, lá num tinha estrada, as estradas era só mesmo aqueles lugarzim estreitim, chei de morro, buraco, e num entrava carro pequeno e nem grande. Só avião mesmo, e o trator que conseguia, né? Aí foi quando nós entramos lá nessa fazenda, aí ficamos presos lá. Ninguém num saia de lá de dentro, né?, que tinha os guardas direto armado. Lá na entrada tinha guarda, lá dentro junto com nós, tinha guarda direto, aqueles cara tudo armado de revólver, 38, era espingarda... O negócio lá era seguro. [...] A promessa é que lá a gente ia ganhar, "o dinheiro lá era fácil, lá o serviço era bom demais". [...] Aí, o seguinte foi esse, que nós fomos trabalhar lá, aí aquele povo tudo armado, daqueles

revólver, 38, aí a gente começou a se invocar com aquele negócio, era muito peão, né? (MORAIS, 2020).

De acordo com Aurélio, eram cerca de 150 trabalhadores que se concentravam na área em que ele se alojou. Não demorou muito para que o descontentamento dos trabalhadores com as condições de trabalho, insalubridade no barracão de lona em que dormiam, descumprimento de acordos e promessas sobre o preço das diárias trabalhadas, além de diversas humilhações feitas por chefes e vigilantes se transformasse em um grande sentimento de revolta. Segundo ele, além do corte da mata para abertura de área para pasto bovino, havia ainda o contato dos peões com um cafezal e qualquer erro de manejo da vegetação poderia ser punido com corte de salário, o que provocou os primeiros conflitos e tensionamentos na fazenda.

> E aí nós vivia lá nesse barraco. Aí o povo começou a se invocar porque lá, se você... Era capinando no café, né, na inchada. Mas se você cortasse um pé de café você já perdia três dias, né. [...] Lá era cortado na hora. Quando deu um dia, um colega nosso cortou um pé de café lá sem querer, o cara veio e disse que ia cortar os dias, nós corremos, partimos pra cima do cara e o cara correu, né? O cara que era contador lá. Aí começou a confusão, aí começamos a se invocar com eles, que eles ficavam humilhando demais, né? (MORAIS, 2020).

As normas de comportamento estabelecidas pela empresa no retorno da área de trabalho ao alojamento também seria motivo de insatisfação entre os trabalhadores, que cotidianamente imprimiam alguma resistência (SCOTT, 2013):

> Aí tinha outro problema também que se a gente chegasse atrasado na cantina pra jantar, eles num deixavam mais jantar também não, né? Eu chegava na hora certa, então... Aí quando deu um dia nós tava jantando aí chegou um colega meu atrasado, né? Vinha correndo até com a camisa no ombro, né? Chegou, entrou ligeiro, que ele sentou na mesa, aí num deu tempo, ele num vestiu a camisa, ele sentou e pegou o prato e sentou. Quando ele sentou o guarda chegou e tomou o prato, a bandeja da mão dele, né? Disse "ou cê veste a camisa, ou então cê num come aqui dentro". E eu tava bem do

> lado, né? Nessa hora eu me invoquei. Eu levantei, tomei a bandeja da mão do guarda, aí eu disse: "eu quero saber quem que vai proibir ele de comer aqui!" Quando eu falei, a peãozada levantou todinha e veio a favor de mim. Aí os guardas correram nessa hora, né? Por isso que eles tinham raiva de nós, né?, porque nós não se humilhava a eles, né? (MORAIS, 2020).

Aurélio afirma que com o sentimento de coletividade se fortalecendo entre migrantes de diferentes estados, houve uma tentativa de provocar uma desmobilização do grupo com a chegada de uma nova leva de trabalhadores, desta vez arregimentados no próprio Pará. A tentativa de gerar uma desunião ou competitividade entre grupos nativos e recém-chegados[120], no entanto, não teria vingado.

> Aí quando as vezes eles achavam que num conseguia humilhar nós, eles fizeram o seguinte: eles foram em Belém e trouxeram uma carrada, né, de peão do Pará, que eles disse que era pá ficar do lados deles, né? Aí os peão do Pará quando chegaram foram tudo pro nosso lado, aí ficaram tudo contra eles também, né? Aí o negócio pegou lá. (MORAIS, 2020).

Ou seja. Ao contrário do esperado, o que houve foi o surgimento de uma identidade de classe, com trabalhadores de diferentes origens fortalecendo-se em solidariedade, seja a partir do contato permanente no trabalho, ou em horas de descanso e lazer. Com a somatória de insatisfações e pequenos conflitos cotidianos, o "negócio pegou" justamente em um momento de folga e confraternização entre os trabalhadores, estourando um levante "espontâneo" (MENEZES; COVER, 2016) entre os trabalhadores.

> Um dia nós tava jogando baralho dentro do barraco, né? O barraco era muito grande, era pra muita gente, né? Era meia noite nós jogando baralho, num dia de sábado, quando o guarda bateu na porta lá na frente e gritou, os dois segurança tudo armado com revólver na mão: "ou vocês vão dormir agora, ou então nós vamo mandar bala aí pra dentro" [...] Mas em vez da peãozada correr com medo, correram foi pra cima. Aí nós fomos tudim e o cara saiu correndo de costa, num conseguiram se virar, com revólver na

---

120 Sobre as tensões entre migrantes estabelecidos e outsiders na pesquisa sobre trabalho escravo contemporâneo a partir de categorias de Elias e Scotson (2000), ver Figueira (2004).

mão e correndo de costa e nós partindo pra cima. Eles entraram no barraco deles, trancaram a porta, ficaram dentro. Que onde eles dormiam era toda de alvenaria, né? Aí nós passamos a noite jogando pedra em cima do barraco deles, quebramos as telhas tudim com pedra, jogando pra ver se eles saíam de dentro e eles num saíram, né? Aí quando deu domingo, aí a peãozada tava toda alvoraçada, tocaram fogo no barraco, onde nós dormia, né, o barracãozão de lona. Tocaram fogo numa rede e jogaram em cima. Como a lona era preta e embaixo era palha, né? Aí num teve quem segurasse. [...] Foi os peão do Pará que tocaram fogo com raiva dos segurança, né? Eles tocaram fogo no barraco mesmo que nós dormia. Aí muita gente ficou sem documento, sem rede, queimou tudo, outros tiraram. E aí foi um frejo! Aí quando deu, foi um dia de domingo, aí queimou tudo, aí nós ficamos... Eles num disseram nada, né?, O gerente... ficaram todo mundo calado. Aí também nós pensava que num ia ter nada, né? Quando deu segunda-feira, nós fomos trabalhar. [...] Nós chegamos cinco hora da tarde do serviço. Aí tinha quatro avião no campo de aviação da fazenda, aí nós num vimos ninguém, só vimos os avião, né? Aí nós entramos pra dentro do barraco. Aí quando nós entramos tudim pra dentro do barraco eles fecharam, eles tavam escondido. Eles fecharam o barraco, de metralhadora já no ponto já. Aí era só pegando a peãozada e amarrando, né?, como quem pega porco. (MORAIS, 2020).

Segundo Aurélio, as quatro aeronaves haviam levado uma tropa policial para impedir nova revolta e para identificar os que estavam envolvidos na rebelião que resultou no ataque aos seguranças e no incêndio do barracão. O medo de sofrer torturas policiais, prisão ou até de serem assassinados, em uma região marcada pela violência e pistolagem no campo (PEREIRA, 2015), foi o motivo para que Aurélio e outros colegas executassem um plano de fuga feito às pressas. Transcrevemos a seguir um trecho longo de entrevista por considerarmos que são detalhes importantes para compreensão do fato que até hoje está fortemente marcado na memória de Aurélio e que por isso faz parte da história da produção artística dele, com músicas que relatam a situação de exploração, violência e os riscos que se submeterem ao fugirem da Fazenda Tiraximim.

Rapaz, começaram a bater em peão. Lá fazia era bater mermo com aquelas borracha, né? Eles empidurava o cara amarrado assim pelos braços, né. Aqueles paus. Tinham um monte de pezim de pau assim na parte da fazenda. Empidurava e começavam a bater pros cara entregar os outro, né? E aí começaram, passaram uma semana lá. Passaram a semana lá todinha pegando. E aí eles botava no avião e leva pra Goiás pra botar na cadeia. Aí lá eles prendiam. Aí nesse mês foi quando nós fugimos. Eu me ajuntei, eu e cinco, disse: "Rapaz, aqui num vai dar pra nós ficar não. Com certeza nós vamos entrar (sofrer tortura) também, porque já pegaram quase tudo, e só levaram, e nós num vamo se livrar não". Nós se ajuntemos e aí nós fugimo. Chamemo um cara que era motorista de uma caçamba, trabalhava lá dentro. Pedimos pra ele deixar nós de noite lá fora, que nós de pé num passava, né? Porque lá tinha os guarda lá na portaria lá na frente. Aí o cara passou como se fosse deixar alguma coisa fora, né? Nós ia debaixo da lona. Quando chegou lá depois da guarita, nós descemos e o cara voltou. Aí nós viajamos a noite todinha com chuva, trovão demais e chuva dentro da mata, sem saber nem onde, por onde era nada, caminhando dentro dos mato. Por isso tem aquela música, né: Fuga de um migrante. "Sofrer como eu sofri nas matas do amazonas...". Aí viajemos a noite todinha por dentro da mata. Aí, quando deu cinco horas nós chegamo numa fazenda, numa serraria, né? Nessas serraria desses cara que corta madeira, né?, dentro do mato. Nós chegamos nessa serraria, aí nós falamos pros cara, pra eles dar uma carona pra nós até sair fora. Aí eles mandaram nós esperar sete hora, quando eles começava sair com a madeira, aí botaram nós em cima dos caminhão. Lá em cima que as madeirona, tora de madeira, nós ia sentado lá em cima. Quando chegava naquelas ponte, que as ponte num é ponte, é só dois pedaço de pau, duas toras de pau. O carro tinha que passar por cima, né? Aí nós tinha que descer porque se o carro caísse nós morria. Aí até chegar na cidade que era a cidadezinha Redenção, né? Quando nós chegamos na Redenção (eram) nove hora da noite, né? Viajamos uma noite de pé e o dia todo no carro. Só que ninguém num via, só via os olhos, numa hora via só lama. Quando cheguemo na rodoviária o povo pensava que nós era garimpeiro, né? Fomos bem atendidos. Os garimpeiro que andava sujo de lama assim. Pensava que nós vinha até do garimpo, por isso que eu fiz a música "Fuga de migrante". E aquela "Migrante escravizado" é aquela que fala sobre o barraco que tocaram fogo (MORAIS, 2020a).

O "pouco troco" que Aurélio Andrade Morais conseguiu juntar depois de três meses de trabalho na Tiraximim só foi suficiente para pagar ônibus e alimentação no caminho de volta à casa dos pais, em Miguel Alves. Aquela situação de grande violência policial, quando o país acabava de passar por uma ditadura civil-militar, ficou por muitos anos em silêncio. E nem mesmo os familiares mais próximos sabiam da experiência de Aurélio na Fazenda Tiraximim. Possivelmente por vergonha de ser julgado como um daqueles que saíram de casa e não tiveram nenhum sucesso na migração.

> Rapaz, só (ficamos tranquilos) na hora que nós vimo que já tinha saído de dentro da fazenda já, que tava na cidade, que entramos no ônibus pra vim, até quando nós tava na rodoviária nós tava com medo ainda. Mas quando nós pegamo o ônibus que fizemo viagem num rumo de casa, aí parece que tomamo ar logo, né, nessa hora. Só que aí naqueles tempos a gente pensava que era comum, né? Ninguém num ligava muito pra essas coisa, né? Num podia falar pra ninguém, nera? Tinha que ficar calado. Depois de muitos anos foi que eu vim falar naquela (situação na Tiraximim)... Foi quando começaram aquela campanha (da CPTE) que me procuraram e fui contar. Eu nunca tinha contado isso pra ninguém não, nem lá em casa ninguém sabia não (MORAIS, 2020).

Além do aspecto de "normalidade" da situação de exploração "naqueles tempos", ou até mesmo receio de possíveis perseguições ("tinha que ficar calado") e outros "não ditos" e esquecimentos (POLLAK, 1989), o que ajudou Aurélio a silenciar sobre o assunto na comunidade em que vivia foi a necessidade de voltar a migrar. Em pouco mais de dois meses, ele saiu do Piauí para trabalhar como ajudante de obras em uma firma de Rondônia, onde também passou por situação degradante de trabalho (MORAIS, 2020).

Das matas aos palcos de luta contra o trabalho escravo

Depois de mais de uma década de trabalho percorrendo Rondônia, Pará e Amazonas, Aurélio Andrade voltou à terra natal já para viver próximo aos pais. Embora com a saúde abalada pelo diabetes, foi um retorno muito diferente do realizado em 1986. Voltou mais maduro, com mais segurança emocional, e ao se sentir fortalecido pela campanha contra o trabalho escravo da CPTE, passou a não ter nenhum receio de falar e cantar sobre o drama vivido na Fazenda Tiraximim.

O retorno a Miguel Alves deu-se também em um momento de luta da família e vizinhos sem-terra em processo de luta por reforma agrária. A partir da reivindicação dos trabalhadores rurais, foi na área que Aurélio cresceu que se oficializou o Projeto de Assentamento Bonfim/Jenipapeiro, pelo Instituto Nacional de Colonização e Reforma Agrária (Incra), em 2005, com mais de 30 famílias.

Foi a partir do processo de luta por terra em Miguel Alves e de busca de informações em campo que a CPT tomou conhecimento da existência da história de Aurélio Andrade. Com a aplicação do questionário da CPTE, a CPT pôde se aproximar daquele que – de vítima de trabalho escravo – seria transformado, ainda que por um período curto, em uma das principais personagens públicas nas campanhas de enfrentamento ao problema.

Ser músico, portanto, era característica de Aurélio Andrade fundamental para que ele chamasse mais atenção, entre tantos outros piauienses que passaram pelo trabalho escravo contemporâneo, ou trabalho análogo ao escravo. Afinal, era um trabalhador que, através da arte, cantava a experiência de migrante que saiu de casa ainda muito jovem para ser submetido a situação violenta de exploração no trabalho. Após responder ao questionário da CPTE, em 2003, Aurélio Andrade passou a se integrar às atividades promovidas pela CPT na região onde morava. Começou a circular como artista nos espaços públicos de denúncia contra o trabalho escravo, inicialmente dentro do Piauí, até se apresentar em palcos, eventos e manifestações relacionados ao tema, em nível nacional. A participação do cantor em atividades com apoio da CPT se intensificou principalmente a partir de 2005, quando a campanha nacional de combate ao trabalho escravo estava a pleno vapor, pela aprovação, no Congresso Nacional, de uma Proposta de Emenda à Constituição que estabelecesse a pena de perda de propriedade, sem qualquer indenização, aos que sujeitassem alguém a condições de trabalho análogas à escravidão.

Depois de muitas participações em documentários, entrevistas, eventos e manifestações públicas sobre o trabalho escravo contemporâneo, Aurélio Andrade recebeu em 2006 o Prêmio João Canuto de Direitos Humanos. Outro homenageado nessa mesma edição do prêmio foi Dom Pedro Casaldáliga, religioso que a partir da Prelazia de São Félix do Araguaia, no início dos anos de 1970, denunciou situação de exploração de trabalho escravo na Amazônia, e foi um dos fundadores da CPT. Tal homenagem, promovida pela organização não governamental Movimento Humanos Direitos, leva o nome de uma liderança sindical assassinada, em Rio Maria, no Pará, em 1985, em conflito por terra.

Foi também em 2006 que, através da CPT, Aurélio Andrade gravou um CD (MIGRANTE, 2006). Dentre as selecionadas para o *Compact Disc* estavam as músicas "Migrante escravizado" (que dá nome ao álbum) e "Fuga de migrante". As duas letras de músicas que transcrevemos aqui resumem o que foi relatado em outro momento por Aurélio Andrade sobre os perigos, ameaças, humilhações e violências sofridas pelo artista na fazenda Tiraximim:

Migrante escravizado

Meu Deus do céu
diga o que vou fazer
aqui na Tiraximim
não dá pra gente viver
Eu vou embora
eu vou sair de mundo afora
procurar um lugar
que eu encontre uma melhora
O barraco que tinha
botaram fogo
e se queimou
Nós ficamo na rua
sem ter um lugar
para onde ir
A firma não paga direito
e nem tem respeito
para aconselhar
Ainda traz a polícia
e pega os peão
Ainda mandou surrar
Meu Deus do céu
diga o que vou fazer
aqui na Tiraximim
não dá pra gente viver

Fuga de Migrante

Sofrer como eu sofri
Nas matas do Amazonas
Sofrer como eu sofri
Nas matas do Amazonas
Pegando chuva
Passando fome
Caminhando a pés
Léguas e léguas
Léguas e léguas
Sem saber por onde é
Ô, ô, ô, ô...
Subindo Serra
Cortando lama
Pegando carona
Em cima de um pau de arara
Pegando poeira na cara
Foi assim que eu fugi de lá
Em cima de um pau de arara
Pegando poeira na cara
Foi assim que eu fugi de lá
Subindo Serra
Cortando lama
Pegando carona
Em cima de um pau de arara
Pegando poeira na cara
Foi assim que eu fugi de lá...

Nos rastros de uma conclusão

A empregadora de Aurélio Andrade Morais era a Companhia Agro Pastoril do Rio Tiraximim. Era mais uma das empresas que foram montadas a partir do incentivo do governo que se instaurou com o golpe civil-militar de 1964 no Brasil, de olho nos recursos do Fundo de Investimentos da Amazônia e Banco da Amazônia (FIGUEIRA, 2004), assim como outros grupos que exploraram trabalhadores na região com muita violência (FIGUEIRA; PRADO;

PALMEIRA, 2021). A Companhia, à época, pertencia à Sul América Seguros Industriais e Comerciais S/A (COMPANHIA *apud O Liberal*, 1989, p. 22).

É possível localizar a presença do grupo Sul América em Miguel Alves, na década de 1980. Ali a empresa instalou um grande projeto de rizicultura, a partir da Sul América Companhia Agropastoril do Nordeste (instalada oficialmente desde janeiro de 1985, com sede em Teresina), com recursos obtidos no Banco Nacional de Desenvolvimento Econômico e Social (BNDES), o que em pouco tempo colocou Miguel Alves como um dos maiores produtores de arroz do Brasil (FERNANDO, 1988).

Não seria impossível imaginar que da Companhia instalada no Piauí tenha saído o aliciador de mão de obra, ou que pelo menos esta tenha servido de base de apoio para o trabalho do gato que atuava na região em favor da Tiraximim. Esse é apenas um pequeno rastro que nos permite entender como um trabalhador – sufocado pela pobreza e pelo latifúndio na terra natal – viu-se obrigado a trabalhar nas matas da floresta amazônica, até ser descoberto há 20 anos, em um processo de organização da luta contra o trabalho escravo no Piauí.

Referências

Fontes

Discografia

MIGRANTE escravisado. Compact Disc (CD) de Aurélio Andrade. Comissão Pastoral da Terra (CPT-PI), 2006.

Jornais

COMPANHIA agro-pastoril do Rio Tiraximim. Relatório/balanço patrimonial. Jornal O Liberal, ano XLIII, nº 22.289, 29 de abril de 1989.

FERNANDO, Wilson. Piauí assume liderança na produção de arroz irrigado. Jornal do Brasil, 1º caderno, p. 13, Ano XCVII, nº 283, 19 de janeiro de 1988.

ENTREVISTAS:

FEITOSA NETA, Joana Lúcia. Coordenadora estadual da Comissão Pastoral da Terra (CPT) no Piauí. Entrevista concedia a Daniel Vasconcelos Solon em 6 de dezembro de 2021.

MORAIS, Aurélio Andrade. Músico e trabalhador rural (Projeto de Assentamento Bonfim/Jenipapeiro, Miguel Alves - Piauí). Entrevista concedida a Daniel Vasconcelos Solon em 1º de maio de 2020.

Materiais do diagnóstico da CPTE

CAMPANHA de Prevenção ao Trabalho Escravo e Combate ao Aliciamento de Trabalhadores do Piauí – Comissão Estadual de Prevenção e Combate ao Trabalho Escravo (CPTE), (Relatório da pesquisa), s.d.

QUESTIONÁRIO "Vítima do Trabalho Escravo" respondido por Aurélio Andrade Morais em 12 de abril de 2003.

FORMULÁRIO "Diagnóstico – áreas de aliciamento" (roteiro para a família; roteiro para o trabalhador que viajou), 2003.

Bibliografia

ANDRADE, Patrícia Soares de. *A insustentável questão fundiária e ambiental do cerrado piauiense*: a confluência de interesses entre Estado e o agronegócio na expansão da produção de grãos. Tese de doutorado (Políticas Públicas) – Universidade Federal do Piauí, Teresina, 2015.

ARCARY, Valério. *Um reformismo quase sem reformas*: uma crítica marxista do governo Lula em defesa da revolução brasileira. São Paulo: Sundermann, 2011.

BRASIL. Plano nacional para a erradicação do trabalho escravo / Comissão Especial do Conselho de Defesa dos Direitos da Pessoa Humana da Secretaria Especial dos Direitos Humanos; Organização Internacional do Trabalho. Brasília: OIT, 2003. Disponível em: https://reporterbrasil.org.br/documentos/plano_nacional.pdf

BRASIL. *Resolução nº 05 de 28 de janeiro de 2002* do Conselho de Defesa dos Direitos da Pessoa Humana (CDDPH), Ministério da Justiça.

FIGUEIRA, Ricardo Rezende. *Pisando fora da própria sombra*: a escravidão por dívida no Brasil contemporâneo. Rio de Janeiro: Civilização Brasileira, 2004.

FIGUEIRA, Ricardo Rezende; PRADO, Adonia Antunes; PALMEIRA, Rafael Franca. *A escravidão na Amazônia*: quatro décadas de depoimentos de fugitivos e libertos. Rio de Janeiro: Mauad X, 2021.

GARCIA, Cyro. *PT: de oposição à sustentação da ordem*. Rio de Janeiro: Achiamé, 2011.

IBGE. Miguel Alves. *Coleção de monografias municipais*. Nova Série – nº 222. Rio de Janeiro, 1985.

MEIHY, J. C. S. B. *Manual de História Oral*. 4. ed. São Paulo: Edições Loyola, 2002.

MENEZES, Marilda Aparecida de. COVER, Maciel. Movimentos "espontâneos": a resistência dos trabalhadores migrantes nos canaviais. *Cadernos CRH*, Salvador, v. 29, n.76, p. 133-148, 2016.

OIT. *Perfil dos principais atores envolvidos no trabalho escravo rural no Brasil*. Brasília: ORGANIZAÇÃO INTERNACIONAL DO TRABALHO, 2011

OLIVEIRA, Bruno José Cruz. Políticas Sociais, Neoliberalismo e Direitos Humanos no Brasil. *Revista de Educação*, v. 5, n. 9, p. 175-183, jan./jun. 2010.

PEREIRA, Airton dos Reis. A prática da pistolagem nos conflitos do Sul e Sudeste do Pará (1980-1995). *Territórios & Fronteiras*, v. 8, n. 1, p. 230-255, 2015.

PIAUÍ. *Plano Plurianual 2004/2007*. Anexos 1 e 2. Governo do Estado do Piauí, 2004.

PORTELLI, Alessandro. Forma e significado na história oral. A pesquisa como um experimento em igualdade. *Projeto História*, São Paulo, PUC, n. 14, 1997.

POLLAK, Michael. Memória, esquecimento, silêncio. *Estudos Históricos*, Rio de Janeiro, v. 2, n. 3, p. 3-15, 1989.

ROCHA, Cristiana Costa da. *A vida da lei, a lei da vida*: conflitos pela terra, família e trabalho escravo no tempo presente. 2015. Tese (Doutorado) – Universidade Federal Fluminense, Instituto de Ciências Humanas e Filosofia. Departamento de História, 2015.

SAKAMOTO, Leonardo (coord.) *Trabalho escravo no Brasil do Século XXI*. Brasília: OIT, 2006.

SCOTT, James. C. *A Dominação e a Arte da Resistência:* discursos ocultos. Lisboa: Letra Livre, 2013.

VIEIRA, Marcelo Aleff de Oliveira. *Trabalho Escravo Contemporâneo e Conflitos Agrários* – Miguel Alves – Piauí, 1980-2019. Dissertação (mestrado) – Universidade Federal do Ceará, Centro de Humanidades, Programa de Pós-Graduação em História, Fortaleza, 2021.

VIEIRA, José Carlos. *Democracia e direitos humanos no Brasil*. São Paulo: Loyola, 2005.

CAPÍTULO 11

EXPERIÊNCIAS DE TRABALHADORES E TRABALHADORAS RURAIS PELA DISPUTA DO COCO BABAÇU NO ENTRE RIOS PIAUIENSE

Marcos Oliveira dos Santos

Introdução

O presente capítulo deseja analisar as experiências de trabalhadores e trabalhadoras rurais pela disputa do coco babaçu no Entre Rios[121] piauiense, que configuraram em conflitos pelo acesso à Reforma Agrária[122]. Além disso, procuramos também problematizar a ideia de progresso no campo através das vivências desses sujeitos a partir do surgimento de uma fábrica de beneficiamento da amêndoa do coco babaçu dentro de um meio rural. Através dessa análise compreendemos que as relações de trabalho que se perpassam dentro dessa fábrica tinham um sentido distinto se comparadas a outras fábricas instaladas comumente em áreas urbanas, mas especificamente com trabalhadores urbanos. Tendo em vista que a fábrica foi estruturada em um ambiente rural e utilizando-se de uma mão de obra composta em sua

---

121 O Território do Entre Rios faz parte da macrorregião denominada de Meio-Norte Piauiense a qual subdivide-se em outros 03 territórios de desenvolvimento: Cocais, Carnaubais e Entre Rios. Denominação feita pelo Plano de Ação Integrada para o Desenvolvimento da Bacia do Parnaíba (PLANAP).

122 Conjunto de ações que possibilitem a distribuição justa de terras agricultáveis a fim de garantir que partes dessas terras estejam nas mãos dos trabalhadores rurais.

grande por trabalhadores e trabalhadoras rurais que tinham um baixo grau de escolaridade e que estavam habituados ao trabalho braçal para poderem sustentar a sua família.

A metodologia da História Oral foi utilizada para auxiliar na construção deste capítulo, possibilitando através de uma entrevista trazer à tona os relatos das vivências para o centro da análise histórica. Nesse sentido, nos aproximamos do objeto pesquisado enquanto pesquisadores, gerando assim, como fruto da entrevista, uma relação de confiança entre o entrevistador e o entrevistado, base fundamental para a construção dessa narrativa histórica e, para tal, procuramos preservar a real identidade do entrevistado no sentido de manter a ética e o sigilo da fonte. Além dessa fonte oral, utilizamos também fontes hemerográficas com o intuito de delinear as ações desses camponeses em busca da sobrevivência familiar. E por meio da análise dessas fontes observamos que nem sempre o avanço do capitalismo é benéfico para as relações de sobrevivência das comunidades rurais. Outrossim, essas relações de trabalho chegavam a um alto nível de exploração para atingir as demandas do grande capital em detrimento do bem-estar desses trabalhadores e trabalhadoras rurais situados dentro do campesinato piauiense e que esses sujeitos históricos imbuídos de uma economia moral utilizavam várias estratégias de resistência.

Em várias cidades do Entre Rios piauiense, havia conflitos em torno do coco babaçu entre os proprietários de terras e as famílias de trabalhadores e trabalhadoras rurais que viviam nessas terras sob a condição de moradia. Os conflitos na região foram acentuados e evoluíram no processo de luta pela Reforma Agrária, tendo em vista que esses camponeses, em sua grande maioria, eram moradores agregados e não tinham um registro de posse ou alguma outra documentação comprobatória que afirmasse o direito sobre a terra. Esse contexto de conflitos que é comum no Piauí pode ser evidenciado na descrição feita em tese de doutoramento de Cristiana Rocha (2015) ao tratar sobre os conflitos de terras em um município da Região dos Cocais, local onde morou a família proprietária da fábrica GECOSA[123]. Segundo a autora,

> As relações estabelecidas entre os proprietários de terras com os trabalhadores rurais de Barras, que sem terras viviam sob condição de moradia em

---
[123] Indústrias Integradas Gervásio Costa S/A.

fazendas da região, apresentam-se tão opressoras quanto aquelas vivenciadas entre eles e seus patrões, na condição de trabalhadores migrantes pelos confins do País. Diante disso, em várias circunstâncias narradas há evidências de que os trabalhadores rurais passaram de cativos da terra a trabalhadores escravizados noutros destinos. Suas vivências na luta pela posse da terra enquanto "moradores" que deviam renda ao proprietário, como os conflitos cotidianos no seio de suas fazendas, deram a esses sujeitos a experiência de classe tão necessária para os enfrentamentos posteriores enquanto migrantes (ROCHA, 2015, p. 23-24).

Assim, buscando pensar as relações de conflitos desses sujeitos históricos, conseguimos situar os trabalhadores rurais dentro dessa pesquisa, como também as informações que nos permitiram problematizar a disputa pelo coco babaçu e pela posse da terra. É importante frisar que os espaços de disputa no campo vêm se arrastando ao longo do tempo, e geralmente são caracterizados por conflitos entre trabalhadores e trabalhadoras rurais e os proprietários de grandes herdades e com um poder aquisitivo elevado, o que impossibilita uma luta com igualdade entre as partes envolvidas.

Disputa pelo coco babaçu e pela reforma agrária

Através da biblioteca on-line da Comissão Pastoral da Terra – CPT, conseguimos localizar através de um acervo digitalizado fontes hemerográficas que destacavam vários conflitos oriundos do desejo pela posse de terra e a disputa pelo coco babaçu, entre eles, analisamos o embate ocorrido no povoado Mato Seco, zona rural do município de Miguel Alves (PI), que também pertence ao Entre Rios piauiense, conforme noticiou o jornal *Diário do Povo* (1998, p. 10), informando que os trabalhadores rurais "[...] resolveram vender o coco para outras pessoas, porque eles estavam passando fome. 'Todo coco babaçu que nós quebramos, temos que vender pra (sic) o dono da terra'".

Nessa fala, o jornal narra um depoimento de um trabalhador rural que é morador dessa localidade há mais de 20 anos, informando que ele necessitou vender a amêndoa do coco babaçu para outros compradores, tendo em vista que o preço pago pelo proprietário da terra era muito inferior ao que era comumente praticado em outras localidades, o que acabava levando esses moradores a uma situação de pauperização. E desse modo as estratégias adotadas por esses trabalhadores e trabalhadoras rurais mediante a condição de servidão nos possibilitaram refletir a respeito da História Rural como uma forma de dar visibilidade histórica para esses sujeitos, que através de suas experiências vivenciadas dentro de um cotidiano de luta pela sobrevivência procuravam reivindicar seus direitos.

A noção de propriedade nesse sentido não é neutra, pois ela está em constante processo de construção, permitindo assim analisarmos as articulações e os movimentos de resistências desses camponeses, e dessa forma o papel do historiador se torna essencial para a construção do diálogo com esses sujeitos, pois procuramos assumir a perspectiva da experiência do outro dentro desse processo de afirmação das identidades dessas camadas sociais subalternizadas, dando ênfase para essas questões urgentes dentro da História Agrária e, desse modo, terminamos colocando mesmo que de maneira subentendida as nossas impressões pessoais na construção dessa narrativa historiográfica.

Desse modo, podemos fazer uma crítica sobre a abordagem da propriedade através do direito de propriedade, pois ele deve ir para além das leis formuladas para essa finalidade, ou seja, deve constar também nessa análise o diálogo com as experiências dos sujeitos históricos que muitas vezes são silenciados dentro do espaço da pesquisa. Portanto, a relação do direito de propriedade pode ser modificada a partir dos embates sociais e, nesse sentido, para ser propriedade não basta somente ter um título, mas é necessário ter uma utilidade social dentro de uma determinada comunidade. Assim percebemos através da análise dessas fontes que esses camponeses queriam legitimar a sua situação enquanto moradores agregados com o objetivo de serem participantes de um processo de resistência às agruras da vida, no intuito de sobreviver e mudar a realidade social.

O objetivo deste capítulo não é discutir a noção de propriedade, mas mostrar que a concepção do direito de propriedade é resultante dos embates sociais que ocorrem em decorrência da luta pela posse de terra e que esses embates podem ser modificados a partir das relações de forças existentes entre os mais variados sujeitos envolvidos nesse processo de disputa. Assim, as leis referentes ao direito de propriedade são estabelecidas com base nessas relações de resistências e pelo reconhecimento dos costumes das populações rurais situadas dentro dessas áreas de conflitos. Dessa forma, podemos analisar um outro jornal que também noticiou esse conflito entre os trabalhadores e trabalhadoras rurais da localidade Mato Seco e os proprietários dessa área em disputa. Pois noticiou de maneira bem detalhada esse evento, destacando que no 16 de junho de 1998

> Um grupo de trabalhadores rurais da localidade Mato Seco, no município de Miguel Alves a 110 quilômetros ao Norte de Teresina, estiveram ontem na Federação do (sic) Trabalhadores na Agricultura do Estado do Piauí - Fetag. Os 45 agricultores foram pedir apoio para a solução do conflito entre as 400 famílias e os proprietários da fazenda. [...] segundo o presidente da Fetag, Adonias Higino, os trabalhadores reivindicam do Instituto Nacional de Reforma Agrária – Incra, a compra da terra para que eles sejam assentados. Higino disse que já houve, inclusive, tentativa de despejo de agricultores (JORNAL O DIA, 1998, p. 03).

O fragmento pontua a articulação desse grupo de trabalhadores e trabalhadoras rurais que se uniram e foram até a Federação dos Trabalhadores Rurais Agricultores e Agricultoras Familiares do Estado do Piauí – FETAG para buscarem uma solução para o problema que estava ocorrendo entre essas "400 famílias rurais e os proprietários da fazenda" em virtude do conflito pela posse da terra dessa área. Nesse sentido, o jornal dava ênfase para a tentativa de despejo que foram submetidas essas famílias rurais que moravam nessa localidade. Além disso, informou que esses moradores reivindicaram a compra dessas terras pelo Instituto Nacional de Reforma Agrária – INCRA para que fosse possível criar um assentamento por meio da Reforma Agrária.

Percebemos nesse ponto específico que esses trabalhadores e trabalhadoras rurais já tinham uma percepção de classe no sentido de se organizarem para lutarem por seus direitos, e sobre isso podemos citar o pensamento de Thompson (1998, p. 19), evidenciando que "quando procura legitimar seus protestos, o povo retoma frequentemente as regras paternalistas de uma sociedade mais autoritária, selecionando as que melhor defendam seus direitos atuais". Essa questão é percebida na fala desses trabalhadores através de uma articulação que resultou na reivindicação da compra dessas terras por um órgão governamental capaz de intermediar esses conflitos entre esses camponeses e os proprietários da fazenda.

Para Thompson (1998), as multidões agem de maneira orquestradas, e assim podemos inserir esses trabalhadores e trabalhadoras rurais dentro dessa concepção de pensamento no que se refere à busca por seus direitos e nas suas ações de resistências contra as investidas dos setores dominantes da sociedade rural na qual estavam inseridos. Através de uma economia moral, esses sujeitos históricos moldavam a suas ações e terminavam dando uma intencionalidade aos seus atos de resistência e assim procuravam combater as diversas práticas de espoliação que estavam sofrendo pelos herdeiros da terra. Essa economia moral segundo Thompson pode ser representada por um conjunto de ações e mecanismos de controles estabelecidos dentro da ética e da moral em grupos distintos de pessoas.

Em outro ponto da reportagem do jornal *O Dia* (1998, p. 03), informou que "por causa da seca o (sic) trabalhadores estão quebrando côco (sic) para sobreviver. Eles deixaram de vender o coco (sic) para os herdeiros da terra por não concordarem com o valor pago pelos proprietários da fazenda". Nesse trecho, percebemos o conflito existente em torno do babaçu, e que acabou se acentuando ainda mais devido à seca que estava ocorrendo naquele período, penalizando dessa forma esses trabalhadores e essas trabalhadoras rurais que não tinham condições de manterem o sustento de suas famílias somente com o trabalho da lavoura, uma vez que deveriam também pagar a renda para os donos da terra, e assim necessitavam da amêndoa do babaçu para poderem sobreviver.

Dentro desse contexto de luta pela sobrevivência desses camponeses, podemos situar nesse campo de investigação historiográfica as quebradeiras de coco. Pois a colheita do babaçu e a extração da amêndoa era realizada em sua grande maioria por essas mulheres quebradeiras de coco e por suas crianças. Essa atividade extrativista tinha como objetivo principal auxiliar na compra de gêneros alimentícios essenciais para a alimentação de seus familiares, mas apesar desse fato, a historiografia tradicional procurou privilegiar dentro do seu discurso historiográfico os homens em detrimento das mulheres, pois eles eram considerados os únicos capazes de serem provedores de víveres para a subsistência familiar, deixando de lado as quebradeiras de coco nessa historiografia campesina piauiense. Essa atividade de quebra da amêndoa do coco babaçu exercida por essas mulheres era fortalecida pela concepção da maternidade conforme nos afirmou a pesquisadora Viviane Barbosa em sua tese de doutoramento (2013), mostrando as histórias de vidas e as ações de resistências das quebradeiras de coco maranhense:

> A história das quebradeiras de coco babaçu pode ser vista desde uma perspectiva da história dos movimentos sociais. Neste caso, nota-se a capacidade dessas mulheres em se mobilizarem em diferentes situações e construírem estratégias de enfrentamento aos seus antagonistas, demarcando sua agência e consolidando identidades e demandas, para as quais a maternidade como experiência é reiteradamente reafirmada. É notório o processo de reconhecimento de uma identidade própria para a formação das lutas das quebradeiras de coco e para a criação e desenvolvimento de um movimento social que as integra (BARBOSA, 1993, p. 29).

Assim, devemos observar que apesar desses jornais, considerados como fontes ditas oficiais não citarem essas mulheres quebradeiras de coco nesse processo de reivindicações de direitos e nas ações de sobrevivência do grupo de camponeses em questão, elas estavam como personagens atuantes dentro desse processo de lutas através do extrativismo do babaçu e que os homens se limitavam na maioria das vezes ao cultivo da lavoura e à venda da amêndoa do babaçu. Enquanto o trabalho árduo de quebra da amêndoa do babaçu por meio de um machado e um pedaço de pau era realizado por essas mulheres camponesas e por seus filhos e que o compromisso da maternidade era o combustível necessário para a realização desse trabalho que representa uma atividade complementar para o sustento de muitas outras famílias rurais que residem nessa região do Entre Rios piauiense.

Outra localidade que passou por esse processo de luta pelo coco babaçu foi o povoado Novo Nilo, localizado na cidade de União (PI), pois nessa localidade a compra da amêndoa do babaçu pelo proprietário da terra também era realizada, conforme nos relatou o senhor Amâncio Moraes (2017, p. 03), 44 anos, casado, o qual nos informou que os moradores "levavam para o armazém [da fábrica]. Na região aqui todinha o morador quebrava. [E o dono da fábrica] comprava no armazém mesmo ali [apontou em direção a fábrica] e comprava de fora, mas ele preferia comprar mesmo da região aqui. O morador quebrava aqui e vendia aqui mesmo, no armazém da GECOSA". Assim entendemos que essa indústria se alimentava desse sistema de espoliação, pois a grande maioria de seus trabalhadores vivia em condição de moradia e toda a sua família estava ligada à fábrica e dependia dela.

O extrativismo do coco babaçu também era realizado na maioria das vezes por mulheres quebradeiras de coco e por crianças que estavam envolvidas no processo de colheita do babaçu. E os homens eram responsáveis pela venda da amêndoa do coco babaçu. Nesse sentido, percebemos a importância histórica fundamental do extrativismo da palmeira do coco babaçu nas subsistências de famílias rurais da região Meio Norte do Piauí, pois possibilitou a criação de diferenciais na vida dessas pessoas no contexto econômico e social, possibilitando através da venda da amêndoa do coco babaçu uma complementação da renda familiar.

Antes da fundação da fábrica, os trabalhadores e trabalhadoras rurais que viviam sob condição de moradia nessa localidade eram obrigados a pagar a renda dos produtos que eram produzidos em suas lavouras para os donos das terras. Com a criação dessa indústria de beneficiamento da amêndoa do coco babaçu, esses trabalhadores e essas trabalhadoras, que até então lidavam com o trabalho na terra através de uma agricultura de subsistência, foram incorporados a esse sistema fabril, e nessas novas condições de trabalho, foi criada uma nova sistemática de arrecadação, pois o morador era obrigado a vender a amêndoa do coco babaçu exclusivamente para a indústria, sob ameaça de despejo caso não obedecessem ao que foi definido pelos donos da fábrica. E com essa nova prática de exploração, esses sujeitos ficavam sujeitos aos preços do babaçu que eram estipulados pelos industriais e que terminavam penalizando esses camponeses.

Desse modo o historiador social deve estar atento às diversas temporalidades históricas que se relacionam com o seu objeto de estudo pesquisado, possibilitando entender as implicações e as possibilidades históricas para a compreensão das vivências desses sujeitos, conforme nos afirma Martins (2009, p. 12):

> Temporalidades que aparentemente se combinam, mas que de fato se desencontram, na prática dos que foram lançados pelas circunstâncias da vida numa situação social em que o conflito sai de seus ocultamentos, inclusive ideológicos, e ganha visibilidade e eficácia dramática na própria vida cotidiana de adultos e crianças.

A noção de temporalidade pensada pelo autor se baseia na ideia de fronteira enquanto espaço de diversidades que dialoga com as questões históricas. A dimensão desse processo permite ver os elementos das fronteiras, ou seja, a fronteira a partir da visão do pioneiro. Nesse sentido só conseguimos ver a fronteira do lado em que estamos, nos impossibilitando de ver do lado do outro e nesse caso representa as vivências dessas famílias camponesas.

No contexto de criação dessa fábrica de beneficiamento da amêndoa do coco babaçu instalada no meio rural, a ideia de progresso do campo em nosso país estava diretamente relacionada ao surgimento do Agronegócio[124], que demandava um investimento direto no setor agropecuário em detrimento do extrativismo, que era uma prática tradicionalmente realizada pelos trabalhadores e pelas trabalhadoras rurais no Piauí, e esse aspecto foi citado em um dos documentos da empresa ao solicitar investimento para a ampliação de suas atividades industriais com o beneficiamento do coco babaçu.

Esse novo sistema agrícola que foi implantado no Brasil em decorrência da Revolução Verde[125] estava em desacordo com a política econômica que era praticada no Piauí até meados de 1950, tendo em vista que se destinava aos produtos de exportação oriundos do extrativismo da maniçoba, da carnaúba e do babaçu. No entanto, esse quadro foi mudando a partir da década de 1960, onerando assim os empreendimentos que procuravam manter o seu sistema econômico baseado no extrativismo, como é o caso dessa fábrica de beneficiamento da amêndoa do coco babaçu.

Em contrapartida a essa ideia de progresso no campo, existia a figura dos trabalhadores e trabalhadoras rurais que historicamente estiveram à margem desse processo de desenvolvimento agrícola por serem vistos como mão de obra desqualificada. Além disso, existia também o medo das desapropriações por conta da grande demanda de terras que eram necessárias para a implantação do agronegócio e consequentemente da dificuldade de manterem o extrativismo de subsistência devido à intensa derrubada das matas nativas, como é

---

124 Cadeia de produção alimentar que agrega setores econômicos como pecuária, agricultura e indústria.
125 Caracterizada pela implantação de técnicas de modernização científica na agricultura através de investimentos no melhoramento genético dos grãos e na utilização de fertilizantes que potencializasse os procedimentos de preparo da terra, aumentando assim consideravelmente a capacidade de produção para o abastecimento do mercado interno e para a ampliação das exportações dos produtos agrícolas.

caso, por exemplo, das matas dos babaçuais, acentuando assim os conflitos pelo coco babaçu e consequentemente afligindo a condição de sobrevivência dessas famílias rurais.

Essa problematização da disputa pelo coco babaçu pode ser melhor entendida dentro do Povoado Novo Nilo a partir da análise da narrativa do senhor Amâncio que trabalhou na fábrica da GECOSA. Pois ele relatou de forma detalhada o seu cotidiano de trabalho na fábrica e suas vivências no povoado Novo Nilo:

> Comecei a trabalhar aos doze anos na GECOSA, como meus irmãos também, e meu pai cresceu, bendizer aqui dentro da GECOSA. Dentro de Novo Nilo e criou nós trabalhando lá dentro da GECOSA. Mas como veio a crise para todo mundo, e veio a fechar a GECOSA. Hoje nós estamos vendo a GECOSA aí, falida, parada, mas hoje o Novo Nilo, pode dizer que cresceu muito em questão daquele tempo. Porque naquele tempo era difícil o serviço, mas hoje a gente ver que mudou muito, porque naquele tempo a gente via que o pai e a mãe da gente, trabalhavam muito quebrando coco e trazendo eles para cá, e a fonte de renda era o coco babaçu. Mas hoje como a GECOSA fechou, hoje a fonte de renda não posso dizer que é o babaçu, mas o comercio aqui em Novo Nilo. A gente olha aqui, tem muita palmeira de babaçu, mas a fonte hoje, para nós que mora aqui, que nascemos aqui, não é mais o babaçu, pode dizer que seja a roça, que nos também crescemos trabalhando na roça. E hoje todo mundo criou outra atividade para sobreviver, uns pescavam, outros fazem roça, outro faz carvão, de lá para cá vem mudando muito. Novo Nilo evoluiu, o velho que fundou a GECOSA, o coronel morreu, os filhos tomaram de conta e não souberam administrar. Até o dia de hoje, que foi a falência da famosa GECOSA (AMÂNCIO, 2019, p. 01-02).

A ideia de progresso para esse trabalhador é apresentada a partir do momento que ele e seus familiares começam a trabalhar para a fábrica, trazendo assim uma representatividade muito forte do papel da GECOSA para a sua família e para o povoado de Novo Nilo, pois ele nos informou que o povoado cresceu muito no período em que ela estava funcionando. Além disso, essa ideia de crescimento para esse sujeito é concebida para além da chegada da fábrica dentro dessa comunidade rural. Pois percebemos que esse trabalhador estava preocupado também com a possibilidade de sobreviver através do trabalho proporcionado pela fábrica. Isso fica claro no momento que ele informa que o emprego era difícil naquele tempo e que seus pais, juntamente com seus irmãos, trabalhavam muito quebrando o coco babaçu e trabalhando na roça para garantir os alimentos de subsistência familiar.

A identidade desse sujeito como trabalhador rural salta em sua fala no momento que ele informa que "também crescemos trabalhando na roça". Essa característica serviria também para que fosse possível reivindicar a sua aposentadoria, tendo em vista que esse trabalhador nunca conseguiu trabalhar na GECOSA de carteira assinada, apesar dele informar: "Comecei a trabalhar aos doze anos na GECOSA, como meus irmãos também, e meu pai cresceu, bendizer aqui dentro da GECOSA. Dentro de Novo Nilo e criou nós trabalhando lá dentro da GECOSA". Esse ponto de sua fala é importante pois diz muito sobre a condição de vida que era enfrentada por esses trabalhadores, uma vez que eram cativos da fábrica. Isso ocorria através de uma relação patriarcal que havia entre esses trabalhadores rurais e o dono da fábrica.

Observamos também que, apesar de ter realizado um trabalho árduo durante o período em que ele trabalhou na fábrica, considerou como um tempo bom e não como o período de sofrimento, pois conforme relata Rocha (2010, p. 74), "mesmo inserido em condições de trabalho compulsório, muitas vezes estes sujeitos não se sentem explorados. Isso porque o trabalho braçal intenso não incomoda a todos, e sendo assim, estes nem sempre se reconhecem como escravizados", dando relevo, dentre outros aspectos, para a concepção moral desses homens pobres, muitas vezes influenciados pela falta de informação a respeito de seus direitos trabalhistas dentro desse contexto fabril, naturalizando assim as práticas de exploração do trabalho dentro do meio rural no qual estava essa indústria.

Outro ponto que merece destaque é o fato de ter iniciado o seu trabalho na fábrica aos onze anos de idade juntamente com seus irmãos através do trabalho infantil. Isso teria ocorrido segundo o entrevistado por intermédio de seu pai, que "cresceu, bendizer aqui dentro da GECOSA", mostrando que a representatividade da figura do seu pai lhe rendeu a introdução precoce nesse novo sistema de trabalho que foi implantado, reforçando assim a condição de cativos da terra, uma vez que vivia na condição de moradores agregados a terras da fábrica e se limitavam basicamente à pesca, à agricultura e ao extrativismo do coco babaçu.

Além disso, ele nos informou que devido à crise extrativista e à ingerência dos herdeiros da fábrica, ocorreu a "falência da famosa GECOSA". Essa falência, segundo o nosso entrevistado, trouxe vários dissabores para a vida desses trabalhadores rurais que, apesar de muitos não terem conseguido um emprego na fábrica, tinham a possibilidade de realizar a venda da amêndoa do coco babaçu, pois nos relatou que "[...] naquele tempo a gente via que o pai e a mãe da gente, trabalhavam muito quebrando coco e trazendo eles para cá, e a fonte de renda era o coco babaçu. Mas hoje como a GECOSA fechou, hoje a fonte de renda não posso dizer que é o babaçu [...]".

Com o passar do tempo, foi construída uma estratégia de resistência entre esses moradores para combater essa forma de espoliação. Desse modo, começaram a vender a amêndoa do babaçu à noite para outros comerciantes e de maneira sigilosa para que os donos da terra não soubessem, e assim esses trabalhadores e trabalhadoras rurais conseguiam ganhar mais pela venda da amêndoa do babaçu. Porém essa prática não perdurou por muito tempo, uma vez que ela foi descoberta pelos donos da terra, porém perceberam que não poderiam mais conter seus moradores. Então os industriais firmaram um acordo com os próprios comerciantes das regiões circunvizinhas à indústria que compravam essas amêndoas dos moradores de Novo Nilo e das demais populações rurais que residiam em povoados próximos à fábrica por um valor preestabelecido e posteriormente revendia para a fábrica.

Observamos, portanto, que a prática da compra do babaçu pelo dono da terra era largamente praticada e, além disso, era incluída também a troca do babaçu por alimentos de primeira necessidade para as populações rurais, visando obtenção do lucro e penalizando esses trabalhadores rurais que ficavam sujeitos a um valor que na maioria das vezes era estipulado abaixo do valor de mercado. Desse modo, percebemos a grande vulnerabilidade dessas pessoas que lutavam para manter a sua sobrevivência, combatendo ou se sujeitando às mais variadas formas de espoliação por parte dos detentores da terra, que tinham como objetivo principal a obtenção de lucros sobre os mais pobres financeiramente.

Essa problematização da inserção do trabalhador rural em um regime de trabalho fabril deve ser pensada para além da industrialização no campo, uma vez que esses trabalhadores eram em sua grande maioria moradores agregados nas terras da fábrica e, mesmo vindo de outras cidades e de outros estados, terminavam fixando morada dentro desse povoado e se sujeitando aos donos da fábrica, conforme nos informou o Senhor Amâncio (2019, p. 01): "quando ele fundou a GECOSA aqui em Novo Nilo na época do Coronel, aqui não podia o morador de fora chegar e construir uma casa, tinha que ser uma casa simples, saber de onde era [...]".

Na fala desse entrevistado, podemos pontuar duas questões. A primeira é o fato de o dono da terra ser considerado como "Coronel", caracterizando um mandatário possuidor de uma grande quantidade de terras que, através de suas influências econômicas e políticas, realizou a compra da patente de coronel e posteriormente, através de seu poder aquisitivo e de sua influência social, subjugou seus moradores por meio de um comportamento despótico e patriarcal. Segundo Leal (2012), um coronel se tornava uma pessoa com ampla influência sobre seus moradores, sendo responsável, por exemplo, por práticas que arregimentavam os votos das pessoas que eram agregadas a suas terras, direcionando-as para candidatos com interesses políticos semelhantes. Essa prática que era exercida entre as elites latifundiárias ficou conhecida como voto de cabresto.

A outra prática que era comumente utilizada pelos proprietários de grandes áreas de terras e que foi identificada na fala desse entrevistado foi a proibição dos moradores de construírem casas de alvenaria. Essa proibição tinha como objetivo principal tentar evitar que posteriormente o morador pudesse requerer judicialmente a posse pela terra onde residia como morador agregado. Sobre essa questão Costa (2018) dialoga informando que

> Não era permitida a construção de casas de tijolos, apenas de barro e teto de palha; e, em alguns casos, somente de taipa, assim como era proibido, também, plantar árvores frutíferas. Portanto, eram negados elementos de fixação efetiva naquele espaço. A expectativa de gerar um excedente que possa ser tranquilamente armazenado dá lugar à habitual característica desta relação de trabalho, a gradual espoliação do trabalhador pelo sujeito dominante, privando-o de projetar anseios para além do necessário (COSTA, 2018, p. 66).

A fala da autora dá ênfase para as condições que viviam os moradores agregados nas grandes propriedades rurais, pois problematiza a respeito das normas que eram impostas por esses proprietários para com seus moradores na questão da fixação da terra na qual residiam. Uma vez que, impossibilitados de terem suas casas construídas de alvenarias, se limitavam a construir uma casa simples coberta com a palha de babaçu. Podemos nesse sentido inserir o Povoado Novo Nilo dentro desse contexto, pois os moradores viviam numa condição semelhante conforme nos relatou o Senhor Amâncio (2019, p. 02): "A questão é porque, quando na época dos moradores, ele deixava morar né, mas quando ele [o morador] fizesse alguma malinação na GECOSA, ele [o dono] botava para fora e tinha que ir né".

O entrevistado reitera sua fala sobre a condição de vida desses trabalhadores, colocando a moradia como uma estratégia que o dono da terra utilizava para subjugar seus trabalhadores. Mostrando que mediante alguma desobediência que viesse a ocorrer dentro da indústria, o trabalhador poderia ser punido primeiramente com a perda do seu emprego e posteriormente deveria deixar as terras da fábrica, servindo de exemplo para os demais trabalhadores que porventura viessem a tentar se impor contra os seus patrões. Diferentemente desses moradores agregados que trabalhavam na fábrica, os trabalhadores que ocupavam cargos mais elevados na indústria residiam em casas feitas de alvenarias, cobertas de telhas, as quais foram construídas torno da fábrica como uma espécie de vila no intuito de facilitar o deslocamento desses trabalhadores até a fábrica, acentuando nesse sentido a desigualdade entre esses perfis distintos de trabalhadores.

Apesar do avanço das políticas voltadas para a reforma agrária, especialmente em função das lutas históricas no campo que mobilizaram as mudanças expressas na Constituição de 1988, a Constituição Cidadã, essa realidade de sujeição ao proprietário da terra continuava instalada no Povoado Novo Nilo. E sobre essa questão, o jornal *Meio Norte* (2007, p. 7) noticiou por meio de uma entrevista concedida pelo senhor Manoel Mariano de Sousa, representante do Sindicato dos Trabalhadores Rurais da cidade de União (PI), que "na área Novo Nilo, as famílias estão apreensivas com a situação. Depois de terem recebido a emissão de posse de terra e se tornarem um assentamento do Incra, as famílias continuam submetidas aos abusos do ex-proprietário, que segundo ele, 'quer mandar e desmandar na área'".

Nessa reportagem, o jornal *Meio Norte* evidenciou o problema que os moradores do povoado Novo Nilo estavam enfrentando por conta da demora na regularização das terras para esses trabalhadores para que se tornasse um assentamento através da Reforma Agrária. Pois apesar de serem beneficiados com a emissão da posse da terra, eles não tinham o Título de Domínio[126] que possibilitaria a transferência do imóvel rural para esses moradores em caráter definitivo, e por conta disso continuavam sujeitos aos mandos e desmandos dos herdeiros das terras da fábrica GECOSA.

Esses sujeitos ainda são moradores agregados às terras dos donos da fábrica e ficam sujeitos aos mandos e desmandos do patrão, mas conforme afirma Rocha (2014, p. 68), "é preciso reconhecer que o estudo das relações de trabalho atravessa vivências de sujeitos ativos, que criam e recriam estratégias, e, portanto, não podem ser considerados como simples vítimas de uma circunstância histórica". E nesse sentido devemos entender que esses sujeitos, apesar de viverem em uma condição de sujeição em relação ao seu patrão, delineiam as suas vivências através das diversas redes de sociabilidades existentes em seu entorno construindo assim uma válvula de escape para as possíveis investidas dos proprietários contra esses sujeitos, dando origem às diversas estratégias de resistências.

Considerações finais

A construção dessa pesquisa historiográfica fundamentada na metodologia da história oral e na análise das fontes escritas possibilitou auxiliar na compreensão do mundo rural em um de seus variados aspectos, e nesse cerne, percebemos que o trabalho árduo é naturalizado pelo trabalhador e pela trabalhadora rural devido à tradição que existe entre esses sujeitos históricos por meio da economia moral e por serem experimentados para o trabalho desde a infância. Assim percebemos por meio dessa entrevista e das fontes hemerográficas que esses trabalhadores e trabalhadoras rurais não se sentiam explorados pela fábrica devido à intensa rotina de trabalho que já vinha sendo praticada por meio das roças de vazantes e das demais atividades que eram realizadas tradicionalmente pelo campesinato piauiense.

---

126 Documento que transfere o imóvel rural ao assentado da reforma agrária em caráter definitivo.

Compreendemos, portanto, por meio da construção desse artigo que no trabalho árduo realizado por esses trabalhadores e trabalhadoras rurais e na disputa pelo coco babaçu e pela posse da terra, existem inúmeras formas de ações resistências que perpassam a noção da utilização da força e do confronto direto, uma vez que, através de uma perspectiva sutil, o camponês utilizava o seu discurso e suas ações como tática de resistência. Mas percebemos também que o trabalho forçado se fazia presente dentro dessas relações de conflitos, uma vez que eram constantemente ameaçados pelos proprietários da terra e que consequentemente criavam estratégias para se desvencilhar dessas diversas formas de exploração.

Referências

Fontes

CPT, Centro Pastoral da Terra. *Centro de Documentação Dom Tomás Balduino*. Goiânia, 2015. Disponível em: https://www.cptnacional.org.br/cedoc/centro-de-documentacao-dom-tomas-balduino. Acesso em: 23 mar. 2022.

JORNAL DIARIO DO POVO. *Trabalhadores vão ao Ingra exigir terras*. Teresina, PI. 16 de jun. 1998, p. 10. Disponível em: https://drive.google.com/drive/u/0/folders/0Byo7P47EvrO9SEZiNlVZZDZvelk?resourcekey=0-9DyBoMohK57DKpRqZr09zw. Acesso em: 23 mar. 2022.

JORNAL MEIO NORTE. *Comunidades de União esperam há 4 anos por regularização de Terras*. Teresina, PI. 01 de ago. 2007, p. B/07. Disponível em: https://drive.google.com/drive/u/0/folders/0Byo7P47EvrO9WFluaGQ4ZUNxd0E. Acesso em: 23 mar. 2022.

JORNAL O DIA. *Sem terras pedem assentamentos em fazendas de Miguel Alves*. Teresina, PI, 16 de jun. 1998, p. 03. Disponível em: https://drive.google.com/drive/u/0/folders/0Byo7P47EvrO9SEZiNlVZZDZvelk. Acesso em: 23 mar. 2022.

MORAES, Amâncio. Entrevista concedida a Marcos Oliveira dos Santos. *Novo Nilo*, União (PI), 23 nov. 2019.

Referências bibliográficas

BARBOSA, Viviane de Oliveira. *Mulheres do Babaçu*: Gênero, maternalismo e movimentos sociais no Maranhão. 2013. Tese (Doutorado em História) – Universidade Federal Fluminense, Niterói, 2013.

COSTA, Lia Monnielli Feitosa. *Cultura e Cartografias de Memórias*: Trabalho e Migração de cearenses para Entre Rios (PI) – 1940-1970. 2018. Dissertação (Mestrado em História Social) – Universidade Federal do Ceará, Fortaleza, 2018.

LEAL, Victor Nunes. *Coronelismo, Enxada e Voto*: O município e o regime representativo no Brasil. 7. ed. São Paulo: Companhia das Letras, 2012.

MARTINS, José de Souza. *Fronteira*: A degradação do outro nos confins do humano. São Paulo: Contexto, 2009.

PORTELI, Alessandro. *A História Oral como a arte da escuta*. Tradução de Ricardo Santiago. São Paulo: Letras e Voz, 2016.

ROCHA, Cristiana Costa da. *A vida da Lei, A Lei da Vida*: conflitos pela terra, família e trabalho escravo no tempo presente. 2015. Tese (Doutorado em História) – Universidade Federal Fluminense, Niterói, 2015.

ROCHA, Cristiana Costa da. *Cultura e Memória migrantes:* A experiência do trabalho no tempo presente Barras (Piauí). 2010. Dissertação (Mestrado em História) – Universidade Federal do Ceará, Fortaleza, 2010.

ROCHA, Cristiana Costa da. Os limites entre a exploração e a escravidão no ciclo da cera de carnaúba. *Rev. Fac. Direito UFMG*, Belo Horizonte, n. 77, p. 87-103, jul./dez. 2020.

SANTOS, Marcos Oliveira dos. *Uma fábrica no campo*: Experiências de trabalhadores Rurais na fábrica GECOSA em Novo Nilo – Piauí (1980 – 1990). Monografia (Graduação em História) – Universidade Estadual do Piauí, Teresina, 2021.

THOMPSON, Edward. P. *Costumes em Comum*. São Paulo: Companhia das Letras, 1998.

CAPÍTULO 12

A VIOLÊNCIA NO CAMPO: CONFLITOS TERRITORIAIS E OS DIREITOS HUMANOS NO PARÁ B9O

Elis Negrão Barbosa Monteiro

Introdução

Os conflitos territoriais agrários ainda integram uma triste realidade na vida dos trabalhadores camponeses no Pará. Juntamente aos conflitos vem a violência, que geralmente ocorre por parte do latifundiário apoiado por suas milícias particulares e quase sempre permanecem na impunidade por parte do Estado omisso. Apesar de os casos mais intensos e tumultuosos terem ocorrido durante, principalmente os anos de 1970 e 1980, eles não ficaram resumidos a esse período histórico. Aliás, o tempo não parece ter se passado quando vemos tantos crimes ocorrerem quase da mesma forma que outrora, englobando os mesmos agentes: o trabalhador rural que tem suas terras cerceadas e seus direitos tolhidos; o latifundiário e "suas" terras ociosas e muitas vezes griladas; o pistoleiro, "capanga" que faz todo o trabalho sujo exterminando o problema do grande empresariado rural brasileiro, os trabalhadores rurais. Existem, porém alguns aspectos diferenciados em relação ao passado, falo da "mídia alternativa", principalmente a internet, onde atualmente se pode acessar grande quantidade de informações e é amplamente utilizada como principal meio de informação populacional. Ali, onde notícias verdadeiras e falsas circulam livremente e onde o ódio e desinformação se propagam de forma avassaladora se divulgam "teorias" absurdas de que movimentos sociais no campo seriam "terroristas" ou criminosos. Assim, até mesmo o conceito de direitos humanos é deturpado, malvisto e falsamente apresentado como representativo de pessoas de índole negativa e criminosa. É a partir de todo esse contexto de ignorância generalizada amplamente compartilhada que a elite agrária se respalda para continuar os intermináveis ataques aos diversos grupos de trabalhadores rurais, camponeses e de movimentos sociais no campo.

Porém, como dito anteriormente, de maneira geral, essas características de conflitos sociais não são novidade no território paraense. Toda a problemática que envolve chacinas no campo, violação dos direitos humanos de trabalhadores rurais e imposições estatais de seu poder capitalista que favorecem a elite agrária já estão presentes de maneira intensa há muito tempo, tendo maior ênfase durante o período ditatorial no Brasil, principalmente após os primeiros anos de governo militar, que, por sua vez, ao implantar diversos programas de ocupação da Amazônia, teve como resultado a migração de trabalhadores de diversas regiões do país que vinham em busca de oportunidades de trabalho, principalmente após a construção da rodovia PA-70, que foi palco de uma enormidade de conflitos agrários durante meados dos anos de 1970 (MESQUITA, 2018). Outro grande ponto a ser observado é a quantidade de projetos industriais e incentivos à ocupação estrangeira instaurados durante o governo militar, responsáveis por intensificar ainda mais os conflitos por territórios, segregando, expulsando e matando aqueles que representam "atraso" ou "embargo" para tais planos.

> Em contraposição, desde fins da década de 60, a Amazônia vem sendo objeto de desenfreada espoliação e de intensa devastação de seus recursos naturais. Suas terras são griladas ou cedidas a poderosos consórcios, suas riquezas passam para as mãos dos poderosos trustes estrangeiros. No norte do Pará, Daniel Ludwig, multimilionário norte americano, apossou-se de 1,5 milhão de hectares de terra e de reservas minerais. No sul do Pará instalaram-se diversos grupos financeiros ocupando vasta área, entre os quais Sul América, Atlântica, Boa Vista, Peixoto de Castro, Bradesco, Volkswagen, Kings Hang e John Davis. A United Steel Corp. tomou conta das fabulosas jazidas de ferro e manganês da Serra dos Carajás, em Tucuruí

constrói-se gigantesca usina hidrelétrica [...]. Enquanto isso, camponeses são escorraçados e os patriotas perseguidos.[127]

A todo esse contexto social de conflitos e de cerceamento dos direitos humanos se formaliza em 1977 a Sociedade Paraense de Direitos Humanos. Trata-se de uma entidade formada por um aglutinamento de diversos grupos sociais que lutavam contra a violência empregada constantemente pelo estado militar pelo direito à moradia e pelo fim da carestia da população em geral. Era um grupo extremamente heterogêneo formado por trabalhadores urbanos e rurais, professores, políticos, intelectuais, donas de casa etc. Porém, não foi de "uma hora para outra que a sociedade se formou"[128]. Já havia forte conexão entre os primeiros integrantes da SDDH, porém, foi devido ao crime ocorrido na fazenda Capaz, em Paragominas, que os componentes desse grupo resolveram formalizar oficialmente a sociedade.

O presente capítulo tem como principal objetivo refletir sobre questões, tais como: os conflitos por território, violência no campo, reforma agrária e a luta pelos Direitos Humanos no estado do Pará. Para isso, correlacionarei alguns aspectos mencionados em minha dissertação (ainda em construção) de título "A Sociedade Paraense de Direitos Humanos e os conflitos agrários no Pará".

Conflitos no campo paraense

A violência no campo ainda é notícia constante estampada nos jornais do Brasil e marca característica de governos ditatoriais. Em pleno ano de 2022, ainda somos "atingidos" duramente com constantes noticiários de mortes no campo. A exemplo, no dia 9 de janeiro desse ano, uma família inteira de ambientalistas foi assassinada no interior do Pará por pistoleiros que continuam impunes[129]. Zé do Lago (apelido carinhoso dado por amigos) e Márcia moravam nas proximidades de São Félix do Xingu há mais de 20 anos e eram conhecidos pelo projeto de preservação de tartarugas e tracajás (quelônios) e

---

127 "A gloriosa jornada de luta". Publicado no jornal *A classe Operária*, n° 109, em 1976.
128 Entrevista feita em 09/02/2022 com a professora doutora Leila Mourão, ex-integrante da SDDH.
129 Fonte: https://conexaoplaneta.com.br/blog/familia-de-ambientalistas-e-assassinada-no-para--pai-mae-e-filha-tinham-projeto-de-soltura-de-quelonios-no-rio-xingu.

outras atividades de proteção ambiental na região. A Anistia Internacional se pronunciou afirmando que

> O direito ao meio ambiente limpo, saudável e sustentável é um direito humano recentemente reconhecido pelo Conselho de Direitos Humanos da ONU. As ameaças, agressões e assassinatos de defensores e defensoras deste direito, intimamente relacionado às lutas por justiça ambiental e climática e às resistências dos povos do campo, das florestas e das águas, não constituem casos isolados. A Comissão Pastoral da Terra (CPT) registrou que, em 2021, 26 pessoas foram mortas em contexto de conflitos no campo no país ". E cobrou efetividade e rapidez nas investigações: A Anistia Internacional cobrará e estará atenta às investigações que têm o dever de elucidar as circunstâncias dos assassinatos de Zé do Lago, Márcia e Joene. Os responsáveis pelos crimes devem ser identificados e responsabilizados de maneira célere e efetiva. O Estado brasileiro possui a obrigação de agir para conter a onda de violência e o ciclo de impunidade que se perpetuam na região amazônica e em todo o território nacional. (ANISTIA INTERNACIONAL, 12 de janeiro, 2022).

Este é apenas um, em meio a incontáveis casos de violência na região amazônica. A constante violação dos direitos humanos virou banal, assim como a impunidade. Sobre isso, Hobsbawm afirmou que o século XX foi marcado por um processo de barbarização da sociedade. Tal processo teve maior ênfase com as Guerras Mundiais e a Guerra Fria, o que gerou um "colapso geral da civilização" de maneira globalizada a partir da década de 1984 e acabou resultando no consentimento e normalização de atitudes brutais por parte do Estado, como a tortura. Entretanto, o ideal iluminista, originado no século XVIII, que lutava por causas fortemente humanitárias e que tinha como lema a *Igualdade, liberdade e fraternidade*, seria o motivo primordial de não termos sido levados a um abismo social (HOBSBAWM, 1998).

> Surpreendente que o período que vai da metade dos anos 50 até o final dos anos 70 tenha sido a era clássica da tortura ocidental, alcançado seu pico na primeira metade dos anos 70, quando floresceu simultaneamente na Europa mediterrânea, em diversos países da América Latina, com antecedentes até então irrepreensíveis – Chile e Uruguai são exemplos claros – na

África do Sul e até na Irlanda do Norte, embora sem a aplicação de choque elétrico nos órgãos genitais. (HOBSBAWN, 1998, p. 271).

Em oposição aos inúmeros incidentes envolvendo torturas, assassinatos, perseguições e prisões injustificadas, ocorreu no Pará, em 1977, um aglutinamento de diversos grupos sociais como intelectuais, trabalhadores urbanos e rurais, donas de casa, professores, alunos etc. com o objetivo de fundar a primeira entidade independente de direitos humanos no Brasil. Determinados a resistir contra tantas violações dos direitos humanos cometidas principalmente pelo Estado ditatorial ou "amparada" por ele, a Sociedade Paraense de Direitos Humanos (SDDH) surge devido a um conflito agrário no sudeste do Pará, onde o proprietário da fazenda foi assassinado por posseiros em um confronto por acesso à água de um riacho que ficava no interior de suas propriedades. Esse foi um período histórico fortemente marcado por conflitos, mortes e perseguições a lideranças sindicais e religiosas no campo paraense.

Com a tomada do poder pelo Governo Militar, a violação desses direitos ficou cada vez mais recorrente e normalizada por todos, até mesmo por grande parte da população e dos meios de comunicação. De acordo com Norberto Bobbio, citado por Samantha Quadrat:

> O reconhecimento e a proteção dos direitos humanos estão na base das Constituições democráticas modernas. A paz [...] é o pressuposto necessário para o reconhecimento e a efetiva proteção dos direitos do homem em cada Estado e no sistema internacional. [...] Direitos do homem, democracia e paz são três momentos necessários do mesmo movimento histórico: sem direitos do homem reconhecidos e protegidos, não há democracia; sem democracia, não existem as condições mínimas para a solução pacífica dos conflitos. (BOBBIO *apud* QUADRAT, 2005, p. 21).

A partir de reflexões a respeito do autoritarismo estatal, Airton dos Reis analisa o que Max Weber explicita ao dizer que o Estado Moderno ao longo de sua constituição tirou das várias instituições o uso da força física, tornando-se "a única força de governo a usar a violência", "aquele que tem o monopólio do uso legítimo da força física dentro de um determinado território". Sob esses argumentos, o Estado prendia, punia e violava os direitos humanos com o suposto argumento de que esse controle seria em favor da organização social.

Os proprietários e empresários rurais recorriam a milicias armadas e podiam contar quase sempre com o apoio do Estado para expulsar os trabalhadores rurais de suas terras. Se autoproclamavam como aqueles que, sob a grande propriedade privada da terra, eram capazes de promover o desenvolvimento do País. É nesse contexto que diversos trabalhadores rurais e lideranças sindicais e religiosas foram assassinadas (PEREIRA, 2015).

As décadas de 1970 e principalmente 1980 foram marcadas pelos piores e mais intensos conflitos agrários no sul e sudeste paraense. Quase todos pela mesma motivação: a imposição do poder arbitrário dos latifundiários em terras inutilizadas ou que eram conseguidas de maneira ilícitas por meio da grilagem, muitas vezes com o apoio do Estado (PEREIRA, 2015). A extrema concentração da propriedade da terra existente no sudeste do Pará obrigou as centenas de famílias camponesas chegadas a essa região a ocupar, como posseiros, áreas formalmente reservadas à coleta de castanha e/ou a fazendas agropecuárias. A violência empregada para expulsar os posseiros foi a principal causa que levou os municípios do sudeste do Pará a se converterem, no cenário do maior número de conflitos agrários e assassinatos de posseiros e suas lideranças sindicais ocorridos no Brasil. A violência era, e ainda é, a principal relação entre o trabalhador rural e o proprietário de terras, na qual os jagunços são os principais agentes da truculência no campo (OLIVEIRA, 2018).

Os anos de 1980 foram os mais tumultuosos no campo, dando destaque para o ano de 1985 que contabilizou 108 mortes em conflitos agrários no Pará. O motivo seria a intensificação dos debates acerca da posse e do uso da terra nos últimos anos de Ditadura Militar no Brasil e no início da redemocratização do país, o que gerou um número maior de ocupação de latifúndios por posseiros e uma discussão mais intensa sobre reforma agrária a nível nacional, com ênfase para o período compreendido entre o lançamento do Plano Nacional de Reforma Agrária (PNRA) e o encerramento dos trabalhos da Assembleia Nacional Constituinte (PEREIRA, 2015).

A reforma agrária, tão almejada por trabalhadores rurais, camponeses, posseiros etc., nunca foi alcançada de maneira justa e efetiva. Aliás, foi devido a um "suspiro" de esperança de alcançá-la durante o governo de João Goulart, que o golpe militar se respaldou para acontecer. Como dito por Regina Bruno, as reformas de base e o termo "uso social" davam margem para uma interpretação de cunho socialista, e por isso, subversiva. "Este Grupo discorda da noção de função social da terra, sob o argumento de que esta envolveria uma concepção semissocialista e reduziria o proprietário à mera condição de gerente a serviço da comunidade (BRUNO, 1995, p. 16).

Nos anos iniciais do Governo de Castelo Branco, o Congresso Nacional aprovou a seguinte conceituação de reforma agrária, baseada na revisão do Estatuto da Terra de 1950: "Considera-se reforma agrária o conjunto de medidas que visem a promover melhor distribuição da terra mediante modificações no regime de sua posse e uso, a fim de atender aos princípios de justiça social e do aumento da produtividade" (PAR, 1964a). Ainda assim, o texto do anteprojeto de lei foi reformulado quatorze vezes, sempre atendendo às necessidades dos latifundiários que temiam perder suas regalias ou serem submetidos à expropriação devido à existência de largos quilômetros de terra ociosa. O governo de Castelo Branco, que via grande necessidade de modernizar a agricultura, foi visto pela elite agrária como traidor e, por sua vez, virou alvo de ameaças de boicotes e revoltas (BRUNO, 1995).

> O primeiro governo militar tinha claro que a superação da crise econômica em que o país mergulhara passava por três questões mais gerais decorrentes das exigências do desenvolvimento do capitalismo brasileiro: o combate à inflação, a mudança na política externa e a modernização da agricultura. A opção do governo pela reforma agrária, como uma das medidas prioritárias para a modernização da agricultura, deveu-se principalmente à visão de que o latifúndio representava um obstáculo estrutural à modernização e à industrialização; e de que se necessitava neutralizar os conflitos sociais no campo que haviam ultrapassado, na prática, os limites do projeto nacional-populista do governo João Goulart (BRUNO, 1995, p. 11).

Todo e qualquer ensaio de reforma agrária no Brasil foi duramente reprimido e combatido pela elite agrária dominante, que via nos planos de reforma uma ameaça direta aos seus poderes econômicos e políticos que estavam diretamente relacionados às estruturas fundiárias (OLIVEIRA, 2018). Diante da real necessidade de uma série de reformas de base, incluindo a reforma agrária e os inúmeros entraves causados pelas elites que objetivavam os impedir, em meados dos anos de 1970, o Brasil começou a sentir os sinais mais intensos dos desgastes políticos. Tanto na cidade quanto no campo, havia resistências e lutas contra as formas de dominação que exploram de maneira aguda os trabalhadores, as principais vítimas da ditadura. O arrocho salarial, que levava a efetivas perdas salariais dos trabalhadores e a intensa exploração do trabalho tornaram o cenário político e social brasileiro insustentável (OLIVEIRA, 2018).

Em 1975, foi fundada a Comissão Pastoral da Terra – CPT, que foi e ainda é uma das maiores organizações nacionais de amparo aos trabalhadores rurais e que se opõe arduamente à permanência da grande propriedade e ainda denunciava o processo violento de expropriação e exploração dessas populações (RICCI, 1999). Dela e de outros movimentos regionais foi gestado o Movimento dos Trabalhadores Rurais Sem Terra, tendo sua criação efetiva no ano de 1984.

Como dito no início deste capítulo, um dos aspectos abordados em minha pesquisa para a dissertação de mestrado foi a fundação da Sociedade Paraense de Direitos Humanos. Esta surgiu dentro do contexto ditatorial brasileiro (mais precisamente em 1977) e representava um enfrentamento direto ao autoritarismo do Governo Militar, principalmente no que concerne às questões de falta de moradia, carestia e ao apoio aos trabalhadores rurais e urbanos. De maneira geral, apresentava características que tinham compatibilidade com a esquerda política e os grupos que a compunham eram bastante heterogêneos, pois as pautas levantadas para reivindicações eram diversas, porém com o mesmo intuito. Alcançar, de maneira geral, justiça, liberdade, igualdade, direito à moradia, entre outros fatores relacionados ao mínimo necessário para se ter uma vida digna.

A SDDH foi formalizada após seus componentes virem essa necessidade, pois objetivavam auxiliar judicialmente oito posseiros acusados de assassinar o dono de uma enorme propriedade de terra na região de Paragominas. Tratava-se da Companhia Agropastoril Água Azul, a Capaz. O proprietário, John Davis, veio para o Brasil em uma missão organizada pela Igreja Presbiteriana e tinha como principal objetivo criar gados e fazer com que eles se reproduzissem. Para isso, contou com o investimento da SUDAM, já que nesse momento histórico o governo militar realizou uma série de investimentos para atrair a ocupação estrangeira no Brasil.[130]

---

[130] Fonte: jornal *O Estado de São Paulo*, dezembro de 1978.

Porém, assim como muitos proprietários de terra, John Davis se fez valer da prática da grilagem para ampliar ainda mais seu território, além de contratar milícias particulares e pistoleiros, também como muitos latifundiários faziam. A região tomada pela companhia era extremamente tumultuosa, seja por conflitos envolvendo posseiros, seja grupos indígenas. Houve, inclusive, denúncias de que Davis realizou um processo de esterilização em massa de mulheres camponesas de forma compulsória (MESQUITA, 2018). Outro aspecto que chamava atenção era a enorme quantidade de terras ociosas em sua propriedade e que eram denunciadas de maneira recorrente. Tal quadro de desuso daquelas terras foram decorrentes do fracasso do projeto de criação de gado, sendo utilizada como segunda alternativa a extração de madeira de lei que era encontrada em grande quantidade nessas regiões do Pará. Eram também denunciadas as constantes invasões a pequenas propriedades e expulsões de seus moradores pelos pistoleiros a mando do proprietário da fazenda capaz. Diante de todos esses conflitos envolvendo território, é válido ressaltar que a fronteira disputada não envolve somente questões geográficas, mas também culturais, sociais e antropológicas, como José de Souza Martins esclarece em *Fronteira*:

> Fronteira de modo algum, se reduz e se resume à fronteira geográfica. Ela é fronteira de muitas diferentes coisas: fronteira da civilização (demarcada pela barbárie que nela se oculta), fronteira espacial, fronteira de culturas e visões de mundo, fronteira de etnias, fronteira da história e da historicidade do homem. E, sobretudo, na fronteira do humano. Nesse sentido, a fronteira tem um caráter litúrgico sacrificial. (MARTINS, 2009, p. 11).

Em 1975, foi construída a rodovia PA70, que tinha como objetivo unir Belém a Marabá, facilitando assim o comércio de castanhas e atraindo para seu entorno uma enorme quantidade de trabalhadores rurais vindos de diversas regiões do país em busca de oportunidade de trabalho e moradia. Ao chegarem nessas regiões, foram "acolhidos" por lideranças rurais sindicais e religiosas que, por sua vez, incentivaram a ocupação das terras em desuso por esses trabalhadores, o que causou ainda mais tumulto nas terras de Davis, já que a rodovia atravessa parte do território. O ápice do conflito se deu quando Davis ordenou que seus empregados cercassem a única fonte de água da região, um rio que ficava localizado em suas propriedades. Revoltados, mais de 30 posseiros derrubaram a cerca que os impedia de ter acesso à água, o que gerou um confronto direto e armado com Davis e seus filhos e resultou no assassinato dos três no dia 4 de julho de 1976 (OLIVEIRA, 2018).

O ocorrido coincidiu com o bicentenário da independência dos Estados Unidos e por isso o padre Giuseppe da prelazia de Bragança, que apoiava esse grupo de posseiros, foi enquadrado na Lei de Segurança Nacional e expulso do Brasil, sendo obrigado a retornar para a Itália. Quanto aos 8 posseiros, foram presos sem direito à defesa e mantidos sem comunicação com suas famílias (PEREIRA, 2013).

É nesse momento que pessoas como Humberto Cunha, Paulo Fonteles, Isabel Veiga e tantos outros se articulam para auxiliar esses camponeses. Contando com a defesa dos advogados Ruy Barata e Gabriel Pimenta, conseguiram a libertação dos posseiros e fundaram oficialmente a Sociedade Paraense de Direitos Humanos. Esta foi a primeira de muitas denúncias e articulações contra o sistema ditatorial, feitas também e inclusive pelo jornal *Resistência* fundado pela própria sociedade.

Em 19 de abril de 1986, foi realizado o Tribunal da Terra pelo Movimento Nacional dos Direitos Humanos[131] no Palácio da Justiça para julgar os crimes praticados no campo contra lavradores e sindicalistas mortos e expulsos. O tribunal foi simbólico, ou seja, um júri simulado, e teve como réus o latifúndio, o Estado e as multinacionais e teve por principal objetivo fazer uma campanha contra a violência no campo que até aquele ano já registrava 226 mortes.

A defesa foi feita pelo advogado Egídio Salles Filho e a acusação pelos advogados José Carlos Castro e Luís Eduardo Greenhalg. Um conselho de sentença formado por oito pessoas compôs as vozes do Júri. A então presidente da SDDH, Isa Cunha, e o vice-presidente da CUT, Avelino Ganzer, explicaram ao jornal *Resistência* a importância de realizar em Belém o tribunal da terra. Para eles, o evento tinha por objetivo principal levantar uma discussão sobre a violência e a impunidade, fatores que protegiam os criminosos e que incentivaram a ocorrência de novos crimes. Entre os casos citados no tribunal, estavam os da chacina da Fazendas Princesa e Ubá, a morte do gatilheiro Quintino Lira e o assassinato da irmã Adelaide. O presidente do Tribunal foi

---

131 Jornal *Resistência*, 12 de abril de 1986.

o padre Ricardo Rezende, que já trabalhava no campo há mais de 10 anos com questões relacionadas à violência agrária.

O advogado da Cúria de São Paulo, Luís Eduardo Grenhalgh, revelou que conflitos no campo aconteciam no país inteiro, pois é um "reflexo da estrutura da sociedade brasileira. Cada dia aumenta a falta de justiça, os lavradores estão sem esperança na máquina do Estado, que só move seus aparelhos para garantir os interesses dos poderosos." Juntamente a Grenhalgh, estava também o advogado Edígio Salles Filho: "o meu objetivo é compor este ato simulado, que na verdade é um ato de denúncia contra esses réus, estou prestando minha colaboração". Todos os casos expostos e julgados no tribunal chocam por sua extrema violência e crueldade.

O evento teve como organizadores a CUT, a Comissão Pastoral da Terra – CPT, a Ordem dos Advogados do Brasil – OAB, a Movimento das Mulheres no Campo e na Cidade – MMCC, a Comissão de Bairros de Belém – CBB e o Centro de Defesa dos Negros no Pará – CEDENPA. Todas as centrais sindicais da América Latina e da Europa foram convidadas para fazer parte do Tribunal. A maior preocupação de todos os envolvidos era de que a participação popular fosse ampla, já que "a reforma agrária não veio e promete ser muito lenta, não dando chance para os trabalhadores que moram na terra e vivem nela".

Foram ouvidos depoimentos de viúvas, filhos e pais de lavradores assassinados na luta pela posse da terra e, de acordo com Jair Menegheli, o tribunal representava uma importância no sentido de denunciar e de promover uma reflexão sobre o assunto, já que segundo ele os latifundiários estariam promovendo leilões, visando à formação de verdadeiros exércitos para combater o Plano Nacional de Reforma Agrária e que ainda, segundo ele, era tímido e não refletia os anseios dos trabalhadores rurais.[132]

Considerações Finais

Infelizmente, casos como o da Capaz e de todos os outros citados no tribunal da terra, nos quais trabalhadores rurais e camponeses são obrigados a invadir terras em total desuso para ali produzir, gerar renda para suas famílias, ter um lugar para morar, são extremamente recorrentes. Os meios midiáticos,

---

132 A província do Pará – Tribunal ouve trabalhadores a alerta contra violência. 20/04/1986.

por sua vez manipulados pela elite agrária e suas "politicagens", transmitem a informação de que essas pessoas são criminosas e invasoras. É realmente lamentável perceber que a passagem das décadas ainda não foi capaz de aplacar esse quadro no Brasil, mais especificamente no Pará.

Em relação ao contexto ditatorial (principalmente entre as décadas de 1970 e 1980), a Amazônia se destacou pelas perseguições a mortes seletivas de lideranças políticas e sindicais principalmente no campo. A despeito disso, surge a SDDH, que foi a primeira entidade voltada exclusivamente à defesa dos direitos humanos no Brasil. Até 1982 a única entidade de direitos humanos no Brasil era a SDDH. Após a fundação dela, foram fundadas em 15 anos 35 entidades, além disso ajudaram a alargar o espaço para o surgimento de uma infinidade de organizações como a CUT e a Comissão dos Bairros de Belém e o jornal *Resistência*. Entretanto, havia o problema do "isolamento" da SDDH em relação aos outros estados brasileiros. Em meio a isso, no mesmo ano, ocorrem no Pará as primeiras eleições para governador. O I encontro Nacional pelos Direitos Humanos, ocorrido em 1982, impulsionou o aglutinamento de diversos movimentos sociais como o Movimento Negro e feminista junto ao movimento de direitos humanos, o que que resultou na fundação do Movimento Nacional de Direitos Humanos – MNDH. O Serviço de Intercâmbio de Informações foi um instrumento muito importante pois todas as reivindicações pela sociedade foram respaldadas por memorandos e telegramas que chegavam à mesa das autoridades exigindo providências. Foi útil para dar visibilidade à SDDH e para mostrar aos outros Movimentos pelos direitos humanos no país o impacto que a sociedade estava demonstrando durante aquele contexto político.[133]

Entretanto, apesar de toda luta e resistência por parte dos movimentos sociais, a impunidade ainda prevalece diante de tantos crimes ocorridos no campo. Existem ainda queixas que relatam propositais omissões por parte da polícia, que não fazia registros de ocorrências alegando que as máquinas de escrever estariam quebradas, que papéis haviam acabado, atenuando ou distorcendo os relatos dos depoentes e até mesmo usando palavras pejorativas como "invasores" para referir-se aos camponeses e posseiros (PEREIRA, 2015).

---

133 Entrevista com Marga Rothe no VII Encontro Nacional de Direitos Humanos ocorrido em Petrópolis, Rio de Janeiro. 1992.

Ainda assim a luta dos movimentos sociais por justiça resiste, a informação e a divulgação de relatos verdadeiros e as denúncias devem continuar e a despeito de tantos dados, tantas histórias destruídas, tanta vida ceifada, há ainda a esperança de que um dia a luz da justiça se faça presente no campo paraense, assim como foi proferido no Tribunal da Terra:

> As multinacionais, os latifundiários, o Estado e o governo foram condenados por unanimidade pelo índice de violência no campo, pelos repetidos crimes contra os trabalhadores rurais, pelo sofrimento do povo trabalhador. A sentença será executada quando estiver vigente no Brasil uma sociedade justa, fraterna e sem exploradores. Aí então, as multinacionais serão expulsas e seus pertences estatizados. Os latifúndios serão extintos. Haverá terra para todos, e desta terra brotará a concórdia, a paz e a fraternidade entre nós."

Referências

Fontes

Jornal O Estado de São Paulo. *Conflito entre Americanos e Posseiros*. 31/12/1978, p. 51.

Entrevista com Marga Rothe no VII encontro nacional de direitos humanos. Petrópolis, RJ, 1992.

"A gloriosa jornada de luta". Publicado no Jornal *A classe Operária*, n° 109, em 1976.

Entrevista feita em 09/02/2022 com a professora doutora Leila Mourão, ex-integrante da SDDH.

"O Tribunal da Terra vai ser instaurado em Belém". *Jornal Resistência*, 12 de abril de 1986.

Bibliografia

BRUNO, Regina. O Estatuto da Terra: entre a conciliação e o confronto. *Revista Sociedade e Agricultura*, v. 2, n. 2, 1995, p. 5-31.

HOBSBAWM, Eric. *Sobre história*. São Paulo: Companhia das Letras, 1998

MARTINS, José de Souza. *Fronteira*: a degradação do outro nos confins do humano. São Paulo: Contexto, 2009.

MESQUITA, Thiago Broni. *"Uma estrada revela o mundo"*: O SNI e os conflitos pela posse da terra no Pará. Tese (Doutorado em História Social) – Universidade Federal do Rio de Janeiro, Rio de Janeiro, 2018.

QUADRAT, Samantha. *A repressão sem fronteiras*: perseguição política e colaboração entre as ditaduras do Cone Sul. Tese (Doutorado) – Programa de Pós-Graduação em História, Universidade Federal Fluminense, Niterói, 2005.

OLIVEIRA, Pedro Cassiano de Farias. A Reforma Agrária em debate de abertura política (1985-1988). *Tempos Históricos*, v. 22, p. 161-183, 2º Semestre de 2018.

PEREIRA, Airton dos Reis. A prática da pistolagem nos conflitos do Sul e Sudeste do Pará (1980-1995) *Territórios & Fronteiras*, v. 8, n. 1, p. 230-255, 2015.

RICCI, Rudá. *Terra de ninguém:* representação sindical rural no Brasil. Campinas: Ed. Unicamp, 1999.

CAPÍTULO 13

"FOMOS ATRAÍDOS E ATRAÍMOS": MIGRAÇÃO DE CAMETAENSES PARA TOMÉ-AÇU, PARÁ (1950/1970)

Raimundo Nonato Lisboa Clarindo

Introdução

Os migrantes cametaenses, objeto de nosso estudo, fizeram e fazem parte do processo de colonização da região do Acará, Tomé-Açu, principalmente nas décadas de 1950 a 1970, período de maior produção da pimenta-do-reino na região. A alta produtividade dos pimentais elevou a região a se tornar a maior produtora de pimenta-do-reino do mundo, chegando a atingir, no ano de 1968, a produção de 5.700 toneladas. Cinco mil e setecentos quilos de "diamante negro", pois assim ficou conhecida a fruta da *Piper nigrum* (pimenta-do-reino) devido à alta valorização comercial. As infindáveis fazendas de pimentais dos japoneses necessitavam de abundante mão de obra para mantê-las com produção lucrativa.

Para tanto, achamos pertinente estudar esse deslocamento ao município de Tomé-Açu, localizado na Mesorregião Nordeste do Estado do Pará, por apresentar uma singularidade se comparado aos demais municípios, pois recebeu imigrantes (japoneses) e posteriormente migrantes (cametaenses). Apesar de nosso foco ser o deslocamento dos cametaenses, é importante frisarmos que esse pedaço de chão recebeu trabalhadores das mais variadas localidades do Pará e do Brasil: Cametá, Abaetetuba, Castanhal, Ceará, Bahia, Maranhão etc.

Assim, buscamos rememorar essa trajetória através de legislações, fontes imagéticas e principalmente orais, que segundo Paul Thompson (1992) possibilita penetrar mais profundamente na história, chegando até experiências que não estão registradas em documentos escritos, ou quando estão, são de maneira tendenciosa. As entrevistas foram realizadas com cametaenses que migraram para as terras de pimental em busca de melhores condições de vida, diante das dificuldades econômicas que vivenciavam em Cametá.

Dessa forma, Lopes (1973), Rossini (1986), Muniz (2002) e Pereira e Filho (2011) que trabalham com a migração no contexto capitalista enfatizam a questão econômica como a principal na decisão de deslocamento do indivíduo ou grupo. Tal tendência mostrou-se presente nas conversas quando os entrevistados mencionaram o fato motivador, causa.

Abornoz (2009) argumenta que a migração não é simples e tampouco existe consenso em torno dela. De maneira geral, refere-se a deslocamentos de um lugar a outro, há movimentações que possuem uma origem e um destino imbuídos de um propósito, de se fixar ou residir em outro território. Tais movimentações tendem a formar fluxos de trânsito de uma região a outra, dentro de um mesmo país, como no caso das chamadas "migrações internas." A distância entre Cametá e Tomé-Açú mostrou-se favorável à intensidade desse fluxo interno de pessoas, já que os municípios são separados, relativamente próximos, por 281 quilômetros.

Bruno Souza Silva (2018) em seu livro *Migração, Terra e Trabalho: nordestinos no território amazônico (décadas de 1960-1990)* nos traz mais um dado importante desse fluxo: "os cametaenses como os nordestinos, e os maranhenses, entraram em Tomé-Açu para servirem de força de trabalho nas plantações de pimenta."

> Os cametaenses mantiveram uma relação menos ambiciosa com os japoneses do que os sujeitos do nordeste, pois muitos cametaenses tinham terras na região do baixo Tocantins, sua ida para Tomé-açu era em busca de trabalhos temporários na de colheita da pimenta-do-reino, assim não brigavam por terras, fato contrário aos desejos dos maranhenses.

De fato, as pessoas nascidas no município de Cametá, quando decidiram se colocar em movimento mostraram uma característica peculiar, realizavam uma migração de bate e volta, ou seja, iam trabalhar, principalmente na colheita da pimenta-do-reino e depois, assim que terminava a safra, regressavam. Ocorrência essa percebida no cruzamento das memórias compartilhadas pelos entrevistados.

Para toda ação há uma reação: deslocamento e mobilidades

A migração dos cametaenses para o Município de Tomé-Açu, no Estado do Pará, ganhou contorno quando o navio *Minala-Maru* ancorou em Belém, em 16 de setembro do ano de 1929, trazendo os primeiros imigrantes japoneses para a região amazônica. Após 5 dias de repouso, partem de Belém a bordo de um navio da Nantaku[134], um grupo de 43 famílias, no total de 189 pessoas e mais 9 solteiros, no dia 21 de setembro de 1929, na colônia (área de imigração) de Acará (atual Tomé-Açú), no estado do Pará.

Essa região foi selecionada após uma pesquisa de viabilidade de migração realizada pela missão Fukuhara[135], da empresa privada kanebo, que fora incumbida pelo governo japonês para efetuar esse estudo da área de terras que fora oferecida pelo governo do Pará, no final do século XX. Em 13 de novembro de 1928, houve a doação de 600.000 hectares de terras, mediante a lei nº 2.746 de 13 de novembro de 1928, proposta por Dionísio Bentes,[136] conforme aponta a Associação Pan-Amazônica Nipo-Brasileira (2004).

---

134 Nantaku (Nambei Takushoku Kabushiki Kaisha), em português, Companhia Nipônica de Plantação do Brasil. órgão responsável pelo assentamento dos imigrantes japoneses na Colônia de Tomé-Açu.

135 Fukurara tinha por objetivo analisar as áreas disponibilizadas pelo governo paraense a fim de verificar sua adequação para o cultivo.

136 Dionísio Ausies Bentes – médico e influente político do partido republicano, foi governador do Pará de 01/02/1925 a 28/01/1929.

Figura 1 – Chegada dos imigrantes japoneses em Tomé-Açu

Fonte: Museu da Imigração Japonesa de Tomé-Açu (1929).

O senhor Hagime Yamada[137], quando verbalizou a sábia frase proferida em entrevista concedida em 12 de março de 2021, carregada de significado e memória de uma vida de superação e dedicação ao solo paraense, disse: "[...] a esta terra fomos atraídos e atraímos". Em outras palavras, aqui eles chegaram, conseguiram trazer prosperidade para a região, na base do trabalho árduo, e atraíram migrantes disponibilizando trabalho remunerado. Portanto, pensar o imigrante japonês enquanto sujeito histórico desse processo é valorizá-lo e permitir que suas memórias sejam arquivadas em outras mentes, deixando de ser lembranças, tornando-se documento (RICOUER, 2007, p. 189) de modo que materializar essa história é propagar conhecimento.

Acreditamos que pensar o fenômeno migratório nesse município paraense sem pensar nos japoneses é desconsiderar a história de suas vidas, o trabalho que realizaram e todo desenvolvimento agrícola que trouxeram para o Vale do Acará, Tomé-Açu. Desconsiderar esses sujeitos como não pertencentes a

---

137 Hagime Yamada, 92 anos, nascido na Província de Hiroshima, único sobrevivente entre os imigrantes que chegaram ao Pará na primeira leva de 1929.

esse processo é negar a própria história da dinâmica migratória paraense nas décadas de 50 a 70 do século XX.

"O ninho de sabiá": Migração de cametaenses

As verdes e intermináveis fazendas necessitavam de trabalhadores, muitos trabalhadores. Por trás de um pimental produtivo, existe muito suor derramado, muita mata devastada, enfim, toda uma infraestrutura impulsionada pela força de trabalho humana. Era esse tipo de atividade retratada na Figura 2 que os cametaenses mais desenvolviam para os japoneses.

Figura 2 – Trabalhadores nos pimentais

Fonte: Museu histórico da imigração japonesa em Tomé-Açu, década de 1960.

A fonte imagética retrata uma situação muito comum, pessoas no pimental, nas escadas tipo cavalete, apanhando pimenta-do-reino. Todos com trajes típicos para proteger do sol, chapéu de palha de carnaúba, bisacos presos aos ombros por alças ou na cintura para colocar os cachos de pimenta. Percebe-se ainda que participavam das atividades homens, mulheres e crianças, isso na época da safra, período em que amarelam os cachos das pimenteiras, conforme bem enfatiza o senhor Nélio[138]:

---

138 Nélio Moreira Rodrigues, 67 anos, agricultor, nascido na localidade de Japuá, Cametá. Migrou com a família. Trabalhou 15 anos com os japoneses, chegando a atingir o posto de capaz, que

> [...] no verão, época da safra, era livre para todo mundo, trabalhava homens, mulheres e crianças, porque era a colheita da pimenta. Agora, quando era no inverno, era só homem, porque o serviço era pesado. Tinha que trabalhar com estaca, com plantio, com limpeza, roçagem, destocar e limpar as quadras. Para fazer o plantio direto era só homens [...].

A esse fenômeno Guanais (2012) classifica como migração temporária, pois esses grupos são atraídos nos períodos de grande oferta de emprego (safras) e depois regressam ao local de origem com o dinheiro obtido.

Indo para além da importante reflexão de Guanais (2012), a fala do entrevistado citado nos dá pistas também para entendermos um dos fatores da migração temporária realizada pelos cametaenses, pois como no inverno o serviço era mais direcionado aos homens, a família não tinha motivos econômicos para ficar no inverno, período que se intensificava o regresso ao lar deixado em Cametá.

A vinda desses indivíduos para trabalharem nos pimentais existentes, em Tomé-Açu, dava-se com mais intensidade no período da colheita, ou seja, era uma migração sazonal, temporária. As colheitas eram realizadas manualmente, exigindo numerosa mão de obra, o que provocou migração interestadual e interna, com destaque para os cametaenses, que vieram em grande maioria, conforme mostra a Figura 3 extraída da Cooperativa Agrícola de Tomé Açu (CAMTA), em junho de 1962.

---

seria uma espécie de administrador dos serviços nos pimentais. Entrevista concedida em 25 de outubro de 2021.

Figura 3 – Trabalhadores

Trabalhadores Transitórios (Junho de 1962)		
Pará	Masc.	Fem.
Cameta	1 115	699
Acará	239	199
Belém	256	196
Tomé-Açú	22	15
Castanhal	10	6
Guama	10	5
Igarape-Açú	9	15
Bragança	7	0
Baião	7	4
Irituia	7	6
Ananidéua	7	4
Capanema	7	5
Araticu	6	1
Mosqueiro	5	0
Maracana	5	6
Ceará	140	93
Maranhão	63	59
Rio Garnde Norte	11	4
Bahia	8	9
Amapá	5	3
Pernambuco	4	2

Fonte: CAMTA, 1962

É válido frisar que, além dos fluxos dentro do Estado do Pará, empregaram-se na colônia muitos nordestinos, tanto os que permaneceram no Estado, pós-queda da borracha, como aqueles que vinham por meio, como já mencionado, de migrações interestaduais. Todavia, nenhum grupo se direcionou em maior número para a "terra da pimenta" como os migrantes da zona do Tocantins, especialmente do município de Cametá.

O reflexo dessa massiva migração dos cametaense, exposta no Gráfico 1, mostra os dados do levantamento feito a pedido da Câmara dos Vereadores de Tomé-Açu, no início da década de 1970, com moradores do município. Tal pesquisa levou em consideração a origem dos sujeitos. Assim, durante o levantamento foram avaliados 7.227 habitantes, sendo que a maioria era natural do município de Cametá, 2.937, em seguida nordestinos (1.891) e japoneses (917). Foram classificados como outros 1.482, aqui se inserem os acaraenses e os sujeitos de outras regiões (SILVA, 2018).

Gráfico 1 - Pesquisa de população de Tomé-Açu em 1970.

Fonte: Elaborado pelo autor (2022)

A viagem migratória tende a ser positiva para as regiões atratoras, pois além da migração oferecer uma estratégia racional de melhoria de vida para o migrante e a família que o acompanha é necessária para o desenvolvimento da sociedade e do capitalismo (BRITO, 2009).

Para chegar a Tomé-Açu, os cametaenses utilizavam os rios, único meio de acesso. A partir do começo da década de 1950 começaram a chegar em embarcações motorizadas. A Figura 4 ilustra a chegada de embarcações no trapiche da Colônia do Vale do Acará em 1956.

Figura 4 – Chegada dos migrantes por via fluvial – lancha

Fonte: SILVA, 2019.

João Gonçalves Moreira[139] desceu por inúmeras vezes o Tocantins realizando o transporte de migrantes:

> [...] trabalhamos uma faixa de doze anos fazendo o transporte de pessoas para Tomé-Açu, toda semana. Toda terça, três horas da madrugada, saímos embarcando passageiros. A viagem de Tomé-Açú era um sucesso em transporte, porque a gente embarcava muitos passageiros, nós tínhamos um barco onde metemos 120 passageiros por semana.

Pela afirmação do barqueiro é possível dizer que o trânsito de cametaenses para a terra da pimenta era bastante expressivo, haja vista o quantitativo de passageiros por viagem. Em outros barcos que faziam linhas como Paricateua e João Anastácio.

---

139 João Gonçalves Moreira, 75 anos, nascido Costa do Tamanduá, furo São José, município de Cametá, ganhou a vida nos finais da década de 1960, como barqueiro, transportando passageiros para Tomé-Açu.

A efemeridade da subida e descida no leito do Tocantins, muito pelo trabalho no período da safra, revela-se na fala da Dona Amélia[140], através conversa que tivemos sobre sua memória como migrante:

> Quando íamos para Tomé-Açu, de julho a final de outubro, para trabalhar no pimentais, no período da colheita da pimenta, nossa casa ficava só, ninguém reparava, se deixássemos um terçado na beira da janela, lá encontrávamos, quando retornávamos. Na época o pessoal respeitava. O único visitante era o pássaro sabiá, joão-de-barro, que fazia ninho no encaixe da janela e lá tirava seus filhos, dava pena quando chegávamos e os filhotes ainda não tinham conseguido voar. Era o que encontrávamos de diferente quando a safra terminava e rumávamos para Cametá, tingidos pelo forte sol do verão paraense.

Dona Amélia, hoje mãe de 10 filhos, ao lado do seu esposo, o senhor Tão, tinge nossa imaginação com suas narrativas daqueles tempos, fazendo com que arquitetemos, também, em nossa memória, sua trajetória. Verena Alberti afirma que se aprende com a narrativa dos entrevistados quando esta fornece a "chave de compreensão da realidade", que é o compartilhamento de suas memórias (ALBERTI, 2004, p. 79).

Ainda sobre essa trajetória, o senhor Sebastião Lopes[141], como relatado anteriormente pelo entrevistado Nélio, conta que a viagem nos barcos, lanchas, era sacrificada e lenta, pois em média se levava três dias, desde a saída de Cametá até o barco ancorar ao trapiche da cidade de Tomé-Açu. A alimentação ficava encarregada de cada passageiro levar a sua para poder comer no translado ou negociar com o barqueiro para que ele fornecesse o rancho, ou seja, a comida. Assim, é possível perceber que os migrantes cametaenses já começavam as atividades de trabalho devendo para os japoneses, pois geralmente eram eles que pagavam a passagem para os donos de barco. Infere-se também que os barqueiros tinham ordem dos japoneses para realizar o recrutamento de força

---

140 Maria Amélia Arnoud, 70 anos, lavradora aposentada, nascida na localidade de Merajuba, município de Cametá. Migrou solteira para Tomé-Açu na década de 60. Participou na colheita da pimenta por três safras intercaladas.

141 Sebastião Lopes Vieira, 72 anos, agricultor aposentado, nascido na localidade de Tamanduazinho, município de Cametá. Migrou com a família na década de 70, participando da colheita da pimenta por 4 safras intercaladas.

de trabalho para os pimentais. Essa atividade de recrutamento pelos barqueiros ramificou para a marretagem[142], que ocorria conjuntamente ao transporte dos migrantes. "A gente vinha de barco cheirando fedor de Cametá até o trapiche de Tomé-Açu, chegava com o nariz curtido, porque os pestes dos barqueiros traziam vários porcos vivos no porão do barco, peixe salgado, farinha, mapará salgado não faltava e por ai, ia [...]".

Maria Almeida[143] conta-nos sua saga do rio Tocantins ao Acará:

> [...] viajei meu marido e mais sete filhos, naquela época, depois completei dez. Quando viajei, viajei com toda minha família, não tinha com quem deixar. Até de colo ia. Lá no pimental, o filho maior reparava o menorzinho. O resto ia pro pimental. Quanto à viagem, a gente saia na quarta, no barco a motor, João Anastácio. Lotado, onde a gente sentava, lá a gente ficava, até desembarcar. Não tinha nem quase meio de ir ao banheiro. Aquele que levasse alguma coisinha na lata, comia, porque esse barqueiro não dava alimentação. Cada pessoa tinha que levar o seu ovo cozido ou pedaço de pirarucu assado com farinha. A gente dormia sentado, cochilava no banco do barco. Não tinha espaço para amarrar a rede. A criançada dormia por cima das malas ou da bagagem. Quando o barco chegava, o japonês já estava esperando, já sabia quem era o dono de quem, a relação com eles era amistosa, até porque não entendíamos o que falavam [...] (risos). Ele pagava a passagem para o barqueiro e a gente fumaçava de caminhão. Outros iam de trator para o centro, para os pimentais. Chegando lá, ficávamos em barracão, cada família em um quarto. Solteiro não se misturava com casados, os japoneses tinham essa preocupação. Depois que íamos para os pimentais, comíamos por lá mesmo, só íamos vê as crianças à tarde [...].[144]

A vivência de Dona Maria mostra que o conceito de migração acaba se tornando muito amplo, visto que cada processo tem suas particularidades, interesses, dificuldades enfrentadas, pois a migração dos cametaenses pode ter interesse diferente aos dos maranhenses e cearenses, por exemplo, que também estiveram e fizeram parte do processo. O risco de generalizar os sujeitos

---

142 Marretagem – atividade de venda de materiais (bens para consumo ou não) a fim de se obter lucro.
143 Maria Almeida, 93 anos, agricultora aposentada, nascida na localidade de Japuá, município de Cametá. Migrou com a família, na década de 1950, por três safras intercaladas.
144 Fumaçava – expressão cametaense que significa: viajar de veículo motorizado a algum lugar.

e grupos envolvidos na ação pode ser constante, uma vez que não é possível indicar um padrão único para todos esses eventos.

Conclusões

Quando mergulhamos na história de colonização do Município de Tomé-Açu, somos convidados a subir o rio Tocantins e navegarmos com os bravos imigrantes cametaenses, que tiveram papel de destaque tanto pelo quantitativo quanto pela recorrência de vezes que venceram as milhas que distanciam esses dois municípios.

A presente pesquisa mostrou que a migração, dos que para lá se dirigiram, direciona nossas considerações a registrarmos a importância da introdução dos imigrantes japoneses, em território amazônico, tendo em vista que a chegada desses indivíduos ao estado do Pará, em 1929, e à então colônia do Vale do Acará modificou profundamente não apenas a economia do Estado, mas também as relações sociais, políticas e econômicas dos sujeitos que foram envolvidos nesse processo, como os migrantes cametaenses.

Também nos é possível compartilhar que a saga migratória cametaense era de superação e sempre permeada de limitações e dificuldades que iniciavam nos deslocamentos, via fluvial (único meio de transporte na época), em barcos superlotados, comendo do pouco que levavam ou do que era disponibilizado pelos barqueiros nos longos dias de viagem, que em média durava 3 dias, até ancorar ao trapiche de Tomé-Açu. Esse panorama de dificuldade mostrou-se recorrente não somente na fala dos entrevistados (entrevista semiestruturada), mas quando desembarcavam e seguiam para as fazendas dos infindáveis pimentais.

Apesar do panorama não muito motivador, a situação econômica dessas pessoas que conversamos, as quais serviram de base a nossas proposições, era muito difícil. Pois do pouco que colhiam, arroz, milho, mandioca e outros, mal dava para adquirir os bens primários para alimentação. As moradias eram de péssimas estruturas: pisos de chão batido, parede de miriti, as janelas eram fechadas com "panos" de tala. Aqui nos cabe compartilhar esse fragmento da realidade vivenciada e relatada pelo senhor Nélio: "Nossa sorte era que tínhamos fartura de peixe. Não tinha a barragem para atrapalhar e nem dinheiro no bolso para comprar aquilo que queríamos. Às vezes faltava até o do açúcar e o do café." Essa dura realidade fez com que esses homens e mulheres desembarcassem na terra dos pimentais para trabalharem de segunda a sábado servindo de mão de obra aos estrangeiros, que eram os patrões.

Por fim, cabe-nos dizer que a sociedade de Tomé-Açu, tal como é concebida hoje, foi construída a partir do translado, suor e luta de diversos grupos sociais que ao longo do tempo chegaram e se alocaram nessas terras. Dessa forma, seria difícil estabelecer a gênese do povo tomeaçuense, visto que esse é resultado do intenso fluxo de populações que se deslocavam para a região do Vale do Acará e constituíram esse município paraense.

Referências

Fontes orais

João Gonçalves Moreira, 75 anos, nascido na Costa do Tamanduá, Furo São José, município de Cametá. Trabalhou transportando cametaneses para Tomé-Açu, décadas de 60. Entrevista concedida em 26 de outubro de 2021.

Maria Almeira Arnoud, 93 anos, agricultora, Japuá (Cametá). Entrevista concedida em 26 de outubro de 2021.

Nário Tavares Rodrigues, 69 anos, agricultor, nascido em Merajuba (Cametá). Entrevista concedida em 25 de outubro de 2021.

Nélio Moreira Rodrigues, 67 anos, agricultor, nascido em Merajuba (Cametá). Entrevista concedida em 25 de outubro de 2021

Bibliografia

ALBERTI, Verena. *Ouvir Contar*: textos em história oral. Rio de Janeiro: Ed. FGV, 2004.

ASSOCIAÇÃO PAN-AMAZÔNIA NIPO-BRASILEIRA. *70 anos da imigração japonesa na Amazônia*: (baseado no livro comemorativo aos 60 anos da imigração japonesa na Amazônia, editado em setembro de 1994). Belém: Associação Pan-Amazônia Nipo-Brasileira, 2004.

BOSI, Ecléa. *Memória e Sociedade*: lembranças de velhos. São Paulo: Companhia das Letras, 1994.

BOURDIEU, Pierre. Compreender. *In*: BOURIDEU, Pierre (org.). *A miséria do mundo*. Petrópolis: Vozes, 2012.

BRITO, Fausto. *As migrações internas no brasil*: um ensaio sobre os desafios teóricos recentes. UFMG/Cedeplar, Belo Horizonte, set. 2009. em: https://www.researchgate.net/publication/46465105_As_migracoes_internas_no_Brasil_um_ensaio_sobre_os_desafios_teoricos_recentes. Acesso em: 20 ago. 2022.

CARDOSO, Ruth. *Estrutura Familiar e Mobilidade Social*: estudo dos japoneses no estado de São Paulo. São Paulo: Primus Comunicação, 1995.

DELGADO, Lucília. *História Oral e narrativa*: tempo, memória e identidades. VI Encontro Nacional de História Oral (ABHO) – Conferência de Abertura. HISTÓRIA ORAL, 2003.

HALL, Stuart. *A Identidade Cultural na Pós-Modernidade*. Rio de Janeiro: Ed. Lamparina, 2019.

HALL, Stuart. Quem Precisa de Identidade? *In*: SILVA, Tomaz Tadeu da. *Identidade e Diferença*: a perspectiva dos estudos culturais. Petrópolis: Vozes, 2014.

LIMA, Jakeline Gabrieli. *"Bravos Navegadores"*: migrações de cametaenses em Tomé-Açu (Década de 1940 e 1965). Tomé-Açu: UFPA, 2016.

LOPES, Juarez Rubens Brandão. *Desenvolvimento e Migrações*: Uma Abordagem Histórico-Estrutural. Estudos CEBRAP. São Paulo: Editora Brasiliense, 1973.

MARUOKA, Yoshio. *70 anos da imigração japonesa na Amazônia*. São Paulo: Topan-Press. [20--].

NAGAI, Akira. *Um nikkei da terra dos tembés*. Belém: Alves Gráfica e Editora, 2002. 145 p.

PEREIRA, Anaíza Garcia; TUMA FILHO, Fadel David Antônio. O fenômeno migratório brasileiro no contexto capitalista. *Ciência Geográfica*, Bauru, v. 15, n. 1, jan./dez., 2012. Disponível em: https://agbbauru.org.br/publicacoes/revista/anoXVI_1/agb_xvi1_versao_internet/AGB_abr2012_03.pdf. Acesso em: 05 maio 2022.

RICOUER, Paul. *A memória, a história e o esquecimento*. Campinas: Editora da Unicamp, 2007.

ROSSINI, R. E. A Migração como Expressão da Crescente Sujeição do Trabalho ao Capital. *In*: V ENCONTRO NACIONAL DE ESTUDO POPULACIONAIS, 5., 1986, Águas de São Pedro. *ANAIS [...]*. ABEP. Águas de São Pedro - SP, 1986.

Disponível em: http://www.abep.org.br/publicacoes/index.php/anais/article/view/378. Acesso em: 03 nov. 2009.

RÜSEN, Jörn. *Razão Histórica*: fundamentos da ciência histórica. Brasília: Editora Universidade de Brasília, 2010.

SILVA, Antonio da Silva e. *A história do município de Tomé-Açu.* Tomé-Açu: Impressão independente, 2019.

SILVA, Bruno de Souza. *Viveres de maranhenses no Pará*: migração, terra, trabalho e conflito no Vale do Acará (Décadas de 1960-90). Dissertação (Mestrado em História Social na Amazônia) – Faculdade de História, Universidade Federal do Pará, Belém, 2018.

THOMPSON, Paul. *A voz do passado*: história oral. Rio de Janeiro: Paz e Terra, 1992.

TRINDADE, Thirzia. *A participação feminina na colheita da pimenta-do-reino em Tomé- Açu – 1950 a 1960.* Cametá: FCHTO-UFPA, 2016.

TSUNODA, Fusako. *Canção da Amazônia*. Trad. Jorge Kassuga. Rio de Janeiro: Francisco Alves, 1988.

TSUTSUMI, Gota. Alvorada da imigração japonesa na Amazônia: seguindo as pegadas da missão de Fukuhara. *In*: INDÚSTRIA NIPO-BRASILEIRA DO PARÁ. *Livro de 20 anos da câmara de comércio e indústria Nipo-Brasileira do Pará*. [Belém]: INBP, [20--]. p. 196- 207.

TERRITÓRIOS, PODERES E RESISTÊNCIAS

CAPÍTULO 14

EM DEFESA DA TERRA INDÍGENA: CONFLITOS ACERCA DO PROJETO CALHA NORTE NO ANO DE 1987, SOB A ÓTICA DOS PERIÓDICOS *MENSAGEIRO* E *DIÁRIO DO PARÁ*

Alana Albuquerque de Castro

Introdução

Apesar da nomenclatura "populações tradicionais", as tradições dos povos indígenas há séculos não são salvaguardadas pelo governo federal. E isso vai muito além de uma fronteira imposta territorialmente, mas também de uma raiz etnocêntrica, pautada no preconceito e em pseudo-juízes da "normalidade" e em uma recusa fatídica da alteridade. Assim como afirma José de Souza Martins (2019)[145], a fronteira, que é a expansão da sociedade em cima dos territórios indígenas, é um cenário cheio de conflitos, onde há uma separação entre os chamados civilizados e as populações tradicionais, um cenário cheio de intolerância, ambição e morte.

Sabendo-se que o direito à terra é de extrema importância para a dignidade humana, não apenas na sua forma capitalista, mas como uma reivindicação de existência, e no caso das populações tradicionais brasileiras, a negligência era escancarada por parte do governo brasileiro. Populações indígenas foram

---
145 MARTINS, José de Souza. "*Fronteira:* a degradação do Outro nos confins do humano". São Paulo: Contexto, 2019, p. 9.

dizimadas durante o regime militar[146] e mesmo com o fim da ditadura, os governos que assumiram no período de redemocratização continuavam a invalidar esses povos e a negar a sua vivência.[147]

Partindo do pressuposto de redemocratização e das problemáticas em torno das políticas indigenistas e sabendo que o jornal é um forte meio de comunicação responsável por trazer ao leitor informações que de alguma maneira lhe serão uteis, meu trabalho se propõe a trazer os discursos jornalísticos do ano de 1987 dos periódicos *Mensageiro* e *Diário do Pará*, buscando analisar de que maneira as questões agrárias relacionadas às terras indígenas eram retratadas ao grande público por meio da mídia impressa e dessa forma entender a relação desses discursos com o período de vigência do governo do ex-presidente José Sarney. Assim como afirma Roger Chartier (2002), as representações no mundo social, embora queiram apresentar um diagnóstico fundado na razão, são sempre determinadas de acordo com os interesses dos grupos que as constroem. Portanto, para cada caso, o necessário relacionamento dos discursos proferidos com a posição de quem os utiliza.

Os periódicos citados anteriormente foram selecionados por serem cruciais na elaboração deste trabalho. O *Mensageiro* trata-se de um jornal escrito e pensado pelos povos tradicionais, portanto, traz relatos de como a comunidade indígena enxergava as nuances do governo federal. Como afirma essa manchete retirada do site da própria revista *Mensageiro*:

> No começo, era apenas um informativo que circulava entre os povos indígenas no Brasil. Há 34 anos, quando lideranças indígenas começaram a organizar um movimento indígena nacional, uma dificuldade era conseguir notícias dos parentes em outros Estados e regiões, saber como estavam, quais suas lutas. Caciques de cinco povos diferentes, reunidos em Abaetetuba, Pará, decidiram estabelecer a comunicação que faltava. Daí o

---

146 Em consequência dessa modalidade de ocupação proposta, tribos indígenas sofrem, como sofreram pesadas reduções demográficas no contato com o homem e suas enfermidades. Algumas tribos perderam nesses poucos anos até dois terços de sua população (MARTINS, José de Souza. *Fronteira*: a degradação do Outro nos confins do humano. São Paulo: Contexto, 2019, p. 75).

147 "[...] as graves violações de direitos humanos que sofreram antecedem em muito a ditadura militar e não se encerraram com o fim do mandato do General Figueiredo". (FERNANDES, Pádua. "Povos indígenas, segurança nacional e a Assembleia Nacional Constituinte: as Forças Armadas e o capítulo dos índios da Constituição brasileira de 1988". *Revista Insurgência*, Brasília, 2016, p. 2).

nome Mensageiro. De pequeno boletim virou jornal, cresceu e virou revista. E além das notícias e mensagens dos parentes, traz informações e análises de temas relacionados ao mundo indígena (*Revista Mensageiro*, 2004).

Já o *Diário do Pará*[148] foi selecionado por trazer um olhar mais geral dos fatos e por ser um dos jornais de maior circulação da época, pois faz parte da grande mídia. Ambos são periódicos regionais.

É importante ressaltar que o ano de 1987 foi escolhido por anteceder ao ano da Constituição de 1988, e por ser o ano no qual as mobilizações por porte dos movimentos sociais e de movimentos indígenas se intensificam devido aos seus descontentamentos com as políticas públicas impostas na gestão de José Sarney, que iremos tratar mais adiante.

O Projeto Calha Norte e o descontentamento das populações indígenas com o governo Sarney

Durante a década de 1980, houve uma intensificação dos movimentos indígenas, que reivindicavam e lutavam por seus direitos e por sua existência, ingressando na política como no caso da Nações Indígenas – UNI e do Conselho Indigenista Missionário – Cimi no intuito de ganharem forças e serem finalmente ouvidos pelo governo e pela população. E é nesse cenário que as lutas se intensificam, pois poucas áreas indígenas eram demarcadas e com a saída de João Figueiredo em 1985 e a repentina morte de Tancredo Neves, José Sarney ascendeu ao cargo de presidente, o que acabou gerando várias expectativas por ser o primeiro presidente civil a assumir depois de décadas de vigência militar. E de acordo com Pedro Cassiano Farias de Oliveira (2018, p. 164), Sarney precisou conciliar as várias reivindicações dos movimentos sociais que estavam ocorrendo devido à ruptura de anos de censura e repressão. Ele tentou controlar as tensões sociais que estavam ocorrendo. No entanto, os conflitos continuaram existindo.

> O governo federal passou a ser presidido por José Sarney, que criou outro ministério para tratar das questões da terra. Esse ministério recebeu o nome

---
148 Criado em 22 de agosto de 1982 pelo atual senador da República, Jáder Barbalho, do Partido do Movimento Democrático Brasileiro no Pará (PMDB-PA), para dar sustentação à carreira política que ele estava iniciando na época (SEIXAS; CASTRO, 2014).

de Mirad, que quer dizer Ministério da Reforma e do Desenvolvimento Agrário. Com o novo ministério, a Secretaria-Geral do Conselho de Segurança Nacional deixou de tratar das questões de terra. Ele também deixou de opinar sobre a demarcação das terras indígenas (GUIMARÃES, 1989, p. 93).

Como afirmado, mesmo elaborando alguns projetos de reforma para acalmar os ânimos de alguns setores da sociedade, Sarney continua negligenciando as questões indígenas[149], mantendo-se em silêncio. Acontece que os conflitos nas áreas indígenas continuavam aumentando e poucas áreas indígenas eram demarcadas nesse período. Além disso, os militares não aceitavam ficar de fora das decisões no tocante às terras indígenas. Segundo Paulo Guimarães (1989, p. 40), o governo só demarcava algum território quando os bancos internacionais pressionaram, bancos como o Banco Mundial (Bird) e o Banco Interamericano de Desenvolvimento (Bid), que emprestavam dinheiro para o governo brasileiro investir em construções civis. A segunda forma era quando os conflitos entre os povos indígenas e os invasores de suas terras aumentavam muito.

Embora o período fosse de redemocratização, os militares ainda intervinham quando algo saía do seu controle, assim não deixavam de adentrar a todo custo no que dizia respeito às demarcações. O Conselho de Segurança Nacional era composto por militares e os processos das políticas indigenistas não deixavam de passar por eles, que acompanhavam de perto qualquer movimentação em especial.

> O Conselho de Segurança Nacional acompanhou as articulações da sociedade civil com a Assembleia Constituinte, com um olhar vigilante especial para os movimentos sociais, incluindo o "Movimento dos Negros", o "Movimento de Defesa dos Direitos da Mulher" e os "setores indigenistas" (FERNANDES, 2016, p. 151).

---

149 No governo de Sarney, as violações de direitos indígenas continuaram ocorrendo, como o licenciamento ilegal de atividades econômicas em áreas dos índios. (FERNANDES, Pádua. "Povos indígenas, segurança nacional e a Assembleia Nacional Constituinte: as Forças Armadas e o capítulo dos índios da Constituição brasileira de 1988". *Revista InSURgência*, Brasília, 2016, p. 148).

A repressão às reivindicações indígenas ainda era presente e o cenário de violência era alarmante, e o descaso do governo não parava por aí. Em 1986, surgem os primeiros passos do projeto Calha Norte, que, como já sugere o nome, abrangia os estados do Amazonas, Pará, Roraima e Amapá, que faziam fronteira com a Colômbia, Venezuela, Guiana, Suriname e Guiana Francesa. O projeto tinha o intuito de promover a colonização, o desenvolvimento, o controle territorial e a defesa nacional, e fortalecer as relações com os países vizinhos, contudo, na prática este último ficou para segundo plano. (MONTEIRO, 2011, p. 118), podemos ver isso mais detalhado na própria página do Ministério da Defesa, no trecho a seguir:

> O Programa Calha Norte (PCN) tem como objetivo principal contribuir com a manutenção da soberania na Amazônia e contribuir com a promoção do seu desenvolvimento ordenado. Foi criado em 1985 pelo Governo Federal e atualmente é subordinado ao Ministério da Defesa. Visa aumentar a presença do poder público na sua área de atuação e contribuir para a Defesa Nacional. Na sua etapa de implantação era chamado Projeto Calha Norte e tinha uma atuação limitada, prioritariamente, na área de fronteira. Hoje, o Programa foi expandido e ganhou importância em vista do agravamento de alguns fatores. Entre eles, o esvaziamento demográfico das áreas mais remotas e a intensificação das práticas ilícitas na região. Nesse contexto, cresce a necessidade de vigilância de fronteira e proteção da população. Ao proporcionar assistência às populações, as ações do Programa pretendem fixar o homem na região amazônica. O PCN busca desenvolver ações de desenvolvimento que sejam socialmente justas e ecologicamente sustentáveis. Para isso, é indispensável respeitar as características regionais e os interesses da Nação (MINISTÉRIO DA DEFESA, 2009).

Podemos observar como as palavras "soberania" e "vigilância" mostram o quanto o Governo Federal pretendia controlar minuciosamente as fronteiras, visando proteger seus próprios interesses comerciais com os militares ocupando ainda mais as fronteiras. Contudo, as mudanças que o projeto propunha só começaram a ocorrer de fato em 1987, com os decretos de Sarney, números 94.945 e 94.946. Decretos esses que traziam regras para as demarcações das terras indígenas. O primeiro com as questões administrativas e o segundo trazia uma divisão, entre "áreas indígenas" e "colônias indígenas". Esse Decreto afirma que as terras ocupadas por índios aculturados ou em adiantado processo de aculturação devem ser demarcadas como colônias indígenas. Já as terras ocupadas por índios não aculturados ou em recente processo de aculturação devem ser demarcadas como áreas indígenas (GUIMARÃES, p. 60).

Desse modo, o cenário de revolta só crescia e devido à tamanha insatisfação com as autoridades e buscando lutar para serem ouvidos, muitos indígenas utilizavam do *Mensageiro*, que, como foi dito anteriormente, era um jornal de cunho indigenista, no qual essas populações tinham espaço para se expressar e reivindicar seus direitos. Como veremos no trecho retirado de uma manchete do jornal que mostra a total indignação por parte dos indígenas. A reportagem intitulada "Ticuna: O tempo vai passando e nada de demarcação." Trata-se de uma reunião entre mais de 20 mil indígenas que escreveram cartas mostrando sua indignação com o Projeto *Calha Norte* e com o governo.

> Já são 10 anos de luta, que viemos reivindicando os nossos direitos, nas questões externas, que diz respeito a demarcação das terras indígenas [...]. Nós ainda usávamos do máximo respeito que tínhamos de levar as nossas questões perante as seguintes autoridades que se dizem serem responsáveis pelos direitos, que assumem com o povo brasileiro. Mas os nossos direitos foram rejeitados pelas autoridades, que se encontram impunes. Desde o princípio, até agora somos repudiados. Somos repudiados nos nossos direitos pelo presidente da República, cabeça dominante dos ministérios. Nós índios somos considerados encapais? Sem autoridade? Sem responsabilidade e não tem ninguém que assume as nossas integridades, porque será? Será que as autoridades querem que nós mesmos assumamos responsabilidade sobre esses assuntos? Pois agora a nossa ideia mudou, já estamos cansados de clamar para as autoridades. Talvez as autoridades não saibam que somos os verdadeiros brasileiros e não imigrante da terra; somos fruto e herdeiros da terra, é por isso que as autoridades não querem assumir responsabilidade conosco. Então agora se a decisão é esta, a tribo ticuna vai tomar conta das exigências dos seus territórios demarcados. Porque queremos as nossas sobrevivências e não suportamos mais imprudência das autoridades (*Mensageiro*, maio de 1987, p. 10).

Como podemos observar, na carta do indígena Pedro Mendes Gabriel, era claro o descaso por parte das autoridades, que ignoravam a existência desses povos, tratando a questão do território muito mais do que apenas uma divisão demográfica, mas uma fronteira ideológica, que pretende separar o "civilizado" do "não civilizado", feita de uma recusa para com o outro.[150] A matéria também afirma que das oito áreas ticunas, apenas quatro (as menores) foram reconhecidas e as outras quatro não foram por estarem perto da fronteira devido às regras do programa Calha Norte. As populações indígenas estavam sendo descaradamente ignoradas e violadas pelo governo federal, mas não permaneciam no total silêncio, buscavam o tempo todo maneiras de resistir às hostilidades que lhes eram impostas.

A seguir, podemos observar outra manchete do jornal *Mensageiro*, no qual outra carta dos povos indígenas é escrita e destinada aos constituintes em outra tentativa das populações indígenas de conseguirem ser ouvidas. Se reuniram representantes de 21 nações indígenas em Manaus, com o propósito de reivindicar seus direitos.

> [...] A situação é angustiante, porque neste momento o Projeto Calha Norte pretende nos aculturar, então o projeto calha quer acabar com os nossos direitos. Está desrespeitando as nossas comunidades, as estradas, estão cortando nossas terras, as escolas oficiais estão destruindo nossas escolas comunitárias, desrespeitando nossa língua, nossos costumes, nossa tradição e nossa forma de viver, mortes, prisões, espancamentos, remoções de famílias para a construção de quartéis, sedução e engravidamento de índias por militares, destruição de nossas casas. O projeto calha norte só tem causado prejuízo para os índios e está acabando com as nações de faixa de fronteira. Esse projeto foi feito sem nos consultar, sem consultar ninguém. O governo diz que é por causa da segurança nacional para defender as fronteiras do Brasil. Mas se o Brasil é grande, hoje, é porque nós defendemos o território, nós fomos e continuamos a ser muralha do Brasil. Em setembro deste ano, o presidente Sarney assinou os decretos nºs 94.945/87 e 94.946/87, que nos prejudica ainda mais, porque torna praticamente impossível a demarcação das nossas terras. Senhores constituintes, nós representantes das nações indígenas da faixa de fronteira não queremos

---

150 Se entendermos que a fronteira tem dois lados e não um lado só, o suposto lado da civilização; se entendermos que ela tem o lado de cá e o lado de lá, fica mais fácil e mais abrangente estudar a fronteira como concepção de fronteira do humano. Nesse sentido, diversamente do que ocorre com a frente pioneira, (na frente de expansão), sua dimensão econômica é secundária (MARTINS, 2019, p. 160).

> os decretos que o Presidente Sarney assinou, não queremos colônias indígenas, não queremos o projeto calha norte, não queremos uma constituição contra os índios. Nós queremos viver em paz, nós queremos a demarcação da nossa terra. [...] Nós queremos uma constituição justa com as nações indígenas (*Mensageiro*, 18 de novembro de 1987, p. 4).

Ao analisarmos essa carta publicada pelas populações indígenas, o primeiro ponto importante é que a carta é de novembro de 87, 6 meses após a data de publicação da carta anterior, ou seja, nada tinha sido feito e as problemáticas em torno do projeto Calha Norte e o descaso das autoridades só cresciam. Um cenário de violência e de atrocidades, onde essas nações eram a todo tempo invalidadas e nenhuma punição era dada aos agressores. Toda essa ocupação militar aumentava com a justificativa da necessidade de proteger as fronteiras, com isso, o domínio militar só se concretizava ainda mais.

> O Projeto Calha Norte seria – delineado como um projeto essencialmente militar, na esfera dos limitados e sacralizados princípios da segurança nacional. Trata-se, portanto, de uma orientação à organização territorial das áreas de fronteiras abrangidas pelo Projeto e que possuía em sua raiz uma orientação de território a partir de uma escala nacional, na qual a Faixa de Fronteira constituiria uma parcela integrante desse território, e à qual se deveria desprender um processo de construção espacial diferenciado, tendo por sua base a primazia de se proteger a Nação frente às possíveis ameaças à sua integridade. Assim, ao afirmar-se a necessidade do – aumento da presença militar na fronteira, legitimava-se também a premência das Forças Armadas enquanto instituição responsável pela estruturação espacial nessas áreas, influindo assim sobre o que seria uma política indigenista apropriada à região, a partir de seus próprios projetos territoriais e de Nação (DORO FILHO; SANTOS, s/d, p. 9).

Desse modo, com a presença militar exacerbada, as tensões nas fronteiras só tendiam a causar mais instabilidade. E essa presença do exército também é citada na imagem da reportagem que veremos a seguir, sobre o Projeto Calha Norte, mas pela ótica do periódico *O Diário do Pará*, que diferentemente do jornal anterior, não era escrito pelas populações indígenas e seguia conforme seus próprios interesses. A manchete fala sobre a implantação do projeto Calha

Norte e é de janeiro de 1987, antecedendo a primeira reportagem mostrada neste capítulo.

> A participação do Ministério do Exército no projeto Calha Norte vai limitar-se à instalação dos oito pelotões de fronteira e a ajuda aos órgãos competentes na demarcação das terras indígenas, segundo informação do Centro de Comunicação Social do Exército.
>
> A presença militar nas fronteiras, segundo matéria publicada no noticiário do Exército, sempre foi uma preocupação dos governos desde o tempo do Brasil-Colônia. "A permanência de efetivos regulares nos mais distantes pontos para assegurar a inviolabilidade de nosso Território diz o texto e ainda hoje absolutamente indispensável."
>
> Para o Exército a presença de seus efetivos naquela área exerce muito mais um papel de colonização do que de defesa armada do Território Nacional. Todo quartel de fronteira possui médicos, dentista, armazém, estação de rádio, escola e campo de pouso, recursos utilizados, também, em prol das populações locais.
>
> O projeto inclui a região ao norte dos rios Solimões e Amazonas, com uma superfície de 1.200.000Km de terras que se distribuem pelos Estados do Amazonas e Pará e territórios de Roraima e Amapá. São 5.500 Km de fronteiras com a Colômbia, Venezuela, Guiana, Suriname e Guiana Francesa (*O Diário do Pará*, 15 de janeiro de 1987, p. 3).

No tocante ao que diz respeito à presença militar, a manchete com um título bem específico trata sobre como para o governo é indispensável a presença das forças armadas nas fronteiras indígenas, e os próprios militares admitiam o caráter colonizador de sua presença nas fronteiras, enfatizando ainda mais o que já foi falado anteriormente, sobre a necessidade de controle que os militares precisavam ter com as populações indígenas. Embora em certo trecho da manchete citem que tudo é "em prol das populações locais", o que acontece de fato é uma negação da humanidade indígena, pois os índios são tratados como ameaça à segurança nacional[151], além de sua liberdade de escolha ser negada a todo momento, os tratando como seres incapazes.

---

151 Os índios continuavam a ser encarados pelas Forças Armadas, durante o governo Sarney, como ameaça à segurança nacional. O Projeto Calha Norte, de colonização das fronteiras (onde as

A última manchete deste capítulo, também localizada no *O Diário do Pará*, trata-se de uma reportagem também de janeiro de 1987 que trata de como o projeto Calha Norte estaria contando com o apoio da igreja, que acreditava que as forças militares eram de extrema importância nas fronteiras.

> Aos poucos o "Projeto Calha Norte" está se ajustando. A igreja já aceita e concorda com a necessidade da presença militar na faixa de fronteira do Norte do Brasil, que é o aspecto essencial e fundamental do controvertido Projeto. Mas a igreja defende, entrementes, a demarcação das áreas indígenas na região. Quanto à forma de implantação do "Projeto Calha Norte" e da demarcação dos territórios indígenas, os entendimentos ainda prosseguem, alguns com pontos de vista diferentes. Aos poucos os ajustes estão sendo feitos (*O Diário do Pará*, 29 de janeiro de 1987, p. 5).

Nota-se que os principais setores da sociedade apoiavam o projeto Calha Norte, inclusive a igreja, que mesmo se dizendo defensora da demarcação, também diz que é "fundamental" a presença militar, invalidando a liberdade e a voz das populações indígenas. O jornal nomeia os conflitos hostis das fronteiras como "pontos de vistas diferentes", amenizando os embates existentes e os enquadrando em meras discordâncias de opinião. E durante minha pesquisa para a conclusão deste capítulo, não encontrei nenhuma outra reportagem do ano de 1987 no *Diário do Pará* que de alguma forma expusesse as críticas indigenistas ao projeto Calha Norte. O que nos mostra uma grande diferença nos dois periódicos, que embora sejam do mesmo ano, relatam de maneiras diferentes o mesmo assunto. Ainda que o primeiro jornal seja de cunho indígena, são inegáveis as atrocidades ocorridas no desenrolar do projeto devido às bibliografias também comprovarem o mesmo feito.

Considerações Finais

Conclui-se que, apesar de o ano de 1987 e todo o período do governo Sarney se passarem durante o processo de redemocratização, as questões indigenistas ainda permaneciam em segundo plano e eram constantemente

---

Forças Armadas não desejavam a demarcação de TI) concebido no Conselho de Segurança Nacional nessa época, foi um exemplo. Ele seguia a velha orientação colonizadora e partia da noção de que os índios atentaram contra a integridade territorial do país (FERNANDES, 2016, p. 152).

ignoradas pelo Governo Federal. Ainda que com o surgimento do projeto Calha Norte e todo o discurso de "integração social" fosse existente, as populações indígenas ainda eram tratadas como ameaça à segurança nacional, sendo violadas e renegadas. Vítimas de um constante "etnocentrismo" que crescia com as políticas anti-indigenistas que ocorreram durante o governo Sarney, especificamente no projeto Calha Norte. E as disputas no campo são os principais embates indigenistas, pois a demarcação de suas terras era necessária para a manutenção de sua existência. Contudo, é importante ressaltar que os movimentos indígenas não deixaram de buscar mecanismos de defesa para serem ouvidos e enxergados como parte da sociedade brasileira, como cidadãos brasileiros com direitos a serem reconhecidos.

Referências

Fontes

CALHA NORTE. *O Diário do Pará*, Belém/PA, 29 de janeiro de 1987, p. 5 – Biblioteca Pública Arthur Viana. CENTUR. Belém/PA.

EXÉRCITO NO CALHA. *O Diário do Pará*, 15 de janeiro de 1987, p. 3 – Biblioteca Pública Arthur Viana, CENTUR. Belém/PA.

GABRIEL, Pedro Mendes. Ticuna: O tempo vai passando e nada de demarcação. *Mensageiro*, Belém/PA, maio de 1987. p.10 – Biblioteca Pública Arthur Viana. CENTUR. Belém/PA.

OS POVOS DAS FRONTEIRAS. Carta dos povos indígenas de fronteira aos senhores Constituintes. *Mensageiro*, Belém/PA, 18 de novembro de 1987, p.4 – Biblioteca Pública Arthur Viana. CENTUR. Belém/PA.

REVISTA MENSAGEIRO. *Revista Mensageiro*, 2004. Disponível em: https://cimi.org.br/2004/06/21578/. Acesso em: 20 fev. 2022

Bibliografia

CHARTIER, Roger. "História Intelectual e História das Mentalidades: Uma Dupla Reavaliação". *In*: CHARTIER, Roger. *A História Cultural*: entre práticas e representações. São Paulo: Difel, 2002.

DORO FILHO, Ivan Gomes; SANTOS, Marcos Vinicius Silva Maia. *O Indígena e a Política de Segurança Nacional*: Análise das representações construídas sobre os índios da Faixa de Fronteira nos projetos territoriais de atores militares para a Terra Indígena Raposa-Serra do Sol (Roraima).

FERNANDES, Pádua. "Povos indígenas, segurança nacional e a Assembleia Nacional Constituinte: as Forças Armadas e o capítulo dos índios da Constituição brasileira de 1988". *Revista InSURência*, Brasília, 2016.

GUIMARÃES, Paulo Machado. *Demarcação das terras indígenas*: a agressão do governo. Brasília: CIMI, 1989.

MARTINS, José de Souza. *Fronteira*: a degradação do Outro nos confins do humano. São Paulo: Contexto, 2019.

MONTEIRO, Licio Caetano do Rego. O Programa Calha Norte: Redefinição das Políticas de Segurança e Defesa nas Fronteiras Internacionais da Amazônia Brasileira. *R.B. Estudos Urbanos E Regionais*, v. 1 3, n. 2, nov. 2011.

OLIVEIRA, Pedro Cassiano Farias de. A reforma agrária em debate na abertura política (1985-1988). *Tempos Históricos*, v. 22, 2018.

SEIXAS, Netília Silva dos Anjos; CASTRO Avelina Oliveira de. Imprensa e poder na Amazônia: a guerra discursiva do paraense O Liberal com seus adversários. *Revista Comunicação Midiática*, v. 9, n. 1, p.101-119, jan./abr. 2014.

CAPÍTULO 15

CONFLITOS ÉTNICOS E TERRITORIAIS EM COMUNIDADES INDÍGENAS DO BAIXO RIO TAPAJÓS

Bruna Josefa de Oliveira Vaz

Introdução

O presente capítulo busca compreender as dinâmicas de produção de identidades étnicas na região do baixo rio Tapajós[152] e de que maneira esse processo se relaciona com os conflitos territoriais encadeados nesta região. Como objeto de análise, a área proposta de estudos é a unidade de conservação Reserva Extrativista Tapajós Arapiuns. Tratar sobre a complexidade de produção de identidades no baixo Tapajós é dar um passo à frente para compreender a agência desses atores sociais e escrutinar os motivos pelos quais rejeitaram determinadas atribuições, bem como pensar no caminho inverso, ou seja, no processo de autoafirmação identitária, principalmente como indígenas.

Para compreender as dinâmicas de produção e ressignificação de identidades étnicas, utilizo o conceito de etnogênese (MONTEIRO, 2001; BARTOLOMÉ, 2006; VAZ FILHO, 2010). Tomo de empréstimo esse conceito para lançar luz sobre esse novo momento político e social experimentado pela região do baixo Tapajós no período recente. No início da década de 1990,

---

152 Convencionou-se chamar de região do Baixo rio Tapajós as áreas os territórios que compreendem os municípios de Santarém, Belterra e Aveiro, no Oeste do Pará.

parte das comunidades rurais, denominadas pela literatura como "caboclas", passou a reivindicar a identidade indígena, assumindo-se como sujeitos etnicamente diferenciados, buscando a garantia de seus direitos, principalmente o direito à Terra Indígena (IORIS, 2014; VAZ FILHO, 2010).

Como instrumento privilegiado de análise, busco trabalhar com a história oral para identificar e compreender o que esses agentes sociais envolvidos no campo de disputas identitárias e territoriais narram sobre a história de seus antepassados e quais relações possuem com a terra a qual reivindicam. Não tenho nenhuma pretensão de reforçar o olhar externo a esse processo. Eu mesma faço parte desta história, pois sou indígena Maytapu, povo indígena localizado no interior da Resex Tapajós-Arapiuns. Trata-se, portanto, de uma pesquisa que mais do perfazer "a perspectiva dos de baixo", busca reconstruir um processo histórico a partir de dentro. Em outras palavras, escrevo essas páginas como quem narra a sua própria história e a história de seu povo.

Contextualização dos processos identitários e territoriais no baixo Tapajós

As comunidades do baixo Tapajós estão inseridas em um contexto de disputas identitárias e territoriais. A expansão da fronteira agrícola, o avanço do latifúndio sobre terras indígenas, os projetos neodesenvolvimentistas, como a construção de hidrelétricas e a intensificação da atividade madeireira na região, são elementos que aprofundam esses conflitos. Se por um lado tencionam forças que buscam apagar as raízes étnicas dos povos da região, por outro, se fortalece um movimento de resistência e de reelaboração étnica e fortalecimento de suas identidades.

A implementação da Floresta Nacional do Tapajós, em 1974, é um marcador importante desse processo, pois, naquele momento, de maneira contraintuitiva, não representou uma preocupação com a conservação ambiental. O que se percebe é que essa ação operou por questões políticas, tendo como base interesses e lógicas de um projeto de desenvolvimento para Amazônia que constitui um alargamento de expansão das fronteiras econômicas. Entretanto, essas ações não se deram sem que houvesse resistência pelos agentes sociais que têm um longo processo de ocupação do território. Identificados como caboclos – diga-se de passagem, representação essa que negavam veemente –, os moradores se mobilizaram em movimentos de resistência para permanecerem em suas terras. Para essas pessoas, a categoria social "caboclo" é uma noção deturpada e estereotipada que descaracteriza suas formas de organização. Esse processo se estende por duas décadas até que a forma de organização política dos moradores desdobra-se em um rearranjo étnico de profundo alcance na região.

Há, portanto, uma reconfiguração de representação social a partir da década de 1990 em dois momentos: um, no qual são consideradas "populações tradicionais"; e, outra, em que acontece a autoatribuição como indígenas. Na década anterior, em 1980, havia uma grande pressão sobre o governo brasileiro trazendo à tona a questão ambiental e o impacto que essas populações estavam sofrendo. A agenda ambientalista juntamente com organismos internacionais questionava sobre instrumentos e iniciativas que pudessem conter o acelerado desmatamento da Amazônia e que garantisse direitos das populações que habitavam os territórios em questão.

No final de 1990, a comunidade Takuara, comunidade localizada na Flona Tapajós, assume publicamente a identidade indígena. O processo de reelaboração étnica e cultural em curso é um fenômeno social desencadeado a partir de um contexto de disputas. Esse processo que nas Ciências Sociais tem sido tratado como etnogênese (BARTOLOMÉ, 2006) é identificado como um movimento de ousadia dos povos indígenas de se apresentarem ressignificando elementos e práticas culturais que foram tirados à força pelos não indígenas. Atualmente, de uma pioneira aldeia Takuara, existem aproximadamente 70 aldeias e uma população de 8 mil pessoas, tanto na Flona Tapajós como Resex Tapajós Arapiuns, que se identificam como indígenas.

História oral como ferramenta de construção de resistência e história dos povos indígenas do Baixo Rio Tapajós

Para John Monteiro (2001), um dos obstáculos para que os povos indígenas tenham maior visibilidade na historiografia brasileira reside no pouco interesse que historiadores têm na temática, relegando esse domínio quase que exclusivamente para antropólogos. O destino dos indígenas construído pelos estudos fundadores da história do país seria de total desaparecimento. O autor destaca duas importantes vertentes nesse sentido estabelecidas pela historiografia nacional: exclusão dos indígenas quanto agentes históricos e povos em vias de desaparecimento. Esse quadro avança em mudanças que tentam elaborar uma "nova história indígena". Nesse sentido, a ampliação da bibliografia etno-histórica traz um novo panorama sobre a constituição da América e da expansão europeia que não está intrinsecamente relacionada à exclusão e dizimação dos povos indígenas. Para autores como John Monteiro (2001), "esse conjunto de choques também produziu novas sociedades e novos tipos de sociedades".

Nesse sentido, o termo etnogênese vai ganhando novos contornos quando pensado em um ponto de convergência de processos de transformações internas e externas. Observa-se que essa perspectiva em certa medida constituiu um ramo do que na historiografia convencionou-se chamar de Nova História. Como destaca Peter Burke (2008), essa ramificação surgiu a partir da construção de um novo paradigma historiográfico, preocupado não somente com a história da política e das grandes estruturas sociais, mas para um conjunto de problemáticas que atravessam o amplo campo de sociabilidade humana. Quais campos são esses é objeto de controvérsia, mas o que une esses autores são os elementos negativos que criticam na visão historiográfica tradicional, afeita à verdade dos documentos e estatísticas. Com a nova história, essas fontes clássicas perdem a pompa de majestade e tornam-se produto de desejos, aspirações e ideologias. Não se trata de desconsiderá-las, mas ao contrário, de expandir seu significado, ler as entrelinhas dos documentos a fim de captar as contradições inscritas no silêncio e omissões.

Essa forma de abordar a problemática assume com Thompson a ideia de uma historiografia "vista pelos debaixo", isto é, que traz em seus pressupostos outras leituras possíveis das fontes clássicas, e que se abre para o protagonismo das camadas populares. Não existe consenso quanto como é essa visão e o que a define, mas certamente desestabiliza ideias consideradas inabaláveis no campo da historiografia e, particularmente, a narrativa dos vencedores.

Nesta pesquisa em questão, o que pode depreender desse debate é que a ideia de extermínio de povos indígenas, o fadado desaparecimento de sociedades inteiras, ou agentes fossilizados de um processo colonial não são mais aceitáveis para determinar a trajetória dos povos indígenas. Em suma, esses elementos acabam por invisibilizar as formas como esses povos tomaram a experiência e reelaboração de suas identidades diante do projeto colonial.

A etnicidade movimenta um campo de debate que nos desafia a "escovar a história a contrapelo", para usar uma conhecida expressão de Walter Benjamin. Não se trata apenas de inclinar-se diante de passado hermético, fechado em si mesmo, mas de encará-lo como um passado aberto e passível de ser reinterpretado. Esse modo de compreender a história relaciona-se diretamente com os processos de valorização e ressignificação étnica analisados nesse trabalho. Assim, por exemplo, a partir do século XVII, as políticas coloniais modificaram o quadro étnico e territorial da região do Baixo Tapajós. Guerras, alianças, fugas para o *mato* e migrações ajudaram a reorganizar a formação de novos grupos.

Portanto, registram-se processos de etnogêneses protagonizados por diferentes populações que produziram uma identificação compartilhada, baseada numa tradição preexistente ou construída, e que sustentou ações coletivas. A valorização e ressignificação étnica dos povos indígenas e quilombolas que ocorreram na região do Baixo Amazonas a partir do final do século XX são evocativas deste processo. Por isso, vou lançar um olhar panorâmico sobre as duas experiências. Creio eu que assim fazendo, o fenômeno de valorização e emergência étnica será melhor delineado.

Em sentido amplo, o conceito etnogênese tem sido empregado para descrever o desenvolvimento ao longo da história de coletividades humanas que chamamos de grupos étnicos. O termo foi inicialmente mobilizado para dar conta das coletividades que se formavam a partir das migrações, invasões e ocupações. A etnogênese não tem uma data certa para começar e terminar, pois mais do que um evento circunscrito em marcos cronológicos rígidos, refere-se à construção, manutenção e dinamismo de fronteiras sociais que demarcam uma identidade política. Trata-se de formas de reconhecimento dos grupos étnicos que rompem com estigmas, valorizam suas culturas e ressignificam símbolos e tradições, diferenciando-se de outros grupos. É, portanto, um debate que, alinhando-se com os estudos da nova história e da história cultural, permite um olhar perspectivado para a história.

As sociedades indígenas experimentaram transformações profundas no período de colonização, a exploração da mão de obra, expropriação de seus territórios, dizimação causadas por violências e epidemias etc. Diante dessas ofensivas, os povos indígenas desencadearam diversas estratégias para salvaguardar suas presenças físicas e culturais. Essas estratégias foram constituídas de diversas formas com o projeto colonizador, como aliados, inimigos ou refugiados. As dinastias indígenas, por exemplo, compõem uma chave analítica que, de acordo com John Monteiro (2001), "permite vislumbrar um aspecto importante do papel desempenhado por atores indígenas no drama colonial".

A etnogênese é o meio pelo qual surgem novas formas de organizações coletivas de grupos étnicos que se desencadeiam a partir de determinadas causas. O termo "etnogênese" foi cunhado na Antropologia para designar diversas configurações socioculturais, mas envolvendo um mesmo tipo de dinâmica social. No baixo Tapajós, pode-se compreender nesse processo de reorganização sociocultural que a etnogênese aplica-se ao caso de grupos étnicos que foram dados como extintos desde o século XIX e que a partir da década de 1990 reapareceram.

A emergência étnica, ao sustentar-se em memórias individuais e coletivas, reconstituem uma totalidade que influencia no movimento da fala, na forma como se compreende a própria existência, como se compreende a história de um povo e sua relação com o território, produzindo uma profunda identificação com o passado que se estende para além da vida dos indivíduos, o que podemos caracterizar como uma memória herdada e, portanto, uma memória que é um patrimônio coletivo (POLLAK, 1992). Ao seguir essa vereda, essa análise somente é possível porque legitima novas fontes, como a história oral, que permite que narrativas e interpretações venham ao mundo falado pela boca dos seus próprios sujeitos.

> Na categoria memória, compreendida como faculdade individual sustentada por um feixe de relações, entendemos que, mesmo que em última instância, é o indivíduo que evoca sua experiência dos acontecimentos – entenda-se, aqui, seleciona consciente ou inconscientemente o que será lembrado e dito –, ele o faz do interior das interações que teve ou que travou no contexto da comunidade e sociedade à qual pertence (SILVA; PARENTE, 2019, p. 176).

A memória se torna mais que uma lembrança ou constituição de um passado, mas se inscreve numa percepção do presente a partir de experiências que transformam o lugar, as relações sociais e políticas, uma atualização da memória (MAUPEOU, 2019). São as memórias, histórias e causos que iluminam a constituição de suas histórias, algo que para a historiografia clássica foi considerado irrelevante e sem valor. Por muitos anos, o relato oral foi considerado uma fonte secundária e menos importante na pesquisa acadêmica, pois considerava-se que a oralidade produziria uma reconstrução da história a partir da subjetividade, o que prejudicaria a objetividade científica. Assim, os documentos oficiais, as atas, relatórios e toda vasta gama de documentação escrita gozavam de maior prestígio que as fontes orais. Entretanto, cabe lembrar que as fontes clássicas e oficiais também são socialmente construídas (POLLAK, 1992). Quem redige tais documentos são pessoas de carne e osso, inseridas em contextos políticos e sociais específicos e marcadas pelas paixões e preconceitos de sua época.

As tensões entre as fontes clássicas e as fontes que apenas recentemente têm ganhado legitimidade evidenciam por um lado que as velhas dicotomias estão perdendo espaço e, por outro, que os movimentos para recontar as histórias consagradas nos livros mobilizam a memória e a fala de pessoas nas quais a força e a violência buscaram apagar. Vejo na história oral, nesse sentido, um amplo campo que abre novas possibilidades para se pensar o presente, o passado e mesmo o futuro. A lembrança individual é um efeito que se estabelece a partir de um conjunto de experiências através do convívio social. Para Halbwachs (2006), cada memória individual é um ponto de vista sobre a memória coletiva, as lembranças individuais fazem parte de um processo de construção coletiva, tendo em vista que o indivíduo permanece inserido num grupo social. Esse autor defende que mesmo que os acontecimentos ocorram com a presença de um único indivíduo, as lembranças permanecem coletivas, isso acontece porque jamais estamos sós.

As narrativas indígenas trazem um importante exercício de reflexão sobre como podem ser instrumentos valiosos para escrutinar o processo de reorganização étnica no baixo Tapajós, tendo em vista que a memória é fundamento de disputa e reconhecimento primordial para os povos indígenas.

Portanto, busca-se fazer um diálogo interdisciplinar entre a antropologia e a história a fim de produzir uma síntese da história contada na perspectiva dos sujeitos que construíram e constroem a resistência contra o colonialismo, pois o processo de reelaboração étnica e cultural em curso no baixo Tapajós é um fenômeno social desencadeado a partir de um contexto de disputas, principalmente pelo território.

Considerações Finais

Desde o período colonial apresenta-se um projeto geopolítico da Amazônia que não pensa nos sujeitos históricos e políticos na região. Têm-se para a Amazônia um modelo de desenvolvimento econômico sem respeitar as pluralidades. Essa concepção não somente foi legitimada por setores econômicos, mas foi pensada a partir de correntes historiográficas clássicas. Essas correntes invisibilizam sujeitos oprimidos e davam aos vencedores o status de portadores da verdade historiográfica.

Assim, mesmo que irrealista e em nome do progresso, a Amazônia foi vista de forma fantasiosa como uma região despovoada e de infinitos recursos naturais. Em termos concretos, essa fantasia se traduziu em maior controle do território por parte do Estado. Assim, o principal meio de exercer poder e soberania foi apagando a diversidade social, cultural e política da região.

Porém, longe de uma concepção pacifista na qual supostamente esses grupos teriam sido apenas agentes passivos desse processo, é importante salientar que formas e estratégias de sobrevivência foram incisivas no sentido de salvaguardar suas práticas culturais e identidades. O colonialismo engendrou uma dinamicidade identitária dos grupos étnicos indígenas, mas não provocou sua extinção. Suas identidades são fundadas na consciência de quem foram e dos eventos históricos que influenciaram essa constituição. Se por um lado, como produto do colonialismo, existe um racismo desumano, por outro, há vários grupos organizados e lutando para que nenhuma gota de sangue seja derramada em prol de um projeto desenvolvimentista que produz violência e exclusão.

Se essa prática sempre existiu por parte dos nativos, do ponto de vista historiográfico, esse ponto de vista constituiu-se algo aparentemente inovador. As contribuições da Nova História (LE GOFF, 1990), os estudos Culturais de Thompson (2001) e as recentes abordagens sobre etno-história têm contribuído enormemente para ampliar essa perspectiva e caminho analítico. É a partir desse rico debate que esta pesquisa pretende se orientar.

Referências

BARTOLOMÉ, Miguel Alberto. As Etnogêneses: velhos atores e novos papeis no cenário cultural e político. *Mana*, v. 12, n. 1, abr. 2006.

BELTRÃO, Jane Felipe. *Povos Indígenas nos rios Tapajós e Arapiuns*. Belém: Supercores, 2015.

BURKE, Peter. *O Que é História Cultural?* Rio de Janeiro: Jorge Zahar, 2008.

LE GOFF, Jacques. A História Nova. *In*: LE GOFF, Jacques. *A História Nova*. São Paulo: Martins Fontes, 1990.

HALBWACHS, Maurice. *A memória coletiva*. São Paulo: Vértice, 1990.

IORIS, Edviges Marta. *Uma floresta de disputas*: conflitos sobre espaços, recursos e identidades sociais na Amazônia. Florianópolis: Editora da UFSC, 2014.

POLLAK, Michael. Memória e identidade social. *Estudos Históricos*, Rio de Janeiro, v. 5, n. 10, p. 200-212, 1992.

MAUPEOU, Samuel. A saga dos pitangueiros nas terras da Companhia. Retalhos e fragmentos da memória. (Pernambuco, 1986). *História Oral*, v. 23, n. 2, 2019.

MONTEIRO, John. *Tupis, Tapuias e historiadores*: Estudos de História Indígena e do Indigenismo. Tese (Livre Docência) – UNICAMP, Campinas, 2001.

SILVA JR. Cícero Pereira; PARENTE, Temis. De estrada líquida à jazida energética: os sentidos do rio Tocantins na memória oral dos ribeirinhos. *Texto & Argumento*, v. 11, n. 28, 2019.

THOMPSON, E. P. "As peculiaridades dos ingleses" e "A história vista de baixo". *In*: NEGRO, Antonio Luigi; SILVA, Sergio. *As peculiaridades dos ingleses e outros artigos*. Campinas: Editora da Unicamp, 2001, p. 75-179.

VAZ FILHO, Florêncio Almeida. *A emergência étnica dos povos indígenas no baixo rio Tapajós (Amazônia)*. Tese (doutorado) – PPGCS-UFB, Salvador, 2010.

CAPÍTULO 16

O DIREITO DE PROPRIEDADE DO "SELVAGEM" NO DISCURSO MISSIONÁRIO NO ARAGUAIA (1922 – 1933)

Milton Pereira Lima

O território da Catequese de Conceição: relações interétnicas no Araguaia Paraense

Após a fundação da Congregação Conceição de Araguaia, em 1897, missionários dominicanos, liderados pelo irmão Gil Vilanova, começaram a cruzar o rio Araguaia, rio que separa a província do Pará da antiga província setentrional de Goiás, hoje o estado do Tocantins, enquanto vagueavam a procurar indígenas para "pacificar" e ministrar o ensino do catecismo. Essas buscas, narradas na revista *Cayapós e Carajás*, visavam "salvar as almas" dos indígenas (REVISTA..., 1922, p. 3) e quiçá "aculturá-los", como se dizia à época, para em seguida "integrá-los" à nação brasileira, como explicou Darcy Ribeiro (1991) em seu livro *Os índios e a civilização: a integração das populações indígenas no Brasil moderno*. Alguns dos planos dos padres foram consolidados em 1911, quando os padres, através de um decreto papal, foram autorizados pelo Papa a criar a Diocese de Conceição do Araguaia na região.

Dessa forma, a nova "jurisdição" da Igreja, reconfigurada como território de atuação missionária, tornou-se, desde então, um palco de relações entre povos indígenas e não indígenas. Ressalta-se que as matas e margens do rio são os quintais dos povos indígenas, onde caçavam, pescavam, praticavam seus costumes e práticas e mantinham relações com colonos que se instalavam cada vez mais nos dois lados da fronteira (do lado paraense e goiano), que possui o rio limite natural. A vasta área da Diocese de Conceição do Araguaia abrigava inúmeros grupos indígenas de várias etnias, que eram alvo da catequese, principalmente as "crianças indígenas" (REVISTA..., 1922, p. 5). Muito embora esse tema não seja o objeto de nossa análise neste capítulo, isso é importante de ser ressaltado.

Refletir sobre a história do lugar amazônico conhecido como sul do Pará ou Araguaia Paraense e tendo a ação missionária como foco das realizações e atuações dos grupos indígenas a partir de documentos da "memoria dominicana" produzidos entre XIX e XX é imprescindível para compreender a dinâmica da formação territorial e da criação de fazendas de criação de gado na região. Não obstante, problematizar qual o sentido dos ditos padres ao enunciarem *"INSTINCTO E DIREITO DE PROPRIEDADE NO SELVAGEM"* nos idos anos de (1922 – 1933) é o que propomos fazer neste capítulo.

Nessa região amazônica, os povos indígenas passaram a conviver mais fortemente com exploradores, viajantes, comerciantes e missionários europeus. Esse fato constitui uma narrativa enunciadora de conflitos descritos em muitos documentos e livros. Visto haver, como hoje ainda há, diversos atores sociais interessados em explorar os recursos florestais, mais ainda, a alma e o corpo (via trabalho) dos "selvagens". Todavia, os indígenas no que lhes concerne, ou resistiram indo à guerra contra os invasores, ou criaram estratégia e agência por dentro do tecido social do outro. Em 1909, com a inauguração da Comarca de Conceição, acelerou-se o processo de colonização, com mais força após a vila ser então elevada à condição de cidade de Conceição do Araguaia.

Assim, foram lançadas as bases para o desenvolvimento de outros povoados, como a vila de Barreira de Sant'Ana. Veja a seguir dois quadros que demonstram o surgimento de aldeias, vilas, povoados e fazendas no Araguaia Paraense entre os anos de 1900 – 1930.

Quadro 1: Povoados, rios e agrupamentos indígenas no Araguaia Paraense (1900-1930)[153]

ARAGUAIA PARAENSE ENTRE 1900 – 1930, ATUAL "SUL DO PARÁ/ALTO XINGÚ"		
RIOS	ALDEIAS (AGRUPAMENTOS INDÍGENAS)	POVOADOS
Rio Araguaia/Arraias	Índios Caiapó	Conceição do Araguaia
Rio Araguaia/Pau D'arco	Índios Chikris	São Domingos do Pau D'arco
Rio Araguaia	Índios Carajás	Santa Maria/ S. Anna
Rio Araguaia/Tapirapé:	Índios Tapirapés	Santa Terezinha
Rio Gamelleira/Pau D'arco	Índios Chikris	Gamelleira
Rio Trairão	Índios Chikris	Triupho
Alto Rio Fresco	Índios Djorés	Novo Cipó

Fonte: Gorotires. Prelazia de Conceição do Araguaia. 1936. Organizado pelo autor.

Quadro 2: Rios, vilas, fazendas e povoamentos habitados por sertanejos/indígenas

RIOS	VILAS, FAZENDAS E POVOAMENTOS
Rio Capanã	Nova Olinda
Rio Salobo	Porto da Cruz
Rio Pau D'Arco	Flor de Ouro
Rio Arraias	Porto do Paz
Rio Liberdade	Cachoeira da Fumaça
Rio Gamelleiras	Cachoeira Grande
Rio São Bento	São Felix - Varjão

Fonte: Gorotires. Prelazia de Conceição do Araguaia. 1936. Organizado pelo autor.

Antes disso, a criação das "duas aldeias de Arraias e Pau d'Arco" (AUDRIN, 1947, p. 81) também foi proposta enquanto a criação da catequese. Foram meninos dessas duas aldeias que vieram a Conceição para serem "educados" e cerca de 20 crianças assistiram à primeira fase do catecismo. Sabemos que essa era "uma prática comum no século XIX. Os índios eram entregues a indivíduos responsáveis por sua educação e tinham o direito de usar seu trabalho" (ALMEIDA, 2010, p. 146). Os primeiros momentos do catecismo criado

---
[153] Os dois quadros apresentados fazem parte da dissertação de mestrado defendida em 2019 (LIMA, 2019).

por Frei Gil Vilanova não foram fáceis para os religiosos, pois é preciso mudar a rotina dos indígenas, já que as crianças vivem em um ambiente controlado e longe da família, isso para dificultar as fugas dos pequenos. Dessa maneira, "era um constante vaivém de **pequenos selvagens** malcriados, preguiçosos, brigadores e ladrões, que deviam ser vigiados dia e noite, que sumiam de repente escondidos nos galhos das árvores, e pela menor repressão" fugiam para a mata (AUDRIN, 1947, p. 82, grifos nossos).

Assim eram constantes as fugas para as "matas próximas". Os pequemos indígenas escalavam árvores e, frequentemente, se tinha a desobediência às normas dos padres. Os religiosos os tinham como crianças/"alunos" "preguiçosos" e malcriados. Essas escapadas, esses atos, podem ser entendidos como uma negação dos costumes dos cristãos.

Aos dominicanos, coube tentar introduzir hábitos "civilizados" nos comportamentos dos indígenas, apeteceu aos padres cobrir os corpos dos seus catequizados, entre outros costumes. Outro ponto relevante observado nos relatos das cartas e nas biografias dos missionários sobre os povos indígenas desse lugar amazônico é a dinâmica de "pacificá-los", depois do contato estabelecido com entrega de "presentes" ou "brindes" durante os encontros interétnicos "sertão" adentro. Ressalta-se, é claro, que os grupos étnicos não eram meros coadjuvantes, povos passivos dominados pela ação do colonizador, não eram simples vítimas do processo de colonização ou de integração na sociedade do "branco", como se pensava até recentemente, e que a "Nova História Indígena" tem desconstruindo. Os indígenas escolhiam seus caminhos e tomavam iniciativas; atuavam independentemente do outro, escolhendo maneiras mais seguras e o momento certo de apreender elementos/costumes que lhes seriam úteis nas relações com o braço "civilizado". Assim como a aliado mais estratégico. O fato é que eles agiam conforme seus termos, sabe-se que o protagonismo indígena já foi temática de estudo de Almeida (2010) e Henrique (2018). Às vezes os indígenas colaboravam por um certo tempo ou apenas aparentavam seguir as regras do outro, por vezes, aceitavam parcialmente elementos da cultura do não indígena, como, por exemplo, aprendendo sua língua ou ressignificando o uso dos objetos e ferramentas do outro.

Os missionários estavam à frente da Catequese de Conceição do Araguaia enredados em sua milenar tradição, crentes de seus serviços e missão nas tratativas de salvar as almas dos "selvagem" para a Santa Sé. Eles reconheciam a si mesmos como arautos da civilidade. Portanto, como os únicos capazes e competentes até mesmo de realizar ma intepretação sobre o que seria a noção de propriedade dos grupos indígenas do Araguaia. Todavia, quem estuda a temática do "habitat" dos indígenas pondera que é intrínseco a esses povos, tanto, por eles como para parte da sociedade brasileira a ideia de que eles são autênticos pioneiros moradores das terras brasileiras, e, portanto, merecem ter um certo resguardo legal nas leis sobre o direito de usufruto dos territórios onde vivem. A esse respeito, João Pacheco de Oliveira Filho argumenta que

> Trata-se do habitat de grupos que se reconhecem (e são reconhecidos pela sociedade) como mantendo um vínculo de continuidade com os primitivos moradores de nosso país. A noção de habitat aponta a necessidade de manutenção de um território, dentro do qual um grupo humano, atuando como um sujeito coletivo e uno, tenha meios para garantir a sua sobrevivência físico-cultural (1988, p. 92).

Por serem atores políticos de seu tempo, os missionários dominicanos deveriam ser tributários das leis do Estado brasileiro do século passado; de certo entendiam como propriedade/posse aquilo que estabelecia os termos da lei. A constituição estabelecida no seu "Art. 5.º – Compete privativamente à União", em uma clara política de tutela a respeito dos povos e agrupamentos indígenas, dispõe no seu inciso "XIX – legislar sobre" essas populações e seus lugares de moradas, ou seja, as terras indígenas, limitando-os como proprietários, visto que "será respeitada a posse de terras de silvícolas que nelas se achem permanentemente localizados, sendo-lhes, no entanto, vedado aliená-las"[154]. Está claro que os indígenas teriam direito de viver e fazer usufruto de suas terras enquanto não ocorresse a "incorporação dos selvícolas à comunhão nacional", conforme previa essa mesma lei, ou seja, a Constituição do Brasil estabelecida à época. Não obstante, pacificar pelo batismo e a catequese era a missão dos padres, era a contribuição dos padres na política da integração nacional.

---

154 Cf: Art. 129 da Constituição da República dos Estados Unidos do Brasil (de 16 de julho de 1934).

Sobre o *"Instincto e Direito de Propriedade no Selvagem"*

Nas matas do Araguaia paraense, missionários dominicanos franceses imersos na labuta da catequização de indígenas, quando não estavam ocupados com seus afazeres religiosos (desobrigas, missas, casamentos e batismos), passavam a refletir sobre temas particularmente polêmicos, transportados por eles mesmos de suas viagens da Europa, em particular, da França, aos confins do Norte do Brasil, mais precisamente ao Araguaia paraense, atualmente conhecida como Sul do Pará.

Uma de suas questões foi O "DIREITO DE PROPRIEDADE", descrita na revista *Cayapós e Carajás* (1923, p. 06-07), assunto da vez nos idos anos das duas primeiras décadas do século XX. Isso se deve, em parte, ao fervedouro político e social que passou a sacudir o velho mundo após 1917, no momento em que ventos vindos da Rússia revolucionária fazia tremer os pilares do velho mundo, causando controvérsias no Ocidente e, em particular, no interior da ordem católica dominicana de Toulouse, situada em Conceição do Araguaia.

Nessa esteira, temos a fala dos padres: "a revolução russa dos soviets, as ideas socialistas e comunistas" (REVISTA..., 1923, p. 06). São assuntos advindos daquela. revolução proletária soviética sendo pautadas em plena floresta em periódicos missionários. Em destaque, a revista *Cayapós e Carajás* – um periódico criado e mantido pelos padres da Diocese de Conceição do Araguaia entre os anos de 1922-1933 – fruto das mãos e das mentes intelectuais dos padres pregadores (O.P), seguidores de São Domingos, oriundos da Província dominicana da cidade de Toulouse – França.

Na trilha das reflexões sobre propriedade, os padres chegam a dizer: "O Selvagem é proprietário por instincto" (REVISTA..., 1923, p. 06-07). Contudo, antes de analisar tal dito, cabe ressaltar que não faremos um debate sobre o termo "propriedade" ou "propriedade privada". Não é esse o foco de nossa atenção. Pretendemos apenas discorrer a respeito da escritura dos padres a respeito de temáticas como "propriedade e costume", que eram objetos de discussão externos aos missionários e que interessavam aos representantes da República brasileira e seus atores políticos. Dessa forma, não pretendemos realizar uma análise conceitual dos termos, e sim situá-los dentro de um contexto de política indigenista específica.

Na edição da revista *Cayapós e Carajás* de número cinco do ano 1923, mais precisamente nas páginas 06 e 07 desta edição, os padres anunciam a temática da revolução russa e a partir dela trazem à tona os meandros da orientação política dos revolucionários bolcheviques, com referências à filosofia marxista para tratar a respeito de "direito de propriedade".

No texto dos religiosos, temos de início a argumentação dos "comunistas" que consideram o "DIREITO DE PROPRIEDADE" como algo não natural no homem: "antes é contrário a todo instincto humano" – expõem os padres. Tese essa que eles vão refutar com base em suas observações dos costumes dos indígenas: "Tapirapée, Jurunas de raça Tupi; Chavantes, Cherentes da raça Akué, Cayapós, Apinagés, Gorotirés, Gaviões da raça Krau; Carajás e Javahés" (REVISTA..., 1923, p. 06-07).

Mantendo a grafia original do periódico aqui estudado, expomos, a seguir, o trecho que nos interessa para realizar nossa interpretação. Veja a seguir:

PALESTRAS ETHNOLOGICAS
(NOTAS DE FREI ANTONIO SALA)
INSTINCTO E DIREITO DE PROPRIEDADE NO SELVAGEM

Com a revolução russa dos soviets, as ideas socialistas e communistas espalharam-se no mundo inteiro.

Discutiram-se os princípios básicos das velhas sociedades, e na conferencia da these maximalista que não deve existir propriedade privada, achou quase apoio da parte de certas antigas nações.

Um dos principaes argumentos desta renovação communista é que o direito de propriedade não é natural no homem, antes é contrario a todo instincto humano.

Alguns dias de convivência com o selvagem, a qualquer tribu que ele pertença, bastam para mostrar que o instincto e o sentimento da propriedade são as coisas mais naturaes do mundo.

Acham-se fundamentalmente radicadas nossas naturezas primitivas.

Tapirapée e Jurunas de raça Tupi; Chavantes e Cherentes da raça Akué, Cayapós, Apinagés, Gorotirés, Gaviões da raça Krau; Carajás e Javahés de raça ainda não identificada; todos os Indios observados e estudados por nós possuem um sentimento profundo da propriedade e sobre este fundamento estabelecem o direito.

O Selvagem é proprietário por instincto. *Furtar na língua d'elle, chama-se "fazer macaco". A expressão é muito enérgica na sua simplicidade. Furtar não é, pois, acto humano. O ladrão pertente mais á raça simiesca do que á raça humana.*

Algumas particularidades do código selvagem da propriedade nos mostram que este sentimento não fica só na ordem do instincto, mas chega a ser ordenado e dirigido pela razão.

A posse, o trabalho, a indústria, a arte, a doação, a herança são títulos de propriedade.

As plantações, por exemplo, são feitas em comum numa área imensa; mas o verdadeiro proprietário é aquelle que semeiou e plantou.

Os arcos, as flechas, os cacetes, os enfeites, etc. são daquele que o fabricou ou os adquiriu por compra.

O índio reconhece até o que poderemos chamar patente de invenção. Quem achou um novo systema de arco, um modo diferente de enfeites tem todos os direitos do inventor e ninguém pode reproduzir este modelo.

Quem descobriu um ninho de araras guarda sempre o direito sobre ele e a propriedade passa aos filhos ou na ausencia de filhos a herdeiros designados de antemão pelo proprietário.

As mulheres têm também os mesmos direitos assim como as crianças logo que tenham chegado á idade da razão.

A propriedade póde abranger todos os objetos, utensílios, armas, animaes domésticos ou animaes bravios amansados, tabas e roças, penas e penugem de pássaros, etc.

Essas breves considerações nos patenteam o erro claro dos novos reformadores da sociedade que pretendem ver no direito de propriedade um principio contra a natureza do homem.

Os costumes simples dos **nossos bons índios** *os refutam cabalmente.*

Fonte: REVISTA..., 1923. p. 06-07, grifos meus.

Segundo a leitura, os argumentos utilizados pelos padres para negar "as teses marxistas" dos comunistas que assolavam e se "espalhavam para o mundo inteiro" se baseiam nos costumes dos indígenas. O que estamos denominando de *costumes* são as condutas, normas, saberes advindos das experiências coletivas repassadas de geração a geração. Enfim, preceitos compartilhados entre as pessoas mais velhas para com os mais jovens: aquilo que é costumeiro fazer em matéria de trabalho; a orientação de como se confeccionar objetos em geral; a forma de usos de seus objetos do seu cotidiano; maneiras de conhecer e se reconhecer no seu território de vida; maneiras e ritos de caça e pesca; maneiras de lidar com as plantas, o uso da terra, formas e regras de plantio e de colheita. Dizem os padres: "Alguns dias de convivência com o selvagem, a qualquer tribu que ele pertença, bastam para mostrar que o instincto e o sentimento da propriedade são as coisas mais naturaes do mundo" (REVISTA ..., 1923, p. 06-07).

Em outros trabalhos, por exemplo, em *Histórias e narrativas araguaianas, entre missionários, indígenas e sertanejos seguido de lendas e costumes indígenas – Nº 35 Memoria Dominicana* (LIMA, 2019), analisamos o motivo pelos quais os padres dominicanos são tidos como a ordem dos padres intelectuais, o que, em parte, se deve à formação acadêmica e religiosa que eles possuem. É sabido que dentre eles havia quem possuía formação no campo do direito, da filosofia, humanidades e outras, inclusive com passagem e ocupação em cátedra na tradicional Universidade de Salamanca. O que é curioso é que, uma vez que os autores do trecho destacado poderiam, com certa competência, acionar teorias e autores da disciplina do direito para sustentar e solidificar seus argumentos, optaram por não fazê-lo. Desconfiamos que os padres escolheram por não dispor de uma argumentação mais rebuscada, nem teórica. Acreditamos que os religiosos preferiram manejar uma linguagem mais simples e direta, escolhendo falar em "instincto e "sentimento da propriedade" como uma estratégia de mais fácil compreensão para seus leitores, colaborando para uma naturalização do que se entende por direito à propriedade, como nos alertou a professora Márcia Motta (2022) em sua palestra no evento *O rural entre posses, domínios e conflitos*. Assim, os padres se limitaram a dizer: "todos os índios observados e estudados por nós possuem um sentimento profundo da propriedade e sobre este fundamento estabelecem o direito" (REVISTA ..., 1923, p. 06-07).

No momento que os religiosos afirmam: "O Selvagem é proprietário por instincto", estão chamando a atenção para os comuns usos que os indígenas faziam da terra. Pretendem negar as teses marxistas/comunistas/soviéticas trazendo o debate para o campo dos sentimentos, das tradições e dos costumes comunitários, referendando e enaltecendo o uso do território indígena pelo próprio indígena. Quando mencionamos, grosso modo, o termo "território" estamos nos referindo ao que os padres chamam de "propriedade". E, portanto, ressaltamos que esses conceitos não são sinônimos. Referimo-nos ao espaço onde ocorriam os afazeres, local dos enterros, das crenças, das práticas dos rituais e adoção dos símbolos e representações de um dado agrupamento indígena. O que nos parece confuso são os ditos e enunciados dos padres que pretendem sobrepor os conceitos de: Posse/propriedade/território.

A marcha da argumentação dos missionários prosseguia: "a posse, o trabalho, a indústria, a arte, a doação, a herança são títulos de propriedade". Não negamos tais noções e suas implicações para o mundo civilizado, mas desconfiamos que esses estatutos de direito ou contratos sociais do estado de direito não eram válidos no mundo dos "selvagens", e os padres sabiam disso.

Assim, os padres seguem dizendo: "as plantações, por exemplo, são feitas em comum numa área imensa; mas o verdadeiro proprietário é aquelle que semeou e plantou". Notamos até aqui que os ditos dos religiosos se notabilizam em incongruências na medida que, em seus enunciados, há associações tácitas das noções de propriedade privada de espectro comunistas/marxista, chocando-se com a liberal, confundindo-a ou não a especificando com as definições de propriedade privada outra. No entanto, em seus discursos, falam em sentimento profundo da propriedade e uso coletivo da terra (as plantações, por exemplo, são feitas em comum). Novamente, chamamos a atenção para o que definimos anteriormente como costumes dos indígenas. Pois bem, acreditamos que esse sentimento de terra comunitária, como princípio do uso coletivo da terra, flerte mais com a doutrina comunista do que com o pensamento liberal de propriedade. Mesmo assim, os padres arrematam afirmando que, em última instância, a posse pertence a quem semeou e plantou a terra, dando ênfase naquilo que é particular, individual ao sujeito e a seu trabalho de cultivo. É nesse ponto que se materializa a crítica dos missionários à noção de propriedade dos russos soviéticos na época da revolução.

Logo mais a seguir segue a refutação dos padres pregadores contra os comunistas: o "erro claro dos novos reformadores da sociedade" se converte, pois, em "ver no direito de propriedade um princípio contra a natureza do homem" (REVISTA..., 1923, p. 06-07). Mesmo no início do século XX, uma afirmação desta faria sentido entre pessoas menos escolarizadas, todavia, entre letrados não. Entre os missionários, havia a consciência da noção de propriedade, inclusive, entre eles, o padre Vilanova possuía formação em direito. Eles sabiam não ser natural haver propriedades, cercas, latifúndios e, em decorrência disso, há discordância sobre os princípios comunistas de propriedade. Não obstante, a noção de propriedade, nesse caso, pode ser facilmente confundida com práticas advindas dos costumes indígenas.

> O índio reconhece até o que poderemos chamar patente de invenção. Quem achou um novo systema de arco, um modo diferente de enfeites tem todos os direitos do inventor e ninguém pode reproduzir este modelo. Quem descobriu um ninho de araras guarda sempre o direito sobre ele e a propriedade passa aos filhos ou na ausencia de filhos a herdeiros designados de antemão pelo proprietário. As mulheres têm também os mesmos direitos assim como as crianças logo que tenham chegado á idade da razão. A propriedade póde abranger todos os objetos, utensílios, armas, animaes domésticos ou animaes bravios amansados, tabas e roças, penas e penugem de pássaros, etc (REVISTA..., 1923, p. 06-07).

Ressaltamos que são os padres que denominam de propriedade, por exemplo, o "ninho de araras", os objetos de caça e pesca; a nova maneira de fazer um arco; novos modelos de enfeites de cabelo, pinturas de corpo, enfim, como diria Michel de Certeau (2012), são suas "as artes de fazer", são práticas do seu cotidiano e suas táticas de resistência.

Todavia, não pondo em xeque a veracidade da narrativa missionária, mas não a tendo como totalmente crível, questionamos se havia mesmo toda essa divisão e sentimento de posse entre os indígenas no tocante às suas ferramentas, saberes e objetos do seu cotidiano. Se a resposta for sim (coisa que duvidamos), levantamos outra dúvida: o fato de uma pessoa criar animais domésticos ou fazer uma roça, um plantio ou um objeto de trabalho – um arco, uma flecha – se notabiliza como propriedade nos moldes do pensamento comunista ou liberal? A resposta é simples e quem a responde são os próprios missionários: "Os costumes simples dos **nossos bons índios** os refutam cabalmente", (REVISTA ..., 1923, p. 07). Acreditamos que os indígenas refutam tanto a tese dos comunistas quanto, igualmente, o particular discurso religioso de "propriedade natural" ou "instintiva".

Os costumes indígenas (de uso da terra ou de objetos) do local e temporalidade em questão não obedecem às normas/padrões de nenhum pensamento ou doutrina, seja ela capitalista liberal, comunista, religiosa ou de qualquer outra vertente ocidentalizante. A noção de propriedade indígena desse período da história do Araguaia paraense é particular e restrita às relações dos próprios indígenas entre si, de sua localidade e historicidade. No mais, são atravessadas pelos desafios de viver/sobreviver diante das ameaças da presença cada vez mais impertinente dos não indígenas.

Assim, sabemos que o que os padres da ordem dos pregadores estão definindo como "INSTINCTO E DIREITO DE PROPRIEDADE NO SELVAGEM" são suas próprias definições de direito de propriedade. Em específico, aquilo que eles aprenderam e vivenciaram na Europa. São suas representações de mundo, para parafrasear Roger Chartier (2002). Não duvidamos que seus discursos, resultantes de suas práticas enunciativas, obedecem às suas tradições linguística, eclesiástica, valorativa e moralizante que, por sua vez, são tributárias de suas formações histórica e ideológica, característica de seu "círculo cultural". Isso porque assumimos que todo enunciado é ideológico, afinal, vivemos em um mundo de produção de signos que sempre possuem natureza ideológica (BAKHTIN, 2006). Nesse caso, a noção de ideologia[155] engloba não apenas aspectos políticos, mas todo o *ethos* de uma comunidade linguística em específico, como a religiosa.

---

155 "A palavra ocorre também no plural para designar a atualidade de esferas da produção imaterial (assim, a arte, e ciência, a filosofia, ou direito, a religião, a ética, a política, são as ideologias). Esses termos (ideologia, ideologias, ideologias) não têm, portanto, nos círculos de Bakhtin, nenhum sentido restrito e negativo [...]. A significação dos enunciados tem sempre uma dimensão valorativa, expressa sempre um posicionamento social valorativo. Desse modo, qualquer enunciado é, na concepção de Bakhtin, sempre ideológico [...]. Não existe anunciado não ideológico" (FARACO, 2009, p. 46-47).

Considerações

No discurso missionário analisado, não fica claro o que é "propriedade" e o que é "costume". Na documentação dominicana, e em parte da revista *Cayapós e Carajás,* essa noção é no mínimo confusa.

A argumentação problematizada do referido periódico, a respeito da propriedade articulada dos padres da ordem dos pregadores, se alinha a um ideário jurídico contratual adotado em nações liberais da virada do século XIX para o XX. Todavia, no enredo narrativo da fonte analisada, percebe-se o priorizar de aspectos da vida dos indígenas: a maneira de cultivar a terra, de confeccionar objetos e lidar com animais. Esses são, de fato, exemplos dos costumes indígenas, arrolados na materialidade discursiva como referência e base enunciativa para refutar a noção de propriedade coletiva, comunista e soviética, em construção na Rússia bolchevique, das décadas iniciais do século passado.

A dita "propriedade por instituto" ou "natural" é algo resultante de uma particular forma de posse, enquanto mecânica social que antecede a propriedade e que pode não se converter em propriedade. Afinal, pode ser apenas uma permanência transitória e não se confirmar em uma morada definitiva, haja vista a inconstância dos locais de habitação dos grupos étnicos, que podem ser alterados dependendo da mecânica das guerras interétnicas, epidemias, fatores ambientais, entre outros elementos.

A posse do território pelos indígenas pode não ser permanente, não alcançar a instância de propriedade. Ela é antes sim, consuetudinariamente, no sentido atribuído por Edward Palmer Thompson (1998, p. 15): "se de um lado, o 'costume incorporava muitos dos sentidos que hoje à 'cultura', de outro, apresentava mais afinidades como o direito consuetudinário", como resultantes dos costumes de uma coletividade.

Dessa maneira, o costume de trabalhar com a terra se afirma não apenas pelo uso, mas por meio da tradição, sentimento e identidade que se possui com ela; do como se faz e do que se faz com a terra. A utilização do que é de posse, seja ela uma porção da mata, objetos, ou uma dada habilidade – o saber fazer "um arco" com caraterísticas distintas, por exemplo – não pode ser entendida como noção de propriedade ao modo ocidental.

A propriedade indígena-do-indígena definitivamente é uma maneira de propriedade outra. É sim, uma forma simbólica e relacional (com a mata, o rio, a caça, o objeto e com o outro), resultantes da mecânica social engendrada em um tempo histórico de longa duração. Foi aquilo que o indígena sentiu, o que foi aprendido, vivido por gerações de grupos étnicos entre si, e com outros grupos. Às vezes incorporando, às vezes negando saberes outros, via a mecânica social da guerra, do casamento ou raptos, como bem salientou José de Sousa Martins (2009), em seu estudo demarcando a alteridade existente na fronteira.

Referências

AUDRIN, Frei José M. O. P. *Entre Sertanejos e índios do Norte*. Rio de Janeiro: AGIR, 1947, p. 288.

ALMEIDA, Maria Regina Celestino de. *Os índios na história do Brasil*. São Paulo: Editora FGV, 2010.

BAKHTIN, Mikhail. *Marxismo e filosofia da linguagem*. São Paulo: HUCITEC, 2006.

BRASIL. *Constituição* (1935). Brasília, DF: Senado Federal, [1935]. Disponível em: http://www.planalto.gov.br/ccivil_03/constituicao/constituicao34.htm. Acesso em: 30 maio 2022.

CHARTIER, Roger. *A história cultural* – entre práticas e representações. Lisboa: DIFEL; Rio de Janeiro: Bertrand, 2002.

CERTEAU, Michel de. *A invenção do cotidiano*. Artes de fazer. Tradução de Ephraim Ferreira Alves. 19. ed. Rio de Janeiro: Editora Vozes, 2012.

FARACO, Carlos Alberto. *Linguagem e Diálogo:* as ideias linguísticas do círculo de Bakhtin. São Paulo: Parábola, 2009.

HENRIQUE, Márcio Couto. *Sem Vieira nem Pombal:* índios na Amazônia do século XIX. 1. ed. Rio de Janeiro: EdUERJ, 2018.

LIMA, Milton Pereira. *O discurso dos missionários dominicanos sobre os indígenas do araguaia na revista Cayapós e Carajás*. 2019. 172 f. 2019. Dissertação (Mestrado em Dinâmica Territorial e Sociedade na Amazônia) – Universidade Federal do Sul e Sudeste do Pará, Marabá, 2019.

LIMA, Milton Pereira. *Histórias e Narrativas Araguaianas, Entre Missionários, Indígenas e Sertanejos Seguido de lendas e costumes indígenas* – Nº 35, Memoria Dominicana. Belém: Folheando, 2019.

MARTINS, José de Souza. *Fronteira:* a degradação do outro nos confins do humano. São Paulo: Contexto, 2009.

MOTTA, Márcia. O rural entre posses, domínios e conflitos. *In*: *Evento: O Rural entre Posses, Domínios e Conflitos.* [S. l.: s. n.], 2022. 1 vídeo 1h45min. Publicado pelo canal PPHIST UFPA.

OLIVEIRA, João Pacheco Filho. Questão indígena fronteiras de papel: o reconhecimento oficial das terras indígenas. *Humanidades 18*, [s.l.], v. 18, n. ano 1988.

RIBEIRO, Darcy. *Os índios e a* civilização: a integração das populações indígenas no Brasil moderno. São Paulo: Companhia das Letras, 1991.

REVISTA CAIAPÓS E CARAJÁS, n. 5, 1923. Arquivo da província Dominicana Frei Bartolomeu de Las Casas, Seção Histórica, [S.D.], 1923.

THOMPSON, Edward Palmer. *Costumes em comum:* Estudos sobre a cultura popular tradicional. São Paulo: Companhia das Letras, 1998, p. 13-149.

CAPÍTULO 17

"DEBAIXO DE SUAVE DOMÍNIO": O DISCURSO OFICIAL SOBRE OS ALDEAMENTOS E A RESISTÊNCIA INDÍGENA DO PIAUÍ (1759-1810)

Débora Laianny Cardoso Soares

O período de passagem entre o século XVIII-XIX traz à tona discursos complexos acerca da ocupação da região conhecida por "sertões de dentro", conflitos que ganham novos tons a partir da chegada de indivíduos que pensam o embate pelo espaço territorial com/por outro viés e (re)criam costumes que ao longo do processo de disputa pelo território piauiense são apropriados como formas de legitimar os principais argumentos de denúncias e disputas, dando aos indivíduos subjugados robustez para os enfrentamentos. O Piauí figurou por muito tempo na história regional como sendo somente um grande corredor migratório para as populações indígenas, que estavam sendo compelidas a adentrar o território brasileiro devido às perseguições no litoral (CHAVES, 1998). Essa leitura reforçava a ideia inequívoca de que o Piauí não era visto como um território de permanência por parte dos povos autóctones e, por tanto, também figurava para os interesses coloniais como secundária, tendo em vista que a ocupação desse território em detrimento das demais capitanias não produziriam retorno lucrativo para economia colonial que tinha como força motriz a mão de obra escravizada e, a priori, indígena.

A narrativa que se segue, a partir dos documentos oficiais ultramarinos, mostra-nos essa mudança de planos coloniais e trazem informações sobre uma ocupação do território piauiense comandada por experientes homens que estavam diretamente ligados às guerras empreendidas contra as populações indígenas na região do Grão-Pará e Maranhão, antes mesmo de ocuparem cargos de grande relevância no Piauí. Tornando, assim, possível entender a preocupação da coroa em inserir nos projetos de ocupação do território brasileiro essa região que era reduto de várias nações indígenas, que não somente percorriam, mas que ocupavam o território Meio-Norte de forma livre, algumas até sazonal, e que ignoravam as leis do opressor e os limites territoriais impostos por eles em suas cartografias.

Os aldeamentos, as guerras de paz e a resistência indígena são evidentes nessa documentação. É posto em perspectiva um passado que revela que esses mecanismos de opressão, violência e escravização dessa população, que não emudeceram essas nações indígenas. E que dentro desse processo souberam resistir lutando também com as "armas" adquiridas dentro desse contexto, letrado e régio, como mostram os documentos a seguir.

A presença da Coroa Portuguesa na Capitania do Piauí

O rei D. José I, por meio de decreto, nomeia o primeiro governador para a administração da Capitania do Piauí. João Pereira Caldas, sargento-mor de Infantaria do Pará, que ficaria no cargo pelo tempo de três anos, porém, manter-se-á no poder entre os anos de 1759 e 1769, perfazendo 10 anos de governo. As atitudes que se seguiram ao governo de Caldas, por instrução da Carta Régia de 29 de julho de 1759, foram transformar as freguesias em vilas, estabelecer um Regimento de Cavalaria Auxiliar e restituir aos gentios a liberdade de suas pessoas, terra e comércio. Embora tenha restituído a liberdade aos indígenas, o verdadeiro intuito estava sombreado pelas próximas ações.

Com conhecimento adquirido por sua vivência na região paraense, em carta enviada ao rei D. José I em 1760, João Pereira Caldas pede "que Vossa Majestade me permita licença para me exceder dos limites da jurisdição do meu governo, podendo continuar a guerra em terras pertencentes às Capitanias do Pará e Maranhão, em que habitam os referidos gentios" (AHU_CU_016, Cx. 6, D. 384). O novo governador encontrava entraves para trazer êxito aos objetivos coloniais, ocupação de uma terra sem nações indígenas que incomodavam a dinâmica das fazendas de gado e os poucos sertanejos sitiantes.

O pedido do governador perante o rei nos proporciona perceber quais eram as visões em relação à ocupação da terra por ambas as partes, para os "gentios bravos ou negros da terra" que não havia limites espaciais e utilizavam principalmente os rios como suas estradas. Com suas migrações, essas populações desenhavam um mapa líquido da fuga e da resistência, reafirmavam que as fronteiras estabelecidas pela cultura do homem branco não serviriam de grilhões. O rio Parnaíba, em especial, que liga Maranhão e Piauí, aparece então como o grande aliado dos indígenas que conseguiam resistir à prática de reduzir e massacrar os povos que aqui habitavam (SILVIA JR.; PARENTE, 2019).

O pedido de consentimento ao rei para a dita guerra contra os indígenas para ir além de sua jurisdição ocorria, segundo ele, pois eles eram os responsáveis por muitas hostilidades sofridas pelos moradores da Capitania, vivendo estes à própria sorte e sempre com medo de novos possíveis ataques desses povos. Diz-nos que os moradores são impedidos de viver felizes e cultivar suas terras por estarem ocupadas pelos indígenas. A mencionada diligência seria contra os indígenas da nação Timbira e seus aliados, a exemplo dos Acoroá e Gueguê, fato que o governador julga ser esta uma guerra indispensável para o bem da Capitania.

A ocupação do território piauiense trazia ainda os mesmos elementos do começo desse processo advindo do início do século XVI – violência, matança, aprisionamento e expropriação das terras habitadas pelos indígenas. O discurso consonante com os projetos do governo português visava adentrar o território ocupado por essas nações catequizando essas populações, independentemente de ser pela paz ou pela guerra; e consequentemente escravizando aquelas nações indígenas que resistissem à cultura do opressor.

Em 1761, Caldas remete em ofício ao secretário de estado, Francisco Xavier de Mendonça Furtado, a notícia de que seus pedidos foram negados e a guerra geral aos índios a qual buscava autorização não deveria acontecer, pois "Sua Majestade tomou, de não achar por hora oportuna a guerra geral que eu intentava fazer ao gentio que infesta esta capitania" (AHU CU_016, Cx. 8, D. 478). O Governador do Piauí só poderia dar continuidade apenas à guerra particular junto às fronteiras, impedindo de adentrar outros territórios e combater as tribos indígenas que nestes habitassem.

A política de negação à guerra contra esses povos fundamenta-se pelo fato destes serem livres perante a lei e, nesse período, ser proibida a guerra ofensiva, sendo permitida apenas a guerra defensiva. Porém, mesmo com a proibição do rei, diversas expedições foram organizadas com o objetivo de combater. Percebe-se, notoriamente, que o principal propósito do governo de Caldas era justamente extinguir os resistentes indígenas que ainda habitavam as terras do Piauí (OLIVEIRA, 2007).

O governador João Pereira Caldas empreendeu inúmeros ataques contra os indígenas que habitavam o solo piauiense e em muitos deles contou com o auxílio do tenente-coronel João do Rêgo Castelo Branco, um dos maiores aniquiladores dessas populações no Piauí. Este cruel militar "[...] liquidava todo tipo de índio: feto, recém-nascido, criança, adolescente, moço, maduro e velho. Fêmeas e machos" (BAPTISTA, 2011, p. 143). João do Rego começou sua carreira militar por volta de 1750 e como sargento-mor prestou grandes serviços na luta contra o indígena. Na mesma época serviu como cabo pela Junta das Missões do Maranhão, expedição que combateu as nações Timbira, Gueguê e Acoroá. Foi ainda nomeado tenente-coronel do Regimento de Cavalaria Auxiliar e enviou requerimento ao rei D. José I solicitando o Hábito da Ordem de Cristo pelos bons serviços prestados à Capitania do Piauí (OLIVEIRA, 2007).

Em ofício de 5 de julho de 1765, Caldas relata o progresso que havia resultado da campanha comandada por João do Rego Castelo Branco no ano de 1764 contra as nações de índios que habitavam a Capitania do Piauí, em especial os indivíduos da nação Gueguê. Diz-nos ainda sobre as presas capturadas durante a campanha e qual o destino que lhe deram.

Segundo o governador, as crianças consideradas "incapazes de voltarem para o mato" foram repartidas entre os moradores da região com a condição de as educarem, vestirem e sustentarem durante o período que permanecessem em suas casas. Em relação aos grandes, foram remetidos ao Governador do Maranhão, para que este pudesse remetê-los às povoações mais remotas daquela Capitania, seguindo as reais ordens de Sua Majestade (AHU_CU_016, Cx. 9, D. 546). Os sertões de dentro foram palco de grandes disputas territoriais, e essa guerra empreendida tornava a região do rio Parnaíba uma zona de confluência entre esses governos do Piauí e Maranhão contra as nações gentias.

João Pereira Caldas faz saber a João do Rego e toda sua tropa que devem primeiramente marchar contra os inimigos Gueguê, pois são estes "os que mais incomodam e hostilizam" e somente depois destes estarem reduzidos é que se poderá ir fazer guerra a alguma das outras nações. Dessa forma, João do Rego perseguiu os Gueguê e empreendeu intensa guerra, objetivando reduzi--los. Aos Acoroá, Timbira e muitas outras tribos também se fizeram intensos combates com o pretexto de as referidas praticarem grandes desumanidades para com a gente destas terras. Assim, os indígenas devem ser capturados "para se conduzirem ao grêmio da igreja e se aproveitarem assim aquelas desgraçadas almas" (AHU_CU_016, Cx. 9, D. 546), aumentando, por conseguinte, o número de fiéis "católicos e civilizados".

Depois de sucedida a referida guerra contra os Gueguê, deu-se início a criação do primeiro aldeamento em terras piauienses após a instalação da Capitania do Piauí. O referido aldeamento foi denominado de São João de Sende e estabelecido por volta do ano de 1765. A administração estaria sob a responsabilidade de um diretor nomeado pelo governador. No entanto, um religioso continuava responsável pela catequese dos indígenas, sendo esta a principal forma de reforçar o objetivo de "civilizá-los", pregando a estes o catolicismo. Ambos os responsáveis pelo aldeamento teriam ainda a incumbência de ensinar alguns ofícios, dentre eles o de cuidar da terra. De acordo com Caldas, a povoação se encontrava organizada para congregar os indígenas, pois já possuíam muitas casas para acomodar toda a gente e a igreja já estava quase concluída, sendo, com esta paz, permitida a passagem de pessoas entre um território e outro sem correrem o risco de serem atacados.

O poderio do Estado e militar se aliava à igreja para consolidar a expulsão e a distribuição das nações gentis pelo sertão, como uma forma efetiva de desmobilizá-las. As grandes nações indígenas ao serem invadidas sofriam baixas através do extermínio, do aprisionamento que remetia os mais adultos e jovens para outros territórios, ou com a separação das crianças com a adoção forçada. Essa prática forçava o pedido de paz e o surgimento dos aldeamentos, redesenhando o surgimento de cidade e fixação nas terras piauienses e no sul maranhense (FRANKLIN; CARVALHO, 2007).

O primeiro diretor do aldeamento de São João de Sende foi Manoel Alves de Araújo, passando posteriormente para o tenente-coronel João do Rego Castelo Branco, para melhor os dirigir e "civilizar", segundo nos diz o governador. A nomeação de João do Rego para diretor do aldeamento foi uma espécie de recompensa pelos serviços prestados, tendo executado as "ordens com o maior préstimo, zelo e cuidado de que ultimamente resultou toda esta felicidade, devendo-se ao mesmo oficial o estabelecimento e bom princípio do dito lugar, em que se tem empregado até com o próprio serviço de seu corpo, de seus filhos, e escravos" (AHU_CU_016, Cx. 9, D. 563).

Entre os anos de 1772 e 1776, o aldeamento de São João de Sende ficou a cargo do filho de João do Rego, o Ajudante Antônio do Rego Castelo Branco. O local que serviu como aldeamento de São João de Sende dos gentios Gueguê é atualmente um povoado, de mesmo nome, situado nas proximidades do município de Tanque do Piauí (OLIVEIRA, 2007).

No ano seguinte ao estabelecimento do aldeamento, em 24 de julho de 1766, João Pereira Caldas faz saber ao secretário de estado, Francisco Xavier de Mendonça Furtado, por meio de novo ofício a este remetido, a respeito dos gentios que estão estabelecidos em São João de Sende e o que tem feito para melhorar a situação destes naquele local.

> Desta capitania não tenho de que avisar a Vossa Excelência além do que em ofício lhe participo: e só que os meus Gueguês se vão conservando muito bem no lugar de São João de Sende; achando-se presentemente a adiantar o serviço dos seus roçados, para na entrada das águas / que costuma ser em outubro / fazerem as plantações que precisam, e lhes devem segurar a sua subsistência, [...]. Tudo porém se faz com a maior economia, que é possível, mas assim mesmo senão faz pequena despesa, pelo muito que aqui tudo custa. Eu da minha parte também concorro bastante para este estabelecimento, amimando aquela gente quanto me é possível, para assim ver se os posso conservar, apesar da sua grande braveza, sendo a sua persistência do maior interesse a estes moradores, porque além de estarem livres dos seus cruelíssimos insultos, com eles se pode em tempo oportuno continuar a guerra contra os Timbiras, e Acoroás, [...]. Tenho também mandado assistir com algumas ferramentas para o comum da povoação; e vestir de algodão a alguns daqueles índios, sem por hora o fazer a todos, nem todos dar as ferramentas, que no Pará se costuma, para desta forma ser menos sensível a despesa do sustento, que se lhes subministra, aonde lhes não pode chegar o das caças, e frutas do mato, sendo tudo pouquíssimo para semelhantes brutos, pois a nenhuns vi ainda comer como estes, de forma que até muito bem se aproveitam dos parentes, que morrem, precisando-se de haver no lugar muito cuidado, para ali não continuarem nesta sua usual desumanidade. Ao mimo, amor, e caridade com que são tratados,

não merecem compaixão alguma, se agora senão sossegarem, conservando-se como se procura, e em Deus espero (AHU_CU_016, Cx. 9, D. 572).

Por meio desse ofício, João Pereira Caldas é possível encontrar notícia das medidas tomadas para manter os gentios Gueguê pacificados e de como compara as ações adotadas nesse aldeamento com as que ele vivenciará no Pará. Relata-nos que os Gueguê são muito bem tratados com "mimo, amor e caridade", o que nos salta aos olhos, tendo em vista que na guerra com os gentios esses adjetivos não se situam no real contexto de violência e de banalidade para com a vida e a cultura desses autóctones. Descritos como sendo muito bravos e que precisavam de atenção para que não voltassem a cometer os insultos contra os moradores ou demais pessoas que por essas terras transitam. Mostra ao fim da carta as intenções finais acerca dessa pseudapacificação, a possibilidade de poderem ser usados nas guerras contra os gentios Timbira e Acoroá, pois vivem há muito tempo os Gueguê em confronto com a tribo destes últimos onde se tornaram grandes inimigos nas lutas por território e alimento.

Esses indígenas são postos para trabalhar na lavoura como forma de conseguirem produzir o alimento para sua sobrevivência e para os gastos da Real Fazenda. Impõe-se também a vestimenta de algodão a alguns para, aos poucos, os trazerem para a "civilização". Estes deveriam aceitar as regras que lhes são impostas ou não mereceriam compaixão durante uma possível futura guerra.

Com a saída de João Pereira Caldas do governo do Piauí em 1769, assumiu a administração da Capitania o capitão-tenente das Naus da Armada Real e ajudante das Ordens, Gonçalo Lourenço Botelho de Castro, com a patente de Coronel de Infantaria e assim como o governo anterior também empreenderia guerra aos indígenas da região. Em carta remetida ao rei D. José I em 1770, Gonçalo Botelho relata que mesmo estando os Gueguê aldeados, os moradores da Capitania, principalmente os habitantes da Vila de Parnaguá, queixam-se por continuarem a experimentar diversas hostilidades por parte dos indígenas. A responsabilidade dos novos ataques recai sobre a nação dos Acoroá. O governador relata que para se fazer a guerra contra os Acoroá, e pacificá-los, são observadas muitas dificuldades, pois estes já foram enfrentados por povos de outros territórios e mesmo assim não se conseguiu combater este inimigo ou pô-lo em obediência, pois são muito rebeldes (AHU_CU_016, Cx. 11, D. 644).

O cotidiano de denúncia e resistência indígena

Um ano após as queixas dos moradores do Piauí pelos ataques dos Acoroá juntamente com a tribo dos Timbira, observa-se a escravização dos indígenas sob a responsabilidade do tenente-coronel João do Rego Castelo Branco e seu filho, o Ajudante Félix do Rego Castelo Branco. Félix do Rego ocupava, no momento, o cargo de cabo de Esquadra da Companhia de Dragões da Guarnição da cidade de Oeiras e, seguindo o exemplo de seu pai, massacrou inúmeras tribos indígenas no Piauí e nas suas fronteiras.

Foram por estes praticadas três diferentes entradas que resultaram na captura de cento e vinte quatro gentios da nação Timbira, setenta e quatro da nação Acoroá, e, posteriormente, quase cem gentios desta mesma nação. Esses gentios foram reduzidos à paz pelo mesmo tenente-coronel "e desceram com ele para esta Capitania com ajustes de irem em abril buscar o resto da grande aldeia que ficara no mato por andar disperso em vários troncos, ou chamadas malocas" e assim serem aldeadas "debaixo do suave domínio de Sua Majestade não hostilizando mais alguns povos deste governo como até agora tanto praticaram". (AHU_CU_016, Cx. 11, D. 679).

Após a conquista em 1771, os indígenas Acoroá pedem o ajuste de paz em virtude das diligências que foram feitas por ordem do governador Gonçalo Botelho. Segundo o governador, como resultado desta expedição, já se encontram na cidade de Oeiras até 876 gentios, entre homens e mulheres, adultos e crianças, todos com a intenção de se aldearem com os demais que ainda estão dispersos pelo mato.

Para o estabelecimento da nova missão, era necessária uma paragem onde se possa obter comida para seus moradores e que seja profícua para exercitarem suas lavouras. Enquanto esses indígenas não puderem se sustentar com o que por eles for produzido, pede o governador a ajuda dos moradores da região e também da Fazenda Real, esperando a positiva aceitação destes, lembrando-os que o mesmo pedido foi feito por seu antecessor João Pereira Caldas, quando pacificou a nação Gueguê, (AHU_CU_016, Cx. 12, D. 686) e foi atendido. Os aldeamentos causavam custas ao Estado, por isso também foram enviados muitos indígenas para outras capitanias, além dos lucros com a venda de alguns que eram reduzidos à escravidão.

Por estar à procura de um lugar que possa oferecer uma abundante mata frutífera para alimentar os indígenas e um espaço onde possam exercitar suas lavouras, o aldeamento é instalado nas proximidades do rio Parnaíba, entre o riacho Mulato e o rio Canindé, o que facilita o trabalho com a terra. Consequentemente também a fixação da população nessas regiões ribeirinhas, permitindo assim a expansão no território e a sobrevivência "civilizada" entre sertanejos e indígenas.

Apesar da concretização dos aldeamentos dessas populações e da impossibilidade de insurgência direta dos indígenas através de guerras, o governo seguiu através de seus principais dirigentes massacrando-os. Vários conflitos entre os colonizadores e os povos aldeados levantam questões sobre como era dado o cotidiano dessas pessoas e as relações criadas entre elas. Entre tantos documentos oficiais escritos pelos governantes e seus ajudantes, destacou-se a queixa feita oficialmente ao príncipe regente D. João por um indígena da nação Gueguê do aldeamento localizado em São Gonçalo do Amarante, contra o então governador Pedro José César de Menezes.

Assim como seus antecessores, César de Menezes era frequentemente felicitado pelos oficiais da Câmara de Oeiras por suas ações praticadas contra os gentios. No entanto, no ano de 1804, tem-se notícia sobre uma denúncia feita por Severino de Souza, gentio Gueguê, na qual queixa-se sobre os violentos procedimentos praticados pelo governador contra sua filha Maria de Sousa. A esse respeito, diz-nos o índio Severino de Souza:

> Sou casado com uma irmã do Principal da mesma nação Gueguê, e tendo deste meu matrimônio filhos, é entre eles uma filha chamada Maria de Souza, a qual estando em minha companhia na dita povoação, que dista da cidade de Oeiras do dito Piauí três dias de jornada, foi mandada ir a dita minha filha por ordem do atual governador do dito Piauí Pedro José César de Menezes, o qual metendo-a em sua casa para abusar, como com efeito abusou dela, aconteceu, que voltando-se ao depois para uma mulher casada chamada Catherina, que a tirou do seu marido que é Victor da Costa Veloso, pretendeu, que a dita minha filha servisse a esta mulher em casa dele mesmo governador, e por não querer ela servir os serviços baixos a essa sobredita Catherina, se irritou o dito governador de modo tal, que enviando a dita minha filha para um Miguel Antônio Ferreira, que mora fora daquela cidade, lhe ordenou, que a açoitasse, e com efeito apresentada

aquela minha filha a este tirano a mandou despir, e ao depois pegada por dois pretos foi açoitada cruelmente por um terceiro preto com zorrague, ou relho de couro cru de vaca, deixando-a em miserável estado, e quase morta, de sorte que melhorando pouco pode escapar comigo, e nos viemos refugiar nesta Capitania do Maranhão, aonde estamos, e de donde recorro a V. Alteza R. (AHU_CU_016, Cx. 28, D. 1408).

Ao se inserir no contexto em que vivia e reivindicar junto à autoridade de D. João seus direitos e os de sua família, utilizou a lógica do colonizar, argumentou a partir do costume e moralidade cristã. Quando aponta a conduta desonesta e imoral do governador e suas ações violentas para com a indígena Maria Souza. Mostra-se civilizado, como era o objetivo dos projetos portugueses de ocupação, quando utiliza o letramento e a narrativa escrita para a denúncia.

Por meio de carta escrita por Severino de Souza denunciando os abusos da autoridade do governador César de Menezes, tem-se uma visão do ponto de vista do dominado e não mais do dominador. São ações como essas que permitem aos historiadores ouvir os indígenas que pouco figuram na documentação oficial piauiense. A queixa desse gentio requeria a punição ao governador, colocando-se assim como súdito fiel perante o príncipe regente. Severino de Souza relata que não é crível que se permita que um tirano, como o dito governador, maltrate com abusos e cruéis açoites sua filha ou qualquer outro indígena que ali habita. Expõe ainda que esses "e semelhantes procedimentos são o motivo de o gentio de tantas, e inumeráveis nações, que residem nos sertões daquele Piauí, não quererem sujeitar-se ao cristianismo", pois são tratados com violência e desconsiderando a sua cristandade no cotidiano de implacável desumanização e escravização deliberada dos gentios aldeados e pacificados.

Quando a nação Gueguê, de que sou membro, e a que estou unido, saiu dos matos à ir alistar-se nas Bandeiras de Jesus Cristo no tempo do governo do dito João Pereira Caldas, se lhe prometeu todo o acolhimento, honras, proteções e amparo: mas saído, que fosse daquele Piauí o dito João Pereira Caldas, nada do sobredito se nos conferiu: tudo tem sido desprezo, tirania, e um rigoroso cativeiro pior, que o dos pretos africanos e portanto peço, e suplico humildemente a V. Alteza Real se digne acudir-nos, e tirar da dita Capitania ao referido Pedro César, ou dignar-se dar-nos licença para irmos para os matos, aonde não tenhamos tiranos, que sofrer (AHU_CU_016, Cx. 28, D. 1408).

Severino de Souza queixa-se também das promessas que foram feitas aos indígenas quando pacificados e aldeados em São João de Sende. Segundo João Pereira Caldas, eles seriam tratados com "todo o acolhimento, honras, proteções e amparo". No entanto, essas promessas, após a mudança do governador, foram descumpridas e os indígenas passam a viver sob a autoridade de governadores que constantemente organizam guerras ofensivas contra eles, subjugavam seus corpos e os reduziam a escravidão. Destacando dentro dessa complexidade de relações os pesos trazidos com a marca da escravidão africana, a intenção régia é negligenciada, a conversão dos gentios ou o enganoso argumento de cultivar novas terras e trazer paz aos sertanejos é sublevado pela prática traidora de exploração dessas nações.

Durante o ano de 1804 o governador Pedro José César de Meneses continua a receber acusações contra sua administração e os abusos de autoridade por ele praticados. Nesse mesmo ano é enviado o ouvidor da comarca do Maranhão, José Patrício Dias da Silva e Seixas, para obter informações sobre os fatos envolvendo o governador e em 1805 César de Meneses é destituído do cargo sendo nomeado Luís Antônio Sarmento Maia como governador interino (AHU_CU_016, Cx. 28, D. 1429).

Em 28 de janeiro de 1805 é nomeado, por decreto do príncipe regente D. João, o capitão de Infantaria da Legião de Tropas Ligeiras, Carlos César Burlamaqui, como governador da Capitania do Piauí (AHU_CU_016, Cx. 28, D. 1431). Burlamaqui assumiu o cargo em 1806 e governou até 1810. Durante seu governo continuaram as guerras contra a nação de indígenas Pimenteira.

Considerações Finais

Como pode se observar, todos os governadores da Capitania do Piauí, desde João Pereira Caldas até Carlos César Burlamaqui, empreenderam contra as tribos indígenas inúmeras e violentas guerras. Muitos desses gentios foram levados para os aldeamentos, a exemplo do ocorrido durante os governos de Caldas e Gonçalo Botelho com a criação dos aldeamentos de São João de

Sende e São Gonçalo de Amarante, respectivamente ou/e enviados para outras regiões do Maranhão e Grão-Pará.

De acordo com os governadores, os indígenas deveriam, por meio dos aldeamentos, educar-se para o convívio em sociedade, o que nos proporciona perceber que as agressões, injustiças e violências cometidas contra os indígenas aldeados não iam abertamente de encontro ao projeto de civilizar essas nações, mas tinha como principal foco a constituição de escravos perpétuos, gerando infame lucro. Essas populações tornaram-se objeto de perseguição oriunda do discurso do homem brando e do choque cultural entre "civilização e barbárie". Esta última por ser considerada uma raça inferior e indesejável, que ameaçava a sociedade, e por isso deveriam ser eliminados ou posta debaixo de suave jugo das leis do Estado.

Todas as administrações foram pautadas em massacrar os indígenas que habitavam o Piauí e "limpar" o território de tão feroz inimigo e causador de desordem. Foram 51 anos marcados por forte perseguição por parte dos governadores da Capitania e cruéis expedições comandadas pelo militar João do Rego Castelo Branco. As principais tribos combatidas foram as nações de índios Gueguê, Acoroá, Timbira e Pimenteira, que depois de pacificadas foram levadas aos aldeamentos ou migraram para as regiões vizinhas em busca de sobrevivência.

Com a criação da Capitania do Piauí e a expulsão dos jesuítas do território português, têm-se a administração dos Governadores da Capitania que chegam com ideias de reduzi-los por meio das guerras ofensivas ou aldeá-los. Ao lado destes, estão os Presidentes da Província do Piauí com o projeto de "catequização e civilização" para essa população.

Percebe-se, no entanto, que essas relações de contato não se resumem a uma mera relação de dominador e dominado. Os indígenas não foram passivos durante esses processos, absorveram alguns dos discursos e souberam em diversas situações argumentar e jogar dentro da ótica e cultura do opressor. Assim, podem e devem, segundo revelam os estudos do historiador John Manuel Monteiro, ser encarados enquanto sujeitos históricos atuantes que souberam articular-se e escolher.

No Piauí, os indígenas reagiam durante as guerras e atacavam as fazendas para se defenderem das imposições dos colonizadores, a exemplo das tribos dos

Gueguê, Acoroá e Timbira. Negociaram com o militar João do Rego Castelo Branco os ajustes de paz para se aldearem (tribo Acoroá), denunciaram ao monarca os abusos cometidos contra eles (Severino de Souza, índio Gueguê). As ações desenvolvidas por esses indígenas transformaram suas vidas e a sociedade da qual faziam parte, eles se apropriaram dos direitos comuns e souberam resistir através da ênfase que davam aos delitos cometidos por aqueles que deveriam ser os mantenedores das leis régias.

Referências

Fontes

ARQUIVO HISTÓRICO ULTRAMARINO – AHU – LISBOA

Projeto Resgate – Barão do Rio Branco, Capitania do Piauí. CD-ROM

AHU-Piauí, cx. 5, doc. 1; AHU_CU_016, Cx. 6, D. 384.

AHU-Piauí, cx. 7, doc. 11; AHU CU_016, Cx. 8, D. 478.

AHU-Piauí, cx. 8, doc. 13; AHU_CU_016, Cx. 9, D. 546.

AHU-Piauí, cx. 8, doc. 22; AHU_CU_016, Cx. 9, D. 563.

AHU-Piauí, cx. 8, doc. 27; AHU_CU_016, Cx. 9, D. 572.

AHU-Piauí, cx. 7, doc. 15; cx. 9, doc. 36; AHU_CU_016, Cx. 11, D. 644.

AHU-Piauí, cx. 10, doc. 13; AHU_CU_016, Cx. 11, D. 679.

AHU-Piauí, cx. 10, doc. 27; AHU_CU_016, Cx. 12, D. 686.

AHU-Piauí, cx. 21, doc. 18; AHU_CU_016, Cx. 28, D. 1408.

AHU-Piauí, cx. 21, doc. 64; AHU_CU_016, Cx. 28, D. 1429.

AHU-Piauí, cx. 21, doc. 38; AHU_CU_016, Cx. 28, D. 1431.

Bibliografia

BAPTISTA, João Gabriel. Etno-história indígena piauiense. *In*: DIAS, Claudete Maria Miranda; SANTOS, Patrícia de Souza (org.). *História dos índios do Piauí*. Teresina: EDUFPI/Gráfica do Povo, 2011. p. 123-203.

CARVALHO JÚNIOR, Almir Diniz de. Índios cristãos: a conversão dos gentios na Amazônia portuguesa (1653-1769). Campinas: [s.n.], 2005.

CHAVES, Monsenhor. O índio no solo piauiense. *In*: CHAVES, Monsenhor. *Obra completa*. Teresina: Fundação Cultural Monsenhor Chaves, 1998.

COSTA, João Paulo Peixoto. *Disciplina e invenção: civilização e cotidiano indígena no Ceará (1812-1820)*. Dissertação (Mestrado em História do Brasil) – Universidade Federal do Piauí, Teresina, 2012.

FRANKLIN, Adalberto; CARVALHO, João Renôr F. de. *Francisco de Paula Ribeiro: desbravador dos sertões de Pastos Bons*: a base geográfica e humana do sul do Maranhão. Imperatriz: Ética, 2007.

MIRANDA, Reginaldo. *Autos de devassa da morte dos índios Gueguês*. Teresina: [s.n.], 2011.

MIRANDA, Reginaldo. *A ferro e fogo*: vida e morte de uma nação indígena no sertão do Piauí. Teresina: [s.n.], 2005.

NUNES, Odilon. *Pesquisas para a história do Piauí*. Teresina: FUNDAPI; Fund. Mons. Chaves, 2007. V. 1

SILVA JR. Cícero Pereira; PARENTE, Temis. De estrada líquida à jazida energética: os sentidos do rio Tocantins na memória oral dos ribeirinhos. *Texto & Argumento*, v. 11, n. 28, 2019.

THOMPSON, E. P. *Costumes em comum*: Estudos sobre a cultura popular tradicional. São Paulo: Companhia das Letras, 1998.

CAPÍTULO 18

O CHÃO QUILOMBOLA: PRÁTICAS DE CURAS E SABERES TRADICIONAIS NA COMUNIDADE SÃO PEDRO DOS BOIS/AP

Raimundo Erundino Santos Diniz
Silvana da Silva Barbosa Diniz

Introdução

O capítulo analisa diversas maneiras de domínios do território quilombola São Pedro dos Bois localizado[156] no município de Macapá/AP, região do vale do rio Pedreira a 75 km da capital do Estado do Amapá. Intenta-se abordar a importância da etnociência e a etnografia[157] de saberes como recursos interdisciplinares à compreensão de técnicas e práticas de coletas e manejos de plantas medicinais domesticadas voltadas aos usos sociais curativos. O domínio sobre o chão quilombola assoalhado por saberes tradicionais revelam estratégias de permanências seculares ancoradas em histórias e

---

156 A localização das comunidades quilombolas da região centro-sul do Estado do Amapá, entre as quais São Pedro dos Bois. Na região sul hoje concentra-se o maior número de comunidades quilombolas identificadas e reconhecidas. Estão geograficamente próximas ao centro urbano de Macapá, caracterizando a configuração histórica de quilombos em áreas urbanas, entre as quais o quilombo do Curiaú.

157 Bronislaw Malinowski (2004) assinala a etnografia como técnica de pesquisa em campo. O observador nos limites da comunidade, do ritual, dialoga e fala e com os membros cara a cara, realiza coleta direta de evidência material e imaterial como documentos, textos, situações do cotidiano, genealogias, por analogias diretas em diálogos com a documentação histórica ou entrevistas.

memórias de seus antepassados, sempre revisitadas no processo de firmamento da identidade quilombola.

As práticas curativas resultados de estratégias de domínios do chão quilombola corroboram a permanência no lugar e assinalam estratégias de combate às enfermidades entre os sujeitos e conferem práticas de manejos sustentáveis, uso racional das propriedades da natureza, domesticação contínua de espécies, conservação de áreas verdes, interações climáticas e mapeamento geográfico e ecológico do território baseados em saberes tradicionais.

A metodologia empregada recorreu às orientações de práticas de pesquisas etnográficas a partir de registros em campo, entrevistas e informações coletadas por meio de GPS-GARMIM, e ainda aplicação de formulários. As entrevistas foram realizadas em novembro de 2016.

O capítulo está organizado em duas seções: a primeira analisa o processo de domínio do território quilombola considerando as historicidades e situações sociais específicas que culminaram na consolidação da comunidade quilombola São Pedro dos Bois. A segunda seção problematiza as práticas e saberes e de usos sociais de espécies medicinais como continuidades ao processo de ratificação da identidade quilombola e consolidação do território como um chão de ancianidades, ancestralidades e africanidades.

Processo de domínio do território quilombola de São Pedro dos Bois

O processo de domínio do território quilombola de São Pedro dos Bois registra historicamente a formação de povoados negros e negras que gradualmente foram ocupando as áreas de florestas, rios, igarapés, várzeas, campos e trilhas como lugares de usos comuns, coletivos e individuais. Estes lugares ricos em biodiversidade de flora e fauna sempre foram conservados e manejados por estes grupos afrodiaspóricos de negros que reproduziram sabedorias ancestrais em interações com saberes indígenas na região amazônica. Nestes territórios dominados por quilombos, praticaram secularmente extrativismos, coletas, domesticação de espécies, cultivo de roças, conservação de espécies, polinização de sementes, biodiversidade muitas das quais aproveitadas em práticas curativas.

As informações coletadas[158] indicam que em tempos pretéritos, trabalhadores negros de processos afrodiaspóricos foram deslocados para a região para atuarem construção da Fortaleza de São José de Macapá. As situações sociais de negros e negras no sistema escravista motivaram diversas práticas de resistências, entre as quais, fugas e formações de quilombos. Os quilombos, enquanto territórios de resistências, convergências e conciliações, reuniram sujeitos marginalizados pela sociedade senhorial escravista e dominaram terras tradicionalmente ocupadas (ALMEIDA, 2004) por diversas estratégias de permanências. As festividades de Santos foram aproximando sujeitos reunidos em povoados nas proximidades que se organizavam em festas e ladainhas, redes de parentelas. A nominação São Pedro confere a influência da festividade e crença religiosa, "dos Bois" assinala a importância e influência das criações da dinâmica de ocupação do lugar.

A comunidade São Pedro dos Bois se organizou sob o comando de Gregória Pinheiro de Almeida, foragida da Fortaleza de São José, a partir de 1893[159], e Ana Barriga (portuguesa), também chamada "Anica Barriga", criadora de animais e possuidora de terras na região. Ambas conduziram o processo de ocupação coletiva da terra fazendo aumentar as atividades sociais e econômicas do lugar.

Hoje, o acesso principal à comunidade São Pedro dos Bois pode ser feito via terrestre, através da BR 156, com entrada no ramal do Km 50. As estratégias de domínios do lugar ocorreram também por meio dos rios Matapi e Pedreira, que recortam a geografia da comunidade quilombola São Pedro dos Bois, o rio Pedreira margeia a comunidade e liga-se ao rio Amazonas. O acesso pelo rio Pedreira foi utilizado com maior frequência em tempos passados no processo de ocupação e domínio do território pelas primeiras famílias, ao que se observa a comunidade surgiu às margens do rio Pedreira como também Ambé e demais comunidades próximas.

---

158 O Relatório Antropológico de Caracterização Histórica, Econômica, Ambiental e Sociocultural da comunidade São Pedro dos Bois elaborado em 2012 pela antropóloga Maria do Socorro dos Santos Oliveira, em parceria com a Fundação Universidade Federal do Amapá (UNIFAP) e com a Agência de Desenvolvimento do Amapá (ADAP) apresenta informações basilares sobre a comunidade. Este relatório avoluma a documentação necessária ao processo de titulação e regularização fundiária de seis comunidades quilombolas do Amapá, entre as quais São Pedro dos Bois que recebeu somente a certificação e ainda não concluiu o processo de titulação.

159 As cópias de documentos cartoriais encontrados na Associação da comunidade registram o processo de formação histórica do povoado São Pedro dos Bois a partir de 1893.

O quadro a seguir sistematiza as comunidades quilombolas confluentes aos rios Matapi e Pedreira:

Quadro1: Comunidades quilombolas

RIO MATAPÍ	RIO PEDREIRA
Porto do Céu, Cinco Chagas, São Raimundo do Pirativa, Coração, Alto Pirativa, São João, Santo Antônio do Matapi, Engenho do Matapi, Ilha Redonda, Nossa Senhora do Desterro, Arari, Tessalônica, Torrão do Matapí, Areal, Rosa Maruanu, Piracás.	Curiaú, Curralinho, Casa Grande, São José do Mata Fome, Ressaca da Pedreira, Santo Antônio da Pedreira, Abacate da Pedreira, Lontra, **São Pedro dos Bois**, Ambé, Conceição do Macacoari e Carmo do Macacoari.

Fonte: Adaptado de Oliveira (2012).

Pelas narrativas colhidas em campo através de levantamento preliminar, em entrevista realizada dia 25/09/2015, o Sr. JF esclareceu que muitas terras perdidas pela comunidade foram ocupadas indevidamente, locais onde antes se realizavam roças e caças hoje estão em posse de terceiros. O processo de titulação ainda está tramitando, faltando finalizar a demarcação e retirada das pessoas que não se autoidentificam e não são quilombolas. Destaca-se que com a organização da comunidade quilombola muitos agentes sociais retornaram, hoje são aproximadamente 80 famílias que residem no território[160]. Sobre as delimitações do território pretendido, destaca que são 9 km ao norte e leste, a oeste projeta-se mais de 2.500 ha.

Para levantar informações sobre algumas características do território, registrou-se a existência de alguns lugares que também são denominados de "sítios" ou "retiros" como Taboca, Mangaba, Tapera e Mucajá como áreas que já foram de roças antigas e servem de área de preservação controlada, onde podem criar, e se precisar tirar uma árvore para benfeitoria de alguma pessoa, reúnem a Associação e aprovam. Por diante, o Sr. JP acrescenta: "Aqui parte da nossa alimentação também está na floresta". Destacou: "Somos cercados por áreas de campo aberto, não tem cerca. Em São Pedro dos Bois existe predominância da incidência destas áreas próximas às unidades domésticas, quintais e

---

160 A comunidade de São Pedro dos Bois atualmente apresenta alguns avanços no que se refere à infraestrutura na vila da comunidade, desfruta de água encanada em algumas residências, uma escola, um centro comunitário, um posto de saúde da família para atender à comunidade local e vizinhança.

lugares indicados como mato[161] e campo[162] onde acionam as plantas domesticadas para fins curativos".

De outro modo, caracterizam por linguagens específicas as diferenciações físicas, ecológicas e simbólicas nos respectivos lugares. O "Baixão" é o lugar onde tem relevo, "tem a parte mais alta e a parte mais baixa. Quando chega o período de inverno a água desagua tudo lá e desce pro lago. O igarapé do inferno fica pro lado do Baixão", informa o Sr. JF (20/10/2016). A descrição do "Baixão" lembra o igapó caracterizado pelo Sr. EM como "a área do baixo onde tem o alagado onde fica no centro da mata onde não seca fica todo tempo úmido". Para entender a dinâmica territorial do quilombo foi realizada uma oficina inspirada nas metodologias da Nova Cartografia Social da Amazônia. Esse recurso didático estratégico procurou mapear por meio de informações comunitárias e registro de GPS-GARMIM a dispersão das famílias no território, áreas de criações de animais, extrativismos, caças, pescas, trilhas, marcadores naturais, áreas de lazer, construções. A seguir, o croqui da comunidade:

---

161 De acordo com o Sr. EM, o mato compreende tudo o que tem árvore fechada, muito fechada, onde se pratica a caça, extração de madeira, ouriço, raízes.
162 O Sr. EM informa que o campo é a parte que não tem mato, tem mato, mas é mato baixo. Podem ser encontradas ervas. Em São Pedro dos Bois, segundo o entrevistado, não tem muita diferença na comunidade. Quando perguntado se tem mais campo ou mata, ele diz que a diferença é pouca tendo muito mato e muito campo. O campo seca e enche dependendo do período do ano. No período de janeiro, o campo está cheio. E em junho começa a baixar a água, é o período que seca. Informa ainda que Cerrado é o mesmo que o campo no conceito das pessoas da comunidade. Ele menciona ainda que só chamam de cerrado as pessoas que vão visitar a comunidade.

Figura 2: Croqui da comunidade quilombola São Pedro dos Bois

Fonte: Oficina para elaboração de croqui (Atividade de Campo – 15 a 17/11/2015).

Seu JF (20/10/2016) explica que a área que não é própria para fazer casa e tem depressões é considerada como área de ressaca ou o final de área de terra firme que vai e volta pelo mesmo lugar. A comunidade de São Pedro dos Bois não faz parte da Área de Proteção Ambiental (APA) do Curiaú, porém possui duas áreas grandes em que já foram feitas capoeiras, roças de preservação controlada, Taboca e Retiro, nas quais podem fazer curral e residências.

As comunidades quilombolas, como em São Pedro dos Bois, interagem com a biodiversidade através do conhecimento[163] de práticas extrativistas, manejo dos recursos locais e diversidade ecológica. Toledo e Barrera-Bassols (2009) destacam que os usos de insumos adquiridos no próprio território, oriundos de processos ecológicos (solar, humano, animal, eólico e biomassa) que estão para além dos aspectos estruturais da natureza e passam a

---

163 Esse conhecimento tem como características a predominância de saberes ecológicos locais, coletivos, diacrônicos e holísticos circunscritos por sistemas cognitivos integrados a heranças intergeracionais mediadas pela linguagem, memória e práticas de manejo dos recursos e reprodução de um repertório rico e complexo de espécies de plantas, animais, micro-organismos, minerais, solos, águas, topografias, vegetação e paisagens (BARRERA-BASSOLS, 2009).

ser inseridos na nomenclatura "etnotaxomias". Essas maneiras de identificar, classificar e nominar a biodiversidade traduzida para a linguagem simbólica e sentidos práticos da comunidade conferem o firmamento de conhecimentos, saberes e práticas de domínios e pertencimentos, fundamentais a permanência no território.

Plantas domesticadas e usos medicinais em São Pedro dos Bois

Os usos de plantas medicinais recuperam práticas de manejos e saberes seculares, estratégias de domínios reproduzidas por meio de memórias dos mais idosos. As espécies estrategicamente selecionadas e domesticadas fazem do território um lugar comum de diversidade e conhecimento, laboratórios vivos. Para Lévi-Strauss (1962), os elementos da cultura revelam as estruturas, valores, costumes e formas de uso e apropriações dos recursos naturais pelo saber nativo estrategicamente elaborado. O conhecimento da vida material expressado pela cultura imprime um saber racional que o autor chama de "ciência do concreto" como a reunião de saberes, técnicas e práticas canalizadas para entender as propriedades naturais.

Os usos sociais e saberes do lugar, da natureza estão vinculados às modalidades de manejos, diversidades do meio natural e impressionante domínio com taxonomias próprias do solo, relevo, rede hidrográfica, etnocosmologia, etnomicrobiologia, clima, incidência e disposição de espécies da flora e fauna. A cultura local pode dar fundamentações para as tomadas de decisão e definir a melhor forma de conceber ações estratégicas não só na ocupação, mas também no uso do solo e subsolo, manutenção de propriedades da natureza, soluções alternativas aos modelos educacionais, assistência à saúde e produção de alimentos. Escobar (2005) enriquece essa perspectiva ao destacar a possibilidade de um sistema pensado a partir do lugar que deve incorporar a visão de que os grupos locais não são receptores passivos das condições transnacionais, mas que passaram por processos de hibridação cultural voltada para dentro.

Sobre o uso das plantas medicinais na Amazônia, Berg (2010), em pesquisa sobre a taxonomia das ervas medicinais na Amazônia, destaca a centralidade da ancianidade ancestral de grupos étnicos que manejavam e repertoriavam uma grande diversidade de espécies. Com a ciência moderna e a colonização de saberes, o projeto colonizador acompanhado pela ciência racional, experimental e laboratorial formal produziu a sistematização e catalogação de espécies por lógica utilitária, produtiva e neutra. Nessa sistematização de conhecimento da ciência moderna, produziram-se esquemas organizativos, fórmulas, separação de grupos, famílias, categorias, entre outros critérios classificatórios desconectados com a história e cultura local.

A Sra. RM (17/11/2016) informa que quando um vizinho não tem em seu quintal a planta para uma determinada doença, eles fazem a troca ou apenas pedem a planta para fins medicinais. Reforça ainda que dependendo da planta, esta pode ser utilizada a qualquer tempo consoante à necessidade e à doença de cada um. Quando perguntada sobre a relação de uso das plantas com o uso de medicamentos do posto de saúde, a Sra. RM diz que os usos de plantas medicinais estão caindo no esquecimento, sinalizando fissuras na memória biocultural entre os quilombolas.

A Sra. JM (15/11/2016) concentra em seu quintal algumas espécies domesticadas listadas no quadro a seguir, com as finalidades respectivas. Informações coletadas em campo apontam que no caso dos remédios de laboratórios/farmacêuticos os efeitos são imediatos, mas a cura não. A doença fica incubada. Por outro lado, os medicamentos naturais, segundo os quilombolas, fazem desaparecer a dor e a pessoa fica curada, é mais lento. O Sr. JP (17/11/2016) acrescentou que a nova geração dificilmente faz uso das plantas medicinais na comunidade, frequenta mais o posto de saúde e utiliza os medicamentos.

Em São Pedro dos Bois, identificou-se que além dos quintais outros lugares próximos servem de áreas de cultivo e domesticação de diferentes espécies com diferentes portes. Os quilombolas exercem o controle sobre suas posses por meio de um repertório cognitivo que lhes permite localizar cada espécie vegetal plantada, importância curativa, toxicidade, abrangência espacial e interação com outros recursos naturais domesticados. Existe um grande repertório de espécies utilizadas, por meio de chás e poções decantadas. O quadro a seguir registra algumas:

Quadro 2: Espécies domesticadas para usos diversos

ESPÉCIE	FINALIDADE
Espinheira Santa (*Maytenus ilicifolia*)	Serve para desinflamar a barriga da mulher, regular a menstruação.
Canela (*Cinnamomum verum*)	Serve para fazer o chá, para dar a lavagem, ela e o capim santo (capim marinho).
Capim Santo (*Cymbopogon citratus*)	Ela serve pra dá a lavagem mistura a canela, capim santo, mistura com ela faz o chá, coa, da lavagem pra pessoa beber, mistura o salamago desmancha no chá (compra na farmácia). Faz dois litros.
Gapuí (*Martinella obov ata Bureau*)	Para conjuntivite que nos chamava de dor de olho, o remédio era o gapuí é um mato que da pro fundo, a gente raspava ela limpava, deixava sentar pra usar, que não tinha médico. A Sra. DD diz ainda que este remédio é bom para catarata.

Fonte: Sra. DD atividade de campo: (15/11/2016).

A senhora Sra. RM, em entrevista no dia 17 de novembro de 2016, relatou que as plantas domesticadas e cultivadas, utilizadas na comunidade e em especial a utilizada por sua família, são as que estão localizadas em seu quintal. Entre elas estão o boldo (*Peumus boldus*), babosa (*Aloe vera*), siquiúba (*sem identificação*), jucá (*Caesalpinia ferrea*), manjericão (*Ocimum basilicum*), abacateiro (*Persea americana*), gengibre (*Zingiber officinale*), muruci (*Byrsonima crassifolia*) de planta e jutaí (*Himenaea oblongifolia*). Quando perguntada sobre a utilização dos recursos naturais existentes no território, Sra. RM relata com muita propriedade acerca das plantas medicinais e começa a descrever o uso do boldo (*Peumus boldus*), citando que para usá-lo é feito o chá a partir das folhas retiradas diretamente do pé. Posterior a isso, lavam-se as folhas, pondo-as para ferver, espera-se esfriar, coloca-se na garrafa e toma-se até ficar bom. Em seguida, informa ainda, que o chá de boldo (*Peumus boldus*) é para melhorar o fígado, e que fazem o uso com bastante frequência, mas em seu quintal não existe mais, explica que não cuidaram e acabou morrendo. Do boldo (*Peumus boldus*) a parte retirada e usada é a folha, tira a folha, lava e coloca para fazer o chá. Porém, não tem mais, o que tinha morreu e ninguém plantou.

A Sra. RM menciona ainda que no mato existe o leite da siquiúba (sem identificação) que em sua explicação diz " é um pau que a gente corta ela pra tirar o leite do tronco", porém a Sra. RM (57 a.) não soube responder se existe um período de extração do leite, pois como tem problema de saúde, pouco sai de casa. Contudo, seu esposo, Sr. JP, o qual estava por perto, respondeu que é utilizado a qualquer época, depende do momento que o indivíduo vai precisar do remédio, depende da necessidade da pessoa.

O Sr. JP relata sobre as regras de uso das plantas que não possui em seu quintal, estas podem ser usadas a qualquer tempo e que consegue identificar a existência de vários tipos de plantas medicinais no território. Próximo aos igarapés, como o mururé, o que se usa mais é o mururé pajé (de igarapé) e a siquiúba (sem identificação). Informa, por conseguinte, que o acesso às plantas é em toda época, mas no igarapé é mais no inverno. Nas áreas não soube informar, pois não caça. Não tem conhecimento nessa área. Nas áreas de extrativismo, nas áreas de mata tem o piquiá (*Caryocar brasiliense*), usa-se para consumir o fruto e tira-se o óleo. Nas roças, o Sr. JP planta milho (*Zea mays*), planta o jerimum (*Cucurbita spp*), o cará (*Dioscorea alata*), que come com café, além de maxixe (*Cucumis anguria*).

Nas trilhas, o Sr. JP (17/11/2016) consegue identificar a planta que dá na mata chamada de capitiú (*Siparuna guianensis*), encontrada a qualquer tempo, usada para banho em crianças e adultos quando estão com coceira. Essas plantas controlam doenças comuns do interior. Registrou-se que na época do inverno encontra-se também o melão São Caetano que serve para coceira também e para curar a curúba (qualquer tipo). Seu modo de uso é o banho.

O quadro a seguir registra a compilação de informações do Sr. JF sobre usos sociais curativos de plantas domesticadas.

Quadro 3: Plantas domesticadas

VEGETAL	FUNÇÃO	MODALIDADE DE USO	COMBATE DOENÇAS
Barbatimão (*Stryphnodendron*)	Antibiótico/ Anti-inflamatório	Leite	Inflamações uterinas e diversos
Saratudo (*Byrsonima intermedia*)	Anti-inflamatório/ cicatrizante/ Anti-hemorrágico	Folha/ chá	Intestino
Mamão (*Carica papaya*)	Vermicida	(Raiz)	Vermes
Escada de jabuti (*Bauhinia rutilans*)	Funções intestinais	Cipó/chá	Hemorroida e ameba
Siquiúba (sem identificação)	Digestão	Leite	Gastrite
Crista de galo (*Celosia argentea*)	Digestão	Folha/Chá	Inflamação do fígado
Japana branca do campo (sem identificação)	Sistema respiratório	Folha/Banho	Gripe/ Expectorante
Capitiú (*Siparuna guianensis*)	Sistema respiratório	Folha/Banho	Gripe/ Expectorante
Anoirá (*Beilschmiedia brasiliensis – Kosterm.*)	Anti-inflamatório	Folha/banho/chá	Hemorroida
Mucuracá (*Petiveria alliacea*)	Analgésico	Folha/chá	Dor de cabeça
Canaficha (*Costus spicatus* (Jacq.) Sw.)	Diurético	Folha/chá	Desinfecção do rim

Fonte: Atividade de campo (20/10/2016).

A Sra. DD[164] ocupa posição importante como guardiã desses saberes em São Pedro dos Bois e comunidades vizinhas por ter o respeito e tradição de realizar procedimentos de curas com o uso de remédios naturais, orações e ainda por ser puxadeira e parteira. Identificou-se que as mulheres reúnem maior domínio dos saberes e técnicas tanto no que se refere à identificação como no manejo e remediação.

A Sra. DD relatou o uso do manjericão (*Ocimum basilicum*): "encontra nos quintais, usa-se a folha, que exposta ao sol de molho, ou ao ferver exala um cheiro diferenciado e produz-se a um chá que serve para banho em criança

---

164 Em São Pedro dos Bois, são poucas as mulheres guardiãs desses saberes; as jovens têm apresentado pouco interesse na continuidade desta memória, reclamam as idosas.

pra combater a gripe". A seguir a foto do manjericão (*Ocimum basilicum*) e do jutaí (*Himenaea Oblongifolia*). Do mesmo modo, a Sra. RS referiu-se à Japana, também encontrada nos quintais, da qual usa-se a folha: "coleta a folha e ferve pra dar banho na cabeça, é bom pra gripe", bem como outras quilombolas. Relata em seguida sobre a preparação de várias poções naturais a partir de plantas encontradas em diferentes lugares do território no mato, nos quintais, na capoeira, na várzea e no campo, manifestando sobejamente saberes e domínios sobre as propriedades da natureza e ecossistemas locais.

Em seguida, a Sra. DD completa: "A casca do jutaí é daqui do campo, minha vó fazia aquele bebedô pra tomar". O Sr. JP informa: o jutaí (*Himenaea Oblongifolia*) é usado mais na parte de feridas de estômago, disenterias, que faz o chá pra estômago, ele é travoso, para travar o estômago. A Sra. RM completou: "O jutaí usa-se a casca, a gente chama de jutaí aqui mais lá fora o pessoal chama de jatobá, encontra-se na comunidade, nos quintais, tira a casca dele coloca para secar um pouquinho, e faz e chá". Pode usar também para lavar ferida, que se dá no diabético.

Por conseguinte, informa na mesma narrativa: "Todos nossos remédios nunca foi de médico, não tinha, era só remédio do mato". As roças também congregam lugares de domesticações, como informa o Sr. JF (20/10/2016): "a Crista de galo (quando se faz a roças) é uma planta com caule fino, único, folhas verdes e flor vermelha – combate a inflamação do fígado, usada durante o inverno. Corta, lava, ferve – chá", acrescentou que o mato e o campo são lugares importantes para aquisição de vegetais destinados às práticas de curas.

Quanto aos vegetais existentes na comunidade utilizados para finalidades medicinais, o Sr. JP (17/11/2016) informou que o anador (*Justicia pectoralis*) não tem mais, o boldo (*Peumus boldus*) pedem sempre para o vizinho. Para resfriado, eles fazem o chá da folha do limoeiro, também tomam banho. Para coletar, utilizam apenas as mãos, coletam folha a folha, lavam, cozinham, coam e colocam na geladeira para ir tomando. O sabugueiro (*Sambucus nigra*), que ameniza os sintomas do sarampo, ele diz que é muito antigo e é verdade, usa-se a folha, retira-se o galho com as folhas porque as folhas são miúdas e é melhor tirar com o galho.

Nos quintais foram mapeadas também diversas plantas para fins medicinais e de curas espirituais usadas em rituais para benzimentos. A Sra. RM relata que as plantas utilizadas para estes fins estão localizadas em sua maioria na mata fechada. Essas plantas medicinais são utilizadas pelos agentes sociais na realização de rezas, orações, benzimentos, banhos, rituais sagrados sempre que necessário, os homens, na maioria das vezes, é que fazem a retirada, sistematizadas no quadro a seguir:

Quadro 4: Vegetais para benzimentos

VEGETAIS PARA BENZIMENTO	LOCAL DE COLETA
Catinga de mulata *(Tanacetum vulgare)*	Quintal
Vassourinha (*Scoparia dulcis*)	Quintal
Arruda (*Ruta graveolens*)	Quintal
Cipó de alho (*Mansoa alliacea*)	Quintal
Mucuracá (*Petiveria alliacea*)	Quintal
Sete Sangrias **(***Cuphea carthagenensis*)	Quintal

Fonte: Sr. JF/Sra. DD/Sr. RM (Atividade de Campo 17/11/2016).

As espécies Mucuracá (*Petiveria alliacea*) e Sete Sangria (*Cuphea carthagenensis*) domesticadas no quintal das Sras. MF e DD são utilizadas para fins medicinais no combate ao mal olhado, banho e hemorroida, respectivamente. Quando perguntado sobre os vegetais que são utilizados para rezas, benzimentos e quebranto, o Sr. JP (17/11/2016) diz que usam muito para benzer as crianças a vassourinha (*Scoparia dulcis*), que serve para combater o quebranto. Depois de rezar na criança, se ela mantiver o quebranto, a folha da vassourinha murcha. Para as festividades, usam muito o gengibre (*Zingiber officinale*), também usam na comunidade para fazer a gengibirra, alivia a garganta, os cantores procuram muito para ficar tomando.

Sobre o barbatimão (*Stryphnodendron*), informou ter grande disponibilidade no campo: "a gente chama de serrado, ele é muito procurado, para ferver e fazer o chá", Sr. JP (17/11/2016). O piquiá (*Caryocar brasiliense*) "serve para comer, retirar o óleo pra passar no cabelo, cozinha ele e fica um óleo em cima, porém na comunidade não tinha", acrescenta o entrevistado. A Sra. DD (17/11/16) salientou primeiramente o uso do azeite de andiroba (*Carapa guianensis*) e o azeite de pracaxi (*Pentaclethara macroloba*), que são encontrados no mato, mas a Sra. DD informa que o pracaxi (*Pentaclethara macroloba*) não existe mais pelas bandas da comunidade.

Segundo a Sra. DD, o azeite de andiroba (*Carapa guianensis*), misturado ao mel de abelha, serve para tirar o catarro da garganta. Procede-se do seguinte modo: "Mistura, tudo enrola o algodão no dedo, mela o dedo na mistura e limpa 'a guela' até sair todo o catarro. Não pode tá com a unha grande. Tem que saber mexer o dedo". Essa prática tem sido corriqueira em várias localidades da Amazônia entre as gerações mais idosas na cura de enfermidades da garganta em situações de desprovimento de medicamentos específicos.

Na comunidade quilombola São Pedro dos Bois, a captação dos sinais da natureza como a chuva e o sol é percebida por diversas modalidades de leitura do ambiente. A Sra. RM (17/11/16) informa sobre as mudanças no solo: "no verão existe a necessidade de molhar as plantas de dois em dois dias, porque se não molhar as plantas morrem tudinho, já no inverno é um período de muita chuva, as plantas ficam cada vez mais bonitas. No verão elas apresentam nas suas folhas uma textura mais seca, áspera e no inverno as folhas e os talos ficam mais macios, mais verdes. Nos períodos de lua forte o buriti, que é utilizado para fazer o tipiti, não é utilizado, pois com a lua muito forte a tala racha todinha não ficando impossível a utilização".

Para a Sra. RM (17/11/16), é importante destacar a questão dos odores das plantas, elas exalam mais no inverno, devido estarem mais nutridas. Em relação aos ventos, estes são mais fortes no verão. Na época do verão, cai muita folha seca, o vento ajuda a limpar mais as folhas secas existentes nos galhos, porém no inverno o fenômeno é contrário, caindo menos folhas.

O Sr. JF (20/10/2016) informou que existem variações diversas das espécies, conforme a transformação climática no verão ou no inverno. No inverno, o leite está mais ralo (fraco). Na narrativa, ele destaca que a mandioca (*Manihot esculenta*) é melhor no inverno do que no verão. No inverno, a raiz da mandioca (*Manihot esculenta*) tem bastante água, melhor o tucupi, menos forte, fica palhé os talos. No verão fica mais a massa.

Quanto às características do solo no período de verão e inverno, o Sr. JP diz que no período do verão o solo fica mais seco e para as plantas precisa estar molhando de dois em dois dias e não se desenvolve como no inverno. Quanto às texturas dos vegetais, informa: "a gente nota que no tempo do verão ela fica mais áspera, não se desenvolve como no inverno e no inverno a água todo tempo tá molhando, ela fica mais lisa porque não pega o tempo seco" (Sr. JP – 17/11/2016). Em seguida, relata quanto aos odores das plantas e informa que esse se sobressai no inverno, no verão observa-se que o cheiro é identificado conforme a sensibilidade e o costume da população, o vento contribui para exalar o cheiro da planta dependendo do período de cada planta.

Quanto à toxicidade das plantas que também obedecem às transformações climáticas, o Sr. JP (17/11/2016) não apresentou detalhes sobre tal conhecimento, porém mencionou a importância da participação de estudiosos para esclarecer melhor sobre esse uso. Baseiam-se no conhecimento prático assentado na experimentação e resultados pelos que utilizam na comunidade.

Dos movimentos naturais, quanto ao período da lua, todo tempo tem o período da lua, no verão e no inverno, tanto no verão como no inverno se equiparam, porém no inverno se planta melhor. Tem um período, quarto minguante, cheia ou nova, que a planta nasce, mas não se desenvolve direito, "eu acho que é mais no inverno, porque a gente só procura o período da lua pra plantar no inverno", informa o Sr. JP (17/11/2016).

As narrativas apresentadas convergem para as compreensões de Wolff *et al.* (2000) sobre as práticas curativas construídas em diferentes temporalidades e ecossistemas com predominâncias de práticas de cultivos em roças com trabalho familiar, extrativismo florístico e faunístico, manejo de seivas, ouriços, cascas, folhas, frutos. E ainda, as domesticações de espécies em quintais, práticas agroecológicas consorciadas em suas modalidades de reproduções sociais são cruciais para amenizar as doenças que comprometem a saúde quilombola. Por fim, quanto maior a diversidade biológica de uma região marcada predominantemente por ambientes naturais, maiores os repertórios de saberes, linguísticos, cosmológicos e culturais.

Considerações finais

As análises apontam que os saberes tradicionais quilombolas congregam singularidades no manejo de espécies vegetais, práticas socioculturais, conhecimentos biológicos, históricos e ecológicos que também permeiam as bases da ciência moderna ao se ancorarem em métodos alternativos semelhantes aos estudos científicos ou com finalidades similares de curas e combate a enfermidades.

Para a comunidade quilombola de São Pedro dos Bois, as formas de tratar muitas doenças estão relacionadas diretamente ao saber local, ao uso de plantas, raízes, ouriços, sementes, associadas às rezas. As práticas de uso de plantas medicinais nativas domesticadas fazem parte do cotidiano da comunidade e a relação estabelecida com o meio natural associado a essas práticas.

Ter saúde subentende participar de processos sociais, interagir com a natureza e transmitir saberes por práticas culturais ancestrais, ou seja, as condições físicas são completadas pelos sentidos de participações e compreensões de suas atitudes e sabedorias, suas técnicas e métodos de utilizações, apesar de serem pouco valorizados nos meios científicos.

Muitas plantas ainda são manejadas e ingeridas acompanhadas de outros medicamentos farmacêuticos e/ou associadas a outras espécies, o que caracteriza práticas experimentais. Em alguns casos associadas a orações, crenças e benzimentos, sinalizando o universo complexo dos saberes tradicionais que ao longo de séculos vem permitindo a sobrevivência das populações tradicionais em lugares distantes. E ainda, o etnomapeamento social das tradições e saberes do universo comunitário sobre os usos de espécies medicinais solidificam elementos da identidade cultural ancestral quilombola como patrimônio histórico imaterial.

Referências

ACEVEDO MARIN, R. E.; CASTRO, E. R. *No caminho de pedras do Abacatal*: experiência social de negros no Pará. 2. ed. Belém: UFPA; NAEA, 2004.

ALMEIDA, A. W. B.; SOUZA, R. M. *Terras de faxinais*. Manaus: Edições da Universidade do Estado do Amazonas, 2009.

ALMEIDA, A. W. B. Terras tradicionalmente ocupadas: processos de territorialização e movimentos sociais. Juiz de Fora: *Revista Brasileira de Estudos Urbanos e Regionais*, v. 6, n. 1, maio/2004.

BERG, M.E. *Plantas medicinais na Amazônia*: contribuição ao seu conhecimento sistemático e meio-norte do Brasil. 3. ed. Belém: Museu Paraense Emílio Goeldi, 2010.

LÉVIS-STRAUSS, C. A ciência do concreto. *In*: LÉVIS-STRAUSS, C. *O pensamento Selvagem*. São Paulo: Nacional, 1962.

MALINOWSKI, Bronislaw. *Crime e Costume na Sociedade Selvagem*. Brasília: Editora da UnB, 2004.

OLIVEIRA, Maria do Socorro dos Santos (org.). *Relatório antropológico de caracterização histórica, econômica, ambiental e sociocultural da comunidade São Pedro dos Bois.* Amapá: Fundação Marco Zero/Universidade Federal do Amapá- UNIFAP, 2012.

PROGRAMA BRASIL QUILOMBOLA. Brasília (DF), Março/2015 Disponível em: http://www.seppir.gov.br/comunidades-tradicionais/programa-brasil-quilombola.

TOLEDO, V. M.; BARRERA-BASSOLS, N. *La memoria biocultural:* la importancia ecológica de las sabidurías tradicionales. Icária & Editorial, 2009.

WOLFF, N. Deforestation, hunting and the ecology of microbial emergence. *Global Change & Hum. Health*, v. 1, n. 1, p. 10-25, 2000.

CAPÍTULO 19

AGRONEGÓCIO E A LUTA PELA TERRA DOS INDÍGENAS GAMELAS NO SUDOESTE DO PIAUÍ (1970- 2021)

Helane Karoline Tavares Gomes[165]

Introdução

O Estado do Piauí presencia o processo de etnogênese[166] dos povos indígenas Tabajara e Tabajara Tapuio-Itamaraty, na mesorregião norte do estado, nos municípios de Piripiri e Lagoa de São Francisco, dos Kariri, na mesorregião sudeste, nos municípios de Queimada Nova e Paulistana e dos povos indígenas situados na mesorregião sudoeste, como os Gueguês do Sangue e Caboclos da Baixa Funda, no município de Uruçuí e o povo Gamela, nos municípios de Bom Jesus, Currais, Baixa Grande do Ribeiro e

---

165 Mestre em Antropologia e Arqueologia pela Universidade Federal do Piauí (UFPI), Bacharel em Arqueologia e Conservação de Arte Rupestre pela mesma instituição. Possui Licenciatura Plena em História pela Universidade Estadual do Piauí (UESPI). Pesquisadora vinculada ao Núcleo de Estudos e Documentação em História, Sociedade e Trabalho (NEHST/UESPI). E-mail: helanetvares@hotmail.com

166 A etnogênese ou emergência étnica é compreendida como um processo de emergência histórica de um povo que se autodefine em relação a uma herança sociocultural a partir da reelaboração de símbolos e reinvenção de tradições culturais indígenas. Em se tratando do atual Nordeste do Brasil, esse processo abrange tanto a emergência de novas identidades como a reinvenção de etnias já conhecidas. Há uma diversidade de denominações atribuídas aos fenômenos de reivindicações étnicas no Nordeste na bibliografia etnológica, como reelaboração étnica, ressurgimento, "viagem da volta", atualização, deflagração, novas etnias, novas comunidades étnicas, entre outros (OLIVEIRA, 2004).

Santa Filomena. Evidencia-se, portanto, a emergência de grupos por longo tempo confundidos à massa da população que reivindicam a identidade indígena, com a afirmação de sua descendência de grupos étnicos invisibilizados na historiografia. Tais casos possuem estrutura histórica semelhante aos processos de emergência étnica analisados nas últimas décadas pela antropologia no Nordeste[167] (OLIVEIRA, 2016).

A emergência étnica dos povos indígenas associa-se à capacidade de recriação de identidades, a partir da ação política, sendo necessário compreender a configuração dessas manifestações, oriundas de longos processos históricos, ou frutos de circunstâncias históricas específicas, favorecidas pelo próprio discurso historiográfico. A historiografia piauiense, por sua vez, corroborou com o processo de invisibilização dos indígenas na contemporaneidade, a partir das narrativas que ora atribuem aos indígenas o papel de meros atravancadoras do progresso (NUNES, 2014), ora fundamentam-se no discurso de aculturação, dizimação e extermínio (MACHADO, 2002).

No entanto, a afirmação e reelaboração da identidade étnica, utilizada no intuito de legitimar as demandas territoriais e as políticas recentes em relação aos povos indígenas constituem exemplos da agência desses grupos, que se mobilizam em prol da luta por direitos fundamentais. Para Almeida (2012) não são poucos os grupos indígenas que constroem histórias próprias com base em memórias coletivas repensadas a partir dos desafios do presente. A Carta dos Povos Indígenas do Piauí, de 2016, fundamentada no reconhecimento dos direitos dos povos indígenas previstos no artigo 231 da Constituição Federal de 1988, que prevê a imprescritibilidade dos direitos indígenas reconhecendo suas organizações sociais, costumes, línguas, crenças e tradições e os direitos originários sobre as terras que tradicionalmente ocupam e a criação de associações indígenas[168] são exemplos dessas práticas.

---

167 Em 1991, o Censo Demográfico do IBGE registrou 314 indígenas no Estado. Em 2000 foram registrados entre 2.664 e 2.944 indígenas nas cidades de Teresina, Floriano, Queimada Nova, Parnaíba, Bom Jesus, São Raimundo Nonato, São João do Piauí e Piripiri. O Censo Demográfico sobre a população indígena realizado em 2010 revela a existência de aproximadamente 3.000 indígenas no Piauí. O crescimento registrado ultrapassa índices de estados vizinhos, como o Rio Grande do Norte, permitindo aos pesquisadores repensarem a emergência dos povos indígenas no Piauí.

168 Associação Indígena Tabajara Tapuio Itamaraty de Lagoa de São Francisco, Associação Itacoatiara dos Remanescentes Indígenas de Piripiri, Associação Tabajara dos Tucuns e Tabajara

O crescimento demográfico indígena, sobretudo nas duas últimas décadas (IBGE, 2010), e as mobilizações sociais protagonizadas pelos Gamelas contrastam com a concepção de desaparecimento desses grupos étnicos. As contingências históricas associadas ao sentimento de pertencimento a um mesmo povo resultaram na dispersão dos Gamelas que atualmente ocupam porções de terras localizadas no Piauí e Maranhão e na constituição de um território multiplicado entre os estados mencionados (LIMA; NASCIMENTO, 2019).

Esse pertencimento se manifesta através da designação do termo *caboclo*, categoria identitária utilizada pelos caboclos e pelos não indígenas do cerrado para referirem-se aos sujeitos que afirmam pertencer aos núcleos familiares que descendem do grupo étnico Gamela, mencionado na historiografia regional[169] (PEREIRA DA COSTA, 2015; BAPTISTA, 2009; CARVALHO, 2008; APOLINÁRIO, 2006). Os laços de parentesco constituíram o elemento determinante para que a família Caboclo utilizasse o etnônimo Gamela na atualidade (LIMA; NASCIMENTO, 2019, p. 02).

Os Gamelas encontram-se presentes na mesorregião sudoeste do Piauí, microrregiões do Alto Médio Gurguéia, nos municípios de Bom Jesus (nas comunidades Barra do Correntim, Assentamento Rio Preto, Salto I e II e Tamboril) e Currais (nas comunidades Pirajá, Passagem do Correntim e Laranjeiras) e Alto Parnaíba, nos municípios de Baixa Grande do Ribeiro (nas comunidades Morro D'água e Prata) e Santa Filomena (na comunidade Vão do Vico) e possuem uma forte relação de parentesco entre os núcleos familiares[15].

Para Apolinário (2006), Akroá-Gamela consiste em um etnônimo, auto-atribuição referenciada em dois povos que tomam por seus ancestrais históricos os Akroás e os Gamelas. Esses povos, citados na literatura colonial ora como inimigos, ora como aliados contra as bandeiras, nos sertões das Capitanias do

---

Ypy de Piripiri, Associação da Comunidade Indígena Kariri de Serra Grande e Associação dos Indígenas Gamelas do Piauí da comunidade Laranjeiras.

169 Kós (2015, p. 31) destaca que no final do século XIX utilizavam-se os termos "caboclos", "remanescentes" e "descendentes", retirando, desse modo, o teor coletivo e cultural da indianidade. Para Silva (1996, p. 12), a "caboclização" passa a constituir um novo objeto de pesquisa associado à análise de grupos étnicos. O termo caboclo difundido, sobretudo, na Amazônia e posteriormente no Nordeste, a princípio associado à negação da identidade indígena de forma pejorativa, foi utilizado a princípio para classificar os "remanescentes de índios" e passa por processos de internalização e ressemantização pelos grupos portadores (BANIWA, 2006). Desse modo, o "caboclo" permanece indígena, abrindo margem para a revisão de teorias e reformulação de pressupostos associados ao desaparecimento indígena (SILVA, 2017).

Piauí e Maranhão, reconhecidos por suas habilidades na guerra e por resistirem à colonização[170]. A utilização do etnônimo no tempo presente, expressa, portanto, uma conexão com o movimento de resistência no passado colonial e a luta pela manutenção do território coletivo.

Os laços de consanguinidade entre o cacique James Gamela da comunidade Barra do Correntim e seu primo, o cacique Inaldo Akroá-Gamela[171], liderança indígena da aldeia Taquaritiua em Viana, no estado do Maranhão, corroboram com a comprovação do sentimento de pertencimento a um mesmo povo[172]. Os Gamelas conectam o processo de expropriação territorial vivenciado no tempo presente, em virtude do acúmulo de capital associado às atividades agrícolas desenvolvidas no MATOPIBA, com as narrativas de violências, migrações, perseguições e expropriação territorial, presentes na memória social desse grupo étnico, associadas ao passado colonial. A identidade Gamela fundamenta-se, portanto, na luta em defesa do cerrado, em oposição aos "projeteiros" (designação dada aos fazendeiros do agronegócio) e a todas as atividades que favoreçam a agricultura empresarial[173].

Este capítulo busca traçar um panorama acerca das estratégias utilizadas pelos Gamelas das comunidades Barra do Correntim, em Bom Jesus, Morro D'água e Prata, em Baixa Grande do Ribeiro, Pirajá, Passagem do Correntim e Laranjeiras, em Currais e Vão do Vico, em Santa Filomena, associadas a reivindicações de acesso à terra e defesa de seus territórios, entre 1970 a 2021,

---

170 Os Akroá, povos pertencentes ao tronco linguístico Macro-Jê, faziam parte, no século XVIII, de um conjunto de povos de língua timbira mencionados nos trabalhos etnológicos com os Jê Orientais e encontravam-se nas fronteiras dos sertões do Piauí, Maranhão e Goiás, ao norte da Capitania de Goiás e no sul do Maranhão e sul/sudoeste do Piauí, nas margens dos rios Tocantins, Manuel Alves, Gurgueia e Parnaíba (APOLINÁRIO, 2006, p. 39). Para Monteiro (2006, p. 15), o termo parece uma corruptela da palavra portuguesa "coroado, utilizada para designar povos que tonsuravam os cabelos à moda de diversos povos jê, dos Kaigang do Rio Grande do Sul aos Timbiras do Maranhão". Chaves (1953) menciona a presença dos Gamelas nas margens do Parnaíba que teriam migrando em direção à região atualmente correspondente ao Estado do Maranhão, após o levante indígena ocorrido em 1713. De acordo com o autor, os Gamelas habitavam as margens dos rios Gurgueia e Uruçuí, nos limites do Maranhão e Goiás (CHAVES, 1953, p. 09).

171 Os Akroá-Gamela residem no território Taquaritiua situado nos municípios de Matinha, Penalva e Viana.

172 SANTOS, James Rodrigues dos. Entrevista realizada em 17 de setembro de 2021 pela autora, no município de Bom Jesus – PI.

173 *Agronegócio e mercado financeiro avançam, de mãos dadas*. Leonardo Fuhrmann. 23/03/21. Disponível em: https://ojoioeotrigo.com.br/2021/03/agronegocio-e-mercado-financeiro-avancam-de-maos-dadas/. Acesso em: 29 nov. 2021.

bem como o papel do estado do Piauí associado ao contexto de expansão do agronegócio no sudoeste piauiense. A metodologia conta com análise bibliográfica, análise das fontes impressas como os documentos de qualificação da demanda fundiária do Povo Gamela do Piauí, boletins informativos que registram a cartografia social dos conflitos socioambientais, notas de pesquisa e produções etnográficas, Cartas da I e II Assembleia dos Povos Indígenas do Piauí e do I Encontro de Mulheres Indígenas do Piauí, documentos de regularização fundiária do Instituto de Terras do Piauí e de titulação de terra.

Foi utilizada a metodologia da história oral associada à produção de fontes, a partir das entrevistas com lideranças indígenas, visando compreender as relações entre os Gamelas, associações e coletividades em contexto agrário, as estratégias mobiliza acionistas, fundamentadas nas relações entre memória social, ancestralidade, relações de parentesco, parcerias e ação política (PORTELLI, 2016). Corroborando com o exposto, a compreensão da construção de uma memória indígena é possível a partir da utilização do conceito de "visões do passado" enquanto construção e captura do presente (SARLO, 2007, p. 12) a partir do qual o passado insere-se em um conjunto de representações mais amplas e construídas coletivamente.

Agronegócio e emergência étnica no Sudoeste do Piauí

A respeito dos processos de emergência étnica na região correspondente ao cerrado piauiense, é pertinente mencionar a relação entre os projetos de expansão de produção de grãos iniciados na década de 1970 e a criação do Plano de Desenvolvimento Agropecuário do MATOPIBA, composição dos acrônimos dos estados do Maranhão, Tocantins, Piauí e Bahia, em 2015, pelo Decreto nº 8.447 de 06 de maio de 2015. Essa delimitação geográfica foi estabelecida com base em estudos do Grupo de Inteligência Territorial e Estratégica (GITE), da Empresa Brasileira de Pesquisas Agropecuárias (EMBRAPA), instituída pela portaria nº 224/2015 do Ministério da Agricultura, Pecuária e Abastecimento (MAPA)[174]. O PDA do MATOPIBA estimulou a inserção e crescimento de commodities agrícolas, sobretudo de áreas plantadas e colhidas associadas ao cultivo de soja, destinada ao mercado externo (BEZERRA; GONZAGA,

---

174 *Observatório MATOPIBA*. Disponível em: https://observatorio-matopiba.com.br/. Acesso em: 28 fev. 2022.

2019). A macrorregião do MATOPIBA, compreendida como "a última fronteira agrícola" brasileira, constitui a maior extensão territorial impactada pela expansão de monocultivos e pecuária extensiva. Durante os anos de 2005 a 2014, a área plantada no MATOPIBA aumentou 86%, enquanto a média nacional do mesmo período corresponde a 29%. Essa dinâmica prossegue no período pandêmico de COVID-19 com o aumento da demanda por commodities no mercado internacional[175].

Moraes (2000) em sua tese de doutorado aborda a incorporação da estrutura produtiva do agronegócio de carnes e grãos, a partir da década de 1980, em direção ao sudoeste piauiense e os impactos de sua expansão nos modos de vida e organização social dos grupos campesinos[176]. Esse processo é compreendido pela autora como "desencantamento" de um sertão simbólico associado à "invenção dos cerrados" enquanto fronteira produtiva. A respeito disso é possível afirmar que esse período se configura como propulsor do processo de "ressurgimento" e deflagração de identidades indígenas no Sudoeste do Piauí. Nos referimos particularmente aos processos de emergência étnica dos indígenas Gamelas, nos municípios de Bom Jesus, Currais, Baixa Grande do Ribeiro e Santa Filomena, dos Caboclos da Baixa Funda e Gueguês do Sangue, ambos no município de Uruçuí. É pertinente mencionar que durante a referida pesquisa, Moraes (2009) entrevista atores sociais identificados nesse período como trabalhadores rurais em Santa Filomena e Uruçuí, cujas comunidades atualmente se reconhecem enquanto pertencentes a grupos étnicos diferenciados.

O Sudoeste piauiense durante as últimas três décadas do século XX vem sendo incorporado pela agricultura do complexo carnes/grãos para exportação (MORAES, 2000). A partir da década de 1970 as medidas de caráter desenvolvimentista dos governos militares exacerbam as disputas por terra, a partir da internacionalização do capital (MARTINS, 1980). Esse período

---

175 *Ibid*, 2022.
176 A respeito disso, Moraes (2009, p. 133) destaca que esses pequenos proprietários praticam a agricultura familiar ou têm sua produção voltada para o mercado local e regional, empregam o sistema de roça-de-toco, com raras contratações de mão de obra por salário e possuem o vínculo com a terra por relações de posse e não de propriedade jurídica. Para a autora, esses atores sociais fundamentam-se em valores como trabalho e hierarquia, concepções que se contrapõem as concepções utilitaristas mercantis. Suas relações são subsidiadas por um contrato social fundado na reciprocidade como valor, vinculada três pontos inseparáveis: terra, trabalho e família (MORAES, 2009, p. 135).

denominado por Moraes (2000) como "a era dos projeteiros" corresponde às primeiras iniciativas de inserção do capital internacional no Sudoeste do Piauí por meio das grandes empresas e caracteriza-se pelos incentivos de ocupação da região e estímulo da migração pela Superintendência de Desenvolvimento do Nordeste (SUDENE) pelos incentivos fiscais governamentais e concessões de empréstimos do Banco do Brasil, Banco do Nordeste e Fundo de Investimento do Nordeste (FINOR), Programa Nacional de Fortalecimento da Agricultura Familiar (PRONAF) bem como pelo estímulo ao mercado de terras (MORAES, 2009, p. 156).

De acordo com Moraes (2000), a efetiva implantação da agricultura intensiva para exportação no Sudoeste piauiense, particularmente no município de Uruçuí, ocorre durante a segunda metade da década de 1980 durante a "era dos gaúchos", com os incentivos fiscais oriundos do Fundo de Investimentos Setoriais (FISET). As décadas de 1970 e 1980 são marcadas pela valorização dessas terras, adquiridas pelos "projeteiros" e "gaúchos", em grande parte inadimplentes, lucram com o arrendamento das regiões tradicionalmente ocupadas que passam a ocupar um espaço social e territorial mais restrito (MORAES, 2000). A respeito desse período, a autora destaca que

> Trata-se de um contexto no qual a modernização agrícola dos cerrados instaura um novo padrão tecnológico na agricultura, reedita também velhas fórmulas de extração do valor-trabalho, baseadas na renda em produto, alterando apenas as bases tradicionais de relação com a terra no sentido de intensificar a grande propriedade privada que antes coexistia ao lado de enormes extensões de terras públicas – as "terras nacionais" ou "voluntárias" – e agora, progressivamente, toma conta de toda a região dos cerrados. Sobra, então, para camponeses e camponesas o arrendamento, renegociado a cada ano, ante a redução das possibilidades de acesso livre às "chapadas" (MEDEIROS, 2009, p. 158).

Para Medeiros (2009), esses sujeitos históricos possuem uma economia que relaciona meios e fins a partir de uma racionalidade que diverge da racionalidade dos grandes empreendimentos e projetos de agricultura intensiva e pode ser pensada com base em uma economia moral (THOMPSON, 1998). O arrendamento das áreas de "chapadas", espaços de uso comum, destinadas ao pasto de animais, caça, coleta do mel e plantas medicinais[177] (LIMA; NASCIMENTO, 2019), dá-se por agricultores (as) com e sem terra a partir da safra de 1994/1995 no município de Uruçuí[178]. As áreas dos "baixões" do cerrado piauiense, locais de disponibilidade de recursos hídricos e natureza preservada, habitados pelas comunidades, destinados à agricultura familiar, pesca e criação de animais de pequeno porte (LIMA; NASCIMENTO, 2019), são arrendadas a partir da safra de 1997/1998, período em que esses grupos aliam-se aos Sindicatos dos Trabalhadores Rurais e as cooperativas de pequenos produtores rurais (MORAES, 2009, p. 158).

Durante a segunda metade da década de 1990, intensifica-se o processo de instalação de grandes projetos agropecuário, proveniente, sobretudo, do Rio de Janeiro, Mato Grosso, Pernambuco e São Paulo, com a instalação do plantio de culturas comerciais em larga escala, a mecanização das técnicas de cultivo do solo, operações de concessão de crédito comercial do Banco do Brasil e Banco do Nordeste e venda de terras a preços acessíveis para esse público (BEZERRA; GONZAGA, 2019).

Para Andrade (2015, p. 07), as demandas apresentadas pelas lideranças do agronegócio de grãos para os diferentes governos durante as décadas de 2000 e 2010, em âmbito estadual, perpassam a concepção de políticas de estímulo à produção agrícola (incentivos fiscais e financeiros) e a instalação de infraestrutura para o escoamento da produção. A política de regularização fundiária constitui uma demanda desses setores, fundamentada na garantia de segurança jurídica dos empreendimentos produtivos, corroborando na captação de novos investidores. Acerca disso, Andrade (2015) aponta um padrão de atuação da institucionalidade governamental marcado pela funcionalidade quanto aos interesses do agronegócio, com ênfase especial nas terras públicas,

---

[177] Moraes (2009) busca compreender as nuances associadas à utilização dos "baixões" e "chapadas", áreas tradicionalmente consideradas de uso comum. A autora denomina esse processo como crise ecológica a situação de interdição das chapadas e o progressivo encurralamento dos indígenas nas áreas dos baixões (MORAES, 2009, p. 135-138).

[178] De acordo com Moraes (2009, p. 158), para os gaúchos o arroz obtido pelo arrendamento constituía uma cultura associada à rotação da soja, plantados durante os três primeiros anos iniciais no intuito de corrigir a acidez do solo e incorporar os nutrientes necessários ao cultivo da soja, além de fornecer uma renda gasta com o aluguel do maquinário utilizado para a produção de grãos em larga escala. Já para as populações camponesas oriundas de um passado de usufruto comum dessas áreas, o cultivo do arroz constitui a meta principal, estratégia de sobrevivência, fonte de obtenção de renda, inserção no contexto produtivo e acesso ou ampliação do acesso à terra.

tornando suas incorporações suscetíveis pelos empreendimentos do agronegócio. Sobre o exposto, a autora assinala que é possível evidenciar a aprovação de instrumentos legais do governo do estado do Piauí e da Assembleia Legislativa como a aprovação de instrumentos legais de Regularização Fundiária durante os anos de 2010 e 2011, apesar desses marcos regulatórios não alterarem o contexto de desordenamento e os conflitos fundiários no cerrado piauiense (ANDRADE, 2015, p. 07).

A expansão dos grandes empreendimentos de agronegócio no cerrado piauiense associada à aquisição de terras por grupos vinculados a fundos de pensões de diversos países produzem modificações intensas nos espaços e nas formas de uso e ocupação (BEZERRA; GONZAGA, 2019), acirrando os conflitos socioambientais e impulsionando modificações profundas na organização dos povos e comunidades tradicionais que se sentem ameaçadas pela expropriação territorial e danos ambientais. Nesse contexto é evidenciado o processo de emergência étnica de núcleos familiares que habitam tradicionalmente a região integra um coletivo autodesignado povos do Cerrado, "categoria identitária que agrega coletividades que se opõem as mazelas ocasionadas pelo agronegócio" (LIMA; NASCIMENTO, 2019, p. 06), sobretudo na mesorregião sudoeste do Piauí, microrregiões do Alto Parnaíba Piauiense e Alto Médio Gurguéia. Inserem-se na categoria supracitada "indígenas, quebradeiras de coco babaçu, ribeirinhos, pescadores brejeiros, extrativistas e assentados" (LIMA; NASCIMENTO, 2019, p. 06).

Uma pesquisa etnográfica, no âmbito da cartografia social, realizada na região do cerrado piauiense, evidenciou a emergência étnica dos indígenas Gamelas na comunidade Barra do Correntim, em Bom Jesus; Morro D'água, em Baixa Grande do Ribeiro; Pirajá, Laranjeiras e Prata, em Currais e Vão do Vico, em Santa Filomena[179] (LIMA; NASCIMENTO, 2019). O compartilhamento da memória social, os laços de parentesco e a mobilização política em defesa do cerrado são elementos que estruturam a organização social e política que está sendo construída pelos habitantes das referidas comunidades[180]. Com

---

179 *Cartografia Social dos Conflitos que atingem Povos e Comunidades Tradicionais na Amazônia e no Cerrado. Projeto Estratégias de Desenvolvimento, Mineração e Desigualdades*. Disponível em: http://novacartografiasocial.com.br/boletins/cartografia-social-dos-conflitos-que-atingem-povos-e-comunidades-tradicionais-na-amazonia-e-no-cerrado/ . Acesso em: 05 nov. 2021.

180 O processo de territorialização vivenciado pelos indígenas Gamelas encontra-se relacionado às formas de organização e reorganização social e suas relações com o espaço. Esse processo

a inserção do agronegócio no Cerrado piauiense, a dinâmica territorial dos Gamelas modifica-se profundamente. A pesquisa desenvolvida pelo Projeto Nova Cartografia Social na Amazônia e no Cerrado, em 2016, evidenciou a existência de aproximadamente 30 fazendas de agricultura industrial em concomitância com os territórios indígenas gamela. A respeito das terras de uso comum, representadas pelos baixões e chapadas do Cerrado piauiense, Almeida (2009) elucida que estas

> Aparecem imbricadas nas normas camponesas, que as articulam e combinam, as noções de propriedade privada e de apossamento pelo uso comum. Tais noções se realizam indissociadas em diferentes domínios da organização social. Não representam elementos destacáveis ou propensos à separação. Conjugam-se e completam-se dentro de uma lógica econômica específica. A noção de propriedade privada existe nesse sistema de relações sociais sempre marcado por laços de reciprocidade e por uma diversidade de obrigações para com os demais grupos de parentes e vizinhos (ALMEIDA, 2009, p. 60).

Corroborando com o exposto, Congost (2007), em suas análises relacionadas ao direito de propriedade na América Latina, tece críticas à neutralidade do conceito de propriedade, rompendo com a noção de propriedade absoluta. Para a autora, a experiência social funda as perspectivas do direito de propriedade, de modo que esse conceito é compreendido como resultante de relações sociais, inseridas em um processo histórico.

Com a chegada dos projetos de expansão de produção de grãos (sobretudo as plantações de soja, milho e mileto) e a implantação do MATOPIBA intensifica-se o processo histórico de expropriação territorial corroborando com a eclosão de diversos conflitos socioambientais. As áreas ocupadas pelas comunidades são reduzidas, restringindo-se a parcelas de terras reduzidas nos baixões e as serras passam a abrigar as fazendas de monoculturas, corroborando

---

implica a criação de uma nova unidade sociocultural mediante o estabelecimento de uma identidade étnica diferenciadora; a constituição de mecanismos especializados; a redefinição do controle social sobre os recursos ambientais e a reelaboração da cultura e relação com o passado (OLIVEIRA, 2016).

com o produzindo desmatamento, o desequilíbrio ambiental e a extinção de plantas e animais nativos[181].

Nesse contexto, os indígenas Gamelas denunciam as estratégias de desapropriação de seus territórios e violações de direitos humanos que contemplam as pressões e ameaças[182] dos "projeteiros" que buscam expulsá-los das áreas dos baixões. Ademais, são citadas as práticas de envenenamento dos rios e recursos hídricos (GOMES, 2021), a intimidação relacionada à escolta armada dos fazendeiros, a utilização de agrotóxicos nas proximidades e sobre as estradas públicas e locais de passagem, o desmatamento das serras, desaparecimentos e mortes de animais, o registro das áreas de baixões como área de reserva das fazendas a grilagem e venda indevida de terras (SANTOS, 2021). São relatados também casos de proibições de deslocamento, restrições de acesso aos locais e estradas, as ameaças de morte, os casos de derrubadas e incêndios criminosos de residências e plantações de subsistência[183].

Os Gamelas enfatizam que a pandemia de Covid-19 agravou as situações de despejo[184] e violência a que são submetidos, exacerbando os casos de ameaças de morte e constantes envenenamentos de seus recursos hídricos[185] (GOMES, 2021). Na Vara Agrária da Comarca do município de Bom Jesus, tramitam ou foram sentenciadas ações de nulidade referente à matrícula de imóveis rurais adquiridos por esses grupos. Ademais, no município de Santa Filomena, os processos de grilagem são discutidos em processos judiciais e administrativos (BONFIM et al., 2020, p. 11).

---

181 "Os encantados perderam sua morada, alguns desapareceram e outros vivem atormentados vagando pelos baixões. Desta forma, o agronegócio vem produzindo a desestruturação do mundo humano e do mundo dos encantos, o que acentua o drama vivenciado pelos Gamelas" (LIMA; BASCIMENTO, 2019, p. 08).

182 *Grileiros ameaçam vidas e territórios do povo Gamela no Piauí. Com o objetivo de tomar terras, invasores usam estratégias que vão desde vias legais até intimidações e incêndios.* 27/01/2021. Disponível em: https://cimi.org.br/2021/01/grileiros-ameacam-vidas-e- territorios-do-povo-gamela-no--piaui/. Acesso em: 04 dez. 2021.

183 *Denúncia de violência contra os indígenas Gamela do Estado do Piauí.* 18/01/2021. Disponível em: https://apiboficial.org/2021/01/18/denuncia-de-viole%CC%82ncia-contra-os-indigenas--gamela-do-estado-do-piaui/. Acesso em 04 dez. 2021.

184 *Defensoria obtém decisão favorável à manutenção de terras do povo indígena Gamela.* Disponível em: https://www.pi.gov.br/noticias/defensoria-obtem-decisao-favoravel-a-manutencao-de-terras--do-povo-indigena-gamela/. Acesso em: 04 dez. 2021.

185 *Casas de indígenas Gamela são incendiadas no Piauí.* 11/08/2020. Disponível em: https://cimi.org.br/2020/08/casas-de-indigenas-sao-incendiadas-no-paui/. Acesso em: 04 nov. 2021.

Os Gamelas denunciam os conflitos com o poder público e em especial o papel do INTERPI na promoção de novos conflitos e exacerbação dos já existentes, exemplificados pela violação dos direitos indígenas perpetradas por funcionários do INTERPI e tentativas de reduzir os Gamelas à categoria de trabalhadores rurais, destituindo a categoria étnica, dividindo as comunidades e promovendo entraves quanto à identificação étnica desse grupos[186] (GOMES, 2021). O Governador do estado do Piauí sanciona a Lei nº 7.389, de 29 de agosto de 2020, que reconhece a existência dos povos indígenas na extensão territorial do território piauiense e trata da regularização fundiária[187] das terras utilizadas coletivamente por essas comunidades[188]. A iniciativa, apesar de constituir um passo importante para a construção de políticas públicas para os povos indígenas, não dialoga com as outras práticas desempenhadas pelo Estado.

O Projeto Pilares do Crescimento e Inclusão Social e o Projeto Comunidades Tradicionais são resultantes de uma operação de concessão de crédito entre Banco Mundial e o Governo do estado do Piauí para políticas de desenvolvimentos multissetorial, no valor de 350 milhões de dólares[189], incluindo a doação de terras para a agricultura familiar e regularização fundiária de comunidades tradicionais. A Comissão Pastoral da Terra (CPT) alega que esse projeto corrobora com o endividamento do financiamento de um programa de grilagem ilegal de terras, em que a titulação de terras no cerrado

---

[186] Os gamelas da comunidade indígena Laranjeira denunciam as ações dos funcionários do INTERPI junto à comunidade mencionada, desaconselhando os moradores a assumirem a identidade indígena sob pena dessa prática "dificultar as atividades do estado e os processos de regularização fundiária na região" (GOMES, 2021).

[187] Por regularização fundiária, nos termos da Lei Federal nº 11.977/2009, define-se o "conjunto de medidas jurídicas, urbanísticas, ambientais e sociais que visam à regularização de assentamentos irregulares e à titulação de seus ocupantes, de modo a garantir o direito social à moradia, o pleno desenvolvimento das funções sociais da propriedade urbana e o direito ao meio ambiente ecologicamente equilibrado".

[188] *Governador sanciona lei que reconhece existência de povos indígenas.* Disponível em https://www.pi.gov.br/noticias/governador-sanciona-lei-que-reconhece-existencia-de-povos-originarios/. Acesso em: 01 dez. 2021.

[189] O programa tem por objetivo o desenvolvimento de mecanismos que corroborem no ordenamento da ocupação territorial, por meio do fortalecimento da agricultura familiar, da promoção de renda para agricultores carentes e promoção da regularização fundiária para pequenos agricultores e comunidades quilombola (PIAUÍ: PILARES DO CRESCIMENTO E INCLUSÃO SOCIAL. AVALIAÇÃO AMBIENTAL E SOCIAL, 2015, p. 16-17).

piauiense, em grande parte, seria proveniente da expropriação de comunidades locais e ocupação pelo agronegócio.

As coletividades que compõem o grupo identitário conhecido como Povos do Cerrado apontam para a maior ameaça às comunidades rurais, tradicionais e povos indígenas, representada pela Lei nº 7.294/2019, de 10 de dezembro de 2019, conhecida popularmente como a Lei de Terras do Piauí, que dispõe sobre a política de regularização fundiária no Estado do Piauí[190] e a Ementa Constitucional Estadual nº 53 de 2019. A primeira determina que sejam destinadas às comunidades indígenas, quilombolas e tradicionais, as terras públicas e devolutas estaduais por elas ocupadas coletivamente. A segunda reconhece o domínio de imóvel rural matriculado no competente Cartório de Imóveis em nome particular, pessoa física ou jurídica, cuja cadeia nominal não demonstre o regular destaque do patrimônio público para o privado desde que o proprietário tenha adquirido o imóvel de boa-fé mediante o pagamento de certa quantia; o cadastro do imóvel esteja atualizado no INCRA; inexistam disputas judiciais sobre a área e o imóvel não se sobreponha a territórios tradicionais[191]. Essa legislação corrobora com a configuração de um quadro de insegurança jurídica nas comunidades tradicionais e exacerba os conflitos territoriais, uma vez que o poder particular que possuía o registro questionável do imóvel passa a ter o registro regularizado pelo Estado.

Considerações Finais

A análise da historiografia assinala que o estreitamento das relações entre História e Antropologia, a partir do final da década de 1970, corrobora com a emergência de novas abordagens associadas aos povos indígenas, contemplando agências e protagonismos desses sujeitos nos processos históricos. Essa abordagem possibilita a análise dos processos organizativos e mobilizações sociais dos povos indígenas no tempo presente, e com as concepções de passado e presente próprias desses grupos étnicos. A partir dessa perspectiva, o conceito de etnicidade (BARTH, 1969) passa a constituir um elemento

---

[190] *Lei nº 7.294 de 10 de dezembro de 2019*. Dispõe sobre a política de regularização fundiária no Estado do Piauí, Disponível em https://sapl.al.pi.leg.br/media/sapl/public/normajuridica/2019/4581/7294_2019.pdf. Acesso em: 10 nov. 2021.

[191] *Emenda Constitucional nº 53 de 26 de novembro de 2019*. Disponível em: https://www.legisweb.com.br/legislacao/?id=387177. Acesso em: 04 dez. 2021.

fundamental nas análises que contemplam os processos históricos protagonizados pelos povos indígenas. A etnicidade é compreendida como estratégia de mobilização e expressão político-organizacional, articulada a um processo de autoatribuição que fortalece as reivindicações das mobilizações étnicas perante o Estado e reforça a consolidação de identidades coletivas (ALMEIDA, 2012, p. 19). Nesse contexto destacam-se as análises relacionadas à articulação e emergência dos grupos étnicos, atreladas a pautas territoriais.

Com as mobilizações em prol da legitimidade do acesso e manutenção de seus territórios, essas populações passam a reivindicar a identidade indígena. Parte dessa população, anteriormente compreendida enquanto camponesa "dissolvida" na massa da população, começa a se organizar e construir, ressignificar e resgatar a identidade indígena como forma de resistência aos avanços do agronegócio. O processo de emergência étnica e territorialização dos Gamelas inserem-se em um conjunto de estratégias de sobrevivência diante da ocupação e grilagem de seus territórios tradicionais, fundamentam as demandas territoriais, políticas de memória e mobilizações em prol da garantia de direitos fundamentais e permanência no território indígena, apesar das mobilizações étnicas adquirirem um aspecto mais amplo.

A expropriação territorial vivida pelos Gamelas é compreendida como uma manifestação recente do *modus operandi* do capitalismo nessas regiões e dialoga com os processos históricos de avanço do capitalismo no campo (MARTINS, 1980). A partir do caráter social, histórico e dinâmico da propriedade (CONGOST, 2007), é possível analisar as reivindicações territoriais dos povos indígenas, compreendendo esses atores sociais à luz de suas noções de propriedade, observando ancestralidade, usos e costumes específicos, partindo do princípio que esses sujeitos múltiplos lidam com a terra e reivindicam seus direitos de modos diferenciados. A noção de experiência histórica de Thompson (1998) dialoga com essa perspectiva e constitui um efetivo instrumento de análise que possibilita a compreensão das mobilizações étnicas, vivências e experiências coletivas, associadas às terras de uso comum na contemporaneidade. Aliada a essa perspectiva, é possível mencionar que a legislação constitui um campo de disputa que deve ser levado em consideração ao buscarmos compreender as diversas percepções a respeito do direito à terra[192] (MOTTA, 2006).

Compreender as mobilizações indígenas, as reinterpretações sobre o passado, a conquista de direitos e a reescrita da história desses sujeitos inaugura uma nova página da historiografia indígena do estado do Piauí. Os movimentos de autodeterminação corroboram com o caráter organizativo dos movimentos indígenas que afirmam suas identidades e reivindicam direitos territoriais. Desse modo, os processos de apagamento das identidades indígenas dos séculos XVIII e XIX e de etnogênese nos séculos XX e XXI articulam-se e ganham novos significados com o aprofundamento dos estudos sobre suas trajetórias específicas (ALMEIDA, 2012).

Referências

ALMEIDA, Maria Regina Celestino de. Os índios na História do Brasil no século XIX; da invisibilidade ao protagonismo. *Revista História Hoje*, Niterói, v.1, n. 2, p. 21-39, 2012.

ALMEIDA, Alfredo Wagner Berno de. Terras de preto, terras de santo, terras de índio: uso comum e conflito. *In*: GODOI, Emilia Pietrafesa de; MENESES, Marilda Aparecida de; MARIN, Rosa Acevedo. (org.). *Diversidade do Campesinato: expressões e categorias*: Estratégias de reprodução social. São Paulo: UNESP, vol. II, p. 39-66, 2009.

ANDRADE, Patrícia Soares. *A insustentável questão fundiária e ambiental do cerrado piauiense: estado e o agronegócio na confluência de interesses na expansão da produção de grãos*. 2015. Tese (Doutorado) – Programa de Pós-Graduação em Políticas Públicas, Universidade Federal do Piauí, Teresina, 2015.

APOLINÁRIO, Juciene Ricarte. *Os Akroá e outros povos indígenas nas Fronteiras do Sertão*. Políticas indígena e indigenista no norte da Capitania de Goiás, atual Estado do Tocantins, século XVIII. Goiânia: Kelps, 2006.

BANIWA, Gersen dos Santos Luciano. *O índio brasileiro; o que você precisa saber sobre os povos indígenas no Brasil de hoje*. Brasília: MEC/SCAD; LACED/Museu Nacional, 2006.

---

192 A terra configura-se como um direito histórico dos povos originários. As reivindicações dos povos indígenas contemplam impreterivelmente a garantia do território que, por si, constitui um direito constitucional.

BARTH, Frederik. Grupos étnicos e suas fronteiras. São Paulo, UNESPI, 1969, 178-227 p. *In*: POUTIGNAT, Philipe; STREIFF-FENART, Jocelyne (org.). *Teorias da Etnicidade* Traduzido por Elcio Fernandes. São Paulo, UNESP, 2009.

BAPTISTA, João Gabriel. *Etno-história indígena piauiense*. Teresina; FUNDAC; DETRAN, 2009.

BEZERRA, Juscelino Eudâmidas; GONZAGA, Cíntia Lima. O discurso regional do MATOPIBA no poder legislativo federal: práticas e políticas. *Revista NERA*, v. 22, n. 47, 2019, p. 46-63.

BONFIM, Joice; ASSUMPÇÃO, Débora; BORGES, Juliana; COELHO, Silvia Helena. *Legalizando o ilegal*. Legislação fundiária e ambiental e a expansão da fronteira agrícola no MATOPIBA. Associação dos Advogados de Trabalhadores Rurais, 2020.

CARVALHO, João Renôr F. de. *Resistência indígena no Piauí colonial*. Imperatriz: Ética editora, 2008.

CONGOST, Rosa; LANA, José Miguel. Campos cerrados, debates abiertos. *Análisis histórico y propiedad de la tierra en Europa (siglos XVI-XIX):* Pamplona: Universidad Pública de Navarra, 2007, p. 21-52.

GOMES, Helane Karoline Tavares. *Etnicidade e mobilização social indígena*: estratégias de reivindicação e demarcação de áreas indígenas no Estado do Piauí. Trabalho de Conclusão de Curso (Licenciatura Plena em História) – Universidade Estadual do Piauí, Teresina, 2021.

KÓS, Cinthya Valéria Nunes Motta. *Etnias, fluxos e fronteiras:* processos de emergência étnica dos Kariri no Piauí. 2015. Dissertação (Mestrado em Antropologia) – Programa de Pós-Graduação em Antropologia, Universidade Federal do Piauí, Teresina, 2015.

LIMA, Carmen Lúcia Silva Lima; NASCIMENTO, Raimundo Nonato Ferreira do. Povos do Cerrado em defesa de seus territórios e contra a devastação causada pelo agronegócio no Piauí. In: *Boletim Indígenas Gamelas no cerrado Piauiense*. São Luís: UEA Edições, 2019.

MACHADO, Paulo Henrique Couto. *As trilhas da morte*: extermínio e espoliação das nações indígenas na região da bacia hidrográfica parnaibana piauiense. Teresina: Corisco, 2002.

MARTINS, José de Sousa. *Fronteira:* a degradação do Outro nos confins do humano. São Paulo: Contexto, 2018.

MARTINS, José de Souza. *Expropriação e violência: a questão política no campo*. São Paulo: HUCITEC, 1980.

MORAES, Maria Dione Carvalho de. Um *povo do cerrado* entre *baixões* e *chapadas*: modo de vida e crise ecológica de camponeses(as) nos cerrados do sudoeste piauiense. In: GODOI, Emilia Pietrafesa de; MENESES, Marilda Aparecida de; MARIN, Rosa Acevedo (org.). *Diversidade do Campesinato: expressões e categorias*. Estratégias de reprodução social. São Paulo, UNESP, vol. II, p. 131-162, 2009.

MORAES, Maria Dione de Carvalho. *Memórias de um sertão desencantado* (modernização agrícola, narrativas e atores sociais nos cerrados do Sudoeste piauiense). 2000. Tese (Doutorado) – Programa de Pós-Graduação em Ciências Sociais. Universidade Estadual de Campinas, Campinas, 2000.

MOTTA, Márcia. Feliciana e a botica. *In*: LARA, Silvia Hunold; MENDONÇA, José Liberto Maria Nunes. *Direitos e Justiças no Brasil*. Campinas: Editora Unicamp, 2005, p. 239- 266.

NUNES, Odilon. O Piauí, seu povoamento e seu desenvolvimento. *Estudos de história do Piauí*. 2. ed. Teresina: Academia Piauiense de Letras, 2014, p. 71-118.

OLIVEIRA, João Pacheco de. "Pacificação e tutela militar na gestão de populações e territórios". *In: O nascimento do Brasil e outros ensaios – pacificação, regime tutelar e formação de alteridades*. Rio de Janeiro: Contracapa. 20106, p. 317-362.

SARLO, Beatriz. *Tempo passado*: cultura da memória e guinada subjetiva. Traduzido por Rosa Freire d'Aguiar. São Paulo: Companhia das Letras, 2007, p. 128.

PEREIRA DA COSTA, Francisco Augusto. *Cronologia Histórica do estado do Piauí*, v. 1, 3. ed, Teresina, Academia Piauiense de Letras, 2015.

PORTELLI, Alessandro. *História oral como arte de escuta*. Tradução por Ricardo Santiago. São Paulo: Letra e voz, 2016, p. 196.

THOMPSON, Edward Palmer. *Costumes em comum*. Estudos sobre a cultura popular tradicional. São Paulo: Companhia das Letras, 1998.

CAPÍTULO 20

DA ESTRATÉGIA DA FUGA À CONSTITUCIONALIZAÇÃO: COMUNIDADES QUILOMBOLAS E DIREITO À REGULARIZAÇÃO DE TERRAS

Edvilson Filho Torres Lima

Introdução

Este texto propõe apresentar dois momentos importantes para a história do direito e o acesso à terra de uma grande parte da população africana trazida para o exercício do trabalho escravo no Brasil. O primeiro momento a ser apresentado contará sobre as fugas de escravos como forma de resistência e como geradoras de terras de mocambos. O segundo momento versará sobre a consagração na Carta Magna Brasileira de 1988, no Ato das Disposições Constitucionais Transitórias (ADCT), do direito à terra dos quilombolas: *Artigo. 68: Aos remanescentes das comunidades dos quilombos que estejam ocupando suas terras é reconhecida a propriedade definitiva, devendo o Estado emitir-lhes os títulos respectivos.*

Nossa preocupação é analisar como o referido grupo se apercebeu de tal conquista e de como estão inseridos historicamente como povo tradicional dentro da dinâmica da luta pela terra no Brasil, e, principalmente, como o movimento negro organizou-se no período do constituinte para fazer valer sua pauta e reivindicações. Nesses aspecto, a delimitação temporal será tanto o século XIX (época de muitas fugas de escravos no Trombetas) e os instantes que antecedem a constituinte que gera a Carta Magna Brasileira de 1988 (época de intensas reivindicações do Movimento Negro Unificado no Brasil, que consignou importante conquista da inserção de direitos étnicos-quilombolas, especialmente do direito à terra no texto constitucional).

Posse da terra pelos grupos quilombolas

Falar de posse regularização fundiária de comunidades quilombolas[193] pressupõe uma compreensão sensível e humana de valorização da história e memória do povo brasileiro. Pressupõe compreender que a realidade que hoje forma o Brasil é fruto de uma hibridação[194] cultural que tem, também, raízes fincadas nos povos e comunidades tradicionais, étnicas ou não.

> Os quilombos não pertencem somente a nosso passado escravista. Tampouco se configuram como comunidades isoladas, no tempo e no espaço, sem qualquer participação em nossa estrutura social. Ao contrário, são quase 4 mil comunidades quilombolas espalhadas pelo território brasileiro mantêm-se vivas e atuantes, lutando pelo direito de propriedade de suas terras consagrado pela Constituição Federal desde 1988 (CPISP, 2000).

Destacando-se neste trabalho a história da posse e da regularização das terras quilombolas, há de se antecipar a enorme importância dos quilombolas para além da memória e história brasileira, antes de qualquer coisa como

---

[193] Quilombo é a denominação para comunidades constituídas por escravos negros que resistiram ao regime escravocrata que vigorou no Brasil por mais de 300 anos e só foi abolido em 1888. Os quilombos se constituíram a partir de uma grande diversidade de processos que incluíram as fugas de escravos para terras livres e geralmente isoladas. Mas a liberdade foi conquistada também por meio de heranças, doações, recebimentos de terras como pagamento de serviços prestados ao Estado e pela permanência nas terras que ocupavam e cultivavam no interior de grandes propriedades. Registram-se também casos de compra de terras tanto durante a vigência do sistema escravocrata quanto após sua abolição. O que caracterizava o quilombo era a resistência e a conquista da autonomia. A formação dos quilombos representou o movimento de transição da condição de escravo para a de camponês livre (CPISP, 2000).

[194] Este termo faz alusão à obra *A identidade cultural na Pós-Modernidade* de Stuart Hall; mais especificamente à conceituação de "Sujeito sociológico" que o autor traz no primeiro capítulo da obra.

componente enriquecedor e determinante da biodiversidade (MOREIRA, 2004) e dos múltiplos saberes construtores da dinâmica sociocultural brasileira:

> O conhecimento tradicional é um sistema de crenças e práticas características de grupos culturais diferentes, além de informação gerado, existe o conhecimento especializado sobre solos, agricultura, animais, remédios e rituais. Esse conhecimento, frequentemente, lida com elevados níveis de abstrações, tais como noção de espíritos e seres ou forças mitológicas. Os povos tradicionais, em geral, afirmam que, para eles, a "natureza" não é somente um inventário de recursos naturais, mas representa as forças espirituais e cósmicas que fazem da vida o que ela é (POSE, 1996).

Antes de se pensar na regularização das terras de quilombos, é necessário compreender que a posse das terras desse grupo étnico não ocorreu de forma fixa e ordenada, até mesmo pela razão da fuga e dos assentamentos ocorrerem em locais de difícil acesso, visto que era necessário defender-se dos senhores de escravos e das eventuais capturas. Além do que, era necessária a mudança de local sempre que tropas de "resgate" e captura chegavam próximas desses espaços.

Talvez um dos interessantes imbróglios no debate entre historiadores seja, muitas vezes, a "confusão" que se faz entre posse e propriedade. Até mesmo na seara jurídica, que tem tal debate como algo diuturno, essa "dicotomia" apresenta divergências de opiniões e pareceres:

> O ponto consensual entre os jurisconsultos na controvertida teoria possessória é a distinção existente entre posse e propriedade. A posse, desde sua origem na história da humanidade, é um estado de fato que antecedeu à propriedade na apreensão e utilização dos bens, para a satisfação das necessidades do homem, sendo também um tipo de relação do homem com a terra. Os estudos sobre a origem da teoria possessória no direito romano demonstram que o seu ponto de partida foi a posse das terras comuns em Roma (BEVILAQUA, 1973, p. 15-16).

Embora a discussão sobre posse e propriedade não seja o foco deste capítulo, é necessário a citação, pois que, quando se fala em fugas de escravos para aquilombar-se em mocambos em meio de matas e áreas de difícil acesso, deve-se considerar que a territorialização e delimitação das terras não ocorreram de forma fixa, pelo contrário, houve dinamismo e disputas e embates de forças, como ocorreu no Trombetas, região da Amazônia que buscamos aqui trazer como exemplo.

Desta feita, o direito à regularização das terras de quilombos amparada pela força do artigo 68 da ADCT da Constituição Brasileira pressupõe que a posse da terra pelas

> [...] comunidades rurais negras remanescentes de quilombos são coletividades que construíram sua história baseada em uma cultura própria, que foi transmitida e adaptada em cada geração. Os quilombos desde o início de sua formação não foram compostos somente de escravos negros, eram também compostos por índios, mestiços e brancos fugitivos da lei. Logo, a identidade étnica do grupo social não se deu somente pela reprodução biológica, mas foi importante também o reconhecimento de uma origem comum. Os membros do grupo se identificaram entre si como pertencentes a esse grupo e compartilharam de certos elementos e ações culturais, que, por sua vez, possibilitaram uma identidade própria. [...] (BENATTI, 1973, p. 199-200).

Imperceptivelmente, a fuga como estratégia de resistência

Parece contraditória e talvez até forçado, mas quando negros e indígenas utilizavam-se da fuga como forma de resistência e sobrevivência, acabavam gerando grupo social. Por essa razão escolheu-se o texto "Comunidades Mocambeiras no Trombetas", de Eurípedes Funes (2015), para fazer tal correlação na tentativa de demonstrar que os movimentos de fuga foram as ações iniciais cabais para a formação dos mocambos, que posteriormente, após muita luta e demanda do movimento negro, ganhou assento constitucional na Carta Brasileira de Poderes de 1988.

Vejamos uma documentação presente no acervo do Arquivo Público do Estado do Pará (APEPA), que demonstra a relação de perseguição que envolviam as autoridades do Pará no século XIX e os quilombos formados na região.

ATAQUE E DEFESA

A principal arma contra os quilombolas era a perseguição por capitães do mato e tropas, além da destruição de suas casas e plantações. Fazendeiros, câmaras municipais, delegados, subdelegados, juízes de paz e chefes de polícia se revezavam em mobilizar rapidamente a repressão. Surgiram com destaque — na correspondência policial e nas denúncias de jornais — as justificativas a respeito das dificuldades para a destruição dos quilombos: a localização deles, em áreas de difícil acesso, e a generalizada conivência de comerciantes, taberneiros e lavradores locais. O fator geográfico foi fundamental, não só em relação à economia, ecossistema e territorialidade, mas também nos embates contra as expedições punitivas. Os quilombos eram comunidades móveis de ataque e defesa. Não houve algo como um quilombo de resistência versus um quilombo de acomodação. Circunstâncias locais e temporais — sem falar na especificidade demográfica — faziam de alguns quilombos unidades de guerrilhas. Além disso, alguns quilombolas desenhavam seus territórios por meio de ameaças de ataques, invasões, assassinatos ou assaltos. Para os que atacavam as fazendas, os principais alvos eram os fazendeiros que preparavam tropas para capturá-los ou aqueles que tentavam impedir suas trocas mercantis. Em vez de apenas se defender e se refugiar diante de paulatinas expedições para capturá-los, os quilombolas causavam temor nas autoridades, fazendeiros e mesmo em outros escravos. Destaquemos o exagero em muitas dessas narrativas, principalmente as denúncias — no século XIX — publicadas nos jornais. Informações sobre as estratégias de defesa, armas e armadilhas dos quilombolas aparecem nos relatórios das expedições punitivas, nos quais os comandantes militares descreviam tanto as dificuldades para localizá-los como os mecanismos que usavam para se proteger e atacar. A localização se associava às conexões mercantis, ao não isolamento e às expectativas geográficas. Situar-se em montanhas ou planícies podia ser uma estratégia. Mas à distância, em função do clarão das fogueiras, os quilombolas poderiam se transformar em alvo certo. Isso valia também para os perseguidores, pois as tropas eram identificadas a dezenas de quilômetros por espias quilombolas. O objetivo sempre foi evitar ataques-surpresa, já que, percebendo alguma movimentação, optavam por abandonar roças e mocambos. No Grão-Pará, quando foram atacados vários mocambos localizados em igarapés, descobriu-se que parte dos quilombolas já tinha migrado e construído um "mocambo novo" no qual haviam feito roças e casas. No Amapá, em

1779, expedições contra os mocambos do rio da Pedreira encontraram-nos vazios, pois os quilombolas tinham desmanchado suas roças de mandioca e migrado para outras regiões.[195]

No Pará, a população cativa negra não ultrapassou em nenhum momento a 20% da população total da província, mesmo assim as relações de produção escravista existiam (FUNES, 2015, p. 18). Ocorre que a presença indígena na região amazônica era massiva e mesmo a miscigenação não impedia a exploração da mão de obra escrava.

> [...] as relações de produção escravista ali se faziam presentes, fossem na ilha de Marajó, na região do Salgado, no baixo Tocantins, ou no oeste do estado, onde concentrei os meus estudos sobre as sociedades mocambeiras, ali constituídas no século XIX – nos rios Trombetas, Erepecuru/Cuminá, Curuá e nos lagos de Óbidos e Santarém.–, hoje materializadas nas comunidades quilombolas descendentes dos mocambos existentes naquela região, então conhecida por Baixo Amazonas (FUNES, 2015, p. 19).

Conforme o autor estabelece, nas regiões da província onde hoje é o Estado do Pará havia o trabalho escravo e seu uso era bastante significativo.

Focado na região do Baixo Amazonas, onde se concentra a pesquisa de Eurípedes Funes (2015), tem-se nas fugas dos escravizados uma forma importante de resistência e posterior formação de mocambos ao largo do Trombetas e regiões. Para o pesquisador,

> Falar em remanescentes de quilombos, no Baixo Amazonas, é remeter a uma história marcada por conflitos, resistências de cativos que romperam com a sua condição social ao fugirem dos cacoais, das fazendas de criar, das propriedades dos senhores de Óbidos, Santarém e Alenquer. É navegar nas reminiscências vivas, que marcam as experiências sociais e vivências de afro-amazônicas que constituíram seus espaços no alto dos rios Curuá, Erepecuru e, em especial, no Trombetas, onde ser livre era possível (FUNES, 2015, p. 18).

---

195 Documentação do Arquivo Público do Estado do Pará (APEPA) Códices 390 (1782-1790) e 456 (1788-1790), conforme citado por Flávio dos Santos Gomes, p. 19. s/d.

Para o autor, o rio Trombetas é de difícil navegabilidade, com algumas peculiaridades que facilitavam a fuga e entoca dos negros, indígenas e demais fugitivos. Para os fugitivos o rio era caminho a seguir, pois a dificuldade para as autoridades à época de capturá-los era enorme.

> Foi nesse rio de águas negras, emolduradas por castanhais, que se constituiu no século XIX uma fronteira quilombola. Ali, firmaram-se os mais importantes mocambos do oeste paraense, configurando-se uma Amazônia negra. Uma fronteira é sempre final e princípio; ponto de chegada e de partida, âmbito do cotidiano e do desconhecido, geradora de medos e desconfianças; espelho e escudo, eterna contradição de um ser que requer o outro, ao mesmo tempo que necessita diferenciar-se para seguir sendo essencialmente humano (FUNES, 2015, p. 18).

Uma fronteira como lugar do conflito e da diversidade é o que se observa no registro anterior. Nesse aspecto, lembramos da ideia de fronteira como uma frente de expansão pioneira (MARTINS, 2009). Não se fala aqui de "fronteira" no sentido clássico de delimitação de espaço geográfico, mas sim na perspectiva tanto do lugar da vítima, que nesse caso em sua grande maioria eram os escravos, como na compreensão do pioneirismo desses indivíduos de povoarem, ou melhor, aquilombar-se em mocambos às margens e em matas adentro seguindo o curso do rio Trombetas.

Após muitas perseguições para resgatar os escravos fugidos, aos poucos as expedições foram desfalecendo, perdendo força ou, quiçá, perdendo a batalha contra resistência quilombola. Tal assertiva é averiguada em um dos relatórios de João Maximiano de Souza, comandante de tropa de resgate de escravos fugidos e citado por Funes (2015, p. 35):

> É minha opinião, que os negros quilombolas hão de sempre zombar da força pública que alli for para batel-os, pelos muitos recursos naturaes que lhes presta o terreno, quasi inaccessivel e pestilento, concorrendo também efficazmente a alliança em que estão com os gentios, sendo-lhes, por isso facillimo transportaremse guiados por aquelles centros. Operada a catechese dos gentios ficarão então os negros isolados e desprotegidos desse auxilio vantajoso. Assim terminou aquela diligência vindo a morrer de

molestia alli adquirida um terço da tropa que seguio a bater o quilombo do Trombetas.

Os mocambeiros, como eram também os que viviam nos quilombos, podiam ter massacrado as tropas, mas escolheram a fuga como forma de defesa e de liberdade das barbáries sofridas e vistas, desde castigos corporais a violação dos corpos de familiares, amigos e seus mesmos. Para Funes (1995, p. 30), esses fatos demonstram não apenas os "desembaraços com que os mesmos escravos fugidos transitam por toda parte bem protegidos".

Funes (1995) realiza e utiliza-se da história oral e de entrevistas e relatos para correlacionar as fugas com a formação dos mocambos do Trombetas, assim como faz entender a legitimidade desse povo pelo ato do trabalho e do trato com a terra, com a natureza e até mesmo com a economia local. Logo, como se percebe, tal correlação citada é importante, pois ainda que não se passasse na cabeça do negro fugido à época do XIX que no futuro geraria direito aos seus descendentes tal ato de resistência, ousadia e coragem, ainda assim é possível visualizar no caminhar e no tempo presente da história o resultado disso tudo.

Direito terra de quilombos, movimentos sociais e a constituição

Para que se consagrasse de forma expressa o direito dos remanescentes de quilombos no ADCT (artigo 68) da Carta de 1988, algumas lutas foram inevitáveis e necessárias, pois mesmo libertos, os negros eram tratados com diferenciação, ou seja, gozavam formalmente de todos os direitos (Constituição de 1891), mas o Estado não reconheceu quaisquer tipo responsabilidade e possibilidade de ressarcimento por tantos anos de opressão, violência e violação de direitos (BANDEIRA, 1991 *apud* RODRIGUES *et al.*, 2019, p. 202).

Grosso modo, a formação agrária do Estado brasileiro vai ao encontro da doação de grandes porções de terras, pela coroa portuguesa, a seus nacionais para colonização das terras brasileiras, assim como a formação desses latifúndios através da ampliação da lógica escravista do trabalho e a cumplicidade entre o privado e o público (RODRIGUES *et al.*, 2019, p. 200). Se no período colonial da história brasileira a situação fundiária era de concentração de terras, tudo ficava mais caótico com o regime de posses, pois não havia uma legislação específica que regulamentasse o acesso à terra. O que existia era o reconhecimento da posse por meio da cultura efetiva, moradia e trabalho, contudo, o ocupante tendia a estender o domínio de "sua área até onde pudesse ou ao limite em que encontrasse alguma resistência. Por isso, o quadro fundiário em nada se alterou, o latifúndio monopolista continuou reinando [...]" (BENATTI, 2003, p. 62).

Ao longo da história brasileira, as terras foram arrancadas dos índios, como "... também, de forma violenta, do trabalhador do campo e por meio da manipulação eleitoral de grande número de pessoas tendo como base as políticas do favor" (BARCELOS; BARRIEL, 2009, p. 4). Segundo Benatti (2003), "o surgimento da lei de terras (lei 601), de 18.09.1850, pôs fim ao regime de posse e instalou o marco da primeira legislação fundiária brasileira" com características destacáveis, tais como: a compra de terras devolutas em contraposição à aquisição da terra pela posse; a venda deveria considerar a capacidade "socioeconômico" para cultivar a terra; revalidação das sesmarias caso se cumprisse as exigências contidas no título da terra; garantia da posse, desde que fosse mansa e pacífica, ocupada de forma primária e tivesse cultivo e moradia habitual anterior à vigência da Lei nº 601/1850 e colocou que tanto na sesmaria como na posse apenas a derrubada e queimada de matas com presença de singelo e "miúdo" roçado ou rancho não seriam considerados como princípio de cultura.

Percebe-se, então, que a lei de terras dificultou mais ainda a condição de posseiros e lavradores sem terras, certo de que estes "ficaram impossibilitados de adquirir a terra pela compra, pois não possuíam meios para tal fim; portanto, esta Lei acabou restringindo a única via de acesso dos pequenos produtores rurais à terra" (BENATTI, 2003, p. 63). E dentro desse grupo de "desafortunados" de terra e chão legítimo e regularizado para o trabalho, cultivo e subsistência, encontravam-se os negros remanescentes de quilombos e mocambos.

> Com isso, os processos de expulsão de comunidades tradicionais se tornaram rotineiras, assim como, é este o período pelo qual grande número de conflitos eclode no campo, com a resistência de vários camponeses e comunidades étnicas opondo-se aos assédios dos proprietários, que consideravam todas as ocupações irregulares, ampliando os conflitos entorno de estimas e da intolerância (LEITE, 2008, p. 968).

No período pós-abolição, ocorrem ocupações de terras públicas (ou abandonadas) pelos muitos negros agora livres e fora da opressão e ordem dos "senhores". Esse fenômeno social recebe a nomenclatura de quilombos, que são um fenômeno primordialmente rural e compõem fortemente o universo camponês brasileiro, distinguindo-se pela história particular e condição étnica.

Com a abolição, mesmo assim o negro não fazia parte da estrutura formal de acesso à terra pela razão de sua condição de especificidade social, histórica e jurídica. As terras dos negros livres e em vivência coletiva não eram reconhecidas politicamente e juridicamente. Era como se o negro existisse de fato no pós-abolição, mas não de direito, isto é, existia como pessoa, mas não podia ter acesso pleno ao direito de plantar, trabalhar e morar com alguma dignidade e reconhecimento.

Com o governo Vargas, o governo federal se movimentava no sentido de criar meios e mecanismos para enfraquecer os poderes localmente/regionalmente enraizados dos donos dos "plantations", via o fortalecimento de sindicatos rurais com injeção de recursos estatais, os quais permitiram e criaram contextos ideais para a formação de lideranças camponesas, além de promover uma forma de mobilização do campo subordinado ao governo centralizado (VELHO, 1979 *apud* RODRIGUES *et al.*, 2019, p. 203).

O Estatuto da Terra de 1964 é outro marco importante sobre a questão do direito à terra. No caso, Regina Bruno (1995) informava que se tratava de uma

> Conceituação de reforma agrária aprovada pelo Congresso Nacional em 30 de novembro de 1964 no período do primeiro governo militar do mal. Castelo Branco. Trata-se da última versão da Lei 4.504, produto de uma acirrada discussão, embates e acordos sobre a necessidade ou não de uma reforma agrária no Brasil como condição para a modernização da agricultura e solução da questão política no campo. Cada um de seus termos foi objeto de uma longa trajetória de emendas, adendos e vetos (BUNO, 1995, p. 5-6).

Com efeito,

> Contra esta concepção de reforma agrária reafirmada pelo Estatuto da Terra reagiram os grandes proprietários de terra e suas entidades de classe que, há muito mobilizados contra a reforma agrária, sentiram-se traídos pelo governo Castelo Branco. Afinal, a reforma era iniciativa de um regime que eles respaldaram e, de certa forma, criaram. Em várias partes do país a classe ruralista reagiu prontamente. Os usineiros do Nordeste, por exemplo, viam no Estatuto da Terra a desestruturação da exploração açucareira; os cafeicultores do Paraná denunciaram que o Estatuto significava o ataque ao direito sagrado de propriedade [...] (BRUNO, 1995, p. 6).

Tais citações são indispensáveis, uma vez que possibilitam ao leitor aperceber-se da panorâmica até certo ponto contraditória e conflituosa que foi e continua sendo o da luta pela terra no Brasil, e em especial para a regularização das terras das comunidades étnico-tradicionais. Nesse caso, a face do movimento campesino pelo acesso à terra e reforma agrária é o viés pela qual o movimento quilombola pela primeira vez começa a se expressar, há uma conversão da luta dos negros espoliados pelo movimento campesino na zona rural.

Alfredo de Almeida (2011) entende que o período histórico pré-constituinte é responsável pela concatenação dos movimentos sociais, formando o que ele chama de "unidade de mobilização", que são a convergência de interesses específicos de grupos sociais não homogêneos, que se aproximam com foco de nivelação de força para intervenção estatal. No caso do percurso histórico do movimento negro no Brasil, que surge em são Paulo e posteriormente alcança outros espaços no brasil, como Rio Grande do Sul, Bahia e outros,

> É somente com o surgimento do Movimento Negro Unificado (MNU), em 1978, que o referido paradigma passa a se evidenciar nos movimentos sociais de forma diversa, quando o repertório se altera e as ações passam a se pautar pela autoafirmação cultural, incentivo a cultura de matriz africana. Nesta etapa, o movimento negro apresenta um novo grau de amadurecimento, evidenciando um renascimento da cultura negra (RODRIGUES, 2019, p. 214).

É importante salientar que a pauta quilombola enquanto destaque e espaço garantido na Carta de 1988 só passou a ser considerada oficialmente quando "o MNU conseguiu mobilizar e sensibilizar os constituintes Carlos

Alberto Caó (PDT/RJ) e Benedita da Silva (PT/RJ) para apresentação de suas propostas na Constituinte" (RODRIGUES *et al.*, 2019, p. 216). Estava armado e sustentado, minimamente, no debate da constituinte as demandas dos povos quilombolas, em especial em relação ao reconhecimento e titulação das terras desse grupo étnico.

Embora houvesse a unificação de uma enorme maioria dos coletivos negros para fazer robusta a luta do movimento negro em prol de espaço na constituinte[196], a pauta quilombola era secundária na luta das comunidades rurais, "que tinham a bandeira mais fortemente ligada à reforma agrária e luta por democracia, com exposição da latência dos conflitos rurais pela posse da terra" (RODRIGUES, 2019, p. 215).

A CNN[197] confeccionou documento direcionado aos constituintes falando sobre as demandas do coletivo para a nova Constituição. Dentre elas a que teve a seguinte redação: "Será garantido o título de propriedade da terra às comunidades negras remanescentes de quilombos, quer no meio rural ou urbano" (RODRIGUES, 2019, p. 216).

Para Pereira (2013, p. 301), "a conquista da propriedade definitiva é um exemplo de conquista do movimento negro pela via legislativa". Como se percebe, o exemplo da concatenação do movimento negro, através de sua ampla articulação em todo território nacional, logrando êxito em acionar e mobilizar diversos setores reivindicatórios, principalmente aqueles que se relacionam com a questão da raça, gênero e classe, tornaram o movimento negro uma constelação de frentes de confronto e formulação de pautas.

Em 5 de outubro de 1988, a Carta de Poderes, posteriormente batizada de carta cidadã, em razão dos muitos direitos e demandas que garantia, foi promulgada em Brasília e alguns anseios dos remanescentes de quilombos receberam atenção no ADCT, artigo 68, como já exposto alhures. Contudo, parlamentares à época, em sua grande maioria, imaginavam que tais direitos quilombolas expressos na carta seriam meramente ilustrativos e não reverberaram em reivindicações e lutas pelas legítimas terras de quilombos Brasil afora.

---

196 O saudoso professor Zeno Veloso, da faculdade de direito da UFPA, comenta bastante em suas aulas sobre a civilização da Constituição de 1988, uma vez que as demandas e guaritas de diversos grupos sociais, além de outros direitos de várias searas, fizeram-se presente no texto final da lei magna. Doutor Zeno debatia que uma carta de poderes deveria ser mais enxuta e com demais demandas alocadas em lei extravagante.

197 Convenção Nacional do Negro pela Constituinte.

Outras considerações

A luta pela terra no Brasil sempre ocorreu com embates de interesses de grupos que buscavam afirmar suas necessidades e desenvolvimento de sua identidade, valores e vantagens. O quilombola, como mais um sujeito na luta pelo acesso à terra, não poderia e nem deveria ser diferente, empreendeu, então, suas lutas e diálogos no período do Constituinte de 1987 para ver consignado em carta magna (CF de 1988, art. 68 dos ADCT) e em decretos e portarias os seus direitos no que tange ao acesso, à titulação e à posse da terra. Infelizmente, tal titulação não garante, muitas vezes, a posse de fato, pois existem conflitos de interesses com outros sujeitos presentes no território originalmente quilombola.

Não há dúvida que a Carta Cidadã de 1988 trouxe avanços nos processos de titulação de terras quilombolas, entretanto, ao longo da década de 1990 até os dias atuais, as conquistas reais ainda são poucas diante das necessidades reais desses grupos humanos e da importância vultosa desses atores para a construção da história e da identidade do povo brasileiro. Após o marco constitucional de 1988, apenas em 1995, no mês de dezembro, foi titulada a primeira terra quilombola do país, no Estado do Pará, a comunidade de Boa Vista.

Portanto, a pertinência e intento deste capítulo foram de tentar realizar uma correlação interessante entre as fugas, especialmente, de escravos no século XIX que futuramente viriam fazer nascer o histórico direito à posse e à titulação das terras dos remanescentes de quilombos. Entretanto, esse hiato que existe entre as fugas e a constitucionalização do direito à terra quilombola apresentou vários episódios de disputas que compuseram fronteiras de disputas de interesses e de afirmação de identidades, valores, cosmologias e organização do movimento negro.

Referências

ALMEIDA, Alfredo Wagner Berno de. *Quilombos e as novas etnias*. Manaus: UEA Edições, 2011.

BENATTI, José Heder. *Posse agroecológica e manejo florestal*. Curitiba: Juruá, 2003.

BEVILAQUA, Clóvis. *Direito das Coisas*. Rio de Janeiro: Editora Rio, 1976.

BRUNO, Regina. O Estatuto da Terra: entre a conciliação e o confronto. *Revista Sociedade e Agricultura*, v. 2, n. 2, p. 5-31, 1995.

CPISP – Comissão Pró-índio de São Paulo. *Quilombolas no Brasil*.

FUNES, Eurípedes A. Comunidade Mocambeira do Trombetas. In: GRUPIÓN, Denise Fajado; ANDRADE, Lúcia Mendonça Morato de. (org.). *Entre Águas Bravas de Mansas*. Índios e quilombolas em Oriximiná. São Paulo: Comissão Pró-Índio de São Paulo/ Instituto de Pesquisa e Formação Indígena, 2015, p. 16-61.

GOMES, Flávio. *Mocambos e Quilombos*: Uma História do Campesinato Negro no Brasil. São Paulo: Claroenigma (Companhia das Letras). Coleção Agenda Brasileira.

HALL, Stuart. *A identidade cultural na pós-modernidade*. Rio de Janeiro: Lamparina, 2015.

IPEA/SEPPIR. *Quilombos das Américas: articulação de comunidades afrorrurais: documento síntese*. Brasília, 2012.

LEITE, Ilka Boaventura, Humanidades insurgentes: Conflitos e criminalização dos quilombos. In: ALMEIDA, Alfredo Berno de, LEITE, Ilka Boventura, O`DWYER, Eliane Cantarino *et al*. *Cadernos de debates Nova Cartografia Social*: Territórios Quilombolas e Conflitos. Manaus: Projeto Nova Cartografia Social/UEA Edições, 2010, p. 17-40.

MARTINS, José de Souza. *Fronteira*: a degradação do outro nos confins do humano. São Paulo: Contexto, 2009.

BINSFELD, Pedro. *Biossegurança em biotecnologia*. Rio de Janeiro: Interciência, 2004.

OLIVEIRA, Pedro Cassiano de Farias. A reforma agrária em debate na abertura política (1985-1988). *Tempos Históricos*, v. 22, 2° semestre 2018, p. 161-183.

PEREIRA, Amilcar Araujo. *O mundo negro*: relações raciais e a Constituição do Movimento Negro Contemporâneo no Brasil, Rio de Janeiro: FAPERJ, Pallas, 2013, p. 217-323.

RODRIGUES, Bruno. Movimento Negro e a pauta Quilombola no Constituinte: ação, estratégia e repertório. *Revista Direito e Praxis*, Rio de Janeiro, v. 10, n. 1, p. 198-221, 2019.

VELOSO, Zeno. *Aula de Direito Civil IV proferida no Curso de Direito da UFPA*. Belém. 2008/2009.

SOBRE OS AUTORES

Alana Albuquerque de Castro

Mestranda em História Social da Amazônia pela Universidade Federal do Pará e graduada em História pela Faculdade Integrada Brasil Amazônia. Atua principalmente nos campos de pesquisa sobre ditadura e sexualidades.

Bruna Josefa de Oliveira Vaz

Doutoranda no Programa de Pós-Graduação em História da Universidade Federal do Pará (PPHIST-UFPA). Mestrado em Antropologia pelo Programa de Pós-Graduação em Antropologia da Universidade Federal do Pará (PPGA-UFPA). Graduada em Antropologia pela Universidade Federal do Oeste do Pará (UFOPA).

Cristiana Costa da Rocha

Doutora em História Social pela Universidade Federal Fluminense. É professora Adjunta IV do Curso de História da Universidade Estadual do Piauí e vinculada ao Programa de Pós-Graduação Interdisciplinar em Sociedade e Cultura - PPGSC/UESPI - Campus Poeta Torquato Neto. Tem experiência na área de História, com ênfase em História Social, atuando principalmente nos seguintes temas: história oral, conflitos de terra, história rural, trabalho e migrações.

Daniel Vasconcelos Solon

Doutorando em História na Universidade de Lisboa. Possui graduação em Comunicação Social pela Universidade Federal do Piauí (1998). É professor da Universidade Estadual do Piauí (Uespi) Servidor do Incra/Piauí, tem experiência em comunicação rural, em educação do campo (Pronera), tem interesse em estudos relacionados à questão agrária, conflitos por terra, territórios quilombolas, trabalho escravo e trabalho análogo ao escravo.

Débora Laianny Cardoso Soares

Mestre em História do Brasil pela Universidade Federal do Piauí (2013). Possui graduação em Licenciatura Plena em História pela Universidade Federal do Piauí (2010). Atua na área de História, com ênfase em temas como: africanidades, afro descendência, educação e diversidade, história do Piauí e escravidão.

Edilza Joana Oliveira Fontes

Doutora em História Social pela Universidade Estadual de Campinas (2002). É Professora Associada IV da Faculdade de História - UFPA, vinculada ao Programa de Pós-Graduação em História Social da Amazônia (UFPA) e ao Programa de Pós-graduação Mestrado Profissional em Ensino de História, e colaboradora do Programa de Pós-Graduação em História da Universidade Federal do Amapá (UNIFAP). Tem experiência nas áreas de História Social da Amazônia e movimentos sociais, atuando principalmente nos seguintes temas: História e Memórias, História do Trabalho, História Agrária, História Social, História Cultural. É produtora cultural e publicou vários livros, artigos acadêmicos, além de desenvolver atividades nas áreas de Planejamento Estratégico, Administração e Gestão Pública, Educação e Ensino de História.

Edvilson Filho Torres Lima

Mestrando em História Social da Amazônia pela Universidade Federal do Pará. É graduado em Letras pela Universidade do Estado do Pará e em Direito pela Universidade Federal do Pará.

Elias Diniz Sacramento

Doutor em História Social da Amazônia pela Universidade Federal do Pará (2020). É professor Adjunto III da Faculdade de História da Amazônia do Campus Universitário de Cametá da Universidade Federal do Pará. Tem experiência na área de História, com ênfase em História do Brasil, Amazônia,

Pará, História Oral, atuando principalmente nos seguintes temas: educação do campo; ensino de história; campesinato; conflitos agrários; movimentos sociais; agricultura familiar; quilombolas e agronegócio.

Elis Negrão Barbosa Monteiro

Mestrado História Social da Amazônia em andamento na Universidade Federal do Pará. Possui graduação em História pelas Faculdades Integradas Brasil Amazônia – FIBRA (2016), graduação em Meteorologia pela Universidade Federal do Pará - UFPA (2013). Tem experiência no estudo dos movimentos sociais pelos Direitos Humanos na Amazônia, conflitos territoriais agrários no sul do Pará, História do tempo presente, História oral e discursos Jornalísticos.

Enos Botelho Sarmento

É Mestrando em História Social da Amazônia pelo programa de Pós Graduação em História da Universidade Federal do Pará - UFPA. Suas pesquisas concentram-se nas migrações, economia, povoamento e relações de poder em regiões da Amazônia insular, criando conexões com estudos em áreas de populações tradicionais da Amazônia, seus saberes e práticas culturais em especial as comunidades ribeirinhas.

Francivaldo Alves Nunes

Doutor em História Social pela Universidade Federal Fluminense (2011), com Estágio Pós-Doutoral na Universidade Nova de Lisboa (2014). Pesquisador Produtividade do CNPq (PQ-2). Atua nos cursos de graduação do Campus de Ananindeua, nos programas de Pós-graduação em História Social da Amazônia (Campus de Belém) e Ensino de História (Campus de Ananindeua). Tem experiência na área de História, com ênfase em História Rural da Amazônia, com os seguintes temas: conflito de terra, apropriação territorial, agricultura, educação rural, núcleos coloniais e migração. Desenvolve pesquisas também voltadas para Ensino de História e História da Educação.

Helane Karoline Tavares Gomes

Mestre em Antropologia e Arqueologia junto ao Programa de Pós-graduação em Antropologia da Universidade Federal do Piauí. Bacharel em Arqueologia e Conservação de Arte Rupestre pela Universidade Federal do Piauí. Possui Licenciatura Plena em História pela Universidade Estadual do Piauí. Possui experiência na área de Arqueologia, com ênfase em Arqueologia Pré-Histórica, nos seguintes temas: tecnologia pré-histórica, tecnologia lítica, arqueologia da paisagem, prospecção, cadastramento de sítios arqueológicos e conservação de sítios de arte rupestre.

Joanderson Caldeira Mesquita

Mestrando no Programa de Pós-Graduação em História na Universidade Federal do Pará. Graduado em História pela Universidade Federal do Oeste do Pará (UFOPA).

Juliana Patrizia Saldanha de Sousa

Mestra em Linguagens e Saberes da Amazônia pela Universidade Federal do Pará, especialista em Linguagens e Culturas da Amazônia pela mesma IES e graduada em Letras pela Universidade da Amazônia. É professora da Seduc no município de Santa Luzia do Pará.

Márcia Milena Galdez Ferreira

Doutora em História Social pela Universidade Federal Fluminense (2015) e Pós-Doutoranda em História Social da Amazônia pela Universidade Federal do Pará. É professora Adjunta III da Universidade Estadual do Maranhão, vinculada ao Programa de Pós Graduação em História, e ao Departamento de História desta IES. Tem experiencia na área de História e Antropologia, atuando principalmente nas seguintes áreas: História e Memória, História Rural, Historia das migrações e do trabalho, Ensino de História.

Milton Pereira Lima

Doutorado em andamento pelo PPHIST - Programa de Pós-Graduação em História Social da Amazônia da Universidade Federal do Pará (UFPA).

Graduado em História pela Universidade Estadual Vale do Acaraú (2008). Graduado em pedagogia pela Universidade do Estado do Pará (UEPA). Atua como professor de história: SEDUC/PA e SEMEC/Redenção. Desenvolve atividades nos campos de interesse: Cultura organizando sarais e festivais literários. Possui quatro obras poética. Tem publicado pesquisas na área da historiografia e da antropologia.

Pedro Cassiano de Oliveira

Doutor em História Social pela Universidade Federal Fluminense, possui mestrado em História Social na mesma instituição (2013), bacharelado e licenciatura em História pela UFF (2010), bacharelado e licenciatura em Ciências Sociais pela Universidade Federal do Rio de Janeiro (2010), atuando principalmente nos seguintes temas: Teoria do Estado, Ciência Política, Hegemonia, questão agrária no Brasil e Sociologia no Ensino Médio. Atualmente é professor de Sociologia do Colégio Pedro II.

Raimundo Erundino Santos Diniz

Doutorado em Ciências Sócio-ambientais e Mestrado em Planejamento do Desenvolvimento/Programa de Pós-Graduação em Desenvolvimento Sustentável do Trópico Úmido do Núcleo de Altos Estudos Amazônico da Universidade Federal do Pará (PPGDSTU/NAEA/UFPA). Pesquisa temas relativos ao Ensino de História, História e terras/territórios tradicionalmente ocupados na Amazônia, História e Cultura afro-brasileira e Africana, Educação Escolar Quilombola, e História da Educação Brasileira.

Renan Brigido Nascimento Felix

Mestre em História Social da Amazônia (2016). Possui Bacharelado e Licenciatura Plena em História pela Universidade Federal do Pará (2008) e Licenciatura em Língua Portuguesa pela Universidade do Estado do Pará (2008). Professor Classe III da Secretária de Estado de Educação. Tem experiência na área de História, com ênfase em Ensino de História, Diversidade Etnico Racial, relação entre História e Literatura, com abordagens nas práticas cooperativas na Amazônia na década de 50.

Rosa Congost

Catedrática de História Económica na Universidade de Girona (Espanha), investigadora do *Centre de Recerca d'História Rural do Institut de Recerca Histórica* da mesma universidade. A sua investigação tem privilegiado o estudo dos direitos de propriedade, transformações agrárias e relações sociais na Catalunha moderna e contemporânea, designadamente sob uma perspectiva comparada. Tem também como interesses de estudo as instituições imperiais na América do Sul".

Silvana da Silva Barbosa Diniz

Mestra em Ciência e Meio Ambiente pela Universidade Federal do Pará, graduada em Biologia pela Universidade do Vale do Acaraú e em Pedagogia pela Faculdade Educacional da Lapa. É professora da Secretaria de Educação do Amapá.